초등 수학의 ... !!

신기한 연산왕

E-1

초5 수준

평가 일시 : 매년 상반기 6월, 하반기 11월 실시

참가 대상	초등 1학년 ~ 중등 3학년 (상급학년 응시가능)
신청 방법	1) KMA 홈페이지에서 온라인 접수 2) 해당지역 KMA 학원 접수처 3) 기타 문의 ☎ 070-4861-4832
홈페이지	www.kma-e.com

※ 상세한 내용은 홈페이지에서 확인해 주세요.

주 최 | 한국수학학력평가 연구원　　주 관 | ㈜에듀왕

KMA 대비서

초등 수학의 기본은 연산력!!

신기한 연산왕

구성과 특징

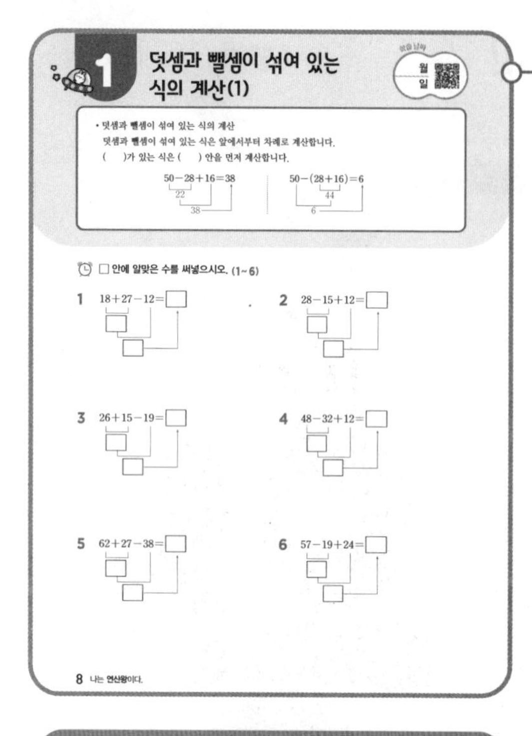
1 덧셈과 뺄셈이 섞여 있는 식의 계산(1)

월 일

• 덧셈과 뺄셈이 섞여 있는 식의 계산
덧셈과 뺄셈이 섞여 있는 식은 앞에서부터 차례로 계산합니다.
( )가 있는 식은 ( ) 안을 먼저 계산합니다.

50−28+16=38 | 50−(28+16)=6

□ 안에 알맞은 수를 써넣으시오. (1~6)

1 18+27−12=□
2 28−15+12=□
3 26+15−19=□
4 48−32+12=□
5 62+27−38=□
6 57−19+24=□

8 나는 연산왕이다.

원리+익힘

연산의 원리를 쉽게 이해하고 빠르고 정확한 계산 능력을 얻을 수 있도록 구성하였습니다.

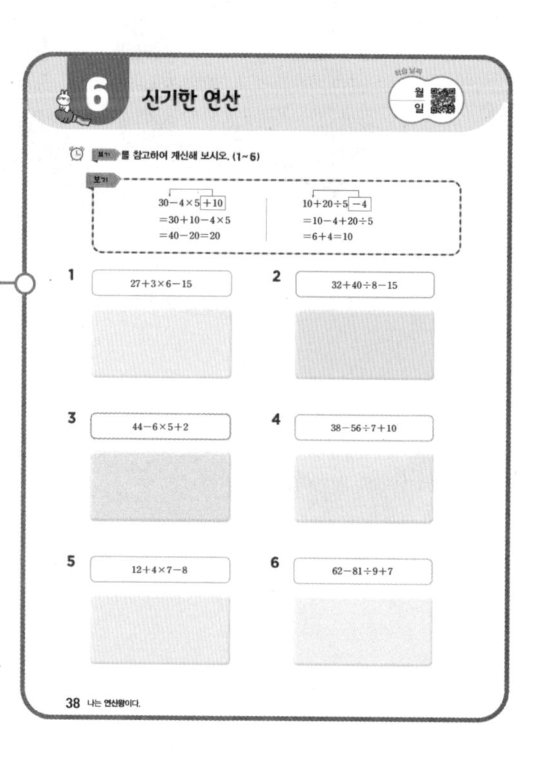
6 신기한 연산

월 일

보기 를 참고하여 계산해 보시오. (1~6)

보기
30−4×5+10
=30+10−4×5
=40−20=20

10+20÷5−4
=10−4+20÷5
=6+4=10

1 27+3×6−15
2 32+40÷8−15
3 44−6×5+2
4 38−56÷7+10
5 12+4×7−8
6 62−81÷9+7

38 나는 연산왕이다.

신기한 연산

연산 능력과 창의사고력 향상이 동시에 이루어질 수 있는 문제로 구성하여 계산 능력과 창의사고력이 저절로 향상될 수 있도록 구성하였습니다.

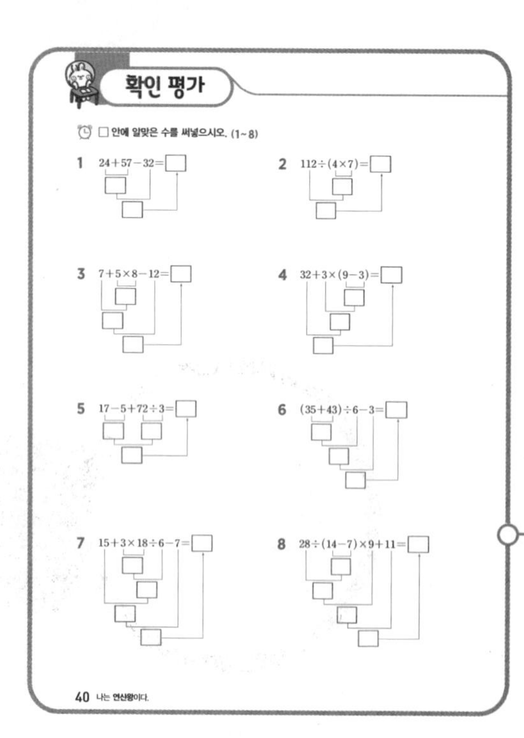
확인 평가

□ 안에 알맞은 수를 써넣으시오. (1~8)

1 24+57−32=□
2 112÷(4×7)=□
3 7+5×8−12=□
4 32+3×(9−3)=□
5 17−5+72÷3=□
6 (35+43)÷6−3=□
7 15+3×18÷6−7=□
8 28÷(14−7)×9+11=□

40 나는 연산왕이다.

확인평가

단원을 마무리하면서 익힌 내용을 평가하여 자신의 실력을 알아볼 수 있도록 구성하였습니다.

크라운 온라인 단원 평가는?

크라운 온라인 평가는?

단원별 학습한 내용을 올바르게 학습하였는지 실시간 점검할 수 있는 온라인 평가 입니다.

- 온라인 평가는 매단원별 25문제로 출제 되었습니다
- 평가 시간은 30분이며 시험 시간이 지나면 문제를 풀 수 없습니다
- 온라인 평가를 통해 100점을 받으시면 크라운 1개를 획득할 수 있습니다.

온라인 평가 방법

에듀왕닷컴 접속
www.eduwang.com
신규 회원 가입 또는 로그인

메인 상단 메뉴에서 단원평가 클릭
닷컴 메인 메뉴에서 단원 평가 클릭

단계 및 단원 선택
평가하고자 하는 단계와 단원을 선택

온라인 단원 평가 실시
30분 동안 평가 실시

온라인 단원 평가 종료
종료 후 실시간 평가 결과 확인

크라운 확인
마이페이지에서 크라운 확인 후 크라운 사용

유의사항

- 평가 시작 전 종이와 연필을 준비하시고 인터넷 및 와이파이 신호를 꼭 확인하시기 바랍니다
- 단원평가는 최초 1회에 한하여 크라운이 반영됩니다. (중복 평가 시 크라운 미 반영)
- 각 단원 평가를 통해 100점을 받으시면 크라운 1개를 드리며, 획득하신 크라운으로 에듀왕닷컴에서 판매하고 있는 교재 및 서비스를 무료로 구매 하실 수 있습니다 (크라운 1개 - 1,000원)

연산왕 단계별 학습 내용

A-1 (초1수준)
1. 9까지의 수
2. 9까지의 수를 모으고 가르기
3. 덧셈과 뺄셈

A-2 (초1수준)
1. 19까지의 수
2. 50까지의 수
3. 50까지의 수의 덧셈과 뺄셈

A-3 (초1수준)
1. 100까지의 수
2. 덧셈
3. 뺄셈

A-4 (초1수준)
1. 두 자리 수의 혼합 계산
2. 두 수의 덧셈과 뺄셈
3. 세 수의 덧셈과 뺄셈

B-1 (초2수준)
1. 세 자리 수
2. 받아올림이 한 번 있는 덧셈
3. 받아올림이 두 번 있는 덧셈

B-2 (초2수준)
1. 받아내림이 한 번 있는 뺄셈
2. 받아내림이 두 번 있는 뺄셈
3. 덧셈과 뺄셈의 관계

B-3 (초2수준)
1. 네 자리 수
2. 세 자리 수와 두 자리 수의 덧셈과 뺄셈
3. 세 수의 계산

B-4 (초2수준)
1. 곱셈구구
2. 길이의 계산
3. 시각과 시간

C-1 (초3수준)
1. 덧셈과 뺄셈
2. 나눗셈과 곱셈
3. 길이와 시간

C-2 (초3수준)
1. 곱셈과 나눗셈
2. 분수
3. 들이와 무게

D-1 (초4수준)
1. 큰 수
2. 각도
3. 곱셈과 나눗셈

D-2 (초4수준)
1. 분수의 덧셈과 뺄셈
2. 소수의 덧셈과 뺄셈
3. 각도 구하기

E-1 (초5수준)
1. 자연수의 혼합 계산
2. 분수의 덧셈과 뺄셈
3. 다각형의 둘레와 넓이

E-2 (초5수준)
1. 수의 범위와 어림하기
2. 분수의 곱셈
3. 소수의 곱셈

F-1 (초6수준)
1. 분수의 나눗셈
2. 소수의 나눗셈
3. 직육면체의 부피와 겉넓이

F-2 (초6수준)
1. 분수와 소수의 나눗셈
2. 비와 비율, 비례식과 비례배분
3. 원의 넓이

차례

1

자연수의 혼합 계산

1 덧셈과 뺄셈이 섞여 있는 식의 계산(1)

• 덧셈과 뺄셈이 섞여 있는 식의 계산

덧셈과 뺄셈이 섞여 있는 식은 앞에서부터 차례로 계산합니다.

(　　)가 있는 식은 (　　) 안을 먼저 계산합니다.

$50-28+16=38$

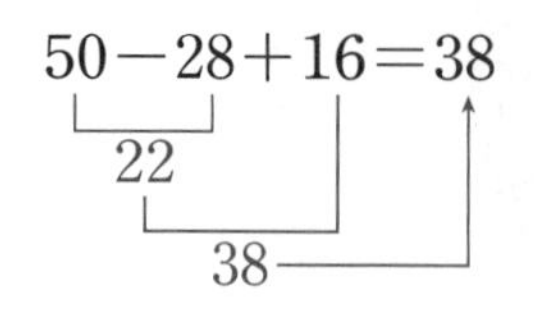

$50-(28+16)=6$

□ 안에 알맞은 수를 써넣으시오. (1~6)

1 $18+27-12=\square$

2 $28-15+12=\square$

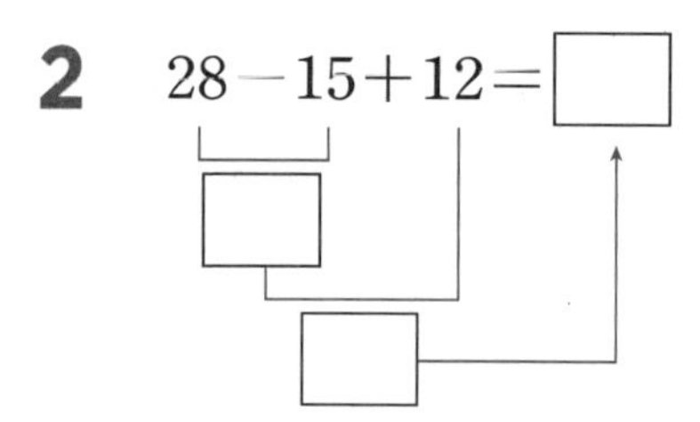

3 $26+15-19=\square$

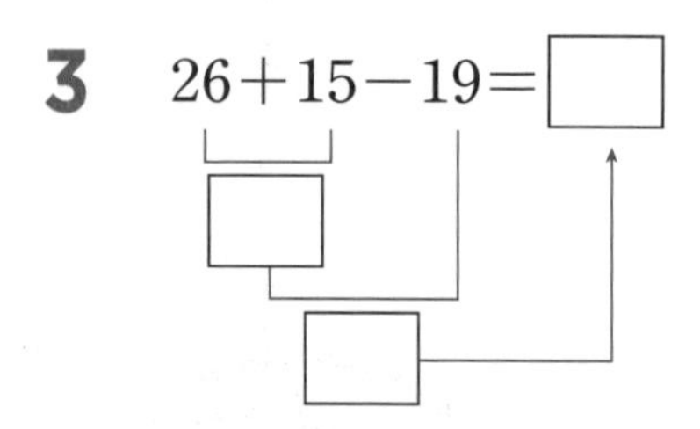

4 $48-32+12=\square$

5 $62+27-38=\square$

6 $57-19+24=\square$

계산은 빠르고 정확하게!

걸린 시간	1~5분	5~8분	8~10분
맞은 개수	13~14개	10~12개	1~9개
평가	참 잘했어요.	잘했어요.	좀더 노력해요.

□ 안에 알맞은 수를 써넣으시오. (7 ~ 14)

7 $24+(32-15)=\square$

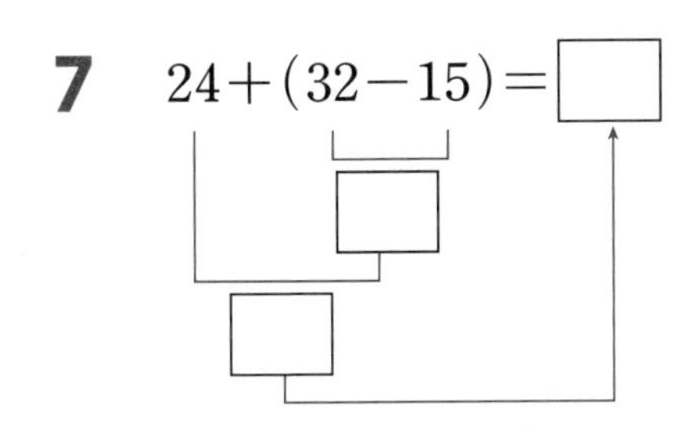

8 $48-(15+12)=\square$

9 $17+(62-43)=\square$

10 $58-(36+14)=\square$

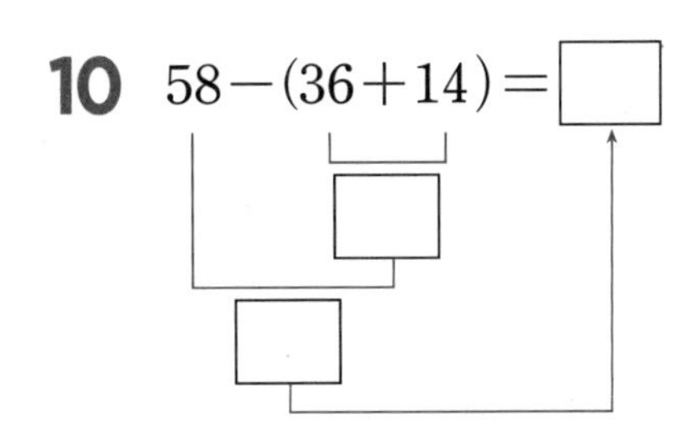

11 $28+(32-17)+9=\square$

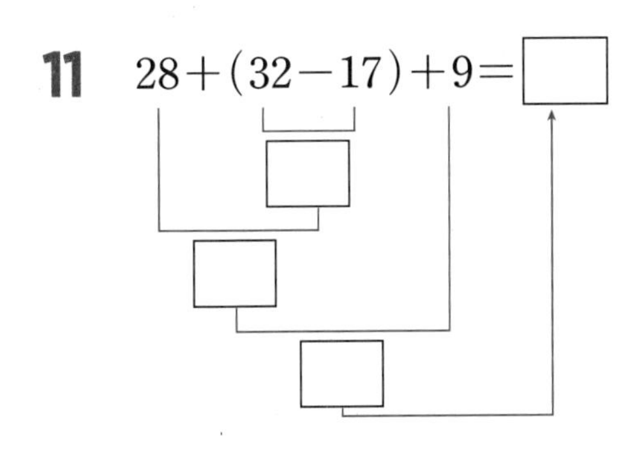

12 $65-(12+27)-7=\square$

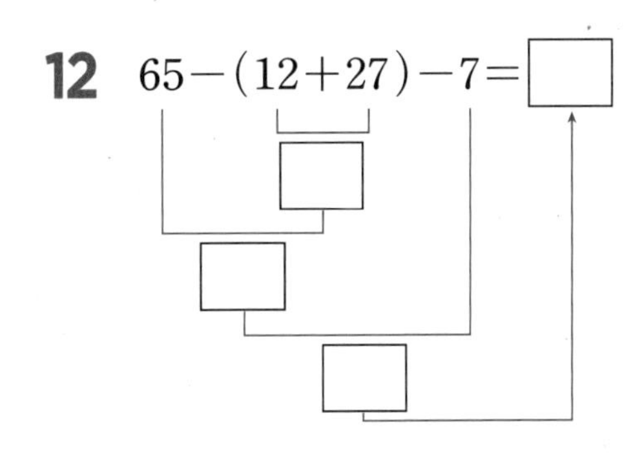

13 $32+15-(12+7)=\square$

14 $76-24+(36-11)=\square$

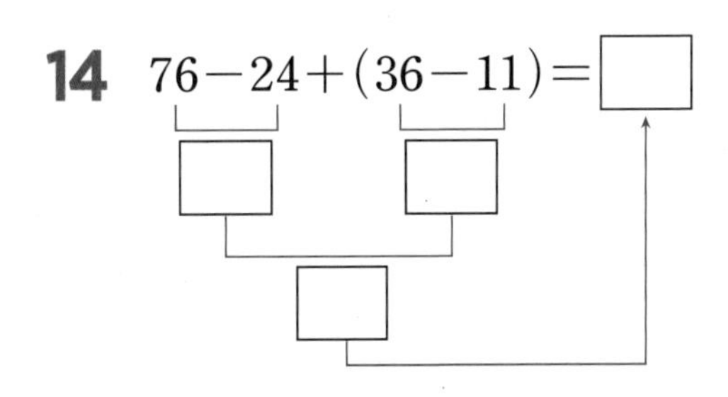

1 덧셈과 뺄셈이 섞여 있는 식의 계산(2)

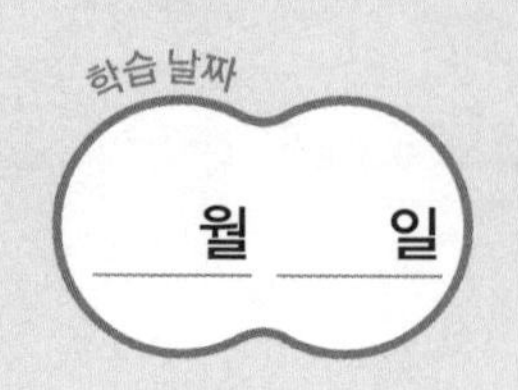

보기 와 같이 순서를 나타내고 계산을 하시오. (1~9)

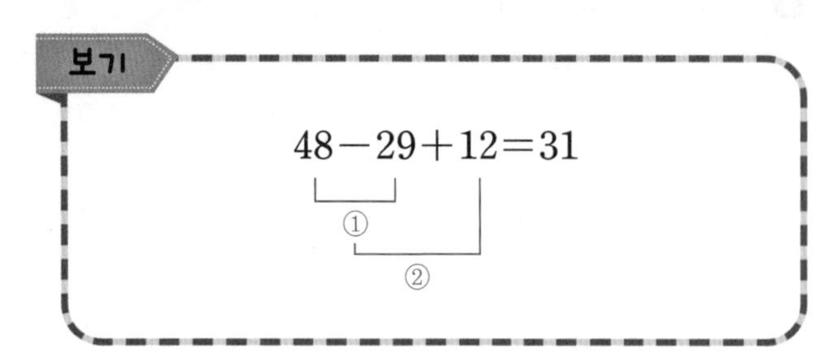

1 64－32＋18

2 32＋15－23

3 58－47＋25

4 56＋27－36

5 92－48＋12

6 63＋25－17＋15

7 71－15＋24－32

8 47＋15－36－13

9 62－26＋15＋27

계산은 빠르고 정확하게!

걸린 시간	1~6분	6~9분	9~12분
맞은 개수	17~18개	13~16개	1~12개
평가	참 잘했어요.	잘했어요.	좀더 노력해요.

보기 와 같이 순서를 나타내고 계산을 하시오. (10 ~ 18)

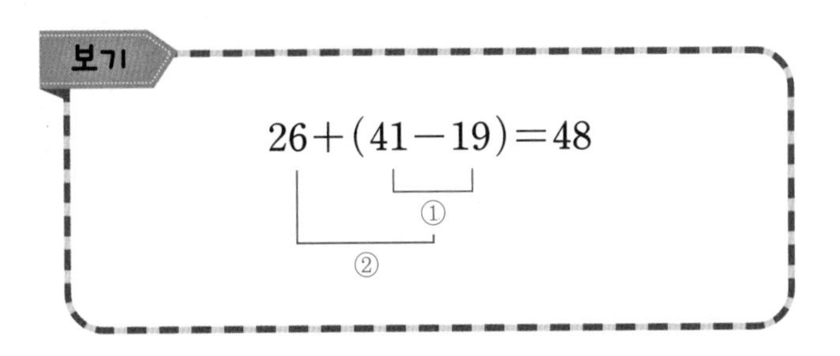

10 $54-(26+11)$

11 $47+(68-57)$

12 $86-(18+17)$

13 $27+(51-23)$

14 $92-(28+29)$

15 $27+(32-17)+4$

16 $74-(18+32)-11$

17 $36+54-(26+18)$

18 $69-(21+14)+17$

1 덧셈과 뺄셈이 섞여 있는 식의 계산(3)

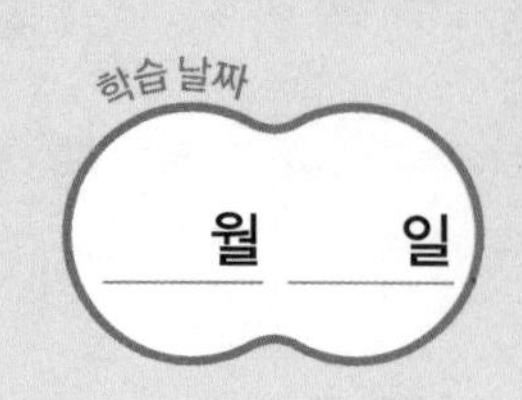

계산을 하시오. (1~14)

1 46+27−35

2 54−27+12

3 62+19−42

4 62−57+18

5 49+54−61

6 82−54+27

7 56+49−76

8 96−48+14

9 25+47−32+14

10 61−19+24−31

11 69+15−29+17

12 74−24+36−57

13 48+59−14−39

14 87−23−31+40

계산은 빠르고 정확하게!

걸린 시간	1~8분	8~12분	12~16분
맞은 개수	26~28개	20~25개	1~19개
평가	참 잘했어요.	잘했어요.	좀더 노력해요.

계산을 하시오. (15 ~ 28)

15 $59+(32-18)$

16 $53-(26+21)$

17 $46+(65-29)$

18 $94-(58+27)$

19 $32+(54-17)$

20 $52-(9+35)$

21 $27+25-(17+16)$

22 $64-54+(17-9)$

23 $64+19-(26+11)$

24 $92-(32+51)+11$

25 $82+(62-57)+12$

26 $84-(24+42)-9$

27 $115+24-(67-54)$

28 $58-(34-19)+15$

2 곱셈과 나눗셈이 섞여 있는 식의 계산(1)

• 곱셈과 나눗셈이 섞여 있는 식의 계산

곱셈과 나눗셈이 섞여 있는 식은 앞에서부터 차례로 계산합니다.

(　　)가 있는 식은 (　　) 안을 먼저 계산합니다.

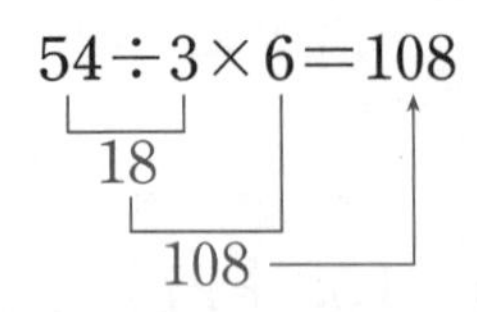

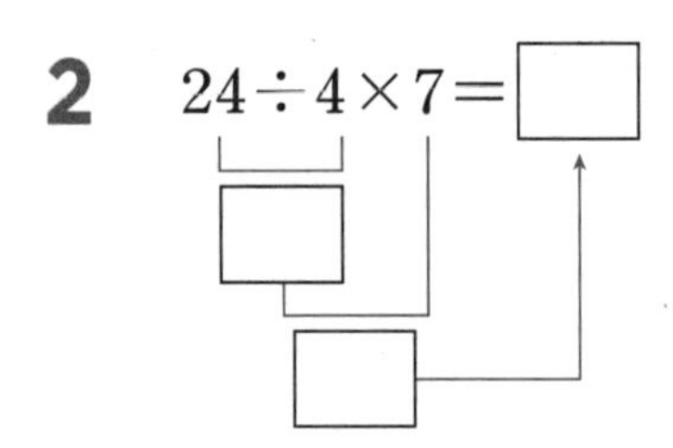

□ 안에 알맞은 수를 써넣으시오. (1~6)

1 $5\times12\div3=\square$

2 $24\div4\times7=\square$

3 $11\times8\div4=\square$

4 $30\div6\times9=\square$

5 $18\times4\div6=\square$

6 $84\div12\times5=\square$

계산은 빠르고 정확하게!

걸린 시간	1~5분	5~8분	8~10분
맞은 개수	13~14개	10~12개	1~9개
평가	참 잘했어요.	잘했어요.	좀더 노력해요.

□ 안에 알맞은 수를 써넣으시오. (7 ~ 14)

7 $8\times(16\div4)=\square$

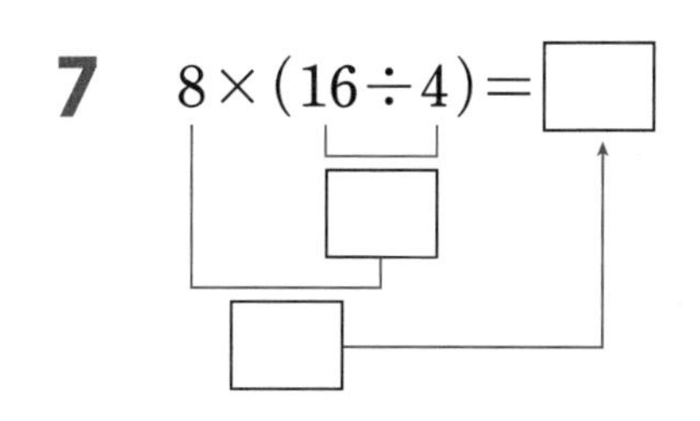

8 $84\div(14\times2)=\square$

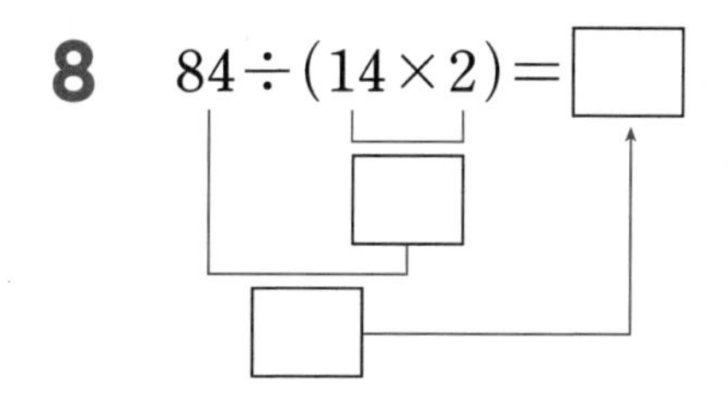

9 $32\times(21\div7)=\square$

10 $48\div(3\times8)=\square$

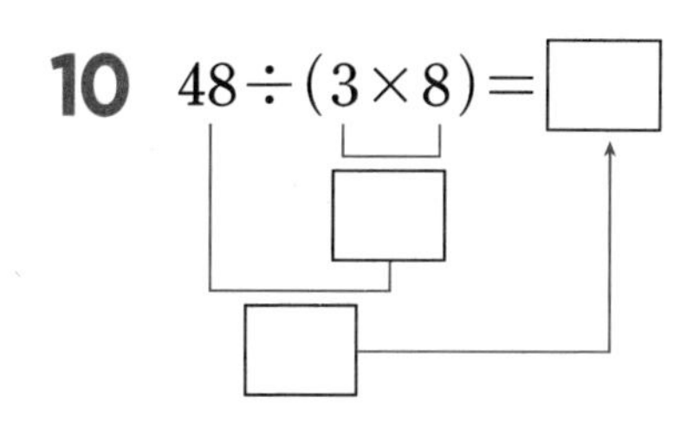

11 $4\times(96\div32)\times8=\square$

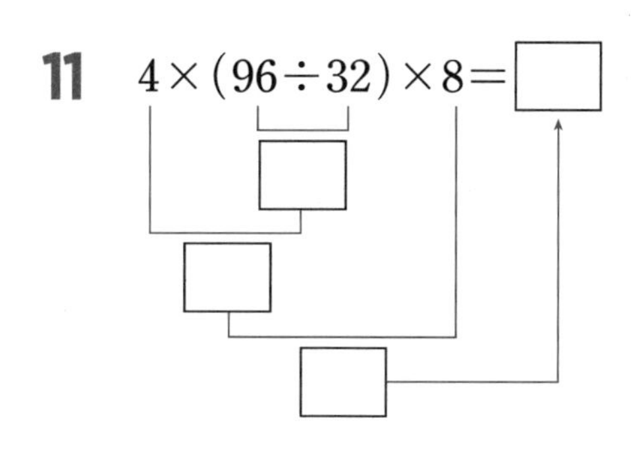

12 $72\div(4\times9)\times11=\square$

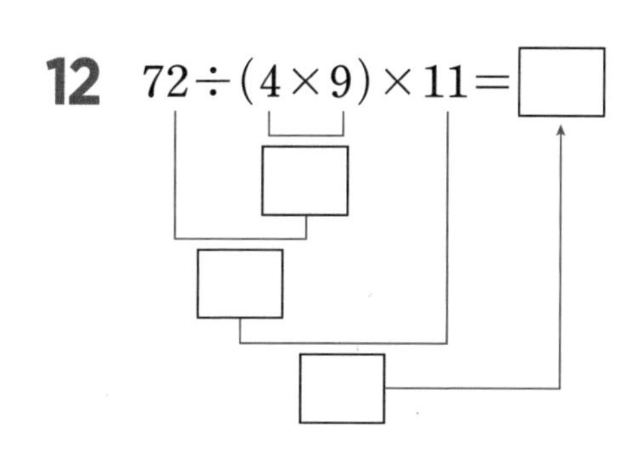

13 $9\times(42\div6)\times3=\square$

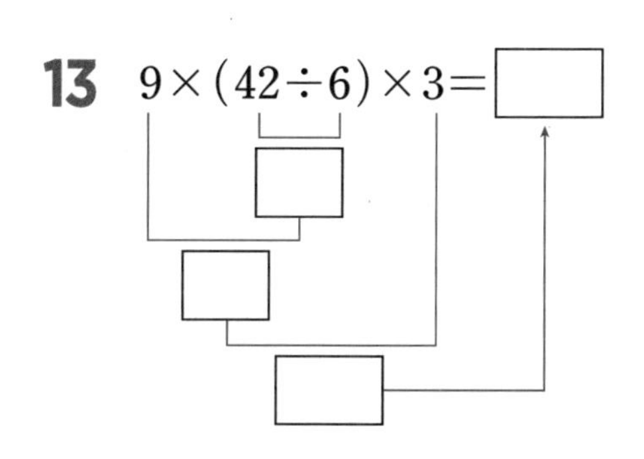

14 $91\div13\times(27\div3)=\square$

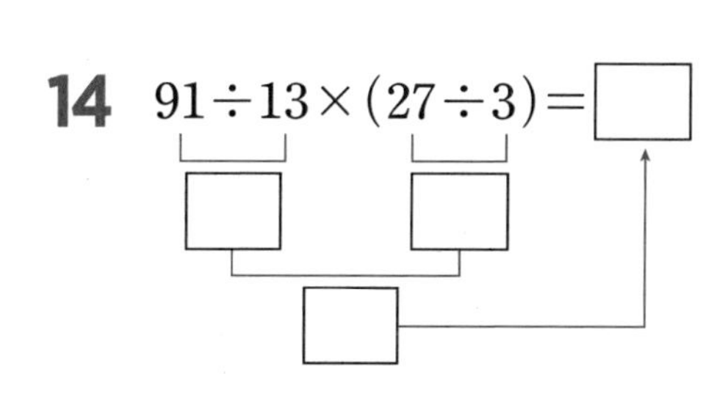

2 곱셈과 나눗셈이 섞여 있는 식의 계산(2)

학습 날짜 월 일

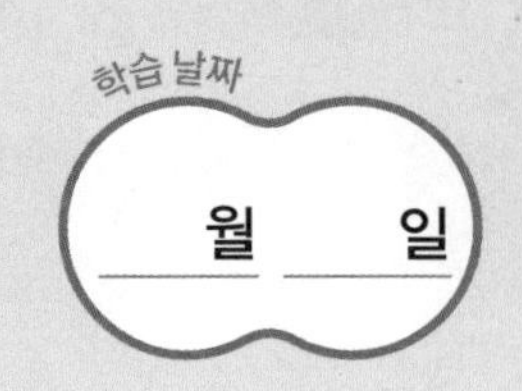

보기 와 같이 순서를 나타내고 계산을 하시오. (1~9)

보기

$12 \times 3 \div 9 = 4$

① 12×3

② $\div 9$

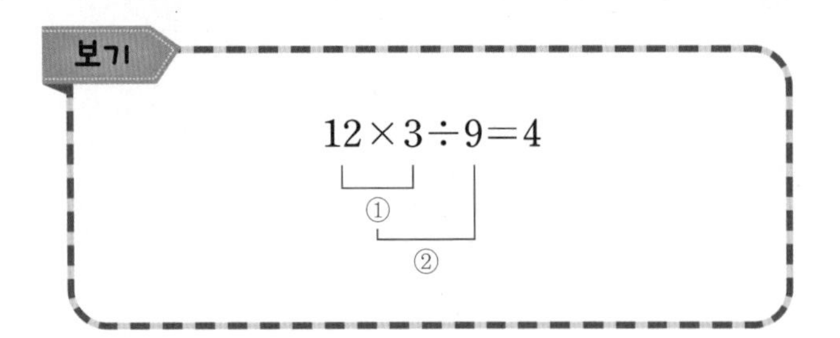

1 $63 \div 7 \times 8$

2 $11 \times 6 \div 3$

3 $132 \div 12 \times 7$

4 $72 \times 4 \div 9$

5 $81 \div 9 \times 12$

6 $18 \times 4 \div 6 \times 2$

7 $64 \div 8 \times 9 \div 3$

8 $35 \times 4 \div 7 \div 5$

9 $156 \div 13 \div 2 \times 16$

계산은 빠르고 정확하게!

걸린 시간	1~6분	6~9분	9~12분
맞은 개수	17~18개	13~16개	1~12개
평가	참 잘했어요.	잘했어요.	좀더 노력해요.

보기 와 같이 순서를 나타내고 계산을 하시오. (10 ~ 18)

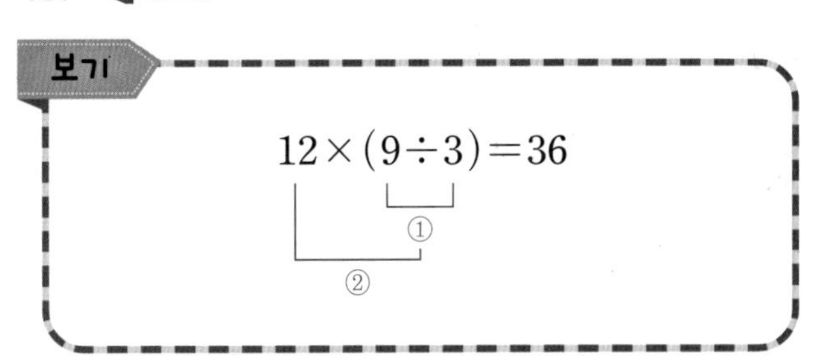

10 $84\div(3\times7)$

11 $48\times(121\div11)$

12 $120\div(6\times4)$

13 $32\times(90\div6)$

14 $165\div(11\times3)$

15 $24\times15\div(5\times6)$

16 $96\div(4\times3)\times7$

17 $21\times12\div(36\div4)$

18 $270\div(9\times2)\div3$

2 곱셈과 나눗셈이 섞여 있는 식의 계산(3)

학습 날짜 월 일

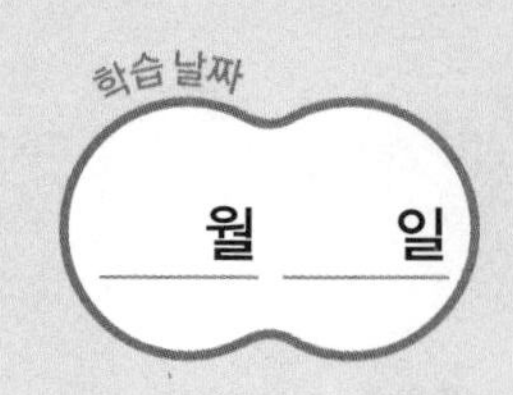

계산을 하시오. (1~14)

1 $17\times12\div6$

2 $63\div21\times5$

3 $18\times15\div10$

4 $124\div31\times14$

5 $24\times25\div15$

6 $256\div8\times2$

7 $15\times28\div7$

8 $192\div16\times9$

9 $12\times4\div3\times5$

10 $60\div4\times3\div5$

11 $38\times5\div19\times7$

12 $104\div13\times6\div12$

13 $64\times9\div8\div3$

14 $68\div17\times5\times4$

계산은 빠르고 정확하게!

걸린 시간	1~9분	9~14분	14~18분
맞은 개수	26~28개	20~25개	1~19개
평가	참 잘했어요.	잘했어요.	좀더 노력해요.

계산을 하시오. (15 ~ 28)

15 $25\times(18\div6)$

16 $168\div(4\times7)$

17 $13\times(75\div15)$

18 $120\div(3\times5)$

19 $35\times(100\div25)$

20 $162\div(9\times6)$

21 $7\times(16\div4)\times3$

22 $96\div(2\times4)\div3$

23 $10\times9\div(3\times6)$

24 $270\div(6\times3)\div5$

25 $28\times6\div(7\times3)$

26 $98\div(18\div9)\times7$

27 $13\times21\div(12\div4)$

28 $96\div(28\div7)\times3$

3 덧셈, 뺄셈, 곱셈이 섞여 있는 식의 계산(1)

• 덧셈, 뺄셈, 곱셈이 섞여 있는 식의 계산

덧셈, 뺄셈, 곱셈이 섞여 있는 식은 곱셈을 먼저 계산합니다.

(　　)가 있는 식은 (　　) 안을 먼저 계산합니다.

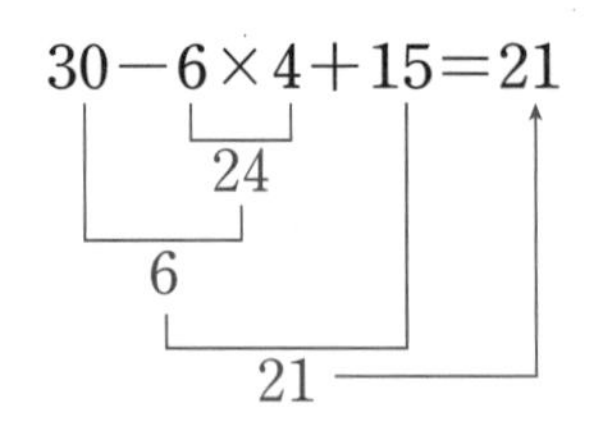

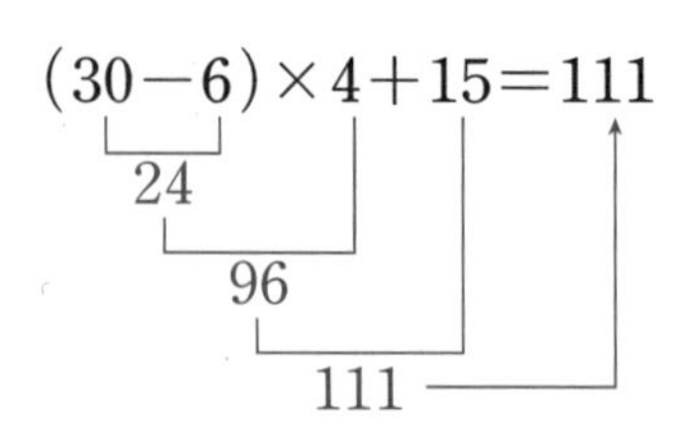

□ 안에 알맞은 수를 써넣으시오. (1~6)

1 $27+4\times9=\square$

2 $58-12\times3=\square$

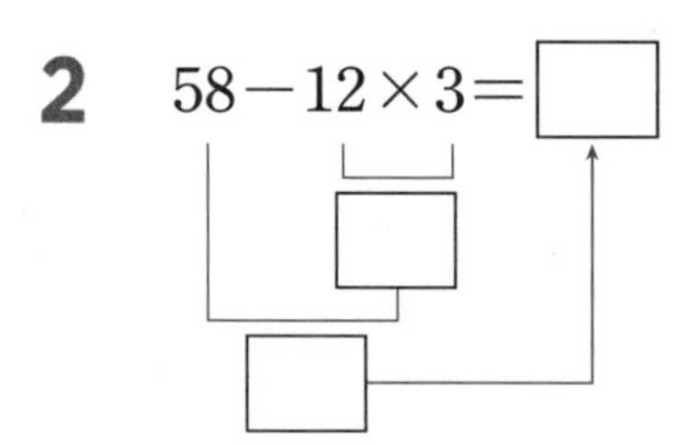

3 $12+5\times8-21=\square$

4 $65-13\times4+9=\square$

5 $16+24-3\times9=\square$

6 $72-46+6\times2=\square$

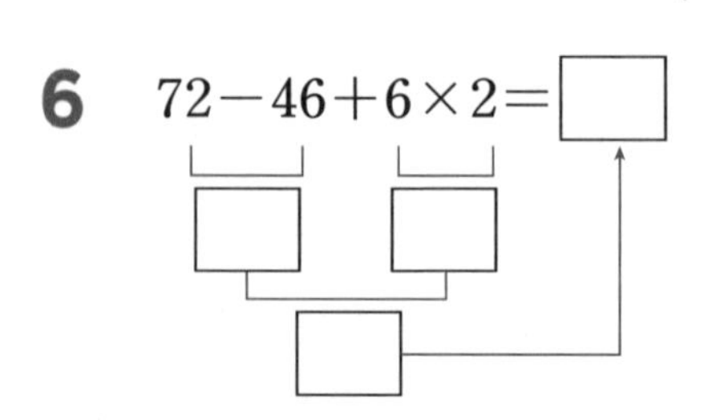

걸린 시간	1~5분	5~8분	8~10분
맞은 개수	13~14개	10~12개	1~9개
평가	참 잘했어요.	잘했어요.	좀더 노력해요.

□ 안에 알맞은 수를 써넣으시오. (7 ~ 14)

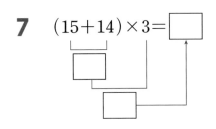

7 $(15+14)\times3=\square$

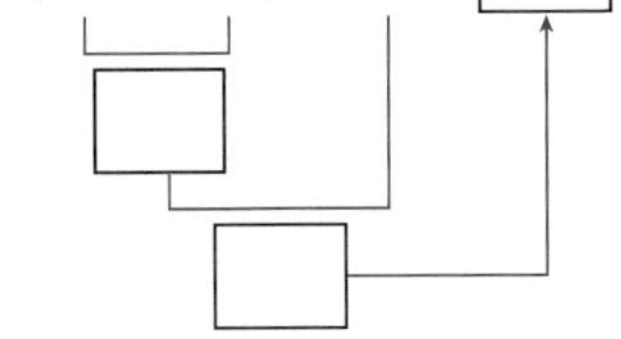

8 $(62-38)\times5=\square$

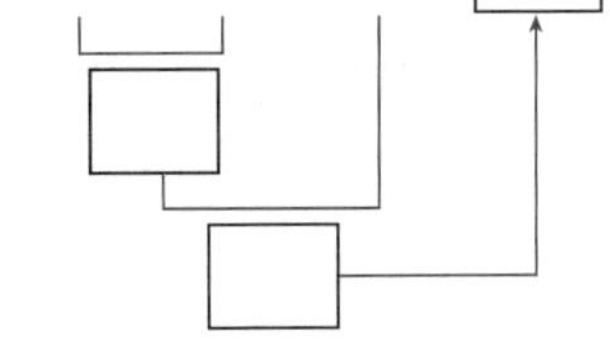

9 $21+5\times(7-2)=\square$

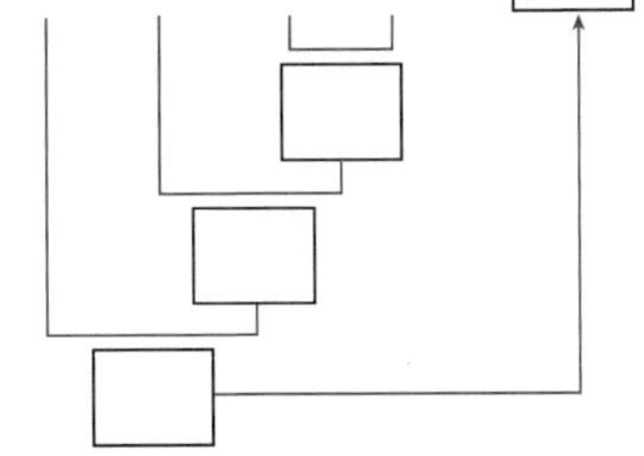

10 $84-4\times(9+6)=\square$

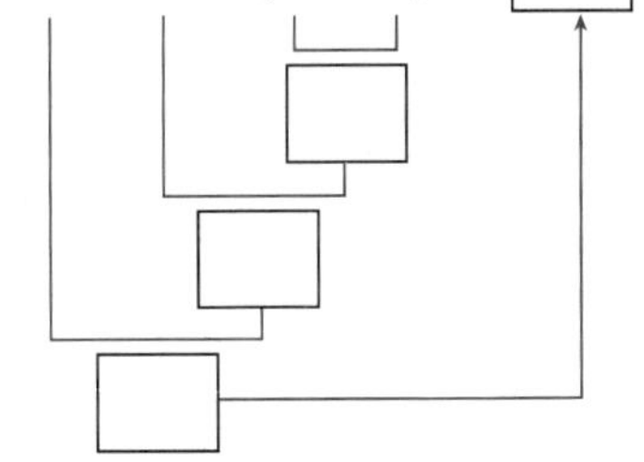

11 $(12+15)\times3-37=\square$

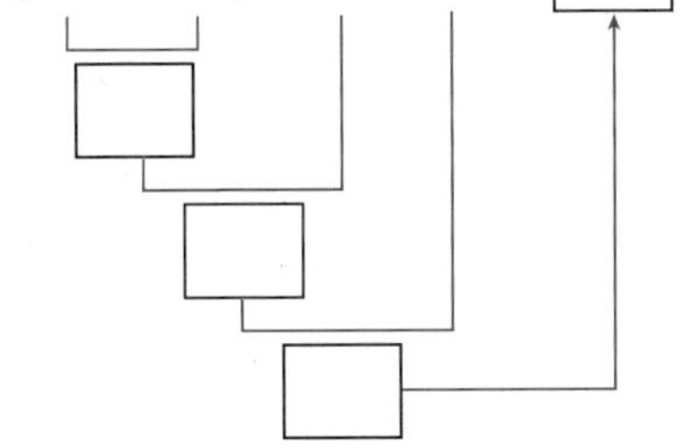

12 $(27-15)\times8+14=\square$

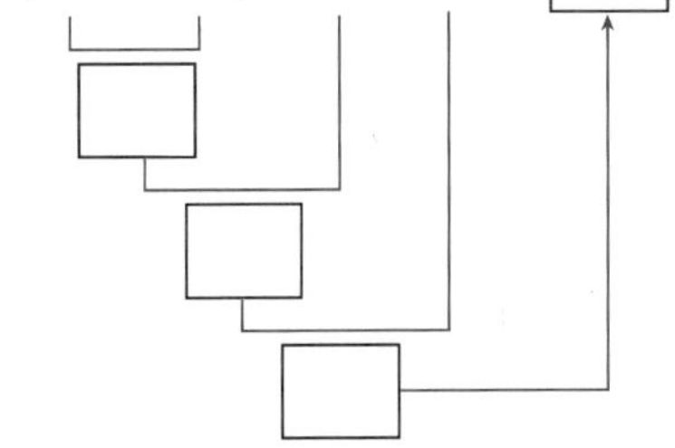

13 $8\times(16-7)+10=\square$

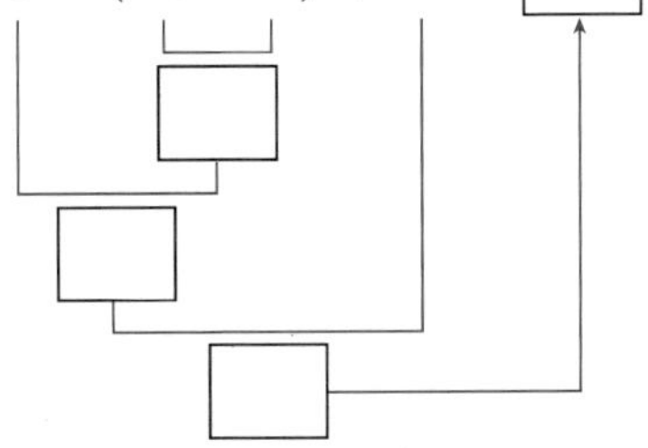

14 $5\times(14+8)-62=\square$

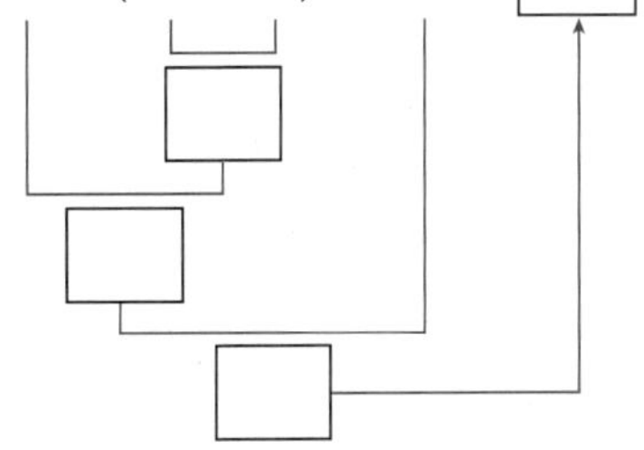

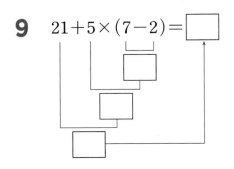

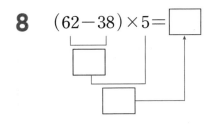

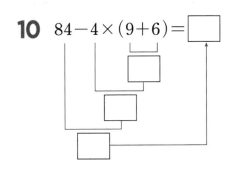

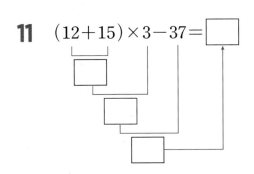

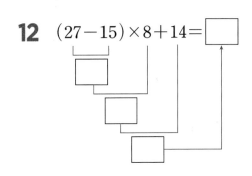

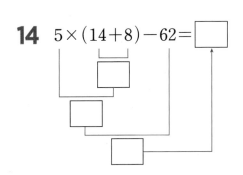

3 덧셈, 뺄셈, 곱셈이 섞여 있는 식의 계산(2)

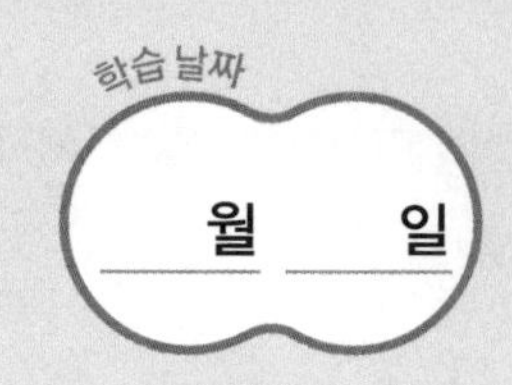

보기 와 같이 순서를 나타내고 계산을 하시오. (1~9)

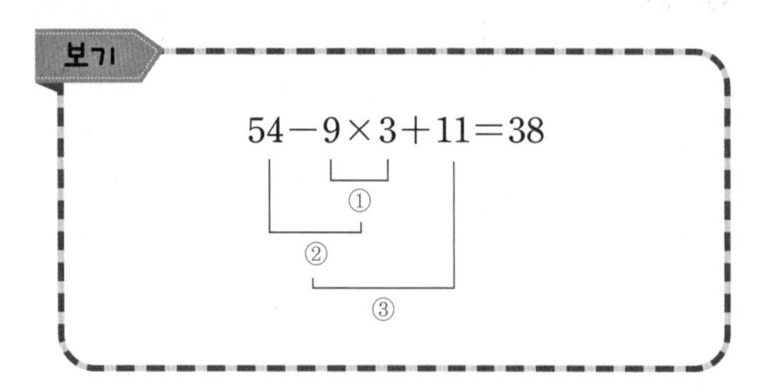

1 $3+7\times4-6$

2 $18-2\times6+7$

3 $24+5\times8-37$

4 $76-11\times4+9$

5 $32+6\times15-88$

6 $17-5\times3+6+18$

7 $36+12-5\times7+8$

8 $7\times6-11+5+14$

9 $25+6-3\times8+15$

계산은 빠르고 정확하게!

걸린 시간	1~6분	6~9분	9~12분
맞은 개수	17~18개	13~16개	1~12개
평가	참 잘했어요.	잘했어요.	좀더 노력해요.

보기 와 같이 순서를 나타내고 계산을 하시오. (10 ~ 18)

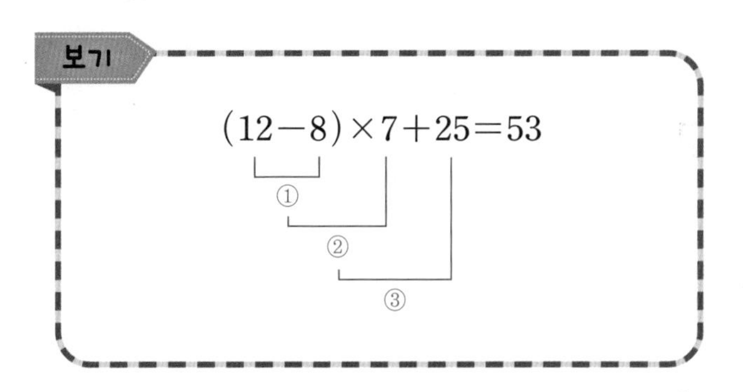

10 $(5+9)\times3-15$

11 $7\times6+(52-28)$

12 $4\times(9+6)-27$

13 $50+(16-9)\times2$

14 $14+(17-6)\times5$

15 $55+(18-5)\times2-9$

16 $12\times(6-4)+15-8$

17 $90-13+(22-4)\times3$

18 $3\times(24-13)\times5+9$

3 덧셈, 뺄셈, 곱셈이 섞여 있는 식의 계산(3)

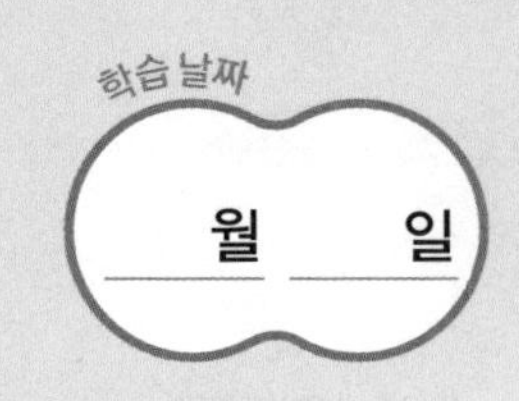

계산을 하시오. (1~14)

1 $17+6\times9-7$

2 $36-4\times5+15$

3 $19+4\times8-21$

4 $29-15+4\times6$

5 $12+31\times4-54$

6 $92-35\times2+14$

7 $6\times12-54+27$

8 $13\times8+15-67$

9 $5+9\times8-18+21$

10 $4\times15-12+9\times2$

11 $55+11-9\times3-4$

12 $17\times5-65+10\times3$

13 $27-12\times2+78-5$

14 $91+7\times4-8\times6$

걸린 시간	1~9분	9~14분	14~18분
맞은 개수	26~28개	20~25개	1~19개
평가	참 잘했어요.	잘했어요.	좀더 노력해요.

계산을 하시오. (15 ~ 28)

15 $5\times(7+2)-11$

16 $7\times(14-8)+5$

17 $(4+9)\times3-7$

18 $(6+7)\times6-24$

19 $(11-4)\times3+18$

20 $(24-15)\times10+12$

21 $4+3\times(2+7)-21$

22 $20-3\times(12-8)+11$

23 $6\times(9+2)-18+25$

24 $(9-3)\times8+24-30$

25 $4\times(9+6)\times7-20$

26 $(27-15)\times3+11\times2$

27 $(5+7)\times8-9\times7$

28 $50-3\times(15-9)\times2$

4 덧셈, 뺄셈, 나눗셈이 섞여 있는 식의 계산(1)

- 덧셈, 뺄셈, 나눗셈이 섞여 있는 식의 계산

  덧셈, 뺄셈, 나눗셈이 섞여 있는 식은 나눗셈을 먼저 계산합니다.

  (　　)가 있는 식은 (　　) 안을 먼저 계산합니다.

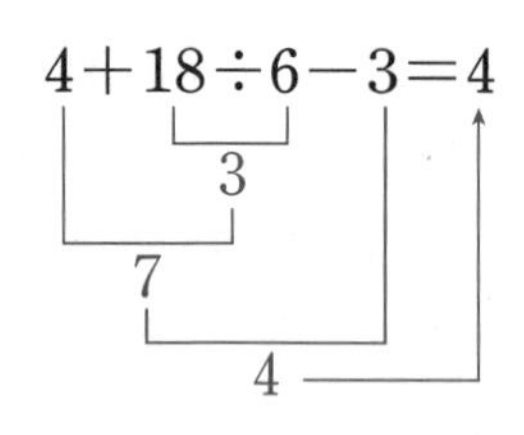

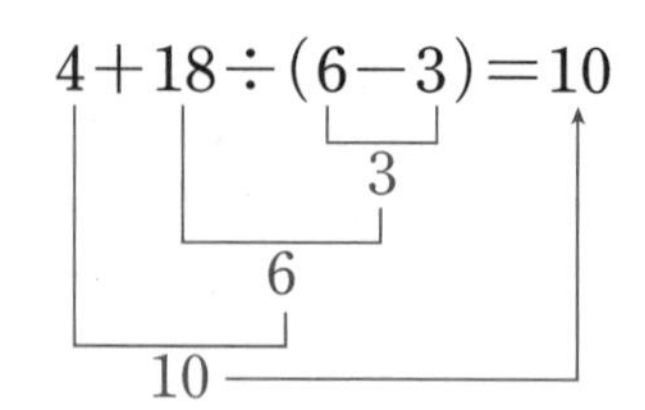

□ 안에 알맞은 수를 써넣으시오. (1~6)

1 $9+24\div4=\square$

2 $36\div3-7=\square$

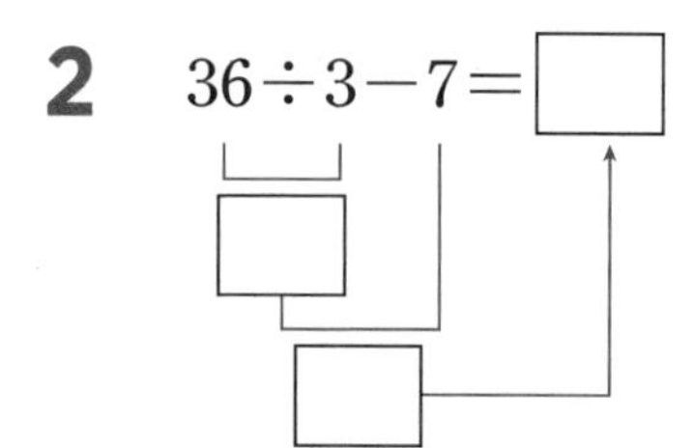

3 $9+12\div4-6=\square$

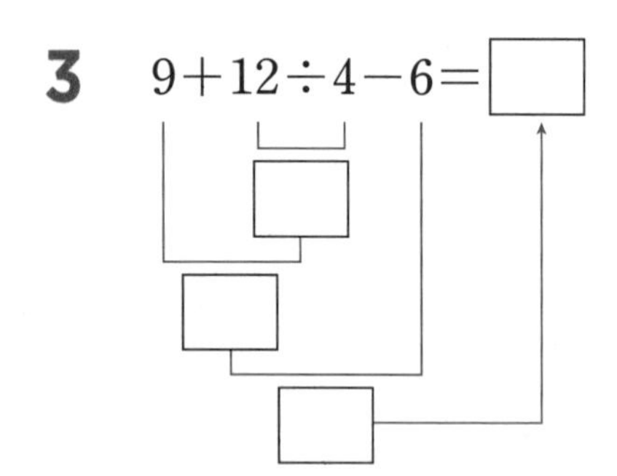

4 $25-16\div2+3=\square$

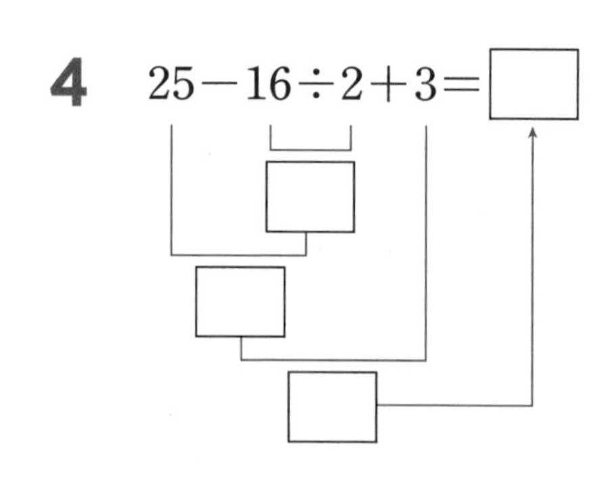

5 $45\div5+11-15=\square$

6 $21-13+32\div8=\square$

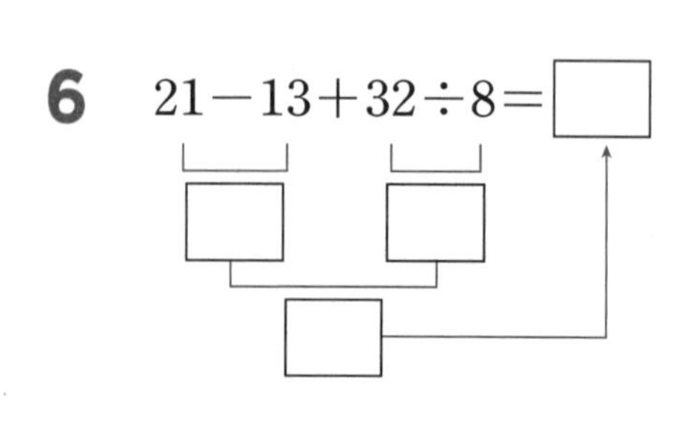

걸린 시간	1~5분	5~8분	8~10분
맞은 개수	13~14개	10~12개	1~9개
평가	참 잘했어요.	잘했어요.	좀더 노력해요.

□ 안에 알맞은 수를 써넣으시오. (7 ~ 14)

7 $(45+54)\div9=\square$

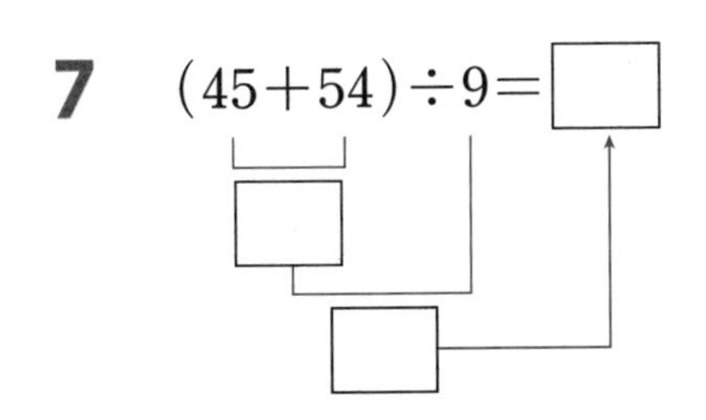

8 $45\div(16-7)=\square$

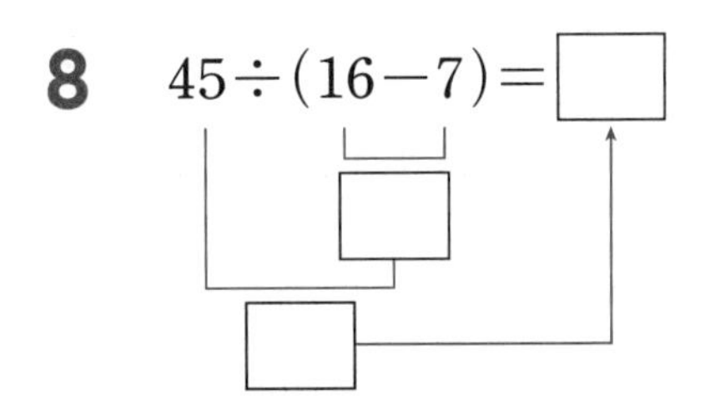

9 $24-70\div(5+9)=\square$

10 $(8+36)\div4-3=\square$

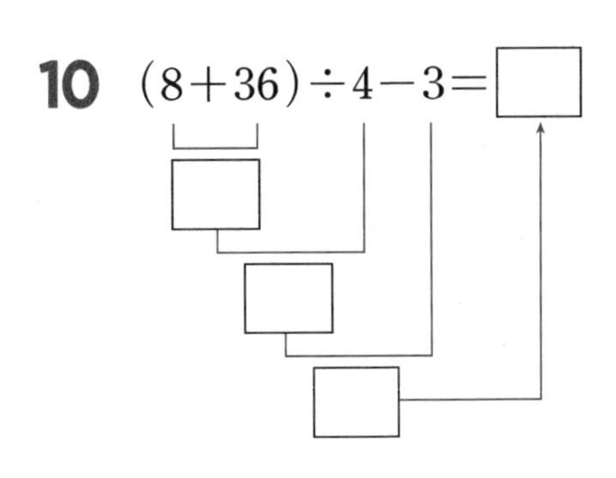

11 $13+(15-8)\div7=\square$

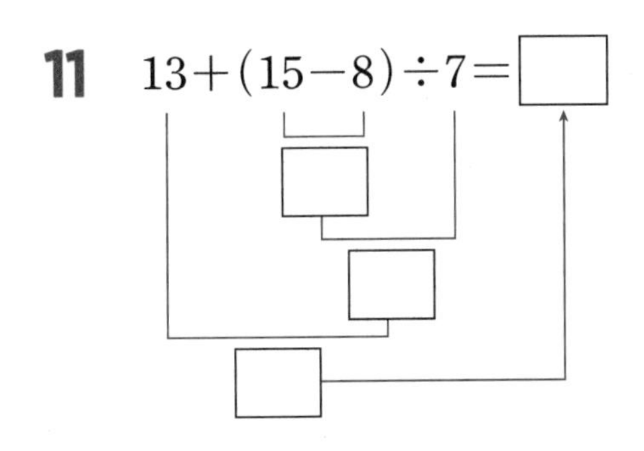

12 $30+(49-11)\div2=\square$

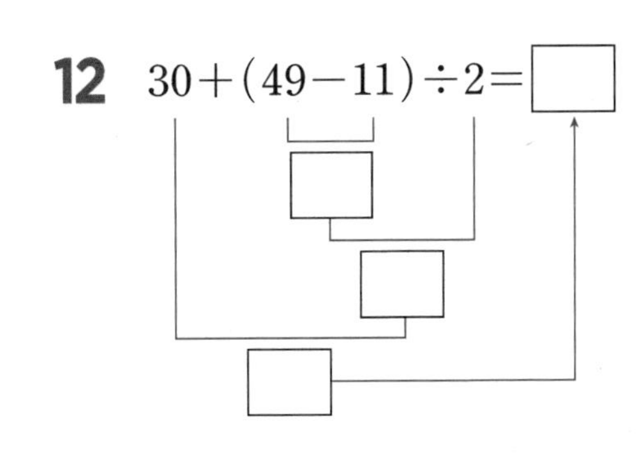

13 $26+(41-19)\div11=\square$

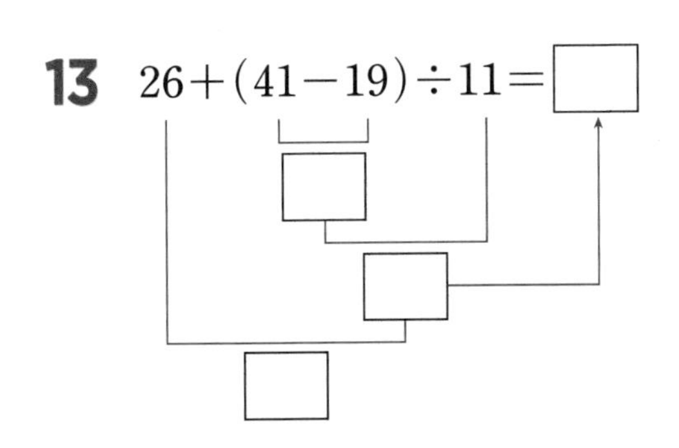

14 $65-85\div(9+8)=\square$

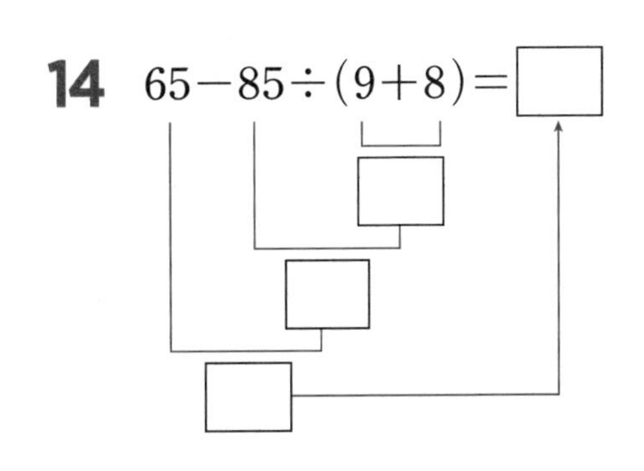

4 덧셈, 뺄셈, 나눗셈이 섞여 있는 식의 계산(2)

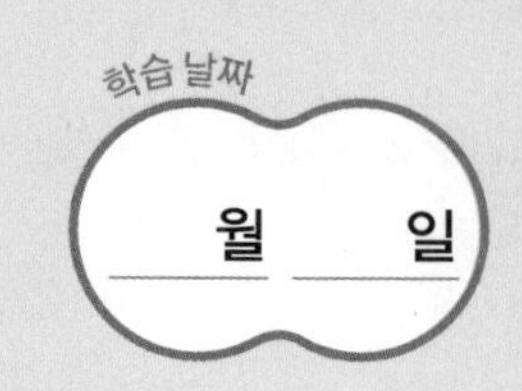

보기 와 같이 순서를 나타내고 계산을 하시오. (1~9)

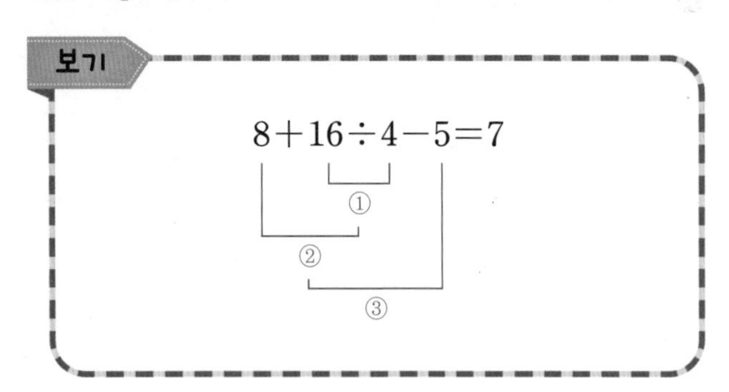

1 $9+24\div6-2$

2 $16-28\div7+5$

3 $36\div3+8-11$

4 $8+14-72\div9$

5 $82-96\div8+3$

6 $63\div7+15-8$

7 $35\div7-2+19$

8 $18\div6+26-13$

9 $40-8+15\div3$

걸린 시간	1~6분	6~9분	9~12분
맞은 개수	17~18개	13~16개	1~12개
평가	참 잘했어요.	잘했어요.	좀더 노력해요.

보기 와 같이 순서를 나타내고 계산을 하시오. (10 ~ 18)

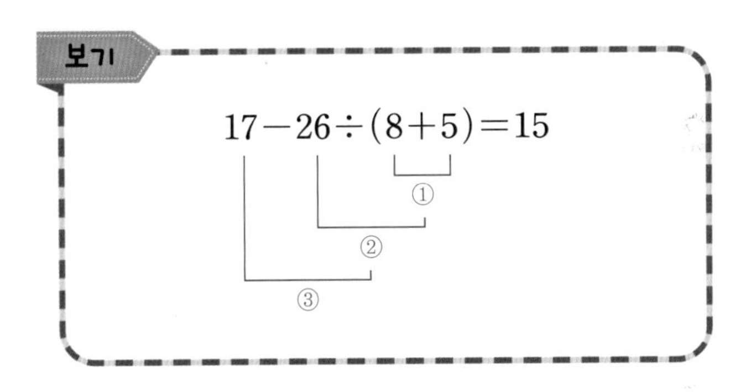

10 $(96+4)\div5-7$

11 $52-48\div(2+6)$

12 $(28-4)\div6+18$

13 $40+(27-11)\div4$

14 $29-(13+8)\div7$

15 $27+25\div(9-4)$

16 $15-44\div(8+3)$

17 $38+(41-17)\div8$

18 $87-(65+15)\div16$

4 덧셈, 뺄셈, 나눗셈이 섞여 있는 식의 계산 (3)

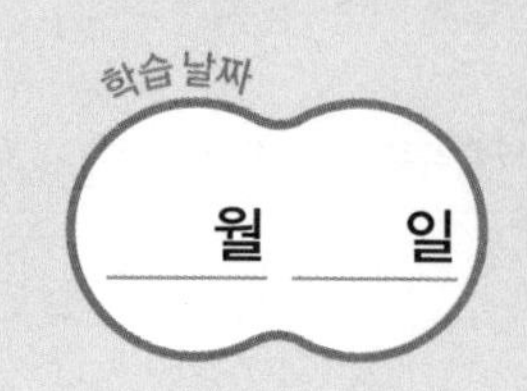

계산을 하시오. (1 ~ 14)

1 $17+68\div4-6$

2 $28-49\div7+12$

3 $48+36\div4-23$

4 $42-39\div13+4$

5 $25+96\div6-18$

6 $68-121\div11+25$

7 $19+15-56\div4$

8 $72-56+98\div14$

9 $75\div15+27-19$

10 $153\div3-47+28$

11 $49\div7+41-36$

12 $54\div9+14-4$

13 $36+54\div6-14$

14 $57-84\div21+7$

걸린 시간	1~9분	9~14분	14~18분
맞은 개수	26~28개	20~25개	1~19개
평가	참 잘했어요.	잘했어요.	좀더 노력해요.

계산을 하시오. (15 ~ 28)

15 $(24+36)\div15-3$

16 $175\div(15-8)+13$

17 $27+54\div(11-5)$

18 $28-180\div(16+29)$

19 $47+69\div(30-7)$

20 $58-114\div(11+8)$

21 $112\div(17-9)+44$

22 $165\div(8+7)-9$

23 $104\div(24-11)+22$

24 $195\div(4+9)-8$

25 $(49+71)\div8-6$

26 $(94-13)\div3+13$

27 $26+(41-19)\div11$

28 $24-136\div(16+18)$

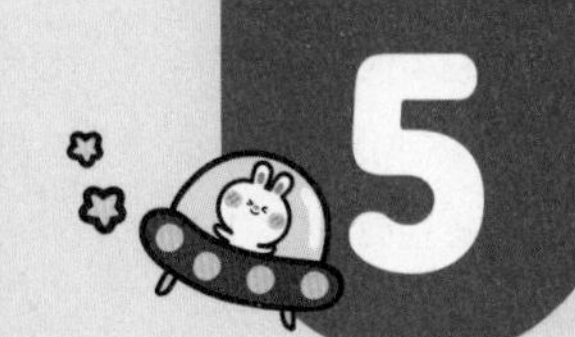

5 덧셈, 뺄셈, 곱셈, 나눗셈이 섞여 있는 식의 계산(1)

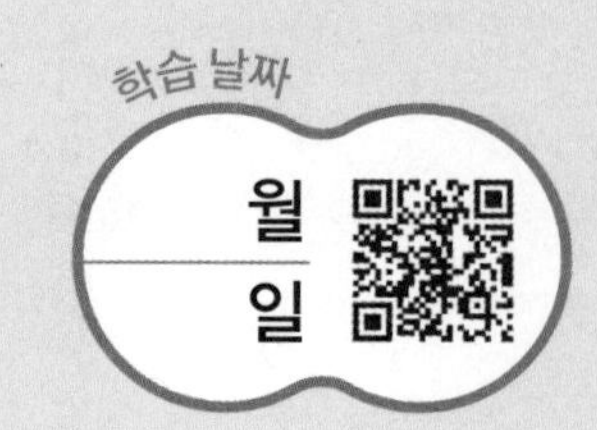

• 덧셈, 뺄셈, 곱셈, 나눗셈이 섞여 있는 식의 계산

덧셈, 뺄셈, 곱셈, 나눗셈이 섞여 있는 식은 곱셈과 나눗셈을 먼저 계산합니다.

( )가 있는 식은 ( ) 안을 먼저 계산합니다.

$9+7\times4\div2-8=15$

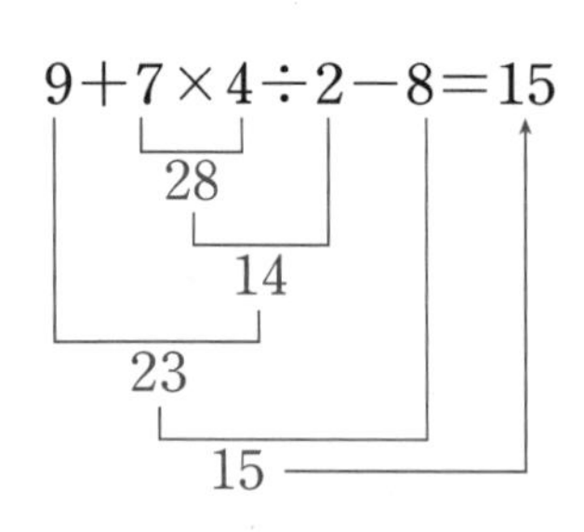

$(9+7)\times4\div2-8=24$

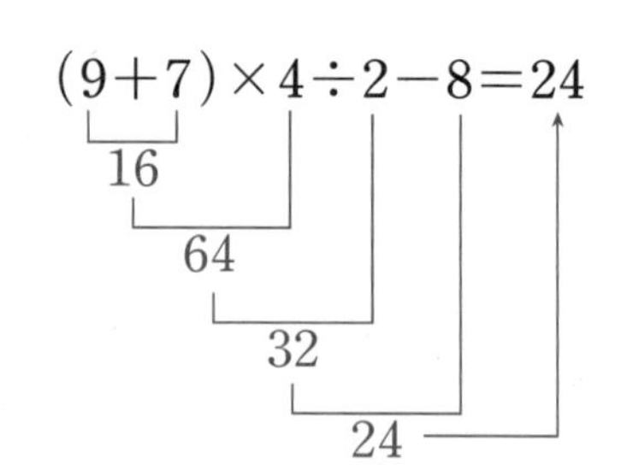

□ 안에 알맞은 수를 써넣으시오. (1~4)

1 $29-4\times9\div6+3=\square$

2 $7+8\times6\div4-5=\square$

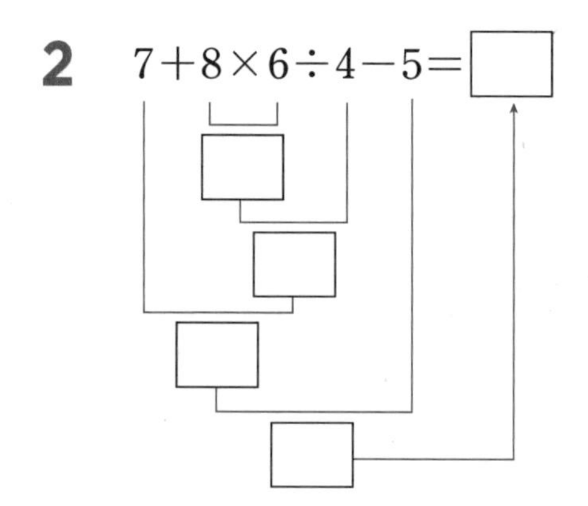

3 $45-36\div4\times3+5=\square$

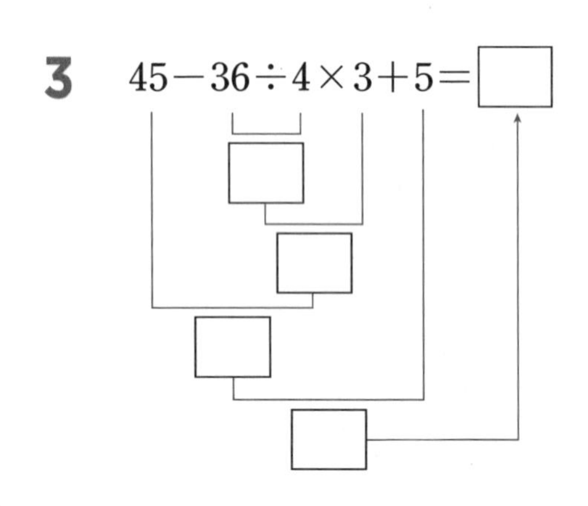

4 $11+42\div6\times3-15=\square$

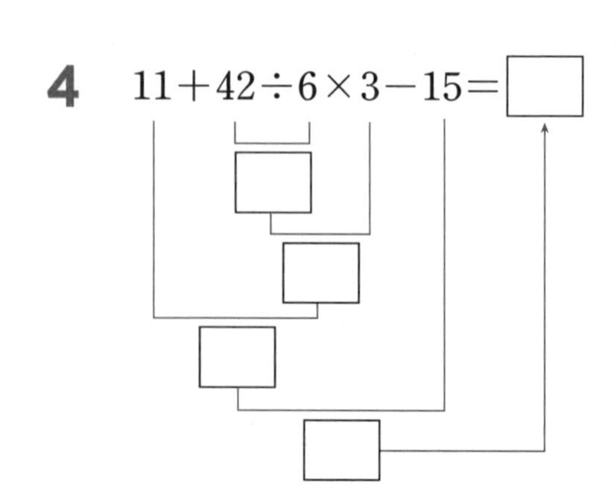

계산은 빠르고 정확하게!

걸린 시간	1~6분	6~9분	9~12분
맞은 개수	11~12개	9~10개	1~8개
평가	참 잘했어요.	잘했어요.	좀더 노력해요.

□ 안에 알맞은 수를 써넣으시오. (5~12)

5 $5+8\times(6-4)\div4=$ □

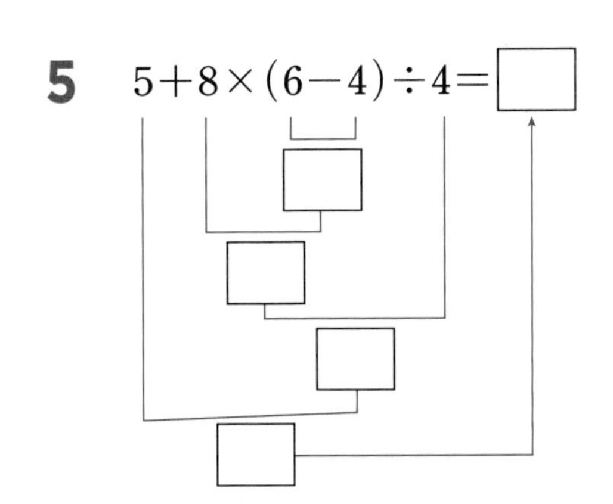

6 $20-4\times(5+3)\div2=$ □

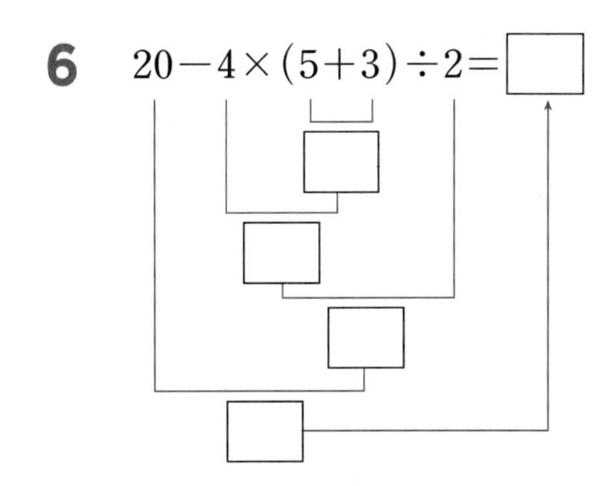

7 $56\div(15-8)+3\times5=$ □

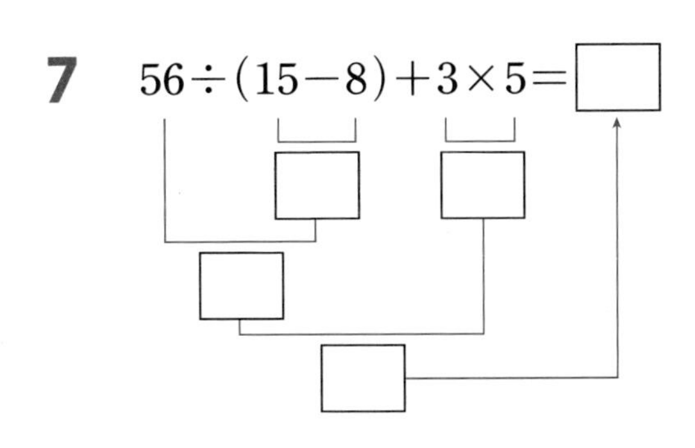

8 $81\div(21-12)+4\times7=$ □

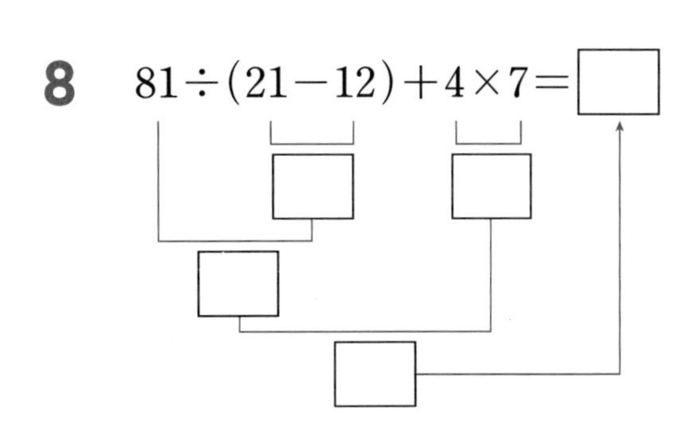

9 $64\div(2\times4)+7-9=$ □

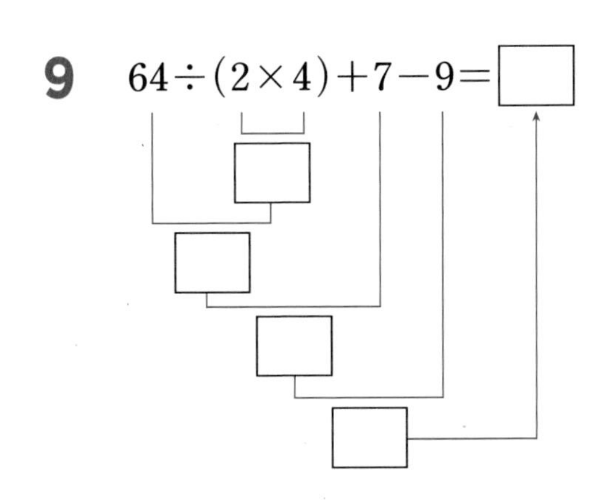

10 $60\div(3\times5)+8-3=$ □

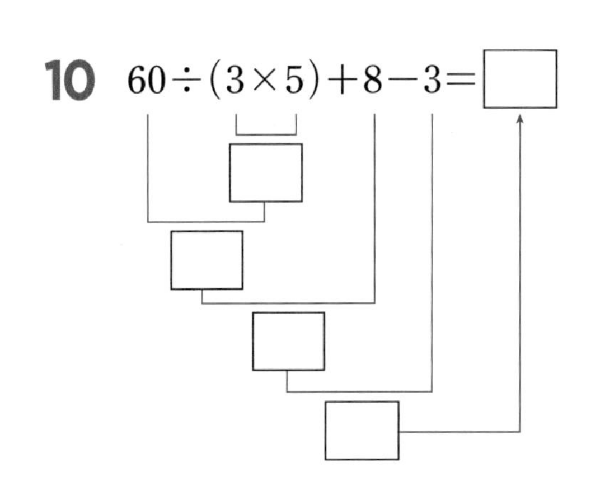

11 $17-84\div(7\times2)+5=$ □

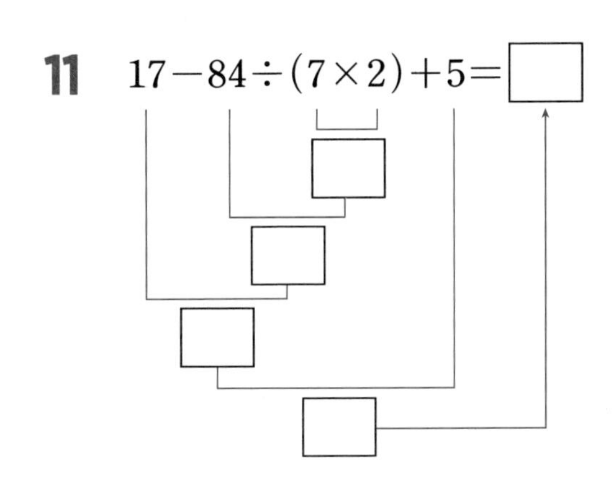

12 $16+90\div(9\times2)-11=$ □

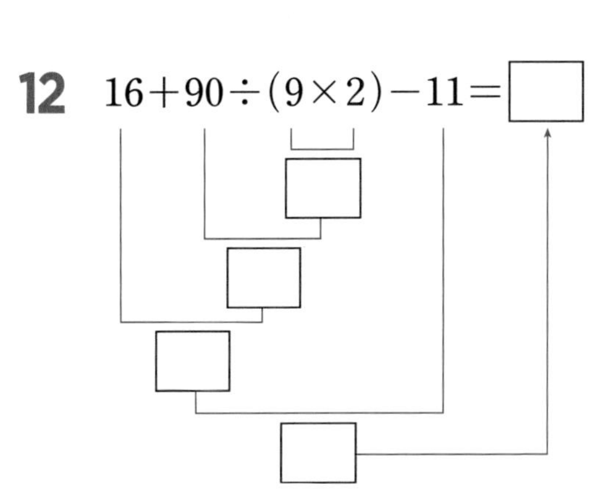

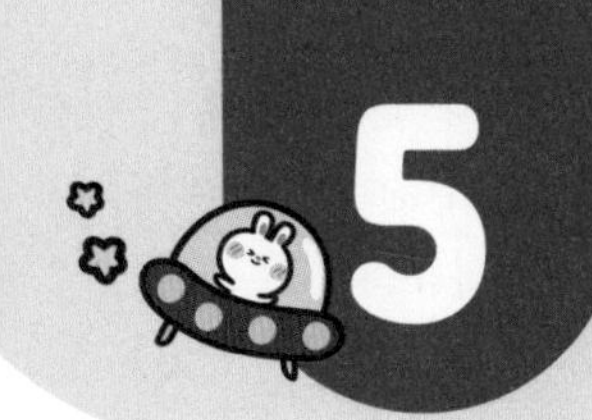

5 덧셈, 뺄셈, 곱셈, 나눗셈이 섞여 있는 식의 계산(2)

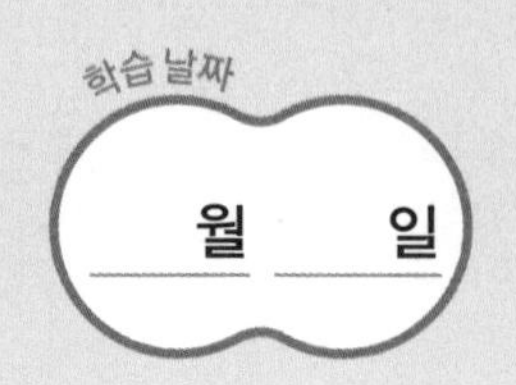

보기 와 같이 순서를 나타내고 계산을 하시오. (1~9)

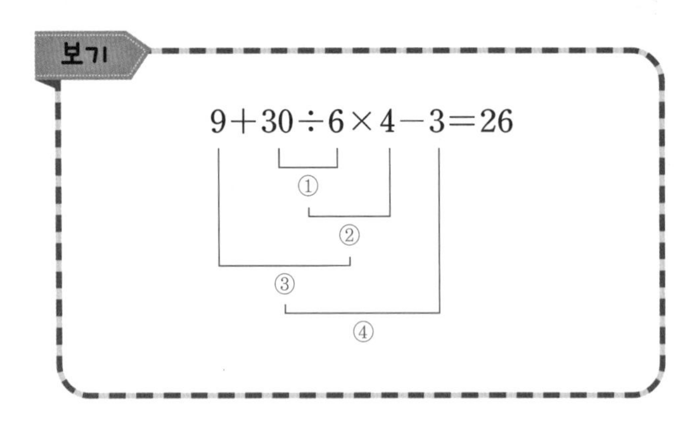

1 $6+5\times4-27\div3$

2 $9-49\div7+3\times8$

3 $10+4\times8-48\div6$

4 $10+35\div7\times2-8$

5 $20-42\div7\times3+6$

6 $45\div5+7-3\times4$

7 $2\times8+6-72\div4$

8 $12\times5-26+64\div2$

9 $27+35-96\div8\times4$

계산은 빠르고 정확하게!

걸린 시간	1~6분	6~9분	9~12분
맞은 개수	17~18개	13~16개	1~12개
평가	참 잘했어요.	잘했어요.	좀더 노력해요.

보기 와 같이 순서를 나타내고 계산을 하시오. (10 ~ 18)

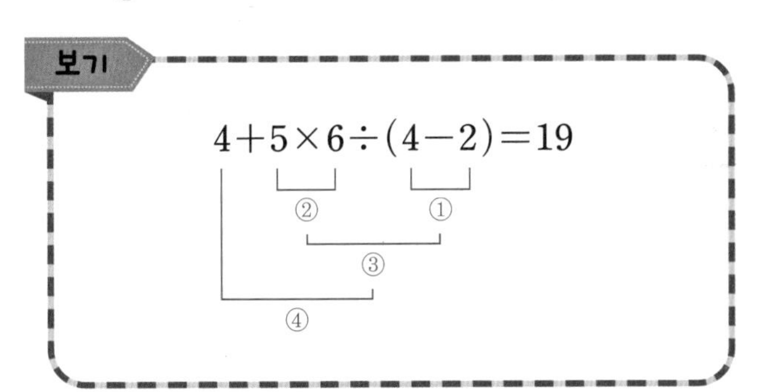

10 $17-4\times18\div(2+7)$

11 $5+3\times12\div(9-3)$

12 $18-15\times3\div(17-12)$

13 $48\div(4\times3)+9-5$

14 $70\div(5\times7)+18-16$

15 $9\times(18\div3)-15+8$

16 $65-90\div(9\times2)+3$

17 $5+3\times(72\div9)-11$

18 $50-6\times(84\div12)+14$

5 덧셈, 뺄셈, 곱셈, 나눗셈이 섞여 있는 식의 계산(3)

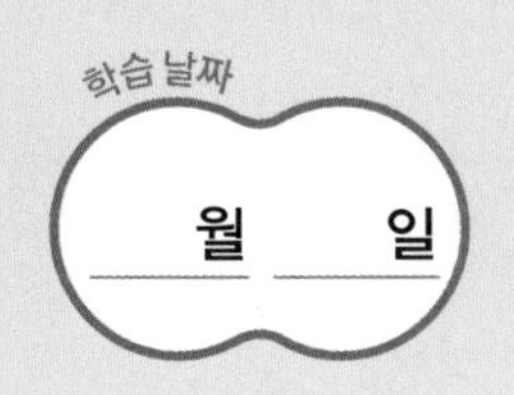

계산을 하시오. (1~14)

1 $7+48\div6-2\times5$

2 $19-56\div8+5\times4$

3 $12+4\times13-68\div2$

4 $70-5\times12+66\div3$

5 $4\times8-12+75\div5$

6 $81\div3-7+2\times14$

7 $6\times5-11+64\div16$

8 $72\div4-8+3\times15$

9 $17+5\times8\div4-15$

10 $11+25\div5\times4-21$

11 $25-6\times12\div8+4$

12 $18-94\div47\times5+9$

13 $8\times11-48\div12+3$

14 $121\div11+4\times13-28$

걸린 시간	1~10분	10~15분	15~20분
맞은 개수	26~28개	20~25개	1~19개
평가	참 잘했어요.	잘했어요.	좀더 노력해요.

계산을 하시오. (15 ~ 28)

15 $6+32\div(10-2)\times5$

16 $12+56\div(11-4)\times6$

17 $(3+5)\times6\div3-4$

18 $(9+4)\times8\div4-7$

19 $7+42\div(8-2)\times9$

20 $60-69\div(7-4)\times2$

21 $10-9\times(8+7)\div45$

22 $(51+15)-42\div6\times8$

23 $94-6\times(9+5)\div7$

24 $30-8\times(7+5)\div6$

25 $72\div(12+6)\times8-15$

26 $84\div(13-6)+2\times6$

27 $54\div(17-11)+4\times8$

28 $(62-6)\div4+3\times7$

6 신기한 연산

보기 를 참고하여 계산해 보시오. (1~6)

보기

$30-4\times5\ \boxed{+10}$
$=30+10-4\times5$
$=40-20=20$

$10+20\div5\ \boxed{-4}$
$=10-4+20\div5$
$=6+4=10$

1 $27+3\times6-15$

2 $32+40\div8-15$

3 $44-6\times5+2$

4 $38-56\div7+10$

5 $12+4\times7-8$

6 $62-81\div9+7$

계산은 빠르고 정확하게!

걸린 시간	1~10분	10~15분	15~20분
맞은 개수	11~12개	9~10개	1~8개
평가	참 잘했어요.	잘했어요.	좀더 노력해요.

보기 를 참고하여 계산해 보시오. (7 ~ 12)

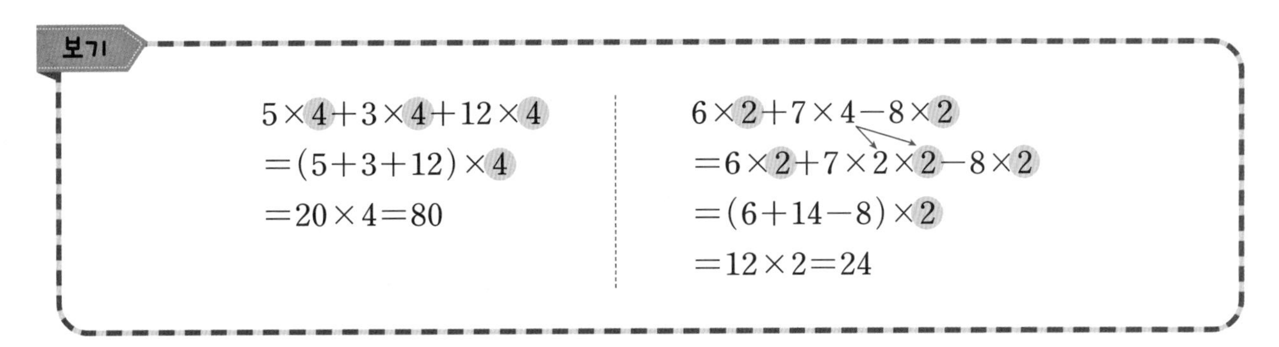
보기

$5\times4+3\times4+12\times4$
$=(5+3+12)\times4$
$=20\times4=80$

$6\times2+7\times4-8\times2$
$=6\times2+7\times2\times2-8\times2$
$=(6+14-8)\times2$
$=12\times2=24$

7 $48\times3+27\times3+25\times3$
$=(\square+\square+\square)\times\square$
$=\square\times\square$
$=\square$

8 $64\times4+23\times4-17\times4$
$=(\square+\square-\square)\times\square$
$=\square\times\square$
$=\square$

9 $36\times5-16\times5+30\times5$
$=(\square-\square+\square)\times\square$
$=\square\times\square$
$=\square$

10 $128\times6+53\times6-31\times6$
$=(\square+\square-\square)\times\square$
$=\square\times\square$
$=\square$

11 $12\times2+14\times4+16\times2$
$=(\square+\square+\square)\times\square$
$=\square\times\square$
$=\square$

12 $22\times3+32\times6+8\times9$
$=(\square+\square+\square)\times\square$
$=\square\times\square$
$=\square$

확인 평가

□ 안에 알맞은 수를 써넣으시오. (1~8)

1 $24+57-32=\square$

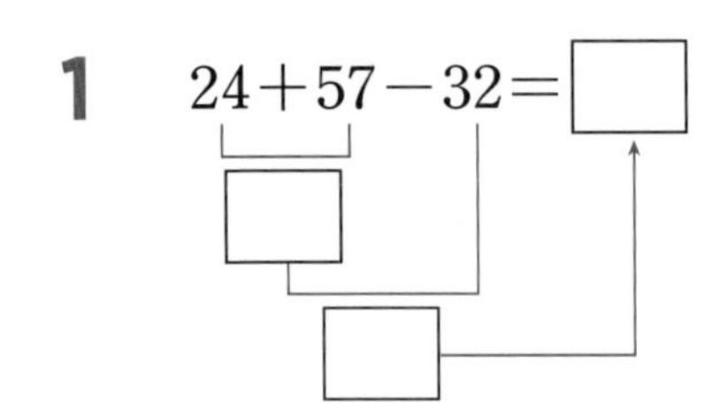

2 $112\div(4\times7)=\square$

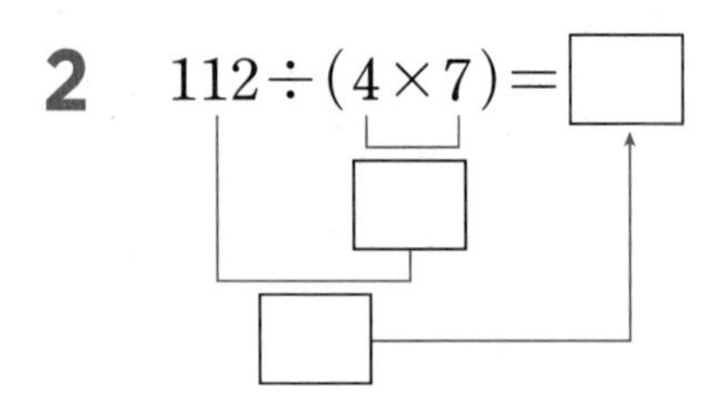

3 $7+5\times8-12=\square$

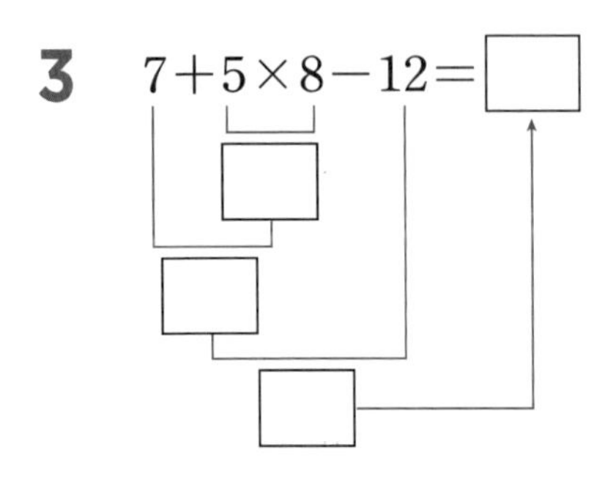

4 $32+3\times(9-3)=\square$

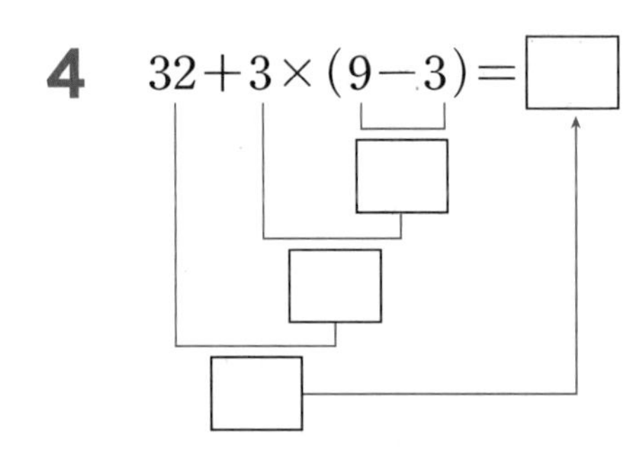

5 $17-5+72\div3=\square$

6 $(35+43)\div6-3=\square$

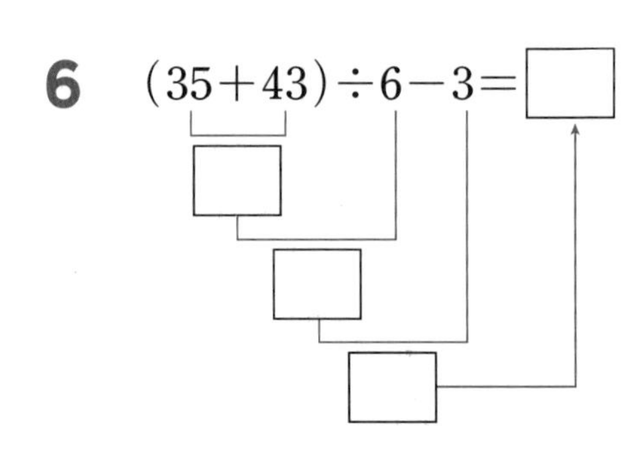

7 $15+3\times18\div6-7=\square$

8 $28\div(14-7)\times9+11=\square$

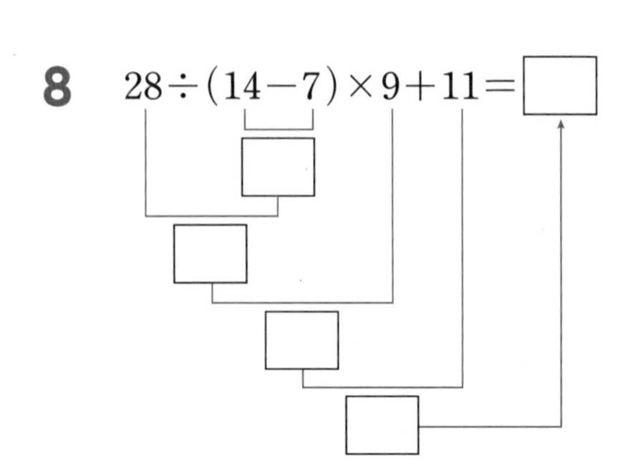

걸린 시간	1~10분	10~15분	15~20분
맞은 개수	28~31개	22~27개	1~21개
평가	참 잘했어요.	잘했어요.	좀더 노력해요.

보기 와 같이 순서를 나타내고 계산을 하시오. (9 ~ 17)

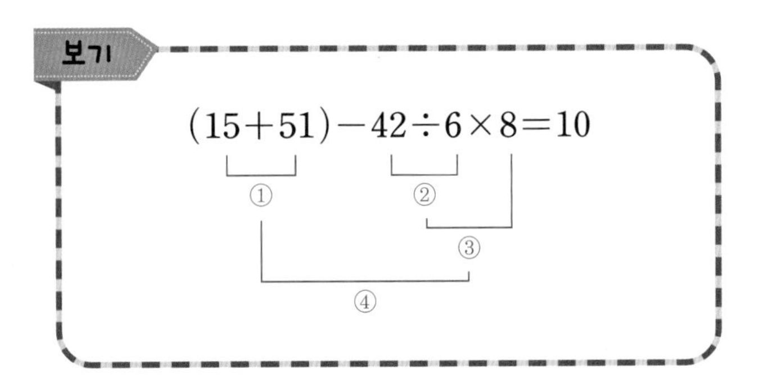

9 $180 \div (4 \times 9)$

10 $9 \times 8 \div 6$

11 $126 \div (9 \times 2)$

12 $6+5 \times 7-3$

13 $(7+25) \times 2-37$

14 $19-54 \div 9+5$

15 $28+(90-18) \div 6$

16 $13+84 \div 6 \times 2-15$

17 $76-4 \times (21+6) \div 3$

확인 평가

계산을 하시오. (18 ~ 31)

18 $48+32-52$

19 $82-(13+28)$

20 $24\times6\div12$

21 $84\div(2\times7)$

22 $9+4\times12-5$

23 $(17+4)\times3-47$

24 $35-17+54\div9$

25 $25-(56\div4)+11$

26 $63\div3-7\times2$

27 $8\times(5+7)\div6$

28 $64\div8+7\times5-26$

29 $91\div(4+9)\times8-28$

30 $14+37-72\div8\times5$

31 $72\div(15-9)\times8-65$

2

분수의 덧셈과 뺄셈

1 약수와 배수(1)

- 어떤 수를 나누어떨어지게 하는 수를 그 수의 약수라고 합니다.
  예 8의 약수: 1, 2, 4, 8
- 어떤 수를 1배, 2배, 3배, …한 수를 그 수의 배수라고 합니다.
  예 4의 배수: 4, 8, 12, 16, 20, …
- 배수와 약수의 관계

■×▲=● ➡ ●는 ■와 ▲의 배수입니다.
　　　　　 ■와 ▲는 ●의 약수입니다.

□ 안에 알맞은 수를 써넣으시오. (1~3)

1

6÷□=6　　6÷□=3　　6÷□=2　　6÷□=1

➡ 6의 약수 : □, □, □, □

2

10÷□=10　　10÷□=5　　10÷□=2　　10÷□=1

➡ 10의 약수 : □, □, □, □

3

20÷□=20　　20÷□=10　　20÷□=5

20÷□=4　　20÷□=2　　20÷□=1

➡ 20의 약수 : □, □, □, □, □, □

걸린 시간	1~5분	5~8분	8~10분
맞은 개수	11~12개	9~10개	1~8개
평가	참 잘했어요.	잘했어요.	좀더 노력해요.

약수를 모두 구하시오. (4 ~ 12)

4 9의 약수 ➡ (   )

5 12의 약수 ➡ (   )

6 15의 약수 ➡ (   )

7 18의 약수 ➡ (   )

8 24의 약수 ➡ (   )

9 28의 약수 ➡ (   )

10 30의 약수 ➡ (   )

11 35의 약수 ➡ (   )

12 36의 약수 ➡ (   )

약수와 배수(2)

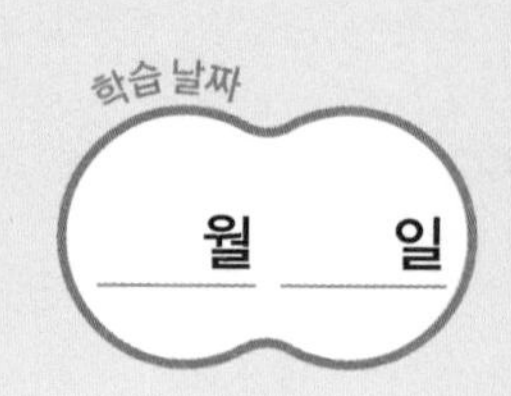

□ 안에 알맞은 수를 써넣으시오. (1~6)

1
3의 1배: $3\times\square=\square$
3의 2배: $3\times\square=\square$
3의 3배: $3\times\square=\square$
⋮ ⋮
➡ 3의 배수: □, □, □, ⋯

2
5의 1배: $5\times\square=\square$
5의 2배: $5\times\square=\square$
5의 3배: $5\times\square=\square$
⋮ ⋮
➡ 5의 배수: □, □, □, ⋯

3
7의 1배: $7\times\square=\square$
7의 2배: $7\times\square=\square$
7의 3배: $7\times\square=\square$
⋮ ⋮
➡ 7의 배수: □, □, □, ⋯

4
9의 1배: $9\times\square=\square$
9의 2배: $9\times\square=\square$
9의 3배: $9\times\square=\square$
⋮ ⋮
➡ 9의 배수: □, □, □, ⋯

5
10의 1배: $10\times\square=\square$
10의 2배: $10\times\square=\square$
10의 3배: $10\times\square=\square$
⋮ ⋮
➡ 10의 배수: □, □, □, ⋯

6
12의 1배: $12\times\square=\square$
12의 2배: $12\times\square=\square$
12의 3배: $12\times\square=\square$
⋮ ⋮
➡ 12의 배수: □, □, □, ⋯

걸린 시간	1~6분	6~9분	9~12분
맞은 개수	14~15개	11~13개	1~10개
평가	참 잘했어요.	잘했어요.	좀더 노력해요.

배수를 가장 작은 수부터 5개씩 쓰시오. (7 ~ 15)

7 2의 배수 ➡ (　　　　　　　　　　　　)

8 4의 배수 ➡ (　　　　　　　　　　　　)

9 6의 배수 ➡ (　　　　　　　　　　　　)

10 8의 배수 ➡ (　　　　　　　　　　　　)

11 11의 배수 ➡ (　　　　　　　　　　　　)

12 13의 배수 ➡ (　　　　　　　　　　　　)

13 15의 배수 ➡ (　　　　　　　　　　　　)

14 18의 배수 ➡ (　　　　　　　　　　　　)

15 20의 배수 ➡ (　　　　　　　　　　　　)

1 약수와 배수 (3)

식을 보고 □ 안에 알맞은 수를 써넣으시오. (1~4)

1

$9=1\times9$ $9=3\times3$

➡ 9는 □, □, □의 배수입니다.
□, □, □는 9의 약수입니다.

2

$14=1\times14$ $14=2\times7$

➡ 14는 □, □, □, □의 배수입니다.
□, □, □, □는 14의 약수입니다.

3

$16=1\times16$ $16=2\times8$ $16=4\times4$

➡ 16은 □, □, □, □, □의 배수입니다.
□, □, □, □, □은 16의 약수입니다.

4

$28=1\times28$ $28=2\times14$ $28=4\times7$

➡ 28은 □, □, □, □, □, □의 배수입니다.
□, □, □, □, □, □은 28의 약수입니다.

걸린 시간	1~6분	6~9분	9~12분
맞은 개수	9~10개	7~8개	1~6개
평가	참 잘했어요.	잘했어요.	좀더 노력해요.

두 수가 약수와 배수의 관계인 것을 찾아 ○표 하시오. (5~10)

5

29	8

( )

7	49

( )

12	35

( )

6

30	4

( )

11	97

( )

14	42

( )

7

81	9

( )

10	75

( )

12	35

( )

8

6	74

( )

18	80

( )

13	65

( )

9

96	8

( )

15	85

( )

66	13

( )

10

19	58

( )

16	96

( )

58	14

( )

2 공약수와 최대공약수(1)

- 두 수의 공통된 약수를 두 수의 공약수라 하고, 두 수의 공약수 중에서 가장 큰 수를 최대공약수라고 합니다.
- 두 수의 공약수는 두 수의 최대공약수의 약수와 같습니다.
- 8과 12의 최대공약수 구하기

$8 = 2 \times 2 \times 2$
$12 = 2 \times 2 \times 3$
➡ 최대공약수: $2 \times 2 = 4$

$$\begin{array}{r|rr} 2 & 8 & 12 \\ \hline 2 & 4 & 6 \\ \hline & 2 & 3 \end{array}$$

➡ 최대공약수: $2 \times 2 = 4$

두 수의 공약수와 최대공약수를 구하시오. (1~4)

1

6의 약수 : 1, 2, 3, 6
8의 약수: 1, 2, 4, 8

➡ 공약수 (　　　　　　　　)
최대공약수 (　　　　　　　　)

2

10의 약수 : 1, 2, 5, 10
15의 약수: 1, 3, 5, 15

➡ 공약수 (　　　　　　　　)
최대공약수 (　　　　　　　　)

3

12의 약수 : 1, 2, 3, 4, 6, 12
16의 약수: 1, 2, 4, 8, 16

➡ 공약수 (　　　　　　　　)
최대공약수 (　　　　　　　　)

4

18의 약수 : 1, 2, 3, 6, 9, 18
27의 약수: 1, 3, 9, 27

➡ 공약수 (　　　　　　　　)
최대공약수 (　　　　　　　　)

걸린 시간	1~5분	5~8분	8~10분
맞은 개수	8개	6~7개	1~5개
평가	참 잘했어요.	잘했어요.	좀더 노력해요.

□ 안에 알맞은 수를 써넣으시오. (5~8)

5 9의 약수: □, □, □

15의 약수: □, □, □, □

9와 15의 공약수: □, □

9와 15의 최대공약수: □

6 14의 약수: □, □, □, □

21의 약수: □, □, □, □

14와 21의 공약수: □, □

14와 21의 최대공약수: □

7 12의 약수: □, □, □, □, □, □

32의 약수: □, □, □, □, □, □

12와 32의 공약수: □, □, □

12와 32의 최대공약수: □

8 18의 약수: □, □, □, □, □, □

24의 약수: □, □, □, □, □, □, □, □

18과 24의 공약수: □, □, □, □

18과 24의 최대공약수: □

2 공약수와 최대공약수(2)

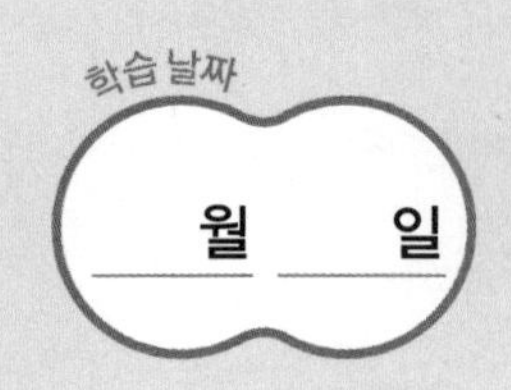

두 수의 최대공약수를 구하려고 합니다. □ 안에 알맞은 수를 써넣으시오. (1~6)

1

$8=2\times2\times2$
$12=2\times2\times3$

➡ 8과 12의 최대공약수
$\square\times\square=\square$

2

$6=2\times3$
$18=2\times3\times3$

➡ 6과 18의 최대공약수
$\square\times\square=\square$

3

$20=2\times2\times\square$
$28=2\times2\times\square$

➡ 20과 28의 최대공약수
$\square\times\square=\square$

4

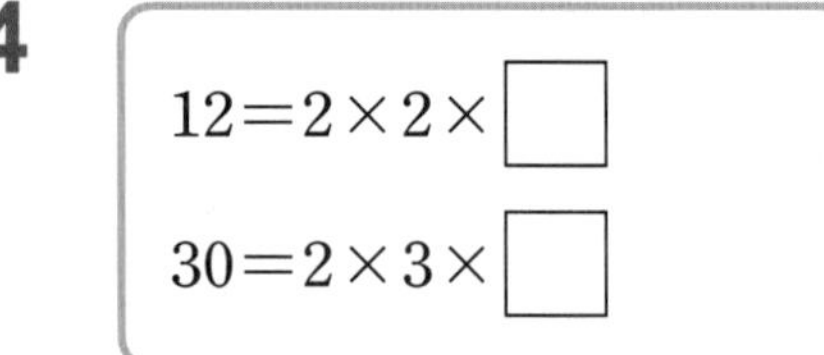

$12=2\times2\times\square$
$30=2\times3\times\square$

➡ 12와 30의 최대공약수
$\square\times\square=\square$

5

$30=2\times\square\times\square$
$70=2\times\square\times\square$

➡ 30과 70의 최대공약수
$\square\times\square=\square$

6

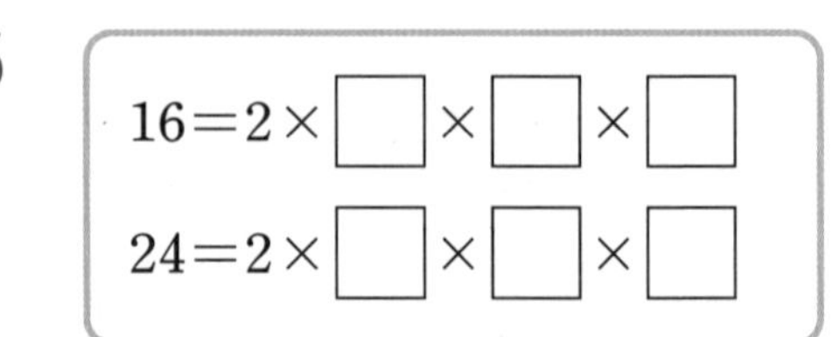

$16=2\times\square\times\square\times\square$
$24=2\times\square\times\square\times\square$

➡ 16과 24의 최대공약수
$\square\times\square\times\square=\square$

계산은 빠르고 정확하게!

걸린 시간	1~6분	6~9분	9~12분
맞은 개수	18~20개	14~17개	1~13개
평가	참 잘했어요.	잘했어요.	좀더 노력해요.

두 수의 최대공약수를 구하시오. (7 ~ 20)

7 8, 10 ➡ (　　　　)

8 6, 9 ➡ (　　　　)

9 4, 12 ➡ (　　　　)

10 5, 15 ➡ (　　　　)

11 10, 25 ➡ (　　　　)

12 14, 28 ➡ (　　　　)

13 16, 20 ➡ (　　　　)

14 18, 24 ➡ (　　　　)

15 27, 36 ➡ (　　　　)

16 20, 45 ➡ (　　　　)

17 18, 42 ➡ (　　　　)

18 30, 36 ➡ (　　　　)

19 45, 30 ➡ (　　　　)

20 54, 45 ➡ (　　　　)

공약수와 최대공약수(3)

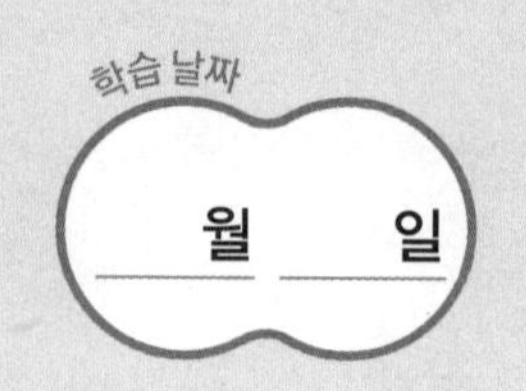

두 수의 최대공약수를 구하려고 합니다. □ 안에 알맞은 수를 써넣으시오. (1~6)

1

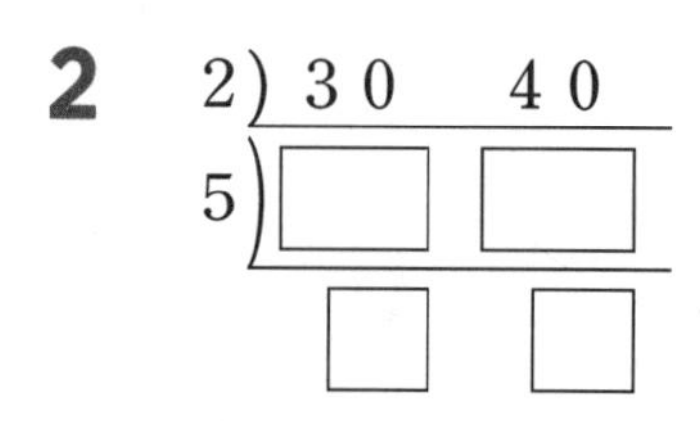

2) 8 28
2) □ □
□ □

➡ 8과 28의 최대공약수

□×□=□

2

2) 30 40
5) □ □
□ □

➡ 30과 40의 최대공약수

□×□=□

3

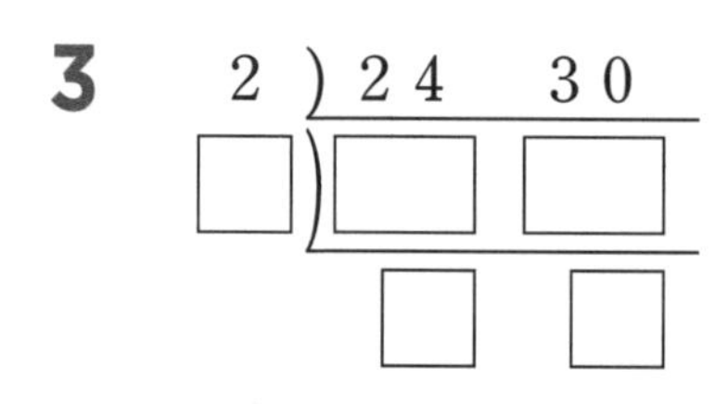

2) 24 30
□) □ □
□ □

➡ 24와 30의 최대공약수

□×□=□

4

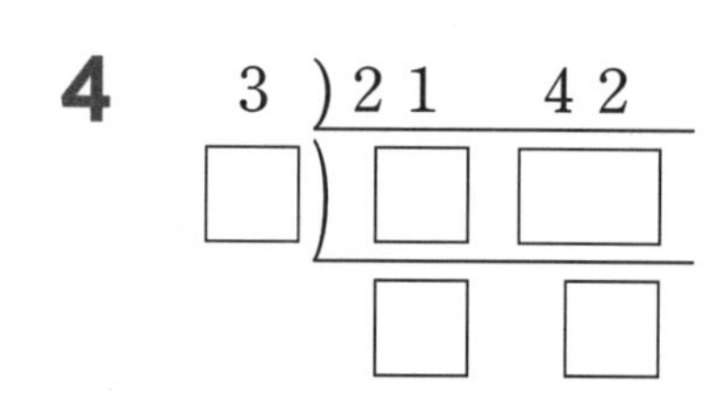

3) 21 42
□) □ □
□ □

➡ 21과 42의 최대공약수

□×□=□

5

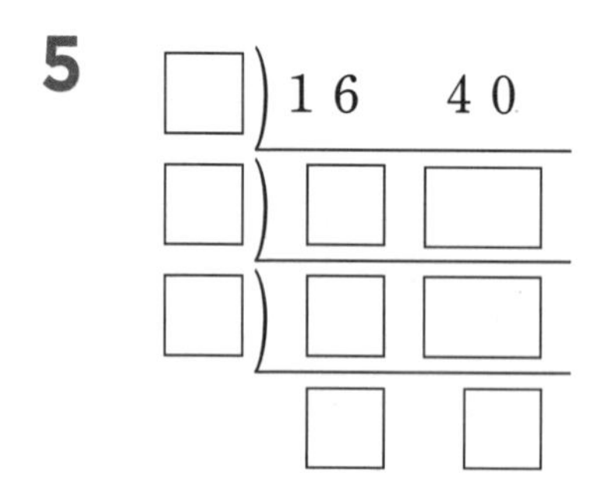

□) 16 40
□) □ □
□) □ □
□ □

➡ 16과 40의 최대공약수

□×□×□=□

6

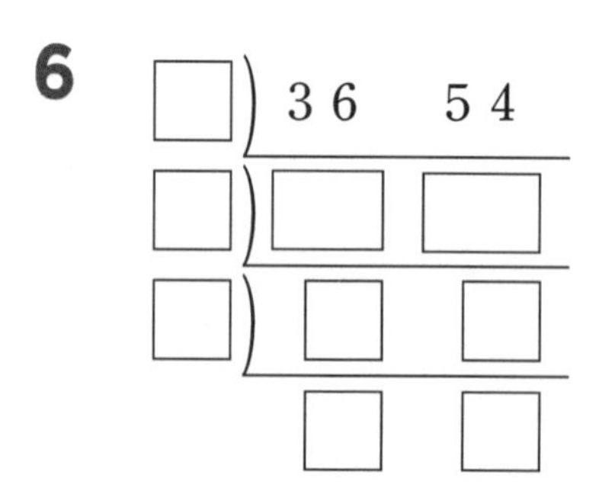

□) 36 54
□) □ □
□) □ □
□ □

➡ 36과 54의 최대공약수

□×□×□=□

계산은 빠르고 정확하게!

걸린 시간	1~8분	8~12분	12~16분
맞은 개수	18~20개	14~17개	1~13개
평가	참 잘했어요.	잘했어요.	좀더 노력해요.

두 수의 최대공약수를 구하시오. (7 ~ 20)

7 8, 24 ➡ (　　　　)

8 6, 18 ➡ (　　　　)

9 12, 30 ➡ (　　　　)

10 11, 55 ➡ (　　　　)

11 15, 45 ➡ (　　　　)

12 12, 18 ➡ (　　　　)

13 21, 28 ➡ (　　　　)

14 32, 40 ➡ (　　　　)

15 48, 60 ➡ (　　　　)

16 26, 39 ➡ (　　　　)

17 45, 36 ➡ (　　　　)

18 32, 56 ➡ (　　　　)

19 28, 35 ➡ (　　　　)

20 60, 75 ➡ (　　　　)

3 공배수와 최소공배수(1)

- 두 수의 공통된 배수를 두 수의 공배수라 하고 두 수의 공배수 중에서 가장 작은 수를 최소공배수라고 합니다.
- 두 수의 공배수는 두 수의 최소공배수의 배수와 같습니다.
- 8과 12의 최소공배수 구하기

$8=2\times2\times2$
$12=2\times2\times3$
➡ $2\times2\times2\times3=24$

$$\begin{array}{r|rr} 2 & 8 & 12 \\ \hline 2 & 4 & 6 \\ \hline & 2 & 3 \end{array}$$

➡ $2\times2\times2\times3=24$

□ 안에 알맞은 수를 써넣으시오. (1~4)

1

3의 배수 : 3, 6, 9, 12, 15, ⋯
6의 배수: 6, 12, 18, 24, ⋯

➡ 공배수: □, □, ⋯
최소공배수: □

2

4의 배수 : 4, 8, 12, 16, 20, 24, ⋯
6의 배수: 6, 12, 18, 24, ⋯

➡ 공배수: □, □, ⋯
최소공배수: □

3

6의 배수 : 6, 12, 18, 24, 30, 36, ⋯
9의 배수: 9, 18, 27, 36, ⋯

➡ 공배수: □, □, ⋯
최소공배수: □

4

10의 배수 : 10, 20, 30, 40, 50, 60, ⋯
15의 배수: 15, 30, 45, 60, ⋯

➡ 공배수: □, □, ⋯
최소공배수: □

걸린 시간	1~6분	6~9분	9~12분
맞은 개수	8개	6~7개	1~5개
평가	참 잘했어요.	잘했어요.	좀더 노력해요.

□ 안에 알맞은 수를 써넣으시오. (5 ~ 8)

5 2의 배수: □, □, □, □, □, □, …

3의 배수: □, □, □, □, □, …

2와 3의 공배수: □, □, …

2와 3의 최소공배수: □

6 4의 배수: □, □, □, □, □, □, …

8의 배수: □, □, □, □, □, …

4와 8의 공배수: □, □, □, …

4와 8의 최소공배수: □

7 10의 배수: □, □, □, □, □, □, …

20의 배수: □, □, □, □, □, …

10과 20의 공배수: □, □, □, …

10과 20의 최소공배수: □

8 12의 배수: □, □, □, □, □, □, …

18의 배수: □, □, □, □, □, …

12와 18의 공배수: □, □, …

12와 18의 최소공배수: □

3 공배수와 최소공배수(2)

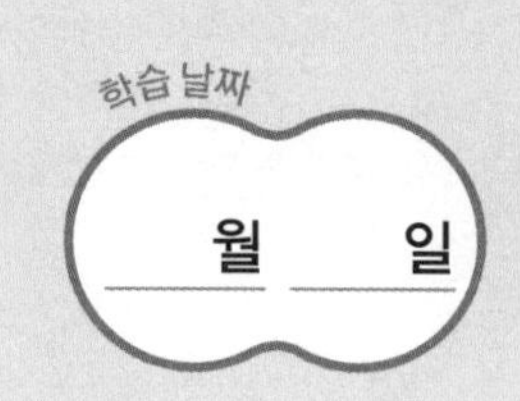

두 수의 최소공배수를 구하려고 합니다. □ 안에 알맞은 수를 써넣으시오. (1~5)

1

$4=2\times2$
$6=2\times3$

➡ 최소공배수 : $2\times\square\times\square=\square$

2

$6=2\times\square$
$10=2\times\square$

➡ 최소공배수 : $2\times\square\times\square=\square$

3

$8=2\times2\times\square$
$12=2\times2\times\square$

➡ 최소공배수 : $2\times2\times\square\times\square=\square$

4

$18=2\times3\times\square$
$30=2\times3\times\square$

➡ 최소공배수 : $2\times3\times\square\times\square=\square$

5

$16=2\times2\times2\times\square$
$24=2\times2\times2\times\square$

➡ 최소공배수 : $2\times2\times2\times\square\times\square=\square$

걸린 시간	1~10분	10~15분	15~20분
맞은 개수	18~19개	14~17개	1~13개
평가	참 잘했어요.	잘했어요.	좀더 노력해요.

두 수의 최소공배수를 구하시오. (6 ~ 19)

6 6, 8 ➡ (   )

7 4, 10 ➡ (   )

8 9, 15 ➡ (   )

9 8, 14 ➡ (   )

10 12, 20 ➡ (   )

11 27, 18 ➡ (   )

12 16, 40 ➡ (   )

13 15, 30 ➡ (   )

14 20, 30 ➡ (   )

15 28, 42 ➡ (   )

16 15, 18 ➡ (   )

17 30, 45 ➡ (   )

18 20, 28 ➡ (   )

19 18, 24 ➡ (   )

공배수와 최소공배수(3)

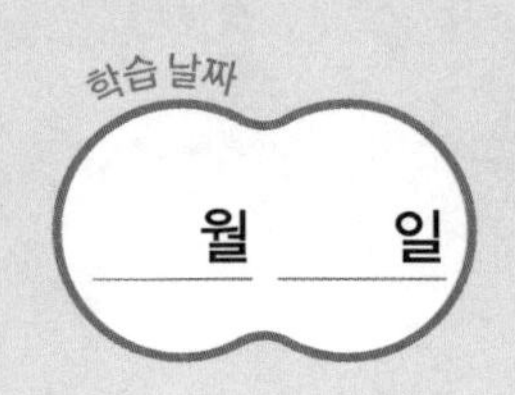

두 수의 최소공배수를 구하려고 합니다. □ 안에 알맞은 수를 써넣으시오. (1~4)

1

$$\begin{array}{r|rr} 3 & 9 & 12 \\ \hline & \square & \square \end{array}$$

➡ 최소공배수 : $3\times\square\times\square=\square$

2

$$\begin{array}{r|rr} 2 & 8 & 20 \\ \hline 2 & \square & \square \\ \hline & \square & \square \end{array}$$

➡ 최소공배수 : $2\times2\times\square\times\square=\square$

3

$$\begin{array}{r|rr} 2 & 6 & 18 \\ \hline \square & \square & \square \\ \hline & \square & \square \end{array}$$

➡ 최소공배수 : $2\times\square\times\square\times\square=\square$

4

$$\begin{array}{r|rr} \square & 36 & 54 \\ \hline \square & \square & \square \\ \hline \square & \square & \square \\ \hline & \square & \square \end{array}$$

➡ 최소공배수 : $\square\times\square\times\square\times\square\times\square$
$=\square$

계산은 빠르고 정확하게!

걸린 시간	1~10분	10~15분	15~20분
맞은 개수	17~18개	13~16개	1~12개
평가	참 잘했어요.	잘했어요.	좀더 노력해요.

두 수의 최소공배수를 구하시오. (5 ~ 18)

5 14, 35 ➡ ( )

6 16, 24 ➡ ( )

7 15, 25 ➡ ( )

8 12, 32 ➡ ( )

9 14, 21 ➡ ( )

10 28, 30 ➡ ( )

11 50, 60 ➡ ( )

12 24, 36 ➡ ( )

13 10, 25 ➡ ( )

14 26, 39 ➡ ( )

15 42, 56 ➡ ( )

16 42, 14 ➡ ( )

17 35, 50 ➡ ( )

18 32, 40 ➡ ( )

4 크기가 같은 분수(1)

• 분모와 분자에 0이 아닌 같은 수를 곱하면 크기가 같은 분수가 됩니다.

$\frac{1}{2}=\frac{1\times2}{2\times2}=\frac{2}{4}$, $\frac{1}{2}=\frac{1\times3}{2\times3}=\frac{3}{6}$

• 분모와 분자를 0이 아닌 같은 수로 나누면 크기가 같은 분수가 됩니다.

$\frac{8}{12}=\frac{8\div2}{12\div2}=\frac{4}{6}$, $\frac{8}{12}=\frac{8\div4}{12\div4}=\frac{2}{3}$

분수만큼 각각 색칠하고 크기가 같은 분수끼리 짝지어 쓰시오. (1~3)

1

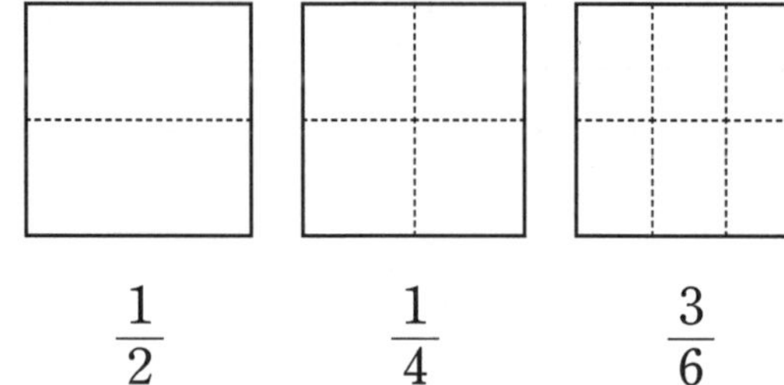

$\frac{1}{2}$　　$\frac{1}{4}$　　$\frac{3}{6}$

$\frac{\square}{\square}=\frac{\square}{\square}$

2

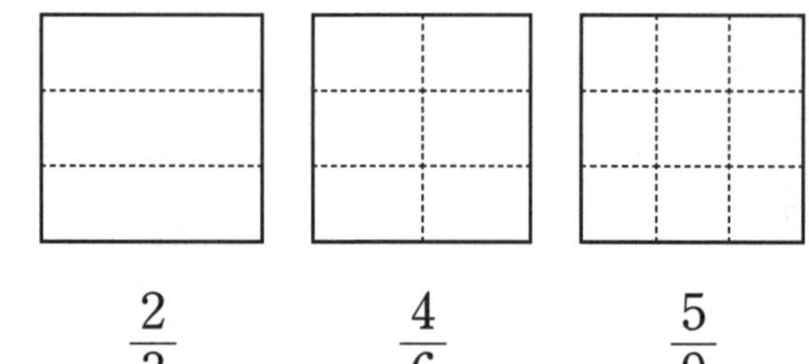

$\frac{2}{3}$　　$\frac{4}{6}$　　$\frac{5}{9}$

$\frac{\square}{\square}=\frac{\square}{\square}$

3

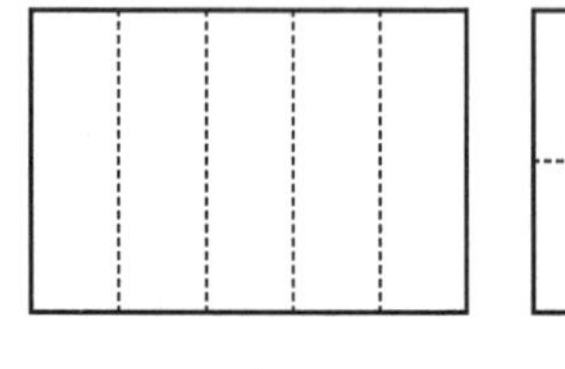 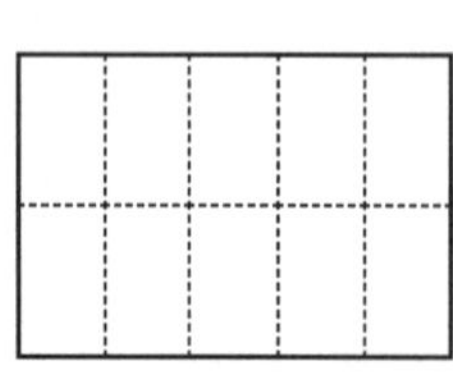 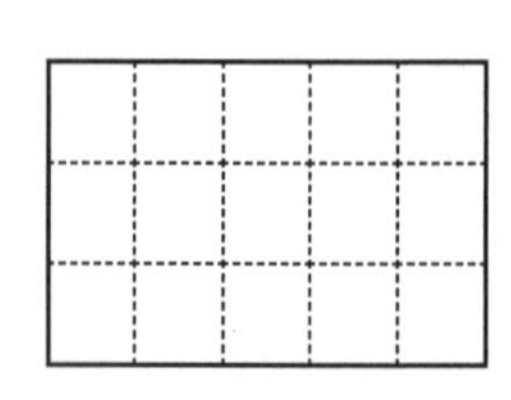

$\frac{4}{5}$　　$\frac{6}{10}$　　$\frac{9}{15}$

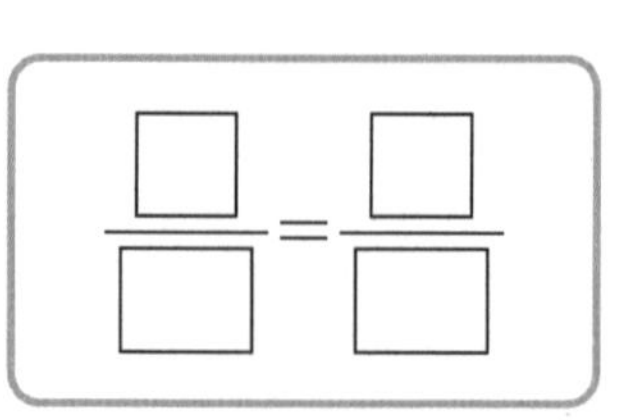

$\frac{\square}{\square}=\frac{\square}{\square}$

계산은 빠르고 정확하게!

걸린 시간	1~6분	6~9분	9~12분
맞은 개수	8~9개	6~7개	1~5개
평가	참 잘했어요.	잘했어요.	좀더 노력해요.

그림을 보고 크기가 같은 분수가 되도록 $\square$ 안에 알맞은 수를 써넣으시오. (4 ~ 9)

4

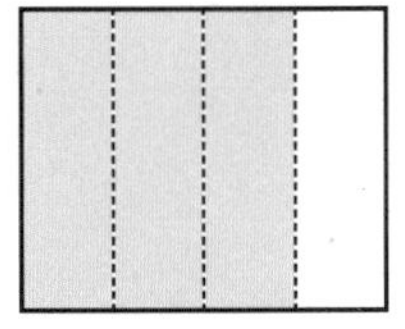

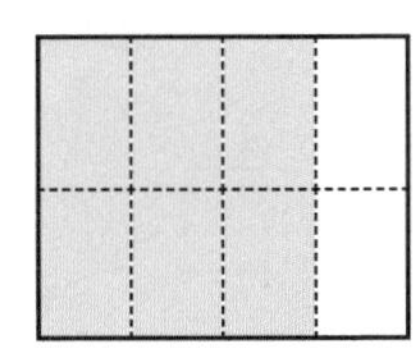

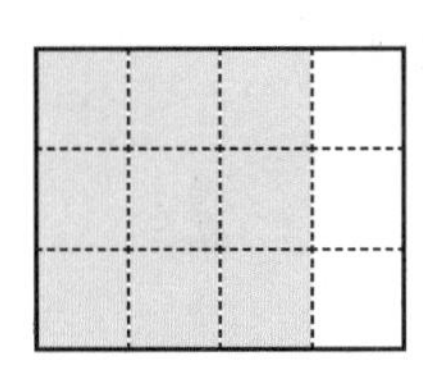

$$\frac{3}{4}=\frac{3\times\square}{4\times\square}=\frac{3\times\square}{4\times\square}$$

5

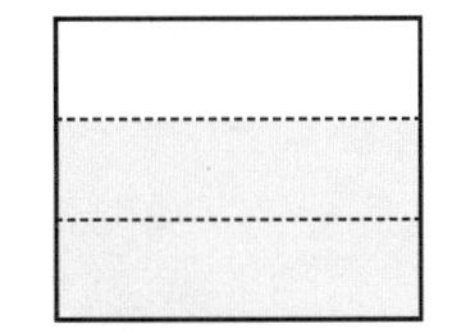

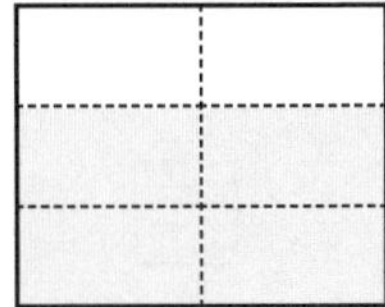

$$\frac{2}{3}=\frac{2\times\square}{3\times\square}=\frac{2\times\square}{3\times\square}$$

6

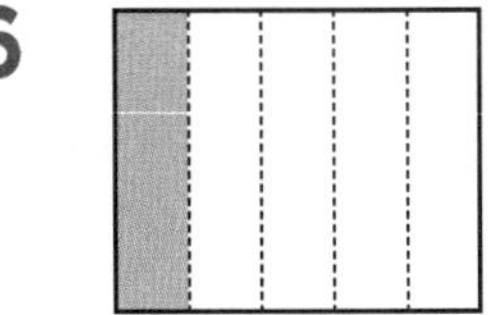

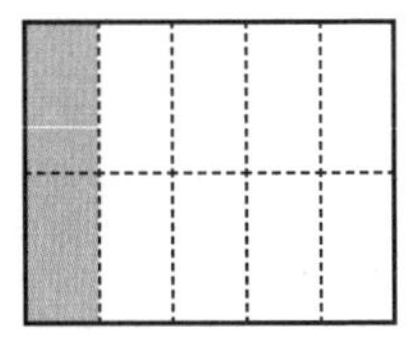

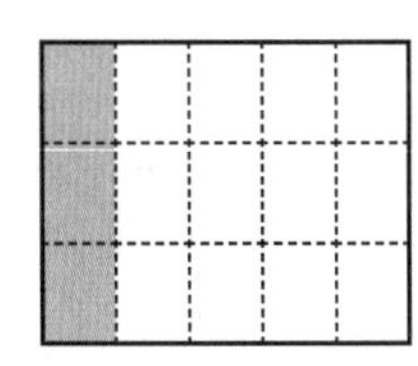

$$\frac{1}{5}=\frac{1\times\square}{5\times\square}=\frac{1\times\square}{5\times\square}$$

7

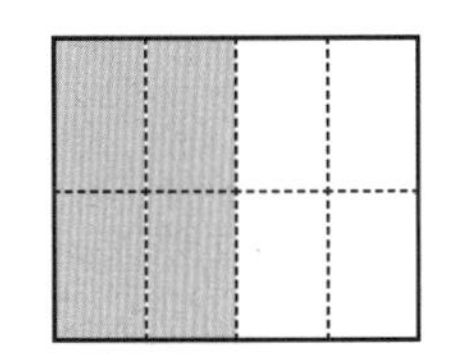

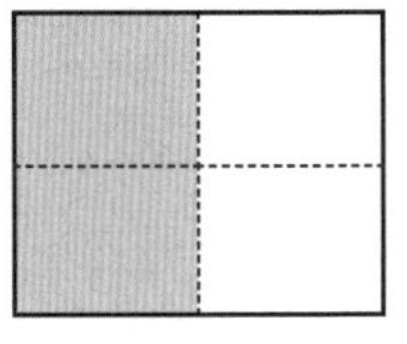

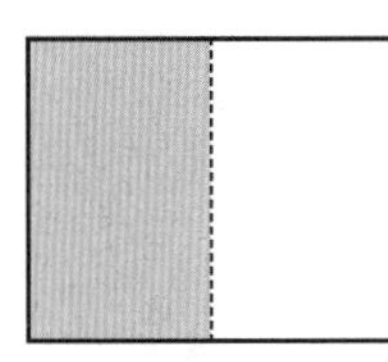

$$\frac{4}{8}=\frac{4\div\square}{8\div\square}=\frac{4\div\square}{8\div\square}$$

8

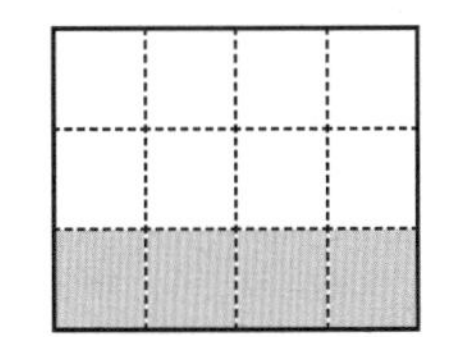

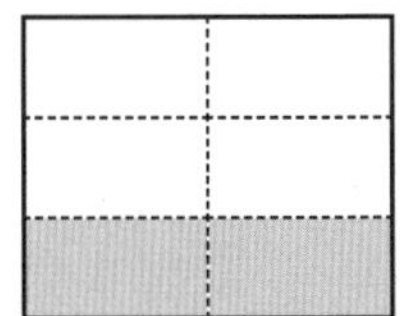

$$\frac{4}{12}=\frac{4\div\square}{12\div\square}=\frac{4\div\square}{12\div\square}$$

9

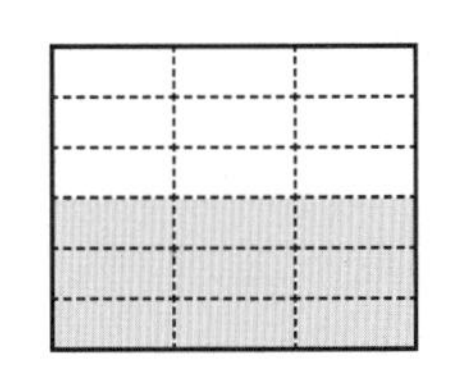

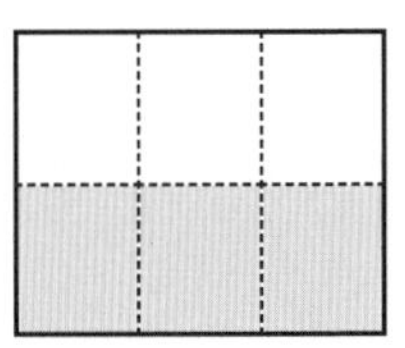

$$\frac{9}{18}=\frac{9\div\square}{18\div\square}=\frac{9\div\square}{18\div\square}$$

4 크기가 같은 분수(2)

학습 날짜 월 일

□ 안에 알맞은 수를 써넣으시오. (1~10)

1

$\frac{5}{6} = \frac{15}{18}$ (위: $\times\square$, 아래: $\times\square$)

2

$\frac{8}{10} = \frac{4}{5}$ (위: $\div\square$, 아래: $\div\square$)

3

$\frac{4}{7} = \frac{\square}{21}$ (위: $\times\square$, 아래: $\times\square$)

4

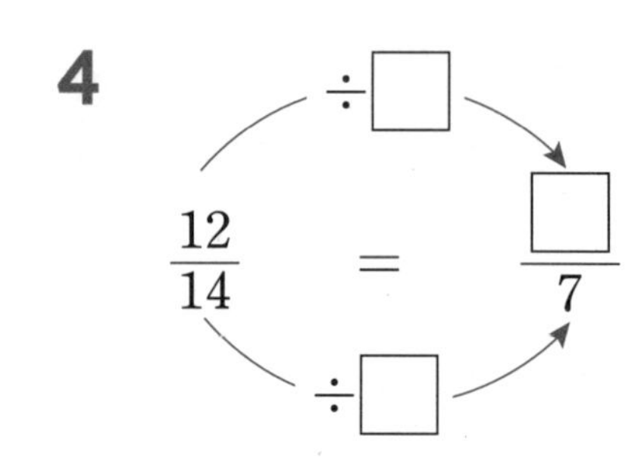

$\frac{12}{14} = \frac{\square}{7}$ (위: $\div\square$, 아래: $\div\square$)

5

$\frac{5}{8} = \frac{\square}{16}$ (위: $\times\square$, 아래: $\times\square$)

6

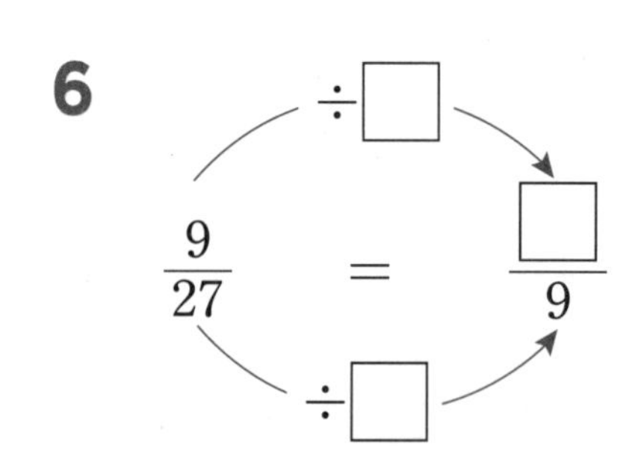

$\frac{9}{27} = \frac{\square}{9}$ (위: $\div\square$, 아래: $\div\square$)

7

$\frac{7}{9} = \frac{28}{\square}$ (위: $\times\square$, 아래: $\times\square$)

8

$\frac{30}{36} = \frac{5}{\square}$ (위: $\div\square$, 아래: $\div\square$)

9

$\frac{3}{10} = \frac{18}{\square}$ (위: $\times\square$, 아래: $\times\square$)

10

$\frac{27}{45} = \frac{3}{\square}$ (위: $\div\square$, 아래: $\div\square$)

계산은 빠르고 정확하게!

걸린 시간	1~6분	6~9분	9~12분
맞은 개수	20~22개	16~19개	1~15개
평가	참 잘했어요.	잘했어요.	좀더 노력해요.

□ 안에 알맞은 수를 써넣으시오. (11 ~ 22)

11 $\frac{2}{5}=\frac{2\times\square}{5\times3}=\frac{\square}{15}$

12 $\frac{8}{12}=\frac{8\div\square}{12\div2}=\frac{\square}{6}$

13 $\frac{5}{7}=\frac{5\times\square}{7\times5}=\frac{\square}{\square}$

14 $\frac{9}{15}=\frac{9\div\square}{15\div3}=\frac{\square}{\square}$

15 $\frac{3}{8}=\frac{3\times\square}{8\times8}=\frac{\square}{\square}$

16 $\frac{18}{20}=\frac{18\div\square}{20\div2}=\frac{\square}{\square}$

17 $\frac{5}{6}=\frac{5\times4}{6\times\square}=\frac{\square}{\square}$

18 $\frac{15}{25}=\frac{15\div5}{25\div\square}=\frac{\square}{\square}$

19 $\frac{8}{9}=\frac{8\times6}{9\times\square}=\frac{\square}{\square}$

20 $\frac{18}{30}=\frac{18\div6}{30\div\square}=\frac{\square}{\square}$

21 $\frac{7}{11}=\frac{7\times9}{11\times\square}=\frac{\square}{\square}$

22 $\frac{28}{42}=\frac{28\div7}{42\div\square}=\frac{\square}{\square}$

4 크기가 같은 분수(3)

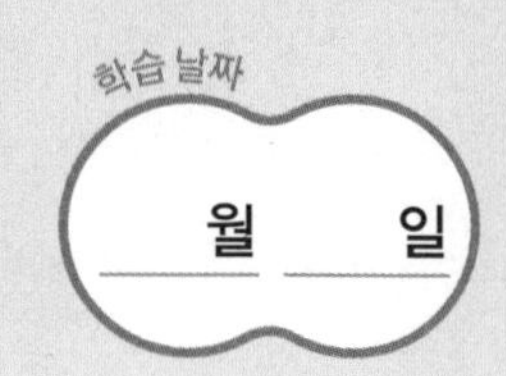

□ 안에 알맞은 수를 써넣으시오. (1~4)

1 $\frac{3}{4}=\frac{3\times\square}{4\times2}=\frac{3\times3}{4\times\square}=\frac{3\times\square}{4\times4}=\frac{3\times5}{4\times\square}=\cdots$

➡ $\frac{3}{4}=\frac{\square}{8}=\frac{9}{\square}=\frac{\square}{16}=\frac{15}{\square}=\cdots$

2 $\frac{4}{5}=\frac{4\times\square}{5\times2}=\frac{4\times3}{5\times\square}=\frac{4\times\square}{5\times4}=\frac{4\times5}{5\times\square}=\cdots$

➡ $\frac{4}{5}=\frac{\square}{10}=\frac{12}{\square}=\frac{\square}{20}=\frac{20}{\square}=\cdots$

3 $\frac{4}{9}=\frac{4\times2}{9\times\square}=\frac{4\times\square}{9\times3}=\frac{4\times4}{9\times\square}=\frac{4\times\square}{9\times5}=\cdots$

➡ $\frac{4}{9}=\frac{8}{\square}=\frac{\square}{27}=\frac{16}{\square}=\frac{\square}{45}=\cdots$

4 $\frac{11}{13}=\frac{11\times2}{13\times\square}=\frac{11\times\square}{13\times3}=\frac{11\times4}{13\times\square}=\frac{11\times\square}{13\times5}=\cdots$

➡ $\frac{11}{13}=\frac{22}{\square}=\frac{\square}{39}=\frac{44}{\square}=\frac{\square}{65}=\cdots$

계산은 빠르고 정확하게!

걸린 시간	1~8분	8~12분	12~16분
맞은 개수	8개	6~7개	1~5개
평가	참 잘했어요.	잘했어요.	좀더 노력해요.

□ 안에 알맞은 수를 써넣으시오. (5~8)

5 $\frac{16}{24}=\frac{16\div 2}{24\div \square}=\frac{16\div \square}{24\div 4}=\frac{16\div 8}{24\div \square}$

➡ $\frac{16}{24}=\frac{8}{\square}=\frac{\square}{6}=\frac{2}{\square}$

6 $\frac{12}{36}=\frac{12\div 2}{36\div \square}=\frac{12\div \square}{36\div 3}=\frac{12\div 4}{36\div \square}=\frac{12\div \square}{36\div 6}=\frac{12\div 12}{36\div \square}$

➡ $\frac{12}{36}=\frac{6}{\square}=\frac{\square}{12}=\frac{3}{\square}=\frac{\square}{6}=\frac{1}{\square}$

7 $\frac{20}{40}=\frac{20\div \square}{40\div 2}=\frac{20\div 4}{40\div \square}=\frac{20\div \square}{40\div 5}=\frac{20\div 10}{40\div \square}=\frac{20\div \square}{40\div 20}$

➡ $\frac{20}{40}=\frac{\square}{20}=\frac{5}{\square}=\frac{\square}{8}=\frac{2}{\square}=\frac{\square}{2}$

8 $\frac{32}{48}=\frac{32\div \square}{48\div 2}=\frac{32\div 4}{48\div \square}=\frac{32\div \square}{48\div 8}=\frac{32\div 16}{48\div \square}$

➡ $\frac{32}{48}=\frac{\square}{24}=\frac{8}{\square}=\frac{\square}{6}=\frac{2}{\square}$

5 분수를 약분하기 (1)

• 분모와 분자를 공약수로 나누어 간단히 하는 것을 약분한다고 합니다.
• 분모와 분자의 공약수가 1뿐인 분수를 기약분수라고 합니다.

예 16과 24의 공약수: 1, 2, 4, 8

$\frac{16}{24}=\frac{16\div2}{24\div2}=\frac{8}{12}$, $\frac{16}{24}=\frac{16\div4}{24\div4}=\frac{4}{6}$, $\frac{16}{24}=\frac{16\div8}{24\div8}=\frac{2}{3}$

↑ 기약분수

□ 안에 알맞은 수를 써넣으시오. (1~2)

1

18과 24의 공약수: 1, □, □, □

$\frac{18}{24}=\frac{18\div2}{24\div\square}=\frac{\square}{\square}$ $\frac{18}{24}=\frac{18\div3}{24\div\square}=\frac{\square}{\square}$

$\frac{18}{24}=\frac{18\div6}{24\div\square}=\frac{\square}{\square}$

2

32와 48의 공약수: 1, □, □, □, □

$\frac{32}{48}=\frac{32\div\square}{48\div2}=\frac{\square}{\square}$ $\frac{32}{48}=\frac{32\div\square}{48\div4}=\frac{\square}{\square}$

$\frac{32}{48}=\frac{32\div\square}{48\div8}=\frac{\square}{\square}$ $\frac{32}{48}=\frac{32\div\square}{48\div16}=\frac{\square}{\square}$

걸린 시간	1~5분	5~8분	8~10분
맞은 개수	5개	4개	1~3개
평가	참 잘했어요.	잘했어요.	좀더 노력해요.

분수를 약분한 것입니다. □ 안에 알맞은 수를 써넣으시오. (3~5)

3

$\frac{24}{32}=\frac{24\div 2}{32\div \square}=\frac{\square}{\square}$

$\frac{24}{32}=\frac{24\div 4}{32\div \square}=\frac{\square}{\square}$

$\frac{24}{32}=\frac{24\div 8}{32\div \square}=\frac{\square}{\square}$

4

$\frac{24}{60}=\frac{24\div \square}{60\div 2}=\frac{\square}{\square}$

$\frac{24}{60}=\frac{24\div \square}{60\div 3}=\frac{\square}{\square}$

$\frac{24}{60}=\frac{24\div \square}{60\div 4}=\frac{\square}{\square}$

$\frac{24}{60}=\frac{24\div \square}{60\div 6}=\frac{\square}{\square}$

$\frac{24}{60}=\frac{24\div \square}{60\div 12}=\frac{\square}{\square}$

5

$\frac{56}{84}=\frac{56\div 2}{84\div \square}=\frac{\square}{\square}$

$\frac{56}{84}=\frac{56\div 4}{84\div \square}=\frac{\square}{\square}$

$\frac{56}{84}=\frac{56\div 7}{84\div \square}=\frac{\square}{\square}$

$\frac{56}{84}=\frac{56\div 14}{84\div \square}=\frac{\square}{\square}$

$\frac{56}{84}=\frac{56\div 28}{84\div \square}=\frac{\square}{\square}$

5 분수를 약분하기 (2)

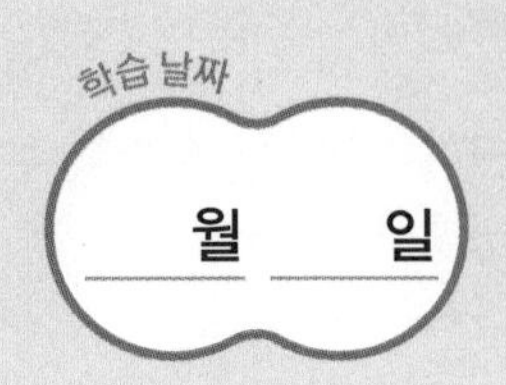

약분한 분수를 모두 쓰시오. (1~7)

1 $\frac{32}{40}$ ➡ (   )

2 $\frac{12}{48}$ ➡ (   )

3 $\frac{30}{50}$ ➡ (   )

4 $\frac{48}{72}$ ➡ (   )

5 $\frac{54}{90}$ ➡ (   )

6 $\frac{72}{120}$ ➡ (   )

7 $\frac{108}{144}$ ➡ (   )

걸린 시간	1~12분	12~18분	18~24분
맞은 개수	13~14개	10~12개	1~9개
평가	참 잘했어요.	잘했어요.	좀더 노력해요.

기약분수를 모두 찾아 ○표 하시오. (8 ~ 14)

8

$\frac{4}{5}$ $\frac{6}{9}$ $\frac{7}{10}$ $\frac{8}{12}$ $\frac{11}{14}$

9

$\frac{3}{6}$ $\frac{5}{7}$ $\frac{8}{9}$ $\frac{10}{15}$ $\frac{17}{20}$

10

$\frac{1}{2}$ $\frac{15}{18}$ $\frac{13}{15}$ $\frac{18}{24}$ $\frac{23}{25}$

11

$\frac{2}{4}$ $\frac{5}{10}$ $\frac{7}{12}$ $\frac{15}{17}$ $\frac{16}{19}$

12

$\frac{14}{15}$ $\frac{22}{24}$ $\frac{11}{18}$ $\frac{14}{28}$ $\frac{20}{27}$

13

$\frac{2}{8}$ $\frac{9}{10}$ $\frac{17}{19}$ $\frac{20}{26}$ $\frac{19}{30}$

14

$\frac{9}{11}$ $\frac{10}{15}$ $\frac{11}{26}$ $\frac{18}{30}$ $\frac{34}{45}$

5 분수를 약분하기(3)

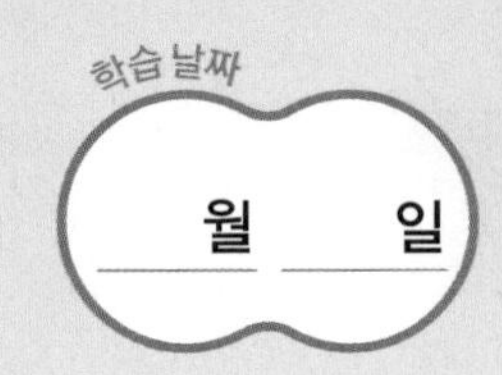

공약수를 이용하여 기약분수로 나타내시오. (1~7)

1 $\frac{8}{12}=\frac{8\div\square}{12\div2}=\frac{\square}{6}$ ➡ $\frac{\square}{6}=\frac{\square\div2}{6\div2}=\frac{\square}{\square}$

2 $\frac{8}{20}=\frac{8\div\square}{20\div2}=\frac{\square}{10}$ ➡ $\frac{\square}{10}=\frac{\square\div2}{10\div2}=\frac{\square}{\square}$

3 $\frac{6}{30}=\frac{6\div\square}{30\div2}=\frac{\square}{15}$ ➡ $\frac{\square}{15}=\frac{\square\div\square}{15\div\square}=\frac{\square}{\square}$

4 $\frac{18}{24}=\frac{18\div\square}{24\div2}=\frac{\square}{12}$ ➡ $\frac{\square}{12}=\frac{\square\div\square}{12\div\square}=\frac{\square}{\square}$

5 $\frac{16}{28}=\frac{16\div\square}{28\div2}=\frac{\square}{14}$ ➡ $\frac{\square}{14}=\frac{\square\div\square}{14\div\square}=\frac{\square}{\square}$

6 $\frac{27}{36}=\frac{27\div\square}{36\div\square}=\frac{\square}{12}$ ➡ $\frac{\square}{12}=\frac{\square\div\square}{12\div\square}=\frac{\square}{\square}$

7 $\frac{45}{60}=\frac{45\div\square}{60\div\square}=\frac{\square}{20}$ ➡ $\frac{\square}{20}=\frac{\square\div\square}{20\div\square}=\frac{\square}{\square}$

걸린 시간	1~6분	6~9분	9~12분
맞은 개수	13~14개	10~12개	1~9개
평가	참 잘했어요.	잘했어요.	좀더 노력해요.

최대공약수를 이용하여 기약분수로 나타내시오. (8 ~ 14)

8 (8, 16)의 최대공약수: □ ➡ $\frac{8}{16}=\frac{8\div\square}{16\div\square}=\frac{\square}{\square}$

9 (12, 50)의 최대공약수: □ ➡ $\frac{12}{50}=\frac{12\div\square}{50\div\square}=\frac{\square}{\square}$

10 (15, 25)의 최대공약수: □ ➡ $\frac{15}{25}=\frac{15\div\square}{25\div\square}=\frac{\square}{\square}$

11 (16, 20)의 최대공약수: □ ➡ $\frac{16}{20}=\frac{16\div\square}{20\div\square}=\frac{\square}{\square}$

12 (24, 30)의 최대공약수: □ ➡ $\frac{24}{30}=\frac{24\div\square}{30\div\square}=\frac{\square}{\square}$

13 (28, 44)의 최대공약수: □ ➡ $\frac{28}{44}=\frac{28\div\square}{44\div\square}=\frac{\square}{\square}$

14 (35, 49)의 최대공약수: □ ➡ $\frac{35}{49}=\frac{35\div\square}{49\div\square}=\frac{\square}{\square}$

6 분수를 통분하기(1)

- 분수의 분모를 같게 하는 것을 통분한다고 하고, 통분한 분모를 공통분모라고 합니다.
- 분모의 곱을 공통분모로 하여 통분하기

$\left(\frac{3}{4}, \frac{5}{6}\right) \Rightarrow \left(\frac{3\times6}{4\times6}, \frac{5\times4}{6\times4}\right) \Rightarrow \left(\frac{18}{24}, \frac{20}{24}\right)$

- 분모의 최소공배수를 공통분모로 하여 통분하기

$\left(\frac{3}{4}, \frac{5}{6}\right) \Rightarrow \left(\frac{3\times3}{4\times3}, \frac{5\times2}{6\times2}\right) \Rightarrow \left(\frac{9}{12}, \frac{10}{12}\right)$

□ 안에 알맞은 수를 써넣으시오. (1~2)

1 $\left(\frac{1}{2}, \frac{3}{4}\right) \Rightarrow$

$\frac{1}{2}=\frac{\square}{4}=\frac{\square}{6}=\frac{\square}{8}=\frac{\square}{10}=\cdots$

$\frac{3}{4}=\frac{\square}{8}=\frac{\square}{12}=\frac{\square}{16}=\frac{\square}{20}=\cdots$

$\left(\frac{1}{2}, \frac{3}{4}\right)$을 통분하면 $\left(\frac{\square}{4}, \frac{\square}{4}\right), \left(\frac{\square}{8}, \frac{\square}{8}\right)$, …입니다.

2 $\left(\frac{2}{3}, \frac{1}{4}\right) \Rightarrow$

$\frac{2}{3}=\frac{\square}{6}=\frac{\square}{9}=\frac{\square}{12}=\frac{\square}{15}=\frac{\square}{18}=\frac{\square}{21}=\frac{\square}{24}=\cdots$

$\frac{1}{4}=\frac{\square}{8}=\frac{\square}{12}=\frac{\square}{16}=\frac{\square}{20}=\frac{\square}{24}=\cdots$

$\left(\frac{2}{3}, \frac{1}{4}\right)$을 통분하면 $\left(\frac{\square}{12}, \frac{\square}{12}\right), \left(\frac{\square}{24}, \frac{\square}{24}\right)$, …입니다.

걸린 시간	1~6분	6~9분	9~12분
맞은 개수	4개	3개	1~2개
평가	참 잘했어요.	잘했어요.	좀더 노력해요.

□ 안에 알맞은 수를 써넣으시오. (3~4)

3 $\left(\frac{5}{6}, \frac{2}{9}\right)$에서 분모 6과 9의 공배수는 18, 36, 54, …입니다.

(1) 공통분모를 18로 하는 경우

$\left(\frac{5}{6}, \frac{2}{9}\right) \Rightarrow \left(\frac{5\times\square}{6\times3}, \frac{2\times\square}{9\times2}\right) \Rightarrow \left(\frac{\square}{18}, \frac{\square}{18}\right)$

(2) 공통분모를 36으로 하는 경우

$\left(\frac{5}{6}, \frac{2}{9}\right) \Rightarrow \left(\frac{5\times\square}{6\times\square}, \frac{2\times\square}{9\times\square}\right) \Rightarrow \left(\frac{\square}{36}, \frac{\square}{36}\right)$

(3) 공통분모를 54로 하는 경우

$\left(\frac{5}{6}, \frac{2}{9}\right) \Rightarrow \left(\frac{5\times\square}{6\times\square}, \frac{2\times\square}{9\times\square}\right) \Rightarrow \left(\frac{\square}{\square}, \frac{\square}{\square}\right)$

4 $\left(\frac{3}{8}, \frac{5}{12}\right)$에서 분모 8과 12의 공배수는 24, 48, 72, …입니다.

(1) 공통분모를 24로 하는 경우

$\left(\frac{3}{8}, \frac{5}{12}\right) \Rightarrow \left(\frac{3\times\square}{8\times3}, \frac{5\times\square}{12\times2}\right) \Rightarrow \left(\frac{\square}{24}, \frac{\square}{24}\right)$

(2) 공통분모를 48로 하는 경우

$\left(\frac{3}{8}, \frac{5}{12}\right) \Rightarrow \left(\frac{3\times\square}{8\times\square}, \frac{5\times\square}{12\times\square}\right) \Rightarrow \left(\frac{\square}{48}, \frac{\square}{48}\right)$

(3) 공통분모를 72로 하는 경우

$\left(\frac{3}{8}, \frac{5}{12}\right) \Rightarrow \left(\frac{3\times\square}{8\times\square}, \frac{5\times\square}{12\times\square}\right) \Rightarrow \left(\frac{\square}{\square}, \frac{\square}{\square}\right)$

6 분수를 통분하기(2)

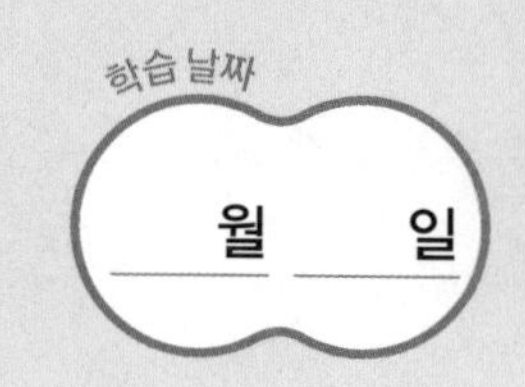

두 분모의 곱을 공통분모로 하여 통분하시오. (1~4)

1 $\left(\frac{1}{2}, \frac{2}{3}\right)$에서 두 분모 2와 3의 곱은 $\square$입니다.

$\left(\frac{1}{2}, \frac{2}{3}\right) \Rightarrow \left(\frac{1\times\square}{2\times\square}, \frac{2\times\square}{3\times\square}\right) \Rightarrow \left(\frac{\square}{\square}, \frac{\square}{\square}\right)$

2 $\left(\frac{3}{4}, \frac{5}{7}\right)$에서 두 분모 4와 7의 곱은 $\square$입니다.

$\left(\frac{3}{4}, \frac{5}{7}\right) \Rightarrow \left(\frac{3\times\square}{4\times\square}, \frac{5\times\square}{7\times\square}\right) \Rightarrow \left(\frac{\square}{\square}, \frac{\square}{\square}\right)$

3 $\left(\frac{5}{6}, \frac{3}{8}\right)$에서 두 분모 6과 8의 곱은 $\square$입니다.

$\left(\frac{5}{6}, \frac{3}{8}\right) \Rightarrow \left(\frac{5\times\square}{6\times\square}, \frac{3\times\square}{8\times\square}\right) \Rightarrow \left(\frac{\square}{\square}, \frac{\square}{\square}\right)$

4 $\left(\frac{7}{9}, \frac{3}{5}\right)$에서 두 분모 9와 5의 곱은 $\square$입니다.

$\left(\frac{7}{9}, \frac{3}{5}\right) \Rightarrow \left(\frac{7\times\square}{9\times\square}, \frac{3\times\square}{5\times\square}\right) \Rightarrow \left(\frac{\square}{\square}, \frac{\square}{\square}\right)$

걸린 시간	1~6분	6~9분	9~12분
맞은 개수	17~18개	13~16개	1~12개
평가	참 잘했어요.	잘했어요.	좀더 노력해요.

두 분모의 곱을 공통분모로 하여 통분하시오. (5 ~ 18)

5 $\left(\frac{2}{3}, \frac{3}{4}\right) \Rightarrow \left(\frac{\square}{\square}, \frac{\square}{\square}\right)$

6 $\left(\frac{4}{5}, \frac{1}{2}\right) \Rightarrow \left(\frac{\square}{\square}, \frac{\square}{\square}\right)$

7 $\left(\frac{1}{4}, \frac{4}{9}\right) \Rightarrow \left(\frac{\square}{\square}, \frac{\square}{\square}\right)$

8 $\left(\frac{2}{3}, \frac{5}{6}\right) \Rightarrow \left(\frac{\square}{\square}, \frac{\square}{\square}\right)$

9 $\left(\frac{2}{3}, \frac{3}{5}\right) \Rightarrow \left(\frac{\square}{\square}, \frac{\square}{\square}\right)$

10 $\left(\frac{4}{5}, \frac{8}{9}\right) \Rightarrow \left(\frac{\square}{\square}, \frac{\square}{\square}\right)$

11 $\left(\frac{3}{8}, \frac{1}{4}\right) \Rightarrow \left(\frac{\square}{\square}, \frac{\square}{\square}\right)$

12 $\left(\frac{7}{12}, \frac{3}{4}\right) \Rightarrow \left(\frac{\square}{\square}, \frac{\square}{\square}\right)$

13 $\left(\frac{4}{9}, \frac{1}{6}\right) \Rightarrow \left(\frac{\square}{\square}, \frac{\square}{\square}\right)$

14 $\left(\frac{3}{5}, \frac{5}{8}\right) \Rightarrow \left(\frac{\square}{\square}, \frac{\square}{\square}\right)$

15 $\left(\frac{1}{6}, \frac{3}{7}\right) \Rightarrow \left(\frac{\square}{\square}, \frac{\square}{\square}\right)$

16 $\left(\frac{7}{8}, \frac{3}{10}\right) \Rightarrow \left(\frac{\square}{\square}, \frac{\square}{\square}\right)$

17 $\left(\frac{7}{11}, \frac{6}{7}\right) \Rightarrow \left(\frac{\square}{\square}, \frac{\square}{\square}\right)$

18 $\left(\frac{8}{13}, \frac{3}{4}\right) \Rightarrow \left(\frac{\square}{\square}, \frac{\square}{\square}\right)$

6 분수를 통분하기(3)

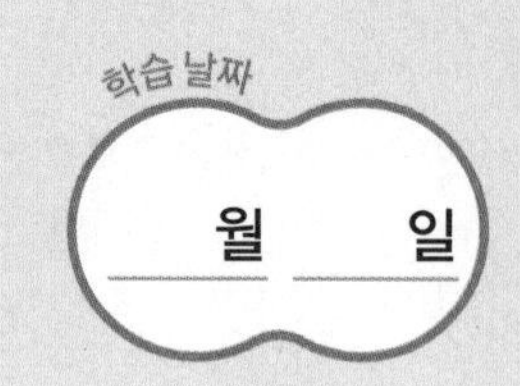

분모의 최소공배수를 공통분모로 하여 통분하시오. (1~4)

1 $\left(\frac{3}{4}, \frac{5}{6}\right)$에서 분모 4와 6의 최소공배수는 □입니다.

$\left(\frac{3}{4}, \frac{5}{6}\right) \Rightarrow \left(\frac{3\times\square}{4\times\square}, \frac{5\times\square}{6\times\square}\right) \Rightarrow \left(\frac{\square}{\square}, \frac{\square}{\square}\right)$

2 $\left(\frac{3}{8}, \frac{1}{6}\right)$에서 분모 8과 6의 최소공배수는 □입니다.

$\left(\frac{3}{8}, \frac{1}{6}\right) \Rightarrow \left(\frac{3\times\square}{8\times\square}, \frac{1\times\square}{6\times\square}\right) \Rightarrow \left(\frac{\square}{\square}, \frac{\square}{\square}\right)$

3 $\left(\frac{7}{10}, \frac{4}{15}\right)$에서 분모 10과 15의 최소공배수는 □입니다.

$\left(\frac{7}{10}, \frac{4}{15}\right) \Rightarrow \left(\frac{7\times\square}{10\times\square}, \frac{4\times\square}{15\times\square}\right) \Rightarrow \left(\frac{\square}{\square}, \frac{\square}{\square}\right)$

4 $\left(\frac{8}{9}, \frac{5}{12}\right)$에서 분모 9와 12의 최소공배수는 □입니다.

$\left(\frac{8}{9}, \frac{5}{12}\right) \Rightarrow \left(\frac{8\times\square}{9\times\square}, \frac{5\times\square}{12\times\square}\right) \Rightarrow \left(\frac{\square}{\square}, \frac{\square}{\square}\right)$

계산은 빠르고 정확하게!

걸린 시간	1~6분	6~9분	9~12분
맞은 개수	17~18개	13~16개	1~12개
평가	참 잘했어요.	잘했어요.	좀더 노력해요.

분모의 최소공배수를 공통분모로 하여 통분하시오. (5 ~ 18)

5 $\left(\frac{1}{3}, \frac{5}{6}\right) \Rightarrow \left(\frac{\square}{\square}, \frac{\square}{\square}\right)$

6 $\left(\frac{7}{8}, \frac{3}{4}\right) \Rightarrow \left(\frac{\square}{\square}, \frac{\square}{\square}\right)$

7 $\left(\frac{4}{9}, \frac{1}{6}\right) \Rightarrow \left(\frac{\square}{\square}, \frac{\square}{\square}\right)$

8 $\left(\frac{5}{6}, \frac{5}{9}\right) \Rightarrow \left(\frac{\square}{\square}, \frac{\square}{\square}\right)$

9 $\left(\frac{1}{4}, \frac{7}{10}\right) \Rightarrow \left(\frac{\square}{\square}, \frac{\square}{\square}\right)$

10 $\left(\frac{7}{9}, \frac{11}{12}\right) \Rightarrow \left(\frac{\square}{\square}, \frac{\square}{\square}\right)$

11 $\left(\frac{13}{15}, \frac{4}{5}\right) \Rightarrow \left(\frac{\square}{\square}, \frac{\square}{\square}\right)$

12 $\left(\frac{5}{12}, \frac{9}{14}\right) \Rightarrow \left(\frac{\square}{\square}, \frac{\square}{\square}\right)$

13 $\left(\frac{5}{16}, \frac{13}{20}\right) \Rightarrow \left(\frac{\square}{\square}, \frac{\square}{\square}\right)$

14 $\left(\frac{13}{24}, \frac{11}{16}\right) \Rightarrow \left(\frac{\square}{\square}, \frac{\square}{\square}\right)$

15 $\left(\frac{8}{9}, \frac{7}{15}\right) \Rightarrow \left(\frac{\square}{\square}, \frac{\square}{\square}\right)$

16 $\left(\frac{5}{8}, \frac{7}{12}\right) \Rightarrow \left(\frac{\square}{\square}, \frac{\square}{\square}\right)$

17 $\left(\frac{13}{14}, \frac{5}{21}\right) \Rightarrow \left(\frac{\square}{\square}, \frac{\square}{\square}\right)$

18 $\left(\frac{4}{15}, \frac{9}{20}\right) \Rightarrow \left(\frac{\square}{\square}, \frac{\square}{\square}\right)$

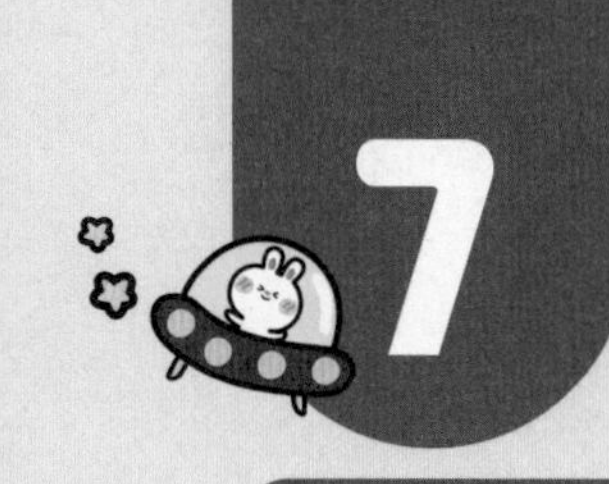

7 분수의 크기 비교하기(1)

- 분모가 다른 두 분수의 크기를 비교할 때에는 통분하여 분모를 같게 한 다음 분자의 크기를 비교합니다.

$\left(\frac{2}{3}, \frac{4}{7}\right) \Rightarrow \left(\frac{14}{21}, \frac{12}{21}\right) \Rightarrow \frac{14}{21} > \frac{12}{21} \Rightarrow \frac{2}{3} > \frac{4}{7}$

- 분수와 소수의 크기 비교는 분수를 소수로 나타내어 소수끼리 비교하거나 소수를 분수로 나타내어 분수끼리 비교합니다.

$\left(\frac{2}{5}, 0.3\right) \Rightarrow (0.4, 0.3) \Rightarrow 0.4 > 0.3 \Rightarrow \frac{2}{5} > 0.3$

$\left(\frac{2}{5}, 0.3\right) \Rightarrow \left(\frac{4}{10}, \frac{3}{10}\right) \Rightarrow \frac{4}{10} > \frac{3}{10} \Rightarrow \frac{2}{5} > 0.3$

□ 안에 알맞은 수를 써넣고 ○ 안에 >, =, <를 알맞게 써넣으시오. (1~2)

1

$\frac{2}{3}$ ➡ $\frac{\square}{6}$

$\frac{1}{2}$ ➡ $\frac{\square}{6}$

➡ $\frac{2}{3}$ ○ $\frac{1}{2}$

2

$\frac{3}{4}$ ➡ $\frac{\square}{12}$

$\frac{5}{6}$ ➡ $\frac{\square}{12}$

➡ $\frac{3}{4}$ ○ $\frac{5}{6}$

계산은 빠르고 정확하게!

걸린 시간	1~6분	6~9분	9~12분
맞은 개수	11~12개	9~10개	1~8개
평가	참 잘했어요.	잘했어요.	좀더 노력해요.

분모의 곱을 공통분모로 하여 통분하고 ○ 안에 >, =, <를 알맞게 써넣으시오. (3~12)

3 $\left(\frac{1}{4}, \frac{2}{5}\right) \Rightarrow \left(\frac{\square}{20}, \frac{\square}{20}\right)$

$\Rightarrow \frac{1}{4} \bigcirc \frac{2}{5}$

4 $\left(\frac{2}{3}, \frac{4}{7}\right) \Rightarrow \left(\frac{\square}{21}, \frac{\square}{21}\right)$

$\Rightarrow \frac{2}{3} \bigcirc \frac{4}{7}$

5 $\left(\frac{5}{6}, \frac{7}{8}\right) \Rightarrow \left(\frac{\square}{48}, \frac{\square}{48}\right)$

$\Rightarrow \frac{5}{6} \bigcirc \frac{7}{8}$

6 $\left(\frac{4}{5}, \frac{4}{9}\right) \Rightarrow \left(\frac{\square}{\square}, \frac{\square}{\square}\right)$

$\Rightarrow \frac{4}{5} \bigcirc \frac{4}{9}$

7 $\left(\frac{3}{7}, \frac{5}{8}\right) \Rightarrow \left(\frac{\square}{\square}, \frac{\square}{\square}\right)$

$\Rightarrow \frac{3}{7} \bigcirc \frac{5}{8}$

8 $\left(\frac{7}{8}, \frac{5}{12}\right) \Rightarrow \left(\frac{\square}{\square}, \frac{\square}{\square}\right)$

$\Rightarrow \frac{7}{8} \bigcirc \frac{5}{12}$

9 $\left(\frac{3}{10}, \frac{6}{11}\right) \Rightarrow \left(\frac{\square}{\square}, \frac{\square}{\square}\right)$

$\Rightarrow \frac{3}{10} \bigcirc \frac{6}{11}$

10 $\left(\frac{3}{5}, \frac{5}{8}\right) \Rightarrow \left(\frac{\square}{\square}, \frac{\square}{\square}\right)$

$\Rightarrow \frac{3}{5} \bigcirc \frac{5}{8}$

11 $\left(\frac{3}{4}, \frac{6}{7}\right) \Rightarrow \left(\frac{\square}{\square}, \frac{\square}{\square}\right)$

$\Rightarrow \frac{3}{4} \bigcirc \frac{6}{7}$

12 $\left(\frac{5}{9}, \frac{3}{5}\right) \Rightarrow \left(\frac{\square}{\square}, \frac{\square}{\square}\right)$

$\Rightarrow \frac{5}{9} \bigcirc \frac{3}{5}$

7 분수의 크기 비교하기(2)

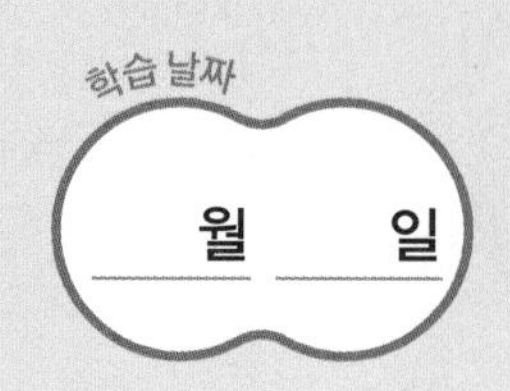

분모의 최소공배수를 공통분모로 하여 통분하고 ○ 안에 $>$, $=$, $<$를 알맞게 써넣으시오. (1~10)

1 $\left(\frac{3}{4}, \frac{5}{6}\right) \Rightarrow \left(\frac{\square}{12}, \frac{\square}{12}\right)$

$\Rightarrow \frac{3}{4} \bigcirc \frac{5}{6}$

2 $\left(\frac{5}{6}, \frac{3}{8}\right) \Rightarrow \left(\frac{\square}{24}, \frac{\square}{24}\right)$

$\Rightarrow \frac{5}{6} \bigcirc \frac{3}{8}$

3 $\left(\frac{2}{3}, \frac{7}{9}\right) \Rightarrow \left(\frac{\square}{9}, \frac{\square}{9}\right)$

$\Rightarrow \frac{2}{3} \bigcirc \frac{7}{9}$

4 $\left(\frac{3}{4}, \frac{7}{10}\right) \Rightarrow \left(\frac{\square}{\square}, \frac{\square}{\square}\right)$

$\Rightarrow \frac{3}{4} \bigcirc \frac{7}{10}$

5 $\left(\frac{5}{8}, \frac{7}{12}\right) \Rightarrow \left(\frac{\square}{\square}, \frac{\square}{\square}\right)$

$\Rightarrow \frac{5}{8} \bigcirc \frac{7}{12}$

6 $\left(\frac{9}{10}, \frac{13}{15}\right) \Rightarrow \left(\frac{\square}{\square}, \frac{\square}{\square}\right)$

$\Rightarrow \frac{9}{10} \bigcirc \frac{13}{15}$

7 $\left(\frac{7}{12}, \frac{11}{18}\right) \Rightarrow \left(\frac{\square}{\square}, \frac{\square}{\square}\right)$

$\Rightarrow \frac{7}{12} \bigcirc \frac{11}{18}$

8 $\left(\frac{5}{6}, \frac{7}{9}\right) \Rightarrow \left(\frac{\square}{\square}, \frac{\square}{\square}\right)$

$\Rightarrow \frac{5}{6} \bigcirc \frac{7}{9}$

9 $\left(\frac{11}{12}, \frac{7}{8}\right) \Rightarrow \left(\frac{\square}{\square}, \frac{\square}{\square}\right)$

$\Rightarrow \frac{11}{12} \bigcirc \frac{7}{8}$

10 $\left(\frac{5}{9}, \frac{7}{15}\right) \Rightarrow \left(\frac{\square}{\square}, \frac{\square}{\square}\right)$

$\Rightarrow \frac{5}{9} \bigcirc \frac{7}{15}$

계산은 빠르고 정확하게!

걸린 시간	1~8분	8~12분	12~16분
맞은 개수	24~26개	19~23개	1~18개
평가	참 잘했어요.	잘했어요.	좀더 노력해요.

두 분수의 크기를 비교하여 ○ 안에 >, =, <를 알맞게 써넣으시오. (11 ~ 26)

11 $\frac{4}{7}$ ○ $\frac{3}{4}$

12 $\frac{5}{6}$ ○ $\frac{4}{9}$

13 $\frac{5}{6}$ ○ $\frac{7}{9}$

14 $\frac{7}{9}$ ○ $\frac{11}{12}$

15 $\frac{4}{5}$ ○ $\frac{5}{8}$

16 $\frac{6}{7}$ ○ $\frac{7}{8}$

17 $\frac{5}{14}$ ○ $\frac{7}{12}$

18 $\frac{7}{12}$ ○ $\frac{9}{16}$

19 $\frac{9}{10}$ ○ $\frac{11}{14}$

20 $\frac{7}{24}$ ○ $\frac{5}{18}$

21 $\frac{7}{9}$ ○ $\frac{13}{21}$

22 $\frac{5}{12}$ ○ $\frac{8}{27}$

23 $\frac{13}{15}$ ○ $\frac{7}{10}$

24 $\frac{13}{18}$ ○ $\frac{17}{30}$

25 $\frac{7}{24}$ ○ $\frac{5}{18}$

26 $\frac{13}{20}$ ○ $\frac{8}{15}$

7 분수의 크기 비교하기(3)

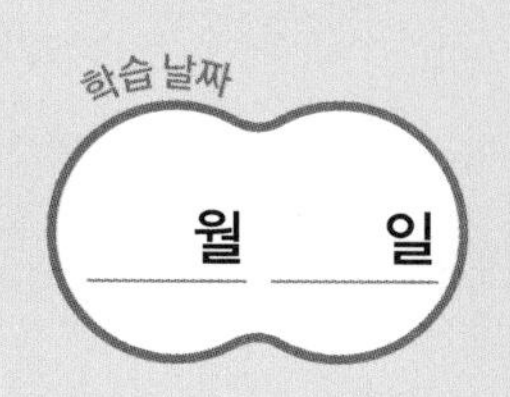

세 분수의 크기를 비교하여 가장 큰 분수부터 차례로 쓰시오. (1~4)

1 $\frac{3}{4}, \frac{5}{6}, \frac{5}{8}$ ➡ $\frac{3}{4} \bigcirc \frac{5}{6}$, $\frac{5}{6} \bigcirc \frac{5}{8}$, $\frac{3}{4} \bigcirc \frac{5}{8}$ ➡ $\frac{\square}{\square} > \frac{\square}{\square} > \frac{\square}{\square}$

2 $\frac{7}{8}, \frac{11}{12}, \frac{5}{6}$ ➡ $\frac{7}{8} \bigcirc \frac{11}{12}$, $\frac{11}{12} \bigcirc \frac{5}{6}$, $\frac{7}{8} \bigcirc \frac{5}{6}$ ➡ $\frac{\square}{\square} > \frac{\square}{\square} > \frac{\square}{\square}$

3 $\frac{2}{3}, \frac{3}{4}, \frac{4}{7}$ ➡ $\frac{2}{3} \bigcirc \frac{3}{4}$, $\frac{3}{4} \bigcirc \frac{4}{7}$, $\frac{2}{3} \bigcirc \frac{4}{7}$ ➡ $\frac{\square}{\square} > \frac{\square}{\square} > \frac{\square}{\square}$

4 $\frac{4}{5}, \frac{7}{15}, \frac{3}{8}$ ➡ $\frac{4}{5} \bigcirc \frac{7}{15}$, $\frac{7}{15} \bigcirc \frac{3}{8}$, $\frac{4}{5} \bigcirc \frac{3}{8}$ ➡ $\frac{\square}{\square} > \frac{\square}{\square} > \frac{\square}{\square}$

걸린 시간	1~8분	8~12분	12~16분
맞은 개수	10~11개	8~9개	1~7개
평가	참 잘했어요.	잘했어요.	좀더 노력해요.

세 분수의 크기를 비교하여 가장 큰 분수부터 차례로 쓰시오. (5 ~ 11)

5 $\frac{1}{2}, \frac{2}{5}, \frac{3}{7}$ ➡ (　　　　　　　　)

6 $\frac{4}{9}, \frac{7}{10}, \frac{3}{5}$ ➡ (　　　　　　　　)

7 $\frac{5}{6}, \frac{4}{9}, \frac{7}{12}$ ➡ (　　　　　　　　)

8 $\frac{1}{3}, \frac{3}{8}, \frac{4}{9}$ ➡ (　　　　　　　　)

9 $\frac{3}{4}, \frac{11}{20}, \frac{16}{25}$ ➡ (　　　　　　　　)

10 $\frac{5}{12}, \frac{2}{9}, \frac{13}{27}$ ➡ (　　　　　　　　)

11 $\frac{7}{8}, \frac{4}{5}, \frac{5}{9}$ ➡ (　　　　　　　　)

7 분수의 크기 비교하기(4)

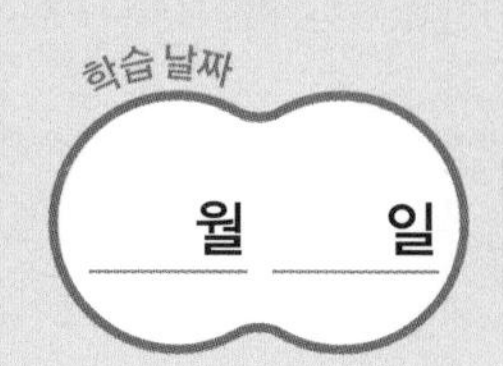

분수를 소수로 고쳐서 크기를 비교하시오. (1 ~ 12)

1 $\left(\frac{4}{5}, 0.75\right)$ ➡ ($\square$, 0.75)

➡ $\frac{4}{5}$ ◯ 0.75

2 $\left(0.68, \frac{2}{3}\right)$ ➡ (0.68, $\square$)

➡ 0.68 ◯ $\frac{2}{3}$

3 $\left(\frac{3}{4}, 0.76\right)$ ➡ ($\square$, 0.76)

➡ $\frac{3}{4}$ ◯ 0.76

4 $\left(1.72, 1\frac{3}{4}\right)$ ➡ (1.72, $\square$)

➡ 1.72 ◯ $1\frac{3}{4}$

5 $\left(1\frac{17}{20}, 1.8\right)$ ➡ ($\square$, 1.8)

➡ $1\frac{17}{20}$ ◯ 1.8

6 $\left(3.84, 3\frac{4}{5}\right)$ ➡ (3.84, $\square$)

➡ 3.84 ◯ $3\frac{4}{5}$

7 $\left(3\frac{18}{25}, 3.74\right)$ ➡ ($\square$, 3.74)

➡ $3\frac{18}{25}$ ◯ 3.74

8 $\left(2.24, 2\frac{3}{8}\right)$ ➡ (2.24, $\square$)

➡ 2.24 ◯ $2\frac{3}{8}$

9 $\left(6\frac{1}{5}, 6.25\right)$ ➡ ($\square$, 6.25)

➡ $6\frac{1}{5}$ ◯ 6.25

10 $\left(3.45, 3\frac{4}{9}\right)$ ➡ (3.45, $\square$)

➡ 3.45 ◯ $3\frac{4}{9}$

11 $\left(1\frac{1}{2}, 1.47\right)$ ➡ ($\square$, 1.47)

➡ $1\frac{1}{2}$ ◯ 1.47

12 $\left(4.63, 4\frac{7}{8}\right)$ ➡ (4.63, $\square$)

➡ 4.63 ◯ $4\frac{7}{8}$

걸린 시간	1~8분	8~12분	12~16분
맞은 개수	22~24개	17~21개	1~16개
평가	참 잘했어요.	잘했어요.	좀더 노력해요.

소수를 분수로 고쳐서 크기를 비교하시오. (13 ~ 24)

13 $\left(\frac{4}{5}, 0.9\right) \Rightarrow \left(\frac{\square}{10}, \frac{\square}{10}\right)$

$\Rightarrow \frac{4}{5} \bigcirc 0.9$

14 $\left(\frac{2}{3}, 0.6\right) \Rightarrow \left(\frac{\square}{30}, \frac{\square}{30}\right)$

$\Rightarrow \frac{2}{3} \bigcirc 0.6$

15 $\left(\frac{13}{20}, 0.63\right) \Rightarrow \left(\frac{\square}{100}, \frac{\square}{100}\right)$

$\Rightarrow \frac{13}{20} \bigcirc 0.63$

16 $\left(\frac{5}{8}, 0.7\right) \Rightarrow \left(\frac{\square}{40}, \frac{\square}{40}\right)$

$\Rightarrow \frac{5}{8} \bigcirc 0.7$

17 $\left(1\frac{3}{5}, 1.57\right) \Rightarrow \left(1\frac{\square}{100}, 1\frac{\square}{100}\right)$

$\Rightarrow 1\frac{3}{5} \bigcirc 1.57$

18 $\left(\frac{4}{7}, 0.6\right) \Rightarrow \left(\frac{\square}{70}, \frac{\square}{70}\right)$

$\Rightarrow \frac{4}{7} \bigcirc 0.6$

19 $\left(1.53, 1\frac{1}{4}\right) \Rightarrow \left(1\frac{\square}{100}, 1\frac{\square}{100}\right)$

$\Rightarrow 1.53 \bigcirc 1\frac{1}{4}$

20 $\left(2.35, 2\frac{2}{5}\right) \Rightarrow \left(2\frac{\square}{100}, 2\frac{\square}{100}\right)$

$\Rightarrow 2.35 \bigcirc 2\frac{2}{5}$

21 $\left(3.8, 3\frac{3}{5}\right) \Rightarrow \left(3\frac{\square}{10}, 3\frac{\square}{10}\right)$

$\Rightarrow 3.8 \bigcirc 3\frac{3}{5}$

22 $\left(4.72, 4\frac{13}{20}\right) \Rightarrow \left(4\frac{\square}{100}, 4\frac{\square}{100}\right)$

$\Rightarrow 4.72 \bigcirc 4\frac{13}{20}$

23 $\left(4.05, 4\frac{1}{5}\right) \Rightarrow \left(4\frac{\square}{100}, 4\frac{\square}{100}\right)$

$\Rightarrow 4.05 \bigcirc 4\frac{1}{5}$

24 $\left(5.75, 5\frac{18}{25}\right) \Rightarrow \left(5\frac{\square}{100}, 5\frac{\square}{100}\right)$

$\Rightarrow 5.75 \bigcirc 5\frac{18}{25}$

8 받아올림이 없는 진분수의 덧셈(1)

방법 ① 분모의 곱을 이용하여 통분한 후 계산하기

$$\frac{1}{4}+\frac{1}{6}=\frac{6}{24}+\frac{4}{24}=\frac{10}{24}=\frac{5}{12}$$

방법 ② 분모의 최소공배수를 이용하여 통분한 후 계산하기

$$\frac{1}{4}+\frac{1}{6}=\frac{3}{12}+\frac{2}{12}=\frac{5}{12}$$

분모의 곱을 공통분모로 하여 통분한 후 계산하려고 합니다. □ 안에 알맞은 수를 써넣으시오. (1~5)

1 $\frac{1}{3}+\frac{1}{4}=\frac{1\times\square}{3\times\square}+\frac{1\times\square}{4\times\square}=\frac{\square}{12}+\frac{\square}{12}=\frac{\square}{12}$

2 $\frac{3}{4}+\frac{1}{5}=\frac{3\times\square}{4\times\square}+\frac{1\times\square}{5\times\square}=\frac{\square}{20}+\frac{\square}{20}=\frac{\square}{20}$

3 $\frac{1}{6}+\frac{4}{9}=\frac{1\times\square}{6\times\square}+\frac{4\times\square}{9\times\square}=\frac{\square}{54}+\frac{\square}{54}=\frac{\square}{54}=\frac{\square}{18}$

4 $\frac{2}{5}+\frac{3}{10}=\frac{2\times\square}{5\times\square}+\frac{3\times\square}{10\times\square}=\frac{\square}{50}+\frac{\square}{50}=\frac{\square}{50}=\frac{\square}{10}$

5 $\frac{2}{3}+\frac{4}{15}=\frac{2\times\square}{3\times\square}+\frac{4\times\square}{15\times\square}=\frac{\square}{45}+\frac{\square}{45}=\frac{\square}{45}=\frac{\square}{15}$

계산은 빠르고 정확하게!

걸린 시간	1~8분	8~12분	12~16분
맞은 개수	19~21개	15~18개	1~14개
평가	참 잘했어요.	잘했어요.	좀더 노력해요.

계산을 하시오. (6 ~ 21)

6 $\frac{1}{6}+\frac{5}{8}$

7 $\frac{5}{12}+\frac{3}{8}$

8 $\frac{1}{2}+\frac{1}{3}$

9 $\frac{5}{6}+\frac{1}{8}$

10 $\frac{1}{3}+\frac{4}{9}$

11 $\frac{1}{5}+\frac{5}{7}$

12 $\frac{2}{9}+\frac{3}{4}$

13 $\frac{1}{6}+\frac{4}{9}$

14 $\frac{1}{4}+\frac{3}{10}$

15 $\frac{3}{7}+\frac{3}{8}$

16 $\frac{5}{12}+\frac{2}{5}$

17 $\frac{5}{11}+\frac{1}{4}$

18 $\frac{5}{8}+\frac{3}{20}$

19 $\frac{2}{7}+\frac{5}{13}$

20 $\frac{3}{10}+\frac{8}{15}$

21 $\frac{3}{14}+\frac{2}{21}$

8 받아올림이 없는 진분수의 덧셈(2)

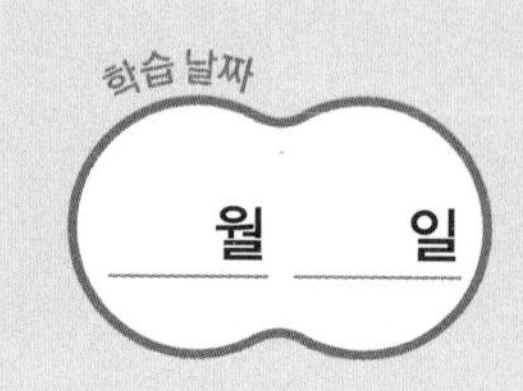

분모의 최소공배수를 공통분모로 하여 통분한 후 계산하려고 합니다. □ 안에 알맞은 수를 써넣으시오. (1~7)

1 $\frac{1}{2}+\frac{1}{4}=\frac{1\times\square}{2\times\square}+\frac{1}{4}=\frac{\square}{4}+\frac{1}{4}=\frac{\square}{4}$

2 $\frac{2}{3}+\frac{1}{9}=\frac{2\times\square}{3\times\square}+\frac{1}{9}=\frac{\square}{9}+\frac{1}{9}=\frac{\square}{9}$

3 $\frac{3}{4}+\frac{1}{6}=\frac{3\times\square}{4\times\square}+\frac{1\times\square}{6\times\square}=\frac{\square}{12}+\frac{\square}{12}=\frac{\square}{12}$

4 $\frac{3}{8}+\frac{1}{12}=\frac{3\times\square}{8\times\square}+\frac{1\times\square}{12\times\square}=\frac{\square}{24}+\frac{\square}{24}=\frac{\square}{24}$

5 $\frac{2}{9}+\frac{5}{12}=\frac{2\times\square}{9\times\square}+\frac{5\times\square}{12\times\square}=\frac{\square}{36}+\frac{\square}{36}=\frac{\square}{36}$

6 $\frac{1}{6}+\frac{2}{9}=\frac{1\times\square}{6\times\square}+\frac{2\times\square}{9\times\square}=\frac{\square}{18}+\frac{\square}{18}=\frac{\square}{18}$

7 $\frac{5}{12}+\frac{7}{18}=\frac{5\times\square}{12\times\square}+\frac{7\times\square}{18\times\square}=\frac{\square}{36}+\frac{\square}{36}=\frac{\square}{36}$

계산은 빠르고 정확하게!

걸린 시간	1~8분	8~12분	12~16분
맞은 개수	21~23개	17~20개	1~16개
평가	참 잘했어요.	잘했어요.	좀더 노력해요.

계산을 하시오. (8 ~ 23)

8 $\frac{2}{3}+\frac{1}{15}$

9 $\frac{1}{6}+\frac{5}{12}$

10 $\frac{5}{6}+\frac{1}{9}$

11 $\frac{3}{4}+\frac{1}{18}$

12 $\frac{4}{7}+\frac{5}{14}$

13 $\frac{2}{9}+\frac{4}{15}$

14 $\frac{1}{6}+\frac{7}{15}$

15 $\frac{1}{6}+\frac{9}{20}$

16 $\frac{2}{21}+\frac{4}{7}$

17 $\frac{5}{12}+\frac{2}{15}$

18 $\frac{4}{15}+\frac{2}{3}$

19 $\frac{7}{16}+\frac{3}{10}$

20 $\frac{5}{18}+\frac{7}{27}$

21 $\frac{5}{14}+\frac{10}{21}$

22 $\frac{7}{20}+\frac{3}{25}$

23 $\frac{7}{12}+\frac{11}{30}$

8 받아올림이 없는 진분수의 덧셈(3)

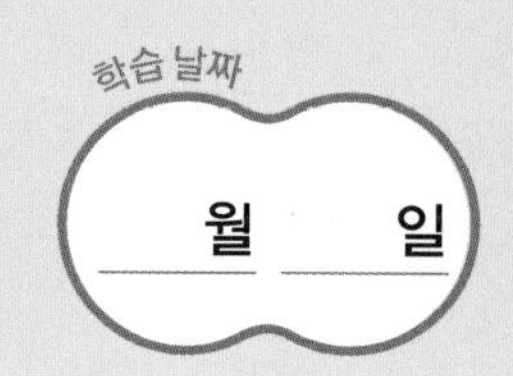

빈 곳에 알맞은 수를 써넣으시오. (1~10)

1

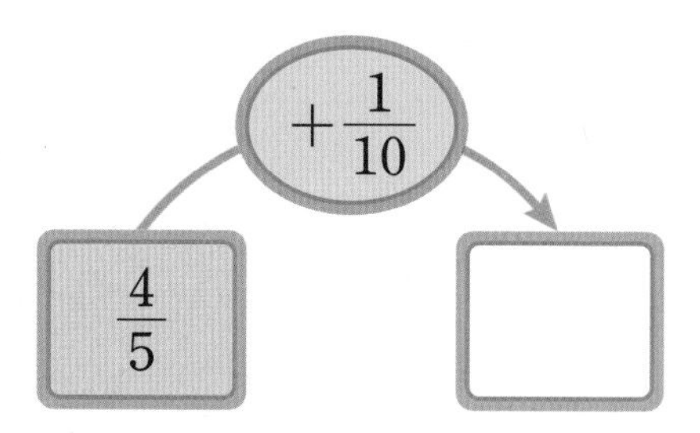

2

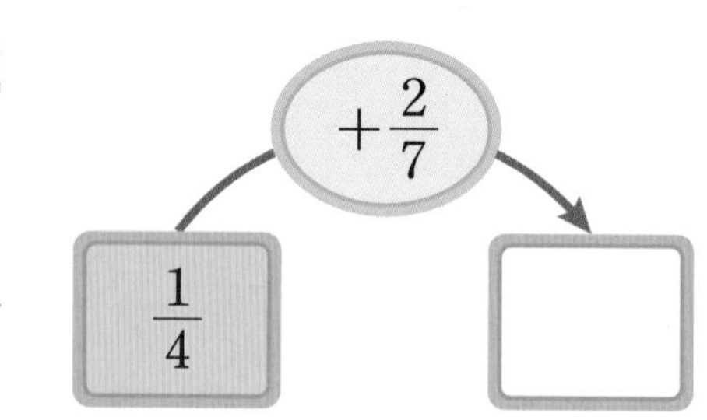

3

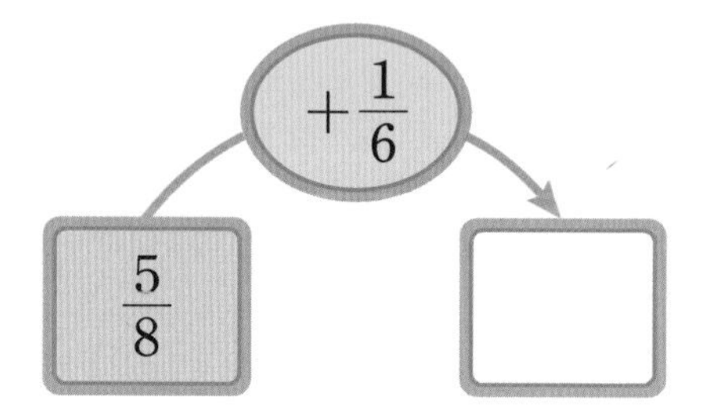

4

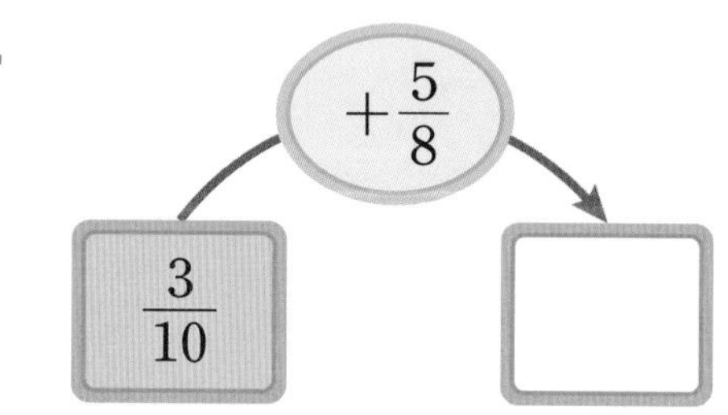

5

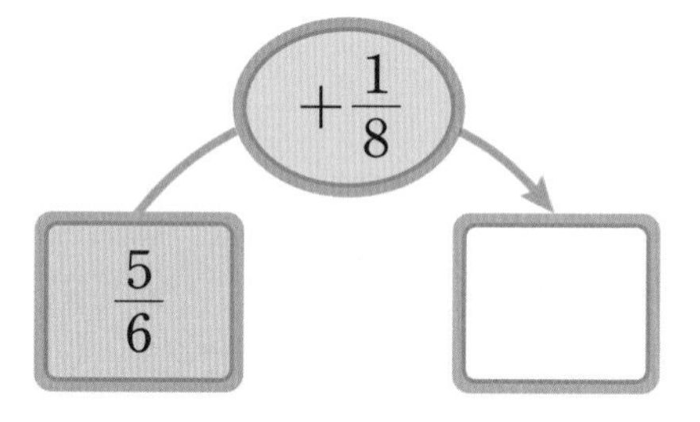

6

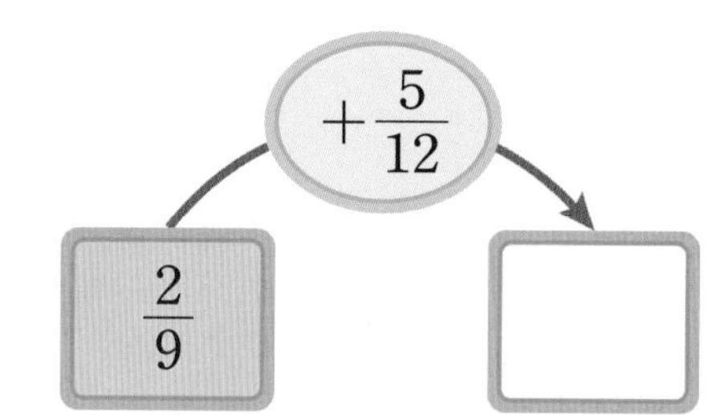

7

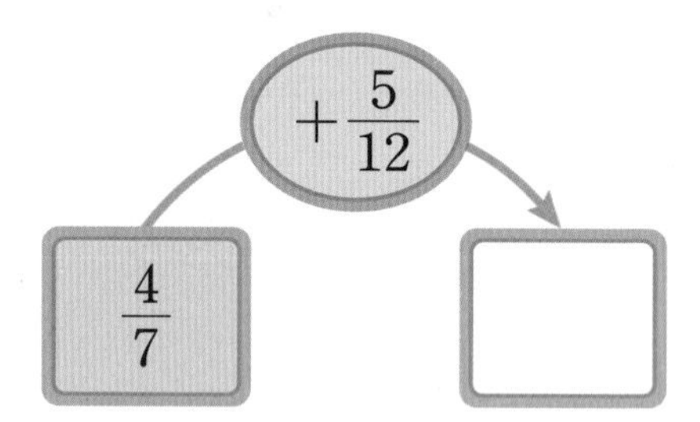

8

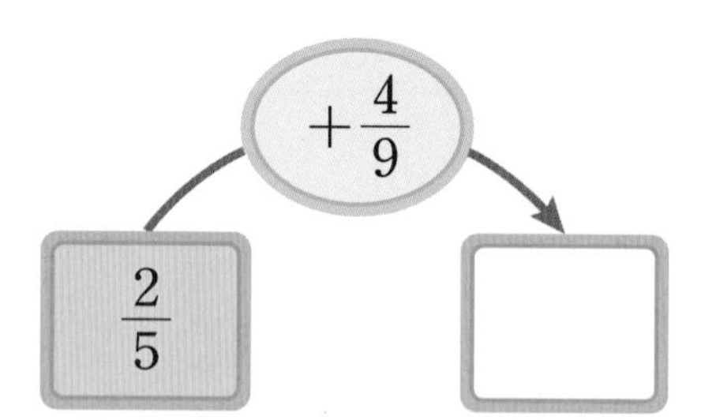

9

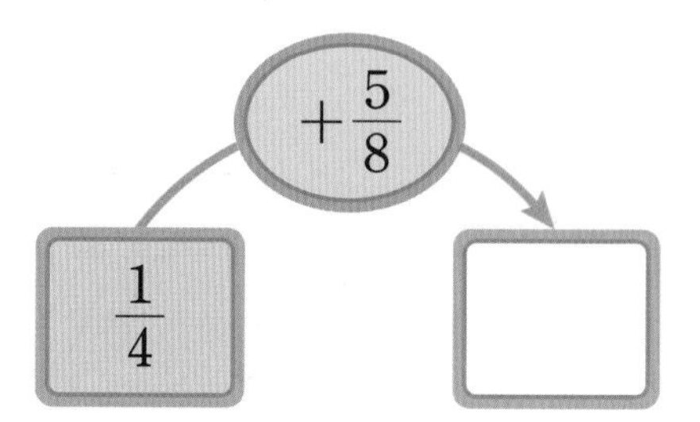

10

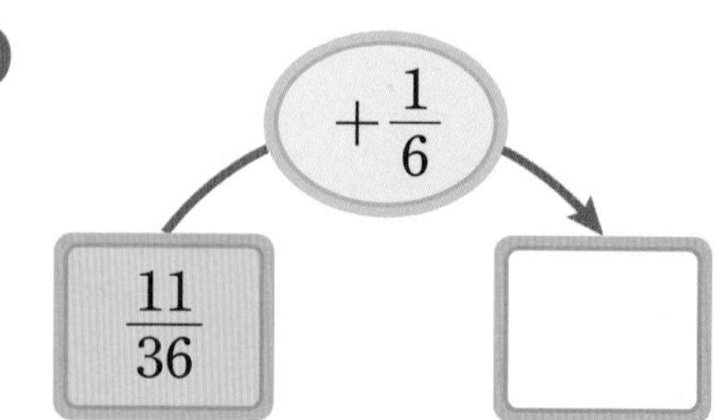

걸린 시간	1~6분	6~9분	9~12분
맞은 개수	17~18개	13~16개	1~12개
평가	참 잘했어요.	잘했어요.	좀더 노력해요.

□ 안에 알맞은 수를 써넣으시오. (11 ~ 18)

11

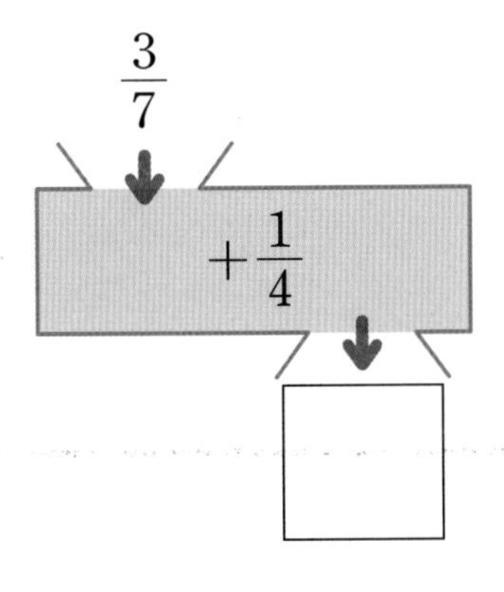

12

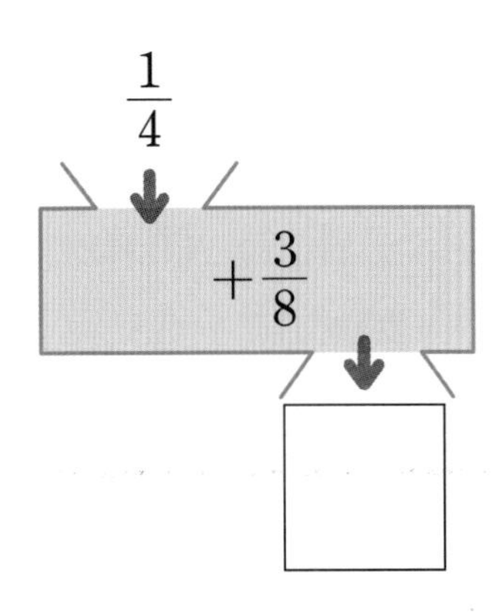

13

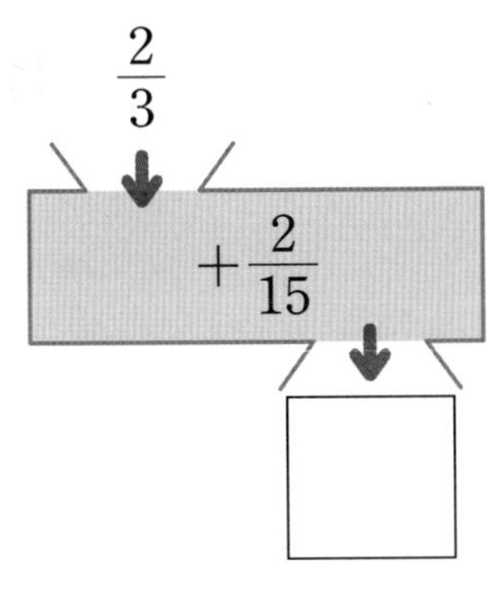

14

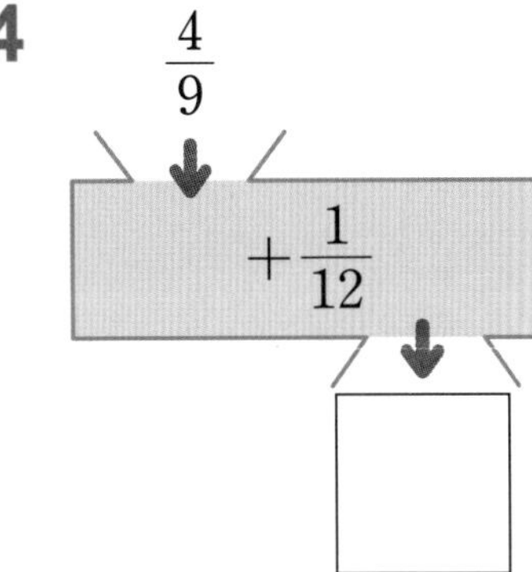

15

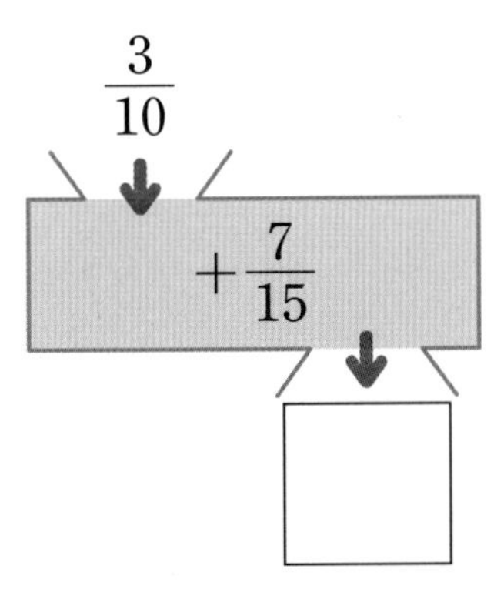

16

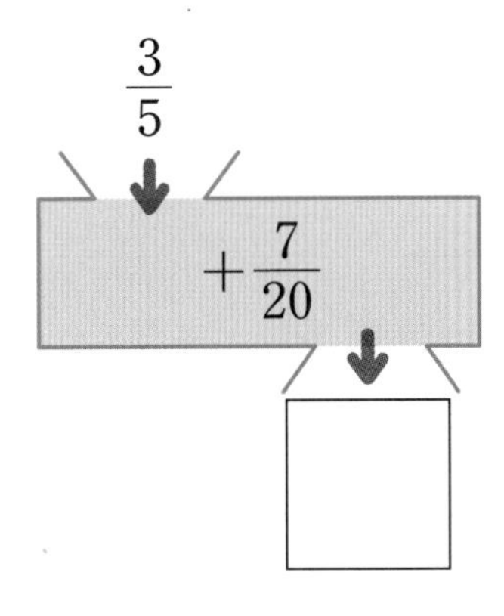

17

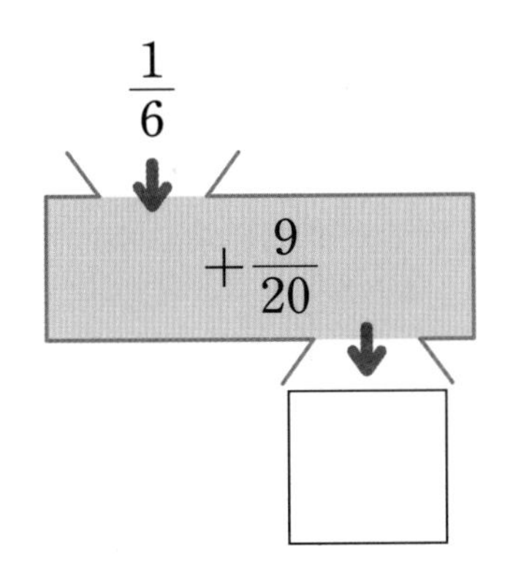

18

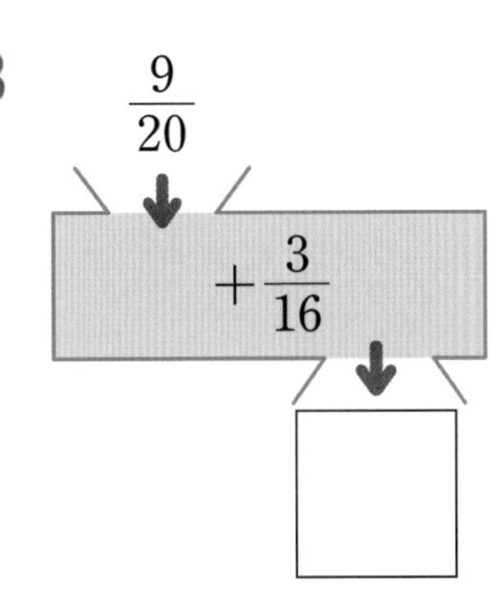

9 받아올림이 있는 진분수의 덧셈(1)

방법 ① 분모의 곱을 이용하여 통분한 후 계산하기

$$\frac{5}{6}+\frac{5}{8}=\frac{40}{48}+\frac{30}{48}=\frac{70}{48}=\frac{35}{24}=1\frac{11}{24}$$

방법 ② 분모의 최소공배수를 이용하여 통분한 후 계산하기

$$\frac{5}{6}+\frac{5}{8}=\frac{20}{24}+\frac{15}{24}=\frac{35}{24}=1\frac{11}{24}$$

분모의 곱을 공통분모로 하여 통분한 후 계산하려고 합니다. □ 안에 알맞은 수를 써넣으시오. (1~5)

1 $\frac{2}{3}+\frac{1}{2}=\frac{\square}{6}+\frac{\square}{6}=\frac{\square}{6}=\square$

2 $\frac{3}{4}+\frac{4}{5}=\frac{\square}{20}+\frac{\square}{20}=\frac{\square}{20}=\square$

3 $\frac{3}{5}+\frac{4}{7}=\frac{\square}{35}+\frac{\square}{35}=\frac{\square}{35}=\square$

4 $\frac{5}{6}+\frac{1}{4}=\frac{\square}{24}+\frac{\square}{24}=\frac{\square}{24}=\frac{\square}{12}=\square$

5 $\frac{3}{5}+\frac{7}{10}=\frac{\square}{50}+\frac{\square}{50}=\frac{\square}{50}=\frac{\square}{10}=\square$

계산은 빠르고 정확하게!

걸린 시간	1~8분	8~12분	12~16분
맞은 개수	18~19개	14~17개	1~13개
평가	참 잘했어요.	잘했어요.	좀더 노력해요.

계산을 하시오. (6 ~ 19)

6 $\frac{2}{3}+\frac{3}{4}$

7 $\frac{4}{5}+\frac{5}{7}$

8 $\frac{1}{2}+\frac{4}{5}$

9 $\frac{4}{5}+\frac{5}{9}$

10 $\frac{5}{6}+\frac{7}{8}$

11 $\frac{1}{4}+\frac{7}{9}$

12 $\frac{3}{4}+\frac{1}{2}$

13 $\frac{5}{7}+\frac{5}{6}$

14 $\frac{2}{3}+\frac{5}{9}$

15 $\frac{2}{3}+\frac{7}{10}$

16 $\frac{5}{8}+\frac{3}{4}$

17 $\frac{4}{9}+\frac{5}{6}$

18 $\frac{5}{8}+\frac{9}{10}$

19 $\frac{3}{4}+\frac{11}{15}$

9 받아올림이 있는 진분수의 덧셈(2)

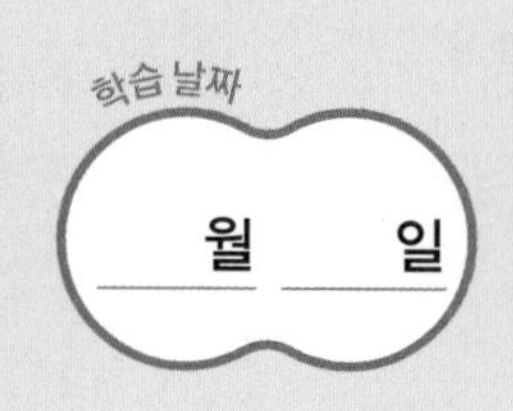

분모의 최소공배수를 공통분모로 하여 통분한 후 계산하려고 합니다. □ 안에 알맞은 수를 써넣으시오. (1~7)

1 $\frac{2}{3}+\frac{5}{6}=\frac{\square}{6}+\frac{5}{6}=\frac{\square}{6}=\frac{\square}{2}=\square$

2 $\frac{3}{4}+\frac{5}{8}=\frac{\square}{8}+\frac{5}{8}=\frac{\square}{8}=\square$

3 $\frac{5}{6}+\frac{5}{8}=\frac{\square}{24}+\frac{\square}{24}=\frac{\square}{24}=\square$

4 $\frac{4}{9}+\frac{7}{12}=\frac{\square}{36}+\frac{\square}{36}=\frac{\square}{36}=\square$

5 $\frac{7}{10}+\frac{11}{14}=\frac{\square}{70}+\frac{\square}{70}=\frac{\square}{70}=\frac{\square}{35}=\square$

6 $\frac{8}{9}+\frac{1}{6}=\frac{\square}{18}+\frac{\square}{18}=\frac{\square}{18}=\square$

7 $\frac{8}{15}+\frac{11}{18}=\frac{\square}{90}+\frac{\square}{90}=\frac{\square}{90}=\square$

계산은 빠르고 정확하게!

걸린 시간	1~9분	9~14분	14~18분
맞은 개수	19~21개	15~18개	1~14개
평가	참 잘했어요.	잘했어요.	좀더 노력해요.

계산을 하시오. (8 ~ 21)

8 $\frac{2}{3}+\frac{7}{9}$

9 $\frac{4}{5}+\frac{7}{15}$

10 $\frac{3}{7}+\frac{5}{6}$

11 $\frac{4}{5}+\frac{5}{9}$

12 $\frac{5}{6}+\frac{4}{9}$

13 $\frac{5}{8}+\frac{13}{20}$

14 $\frac{1}{2}+\frac{8}{9}$

15 $\frac{5}{6}+\frac{7}{18}$

16 $\frac{13}{15}+\frac{7}{12}$

17 $\frac{3}{5}+\frac{7}{8}$

18 $\frac{3}{4}+\frac{5}{12}$

19 $\frac{10}{21}+\frac{9}{14}$

20 $\frac{7}{15}+\frac{13}{18}$

21 $\frac{11}{12}+\frac{9}{16}$

9 받아올림이 있는 진분수의 덧셈 (3)

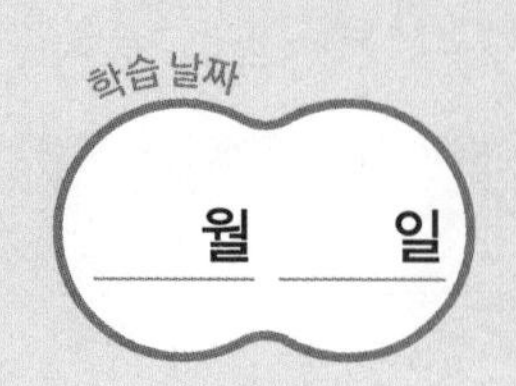

빈 곳에 알맞은 수를 써넣으시오. (1 ~ 10)

1

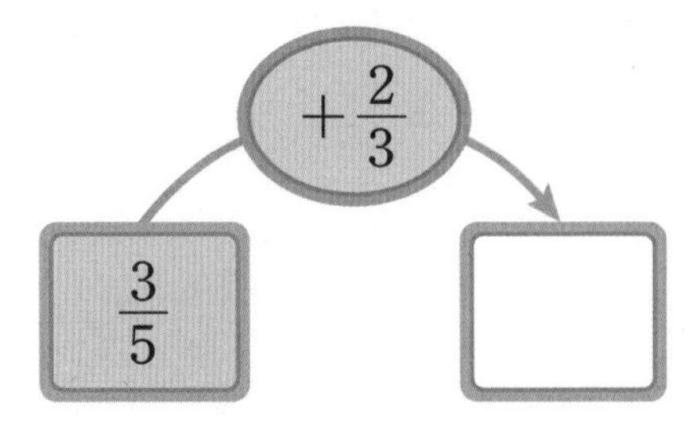

2

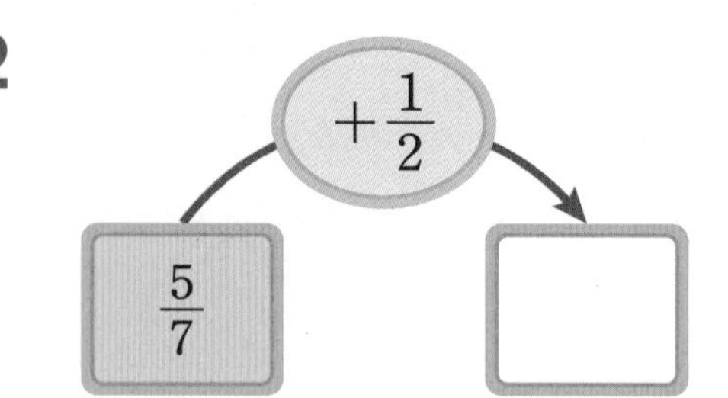

3

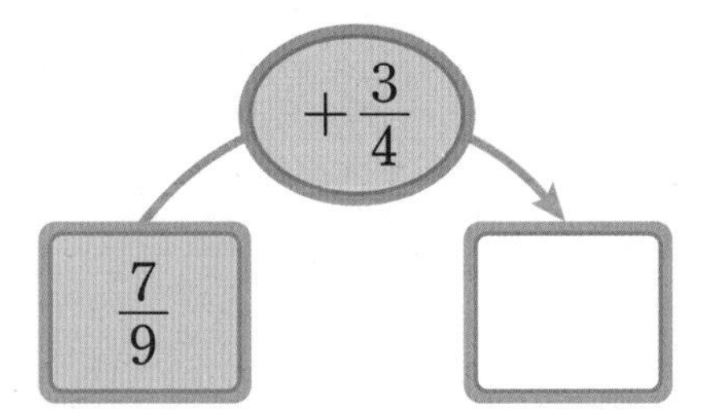

4

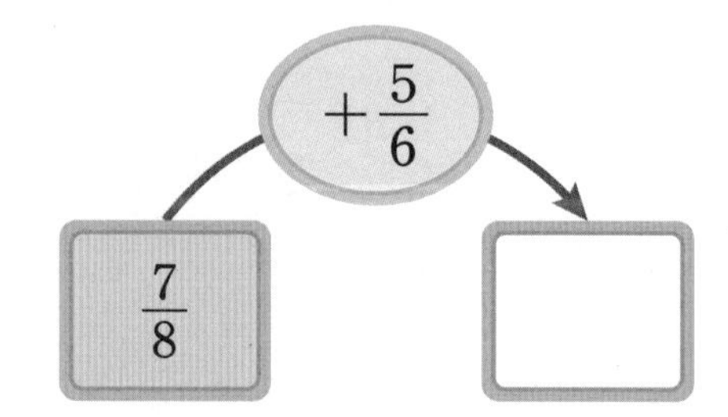

5

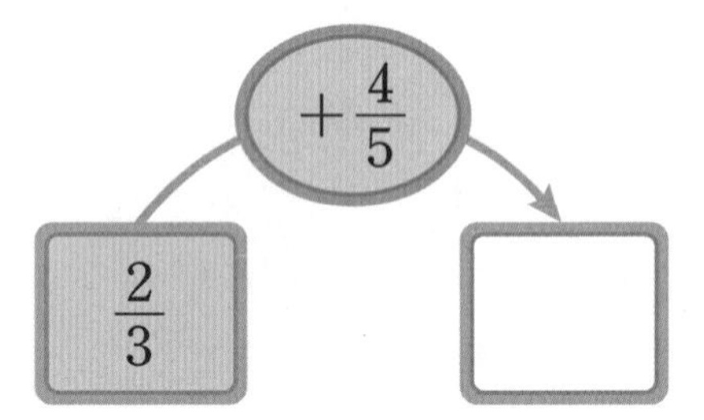

6

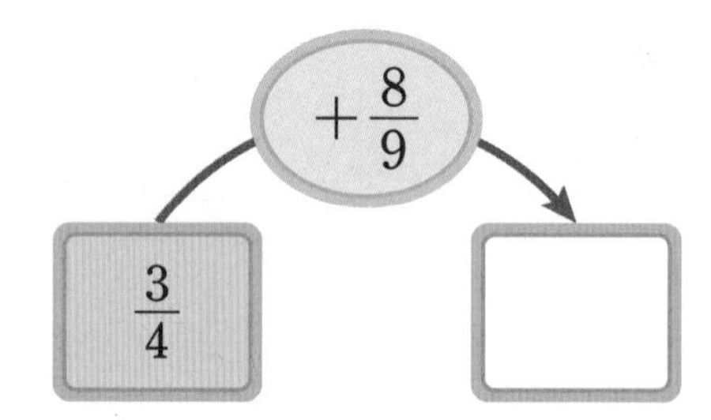

7

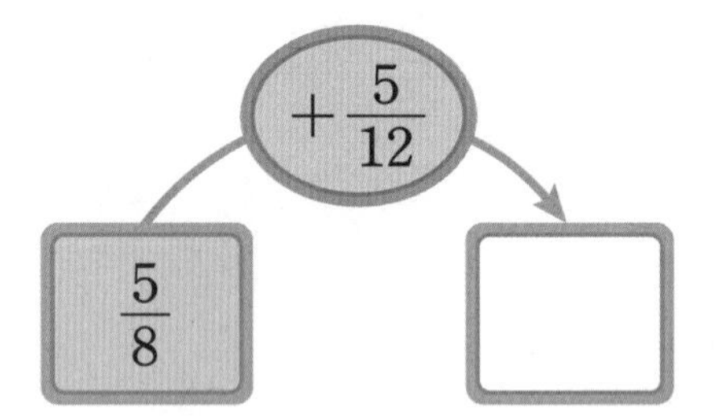

8

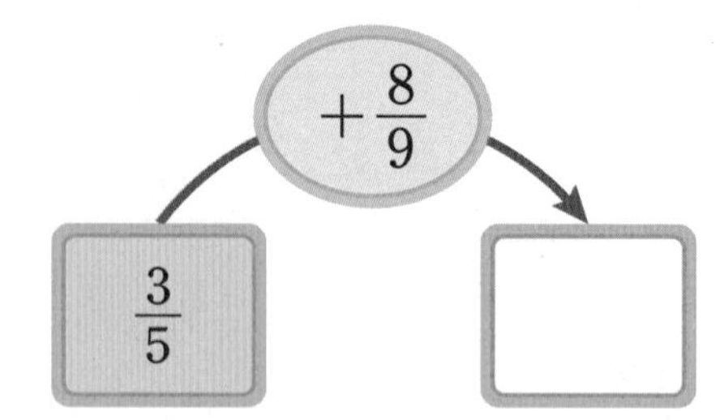

9

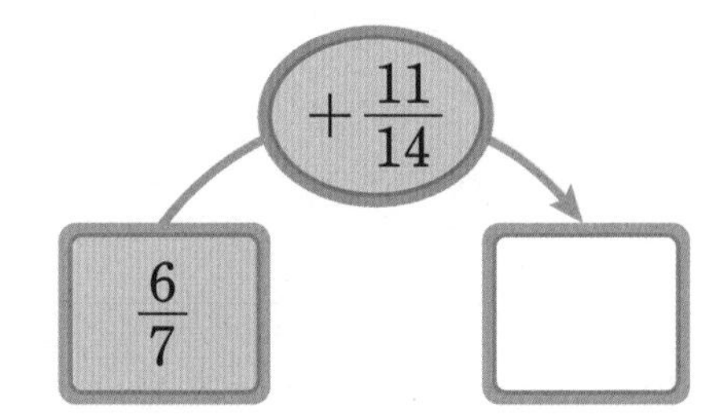

10

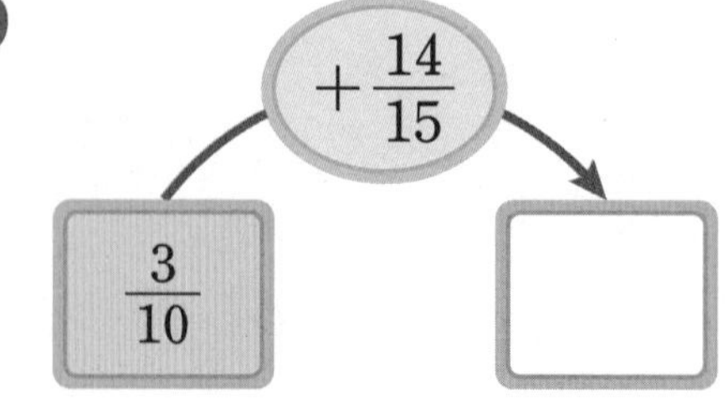

계산은 빠르고 정확하게!

걸린 시간	1~8분	8~12분	12~16분
맞은 개수	17~18개	13~16개	1~12개
평가	참 잘했어요.	잘했어요.	좀더 노력해요.

□ 안에 알맞은 수를 써넣으시오. (11 ~ 18)

11

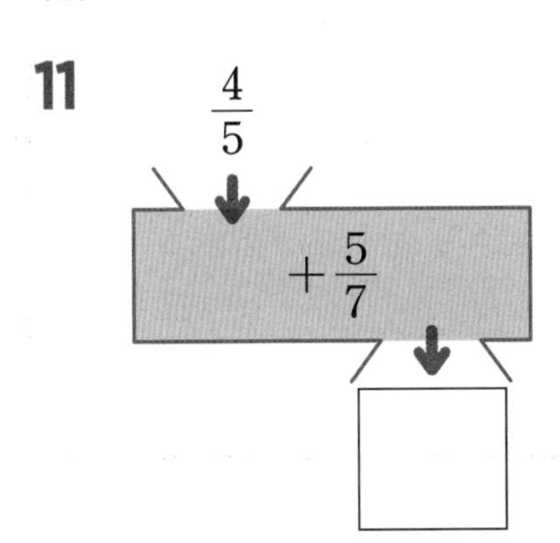

12

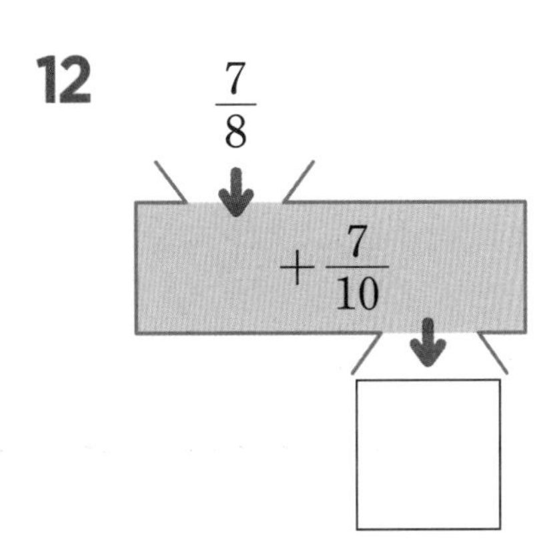

13

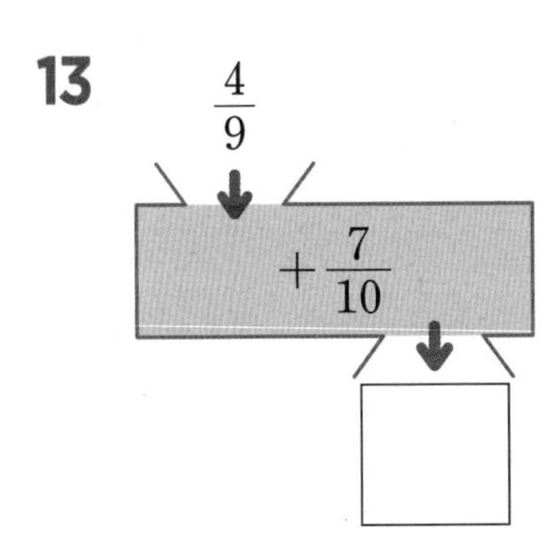

14

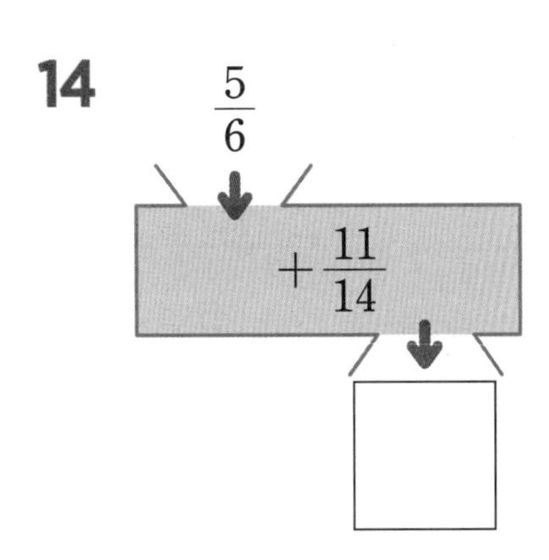

15

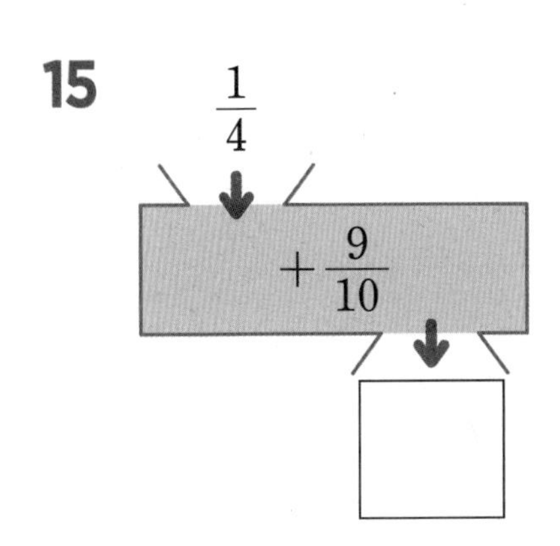

16

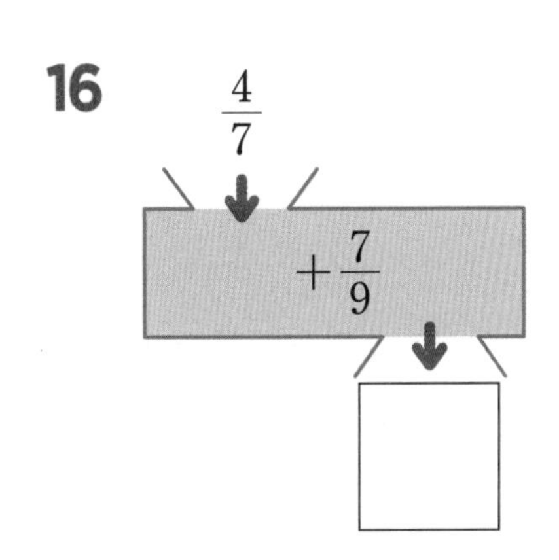

17

$\frac{3}{5}$

$+\frac{5}{9}$

18

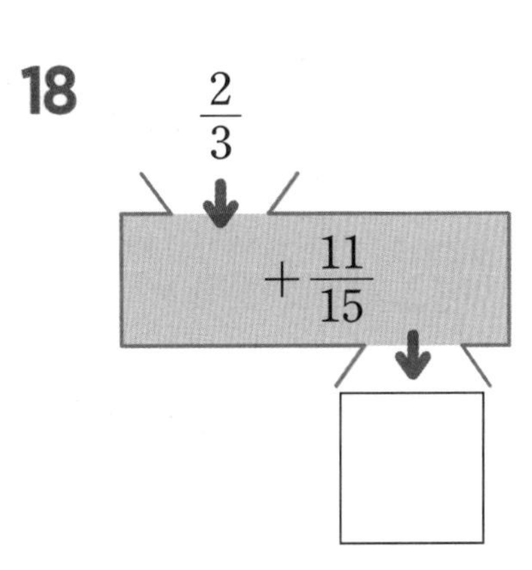

10 받아올림이 없는 대분수의 덧셈(1)

방법 ① 자연수는 자연수끼리, 분수는 분수끼리 더해서 계산하기

$$1\frac{1}{6}+1\frac{1}{4}=(1+1)+\left(\frac{2}{12}+\frac{3}{12}\right)=2+\frac{5}{12}=2\frac{5}{12}$$

방법 ② 대분수를 가분수로 고쳐서 계산하기

$$1\frac{1}{6}+1\frac{1}{4}=\frac{7}{6}+\frac{5}{4}=\frac{14}{12}+\frac{15}{12}=\frac{29}{12}=2\frac{5}{12}$$

자연수는 자연수끼리, 분수는 분수끼리 더해서 계산하려고 합니다. □ 안에 알맞은 수를 써넣으시오. (1~5)

1 $2\frac{1}{3}+1\frac{1}{2}=(2+\square)+\left(\frac{\square}{6}+\frac{\square}{6}\right)=\square+\frac{\square}{6}=\square$

2 $1\frac{2}{5}+2\frac{1}{4}=(1+\square)+\left(\frac{\square}{20}+\frac{\square}{20}\right)=\square+\frac{\square}{20}=\square$

3 $2\frac{1}{6}+3\frac{3}{8}=(2+\square)+\left(\frac{\square}{24}+\frac{\square}{24}\right)=\square+\frac{\square}{24}=\square$

4 $3\frac{2}{7}+3\frac{5}{8}=(3+\square)+\left(\frac{\square}{56}+\frac{\square}{56}\right)=\square+\frac{\square}{56}=\square$

5 $4\frac{1}{5}+2\frac{4}{9}=(4+\square)+\left(\frac{\square}{45}+\frac{\square}{45}\right)=\square+\frac{\square}{45}=\square$

계산은 빠르고 정확하게!

걸린 시간	1~8분	8~12분	12~16분
맞은 개수	19~21개	15~18개	1~14개
평가	참 잘했어요.	잘했어요.	좀더 노력해요.

계산을 하시오. (6 ~ 21)

6 $1\frac{1}{2}+3\frac{1}{4}$

7 $2\frac{1}{6}+1\frac{2}{7}$

8 $2\frac{3}{8}+1\frac{2}{5}$

9 $3\frac{1}{3}+3\frac{2}{9}$

10 $1\frac{3}{10}+2\frac{2}{5}$

11 $3\frac{3}{8}+2\frac{1}{9}$

12 $3\frac{3}{4}+5\frac{1}{5}$

13 $2\frac{1}{6}+3\frac{7}{15}$

14 $5\frac{3}{8}+1\frac{5}{12}$

15 $4\frac{2}{9}+3\frac{5}{12}$

16 $2\frac{2}{5}+2\frac{4}{9}$

17 $4\frac{3}{10}+3\frac{7}{15}$

18 $3\frac{4}{15}+2\frac{2}{9}$

19 $1\frac{5}{18}+3\frac{7}{12}$

20 $4\frac{1}{6}+2\frac{10}{21}$

21 $5\frac{5}{16}+2\frac{3}{20}$

10 받아올림이 없는 대분수의 덧셈(2)

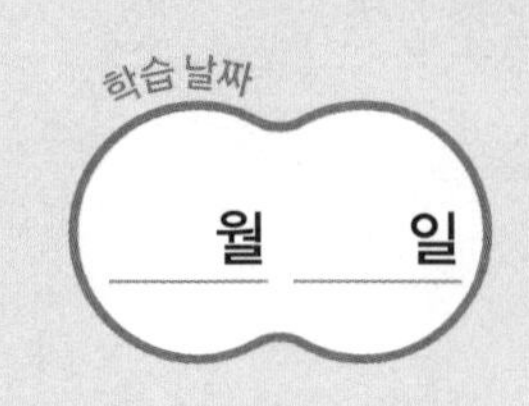

대분수를 가분수로 고쳐서 계산하려고 합니다. □ 안에 알맞은 수를 써넣으시오. (1~7)

1 $2\frac{1}{5}+1\frac{1}{3}=\frac{\square}{5}+\frac{\square}{3}=\frac{\square}{15}+\frac{\square}{15}=\frac{\square}{15}=\square$

2 $1\frac{3}{4}+2\frac{1}{6}=\frac{\square}{4}+\frac{\square}{6}=\frac{\square}{12}+\frac{\square}{12}=\frac{\square}{12}=\square$

3 $2\frac{1}{2}+2\frac{3}{8}=\frac{\square}{2}+\frac{\square}{8}=\frac{\square}{8}+\frac{\square}{8}=\frac{\square}{8}=\square$

4 $1\frac{1}{7}+2\frac{4}{9}=\frac{\square}{7}+\frac{\square}{9}=\frac{\square}{63}+\frac{\square}{63}=\frac{\square}{63}=\square$

5 $2\frac{3}{8}+1\frac{1}{10}=\frac{\square}{8}+\frac{\square}{10}=\frac{\square}{40}+\frac{\square}{40}=\frac{\square}{40}=\square$

6 $2\frac{1}{6}+1\frac{5}{8}=\frac{\square}{6}+\frac{\square}{8}=\frac{\square}{24}+\frac{\square}{24}=\frac{\square}{24}=\square$

7 $1\frac{2}{9}+1\frac{5}{12}=\frac{\square}{9}+\frac{\square}{12}=\frac{\square}{36}+\frac{\square}{36}=\frac{\square}{36}=\square$

계산은 빠르고 정확하게!

걸린 시간	1~10분	10~15분	15~20분
맞은 개수	21~23개	17~20개	1~16개
평가	참 잘했어요.	잘했어요.	좀더 노력해요.

계산을 하시오. (8 ~ 23)

8 $1\frac{1}{2}+2\frac{1}{3}$

9 $1\frac{4}{5}+2\frac{1}{10}$

10 $2\frac{1}{4}+1\frac{3}{5}$

11 $2\frac{1}{6}+1\frac{2}{3}$

12 $1\frac{4}{9}+1\frac{2}{5}$

13 $1\frac{7}{8}+2\frac{1}{10}$

14 $2\frac{1}{4}+2\frac{1}{6}$

15 $1\frac{2}{5}+1\frac{2}{7}$

16 $1\frac{3}{8}+2\frac{1}{9}$

17 $2\frac{1}{6}+2\frac{3}{5}$

18 $2\frac{2}{5}+1\frac{3}{10}$

19 $3\frac{1}{2}+2\frac{1}{4}$

20 $3\frac{5}{6}+1\frac{1}{8}$

21 $1\frac{1}{6}+2\frac{9}{20}$

22 $2\frac{1}{6}+2\frac{3}{14}$

23 $2\frac{5}{12}+1\frac{5}{9}$

10 받아올림이 없는 대분수의 덧셈(3)

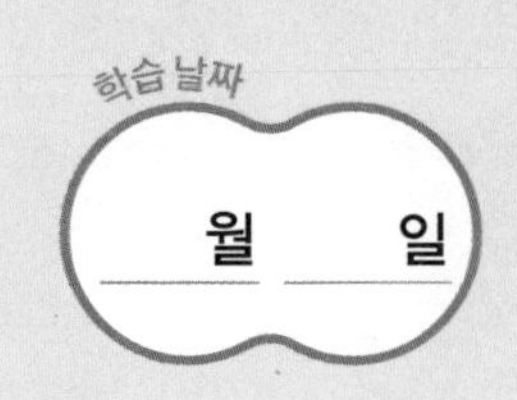

빈 곳에 알맞은 수를 써넣으시오. (1 ~ 10)

1

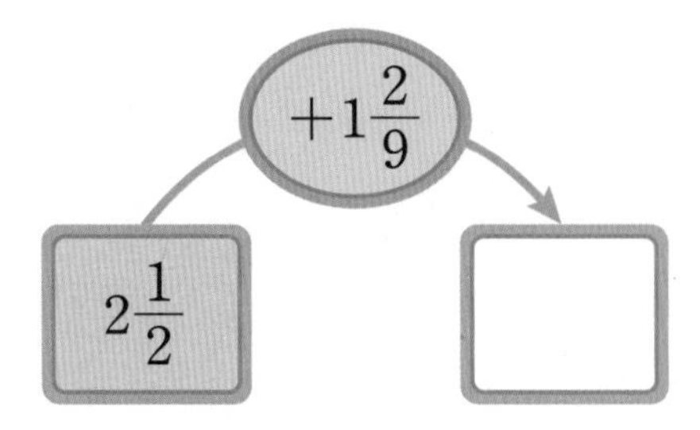

2

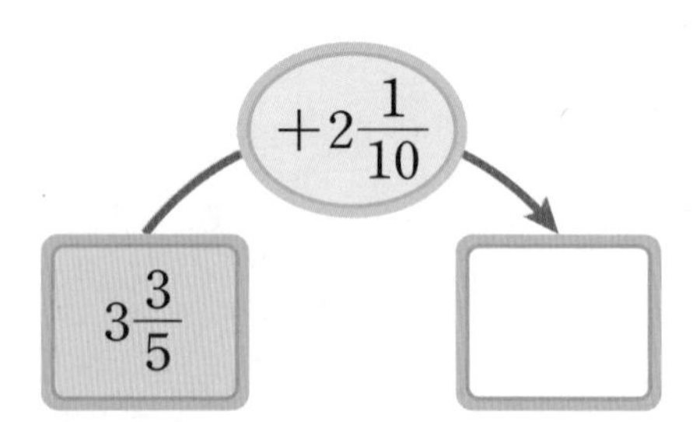

3

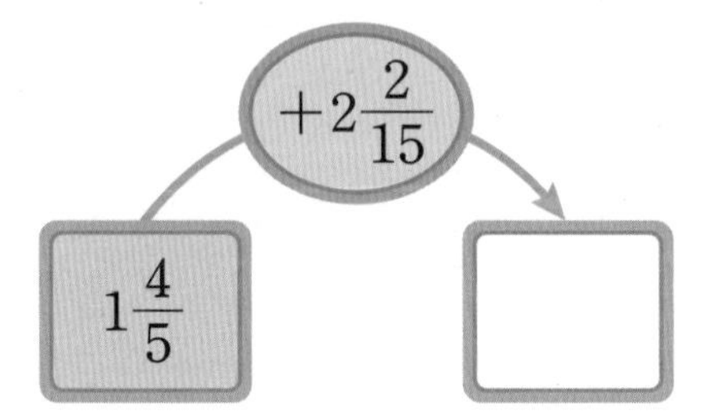

4

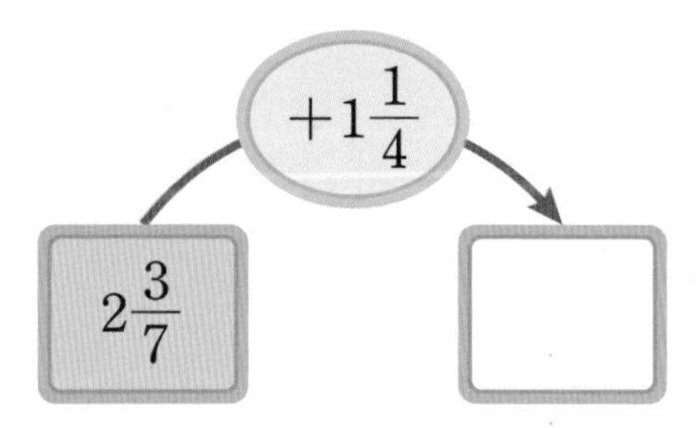

5

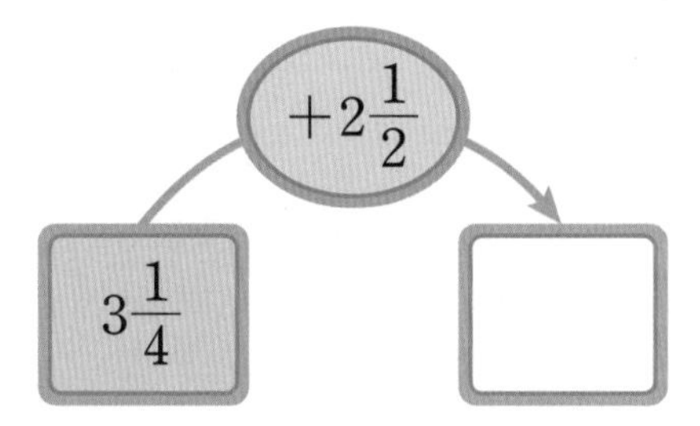

6

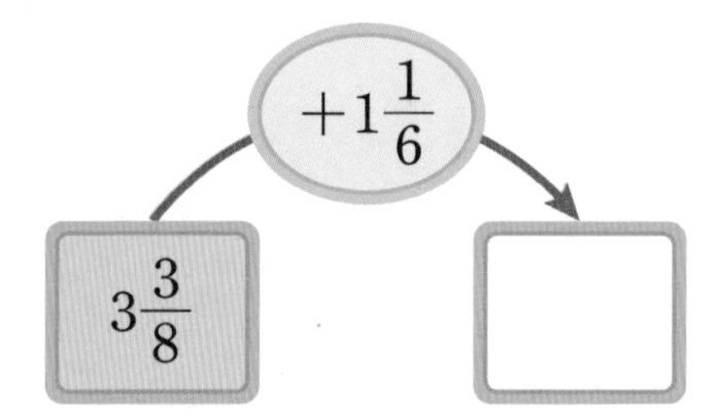

7

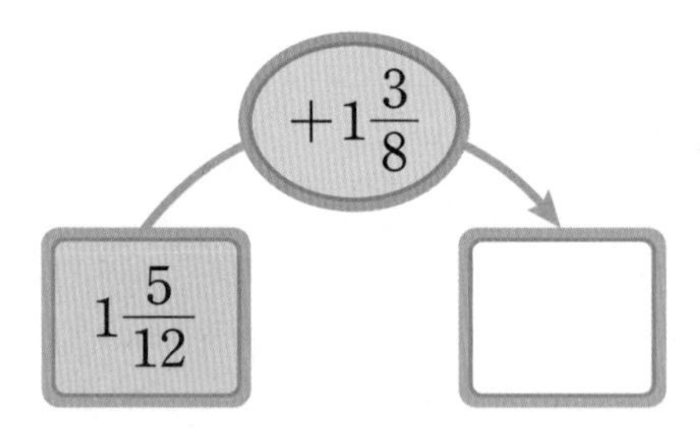

8

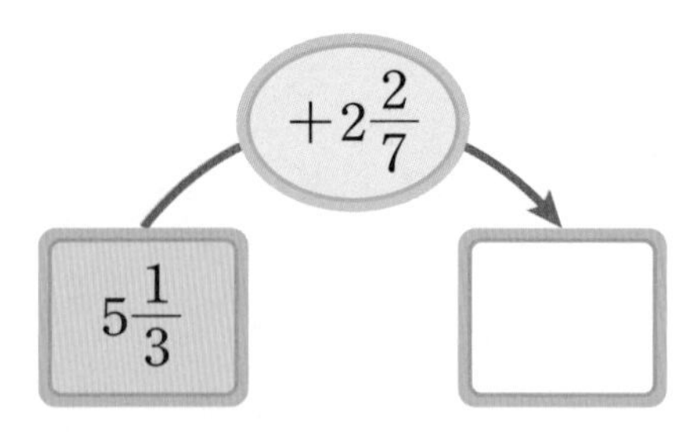

9

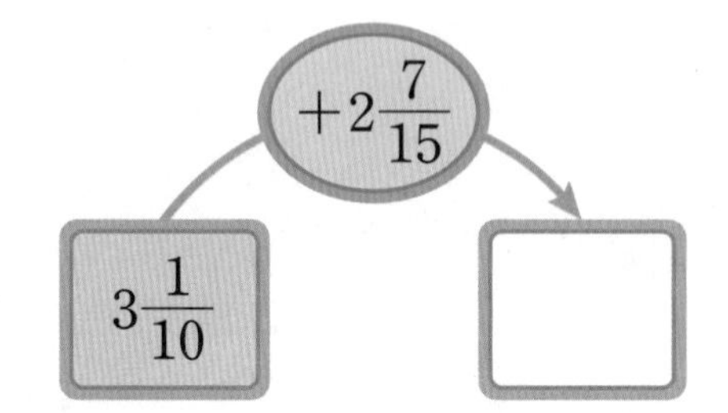

10

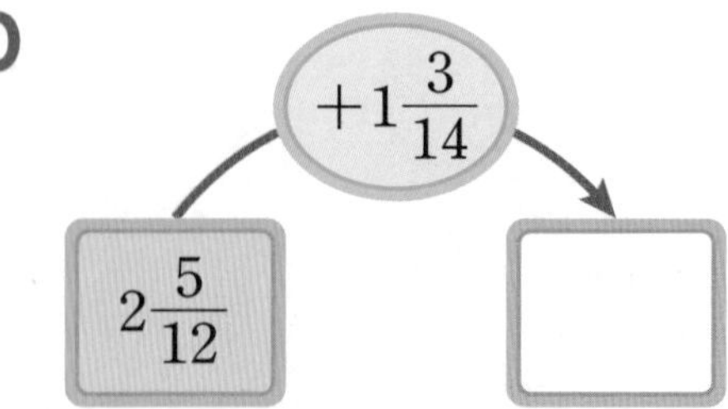

계산은 빠르고 정확하게!

걸린 시간	1~6분	6~9분	9~12분
맞은 개수	17~18개	13~16개	1~12개
평가	참 잘했어요.	잘했어요.	좀더 노력해요.

□ 안에 알맞은 수를 써넣으시오. (11 ~ 18)

11

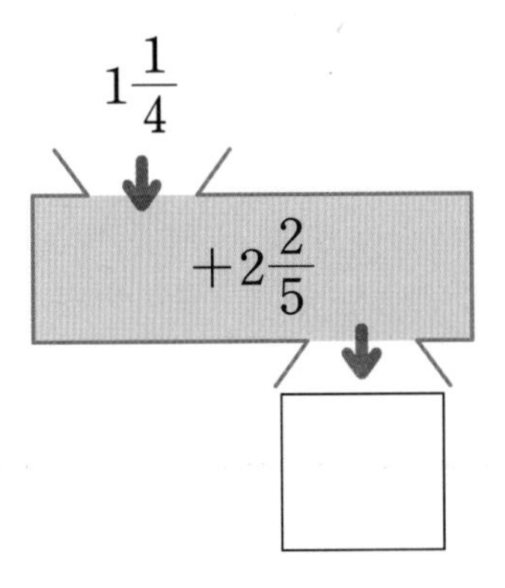

12

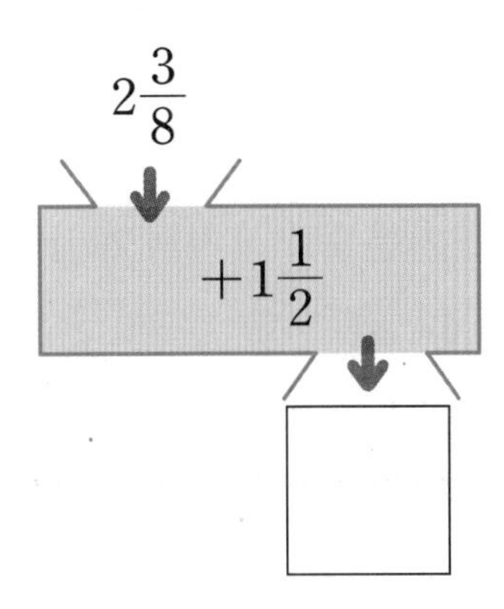

13

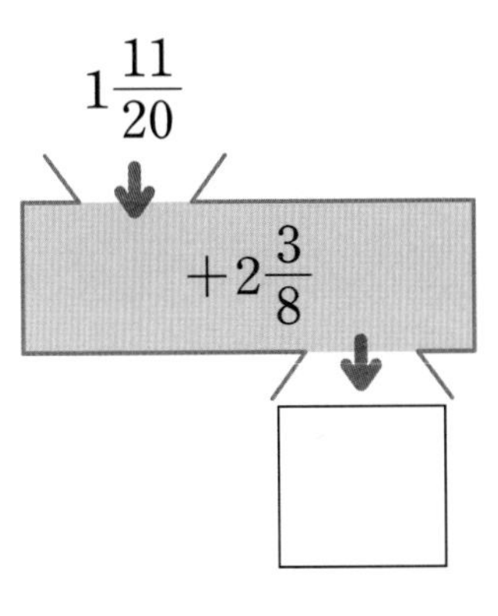

14

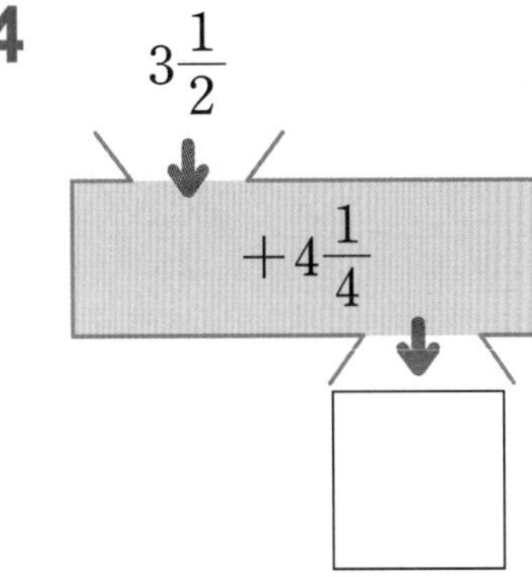

15

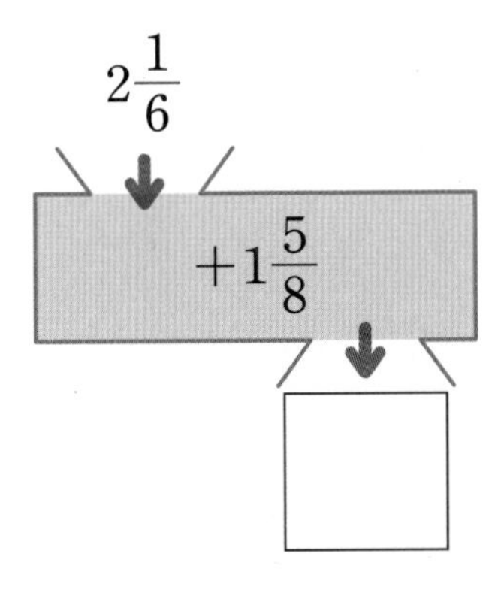

16

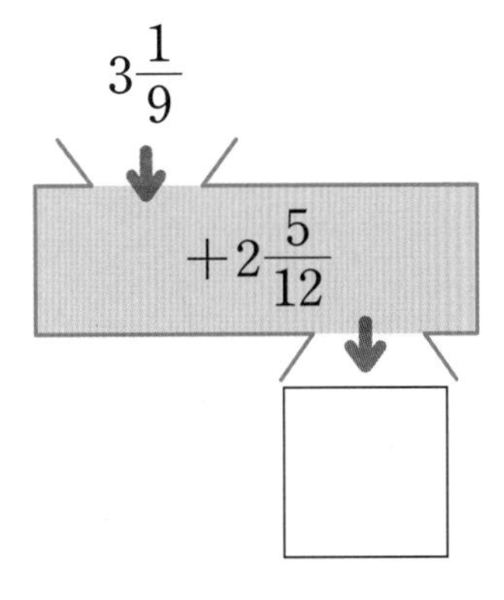

17

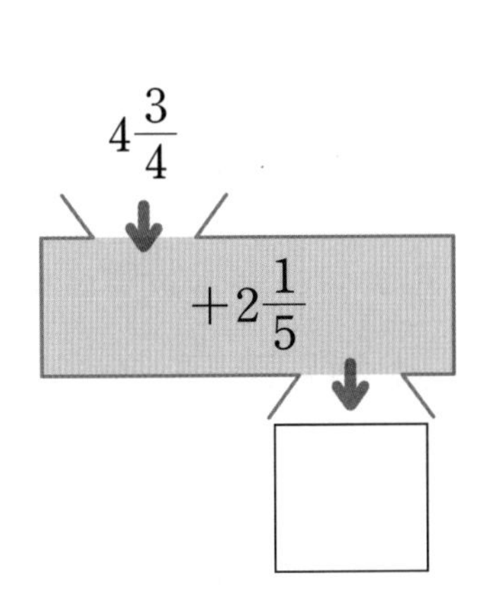

18

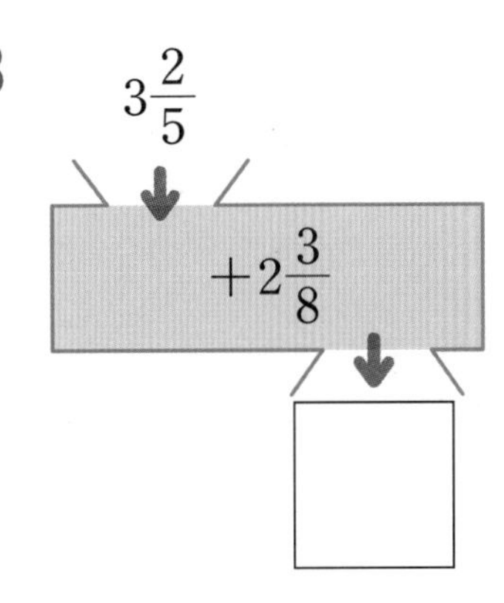

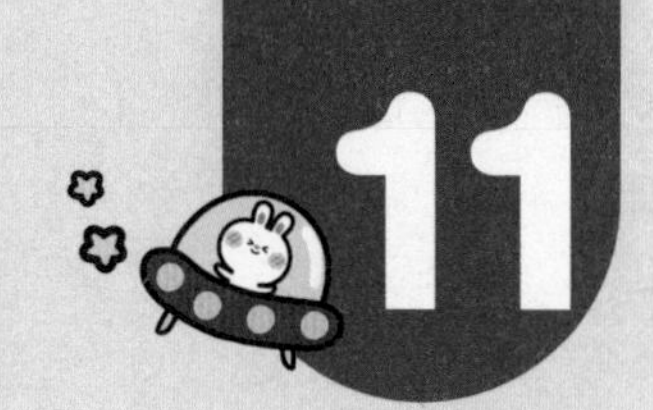

11 받아올림이 있는 대분수의 덧셈(1)

방법 ① 자연수는 자연수끼리, 분수는 분수끼리 더해서 계산하기

$$1\frac{3}{4}+1\frac{4}{5}=(1+1)+\left(\frac{15}{20}+\frac{16}{20}\right)=2+1\frac{11}{20}=3\frac{11}{20}$$

방법 ② 대분수를 가분수로 고쳐서 계산하기

$$1\frac{3}{4}+1\frac{4}{5}=\frac{7}{4}+\frac{9}{5}=\frac{35}{20}+\frac{36}{20}=\frac{71}{20}=3\frac{11}{20}$$

자연수는 자연수끼리, 분수는 분수끼리 더해서 계산하려고 합니다. □ 안에 알맞은 수를 써넣으시오. (1~5)

1 $2\frac{2}{3}+1\frac{3}{4}=(2+\square)+\left(\frac{\square}{12}+\frac{\square}{12}\right)=\square+\square\frac{\square}{12}=\square$

2 $1\frac{5}{6}+1\frac{3}{5}=(1+\square)+\left(\frac{\square}{30}+\frac{\square}{30}\right)=\square+\square\frac{\square}{30}=\square$

3 $2\frac{7}{8}+1\frac{1}{6}=(2+\square)+\left(\frac{\square}{24}+\frac{\square}{24}\right)=\square+\square\frac{\square}{24}=\square$

4 $1\frac{4}{9}+3\frac{3}{5}=(1+\square)+\left(\frac{\square}{45}+\frac{\square}{45}\right)=\square+\square\frac{\square}{45}=\square$

5 $5\frac{3}{4}+2\frac{11}{18}=(5+\square)+\left(\frac{\square}{36}+\frac{\square}{36}\right)=\square+\square\frac{\square}{36}=\square$

걸린 시간	1~8분	8~12분	12~16분
맞은 개수	18~19개	14~17개	1~13개
평가	참 잘했어요.	잘했어요.	좀더 노력해요.

계산을 하시오. (6 ~ 19)

6 $2\frac{5}{6}+1\frac{2}{3}$

7 $2\frac{4}{7}+1\frac{5}{8}$

8 $1\frac{1}{2}+2\frac{7}{8}$

9 $3\frac{2}{3}+1\frac{4}{5}$

10 $2\frac{9}{10}+1\frac{1}{6}$

11 $1\frac{3}{4}+1\frac{7}{12}$

12 $3\frac{5}{6}+2\frac{2}{9}$

13 $1\frac{4}{5}+2\frac{5}{8}$

14 $2\frac{5}{7}+1\frac{3}{5}$

15 $3\frac{1}{4}+2\frac{9}{10}$

16 $1\frac{1}{3}+1\frac{13}{14}$

17 $1\frac{5}{9}+1\frac{7}{15}$

18 $2\frac{3}{4}+2\frac{5}{6}$

19 $3\frac{11}{12}+2\frac{3}{8}$

11 받아올림이 있는 대분수의 덧셈(2)

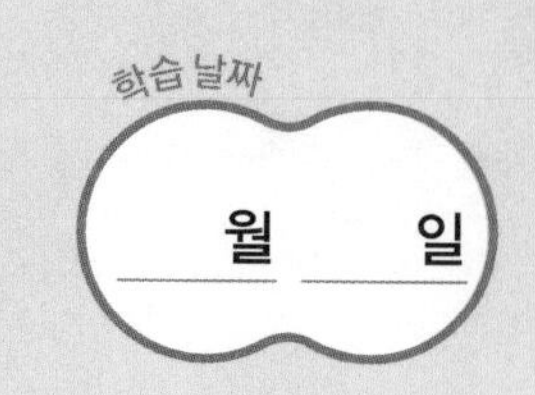

대분수를 가분수로 고쳐서 계산하려고 합니다. □ 안에 알맞은 수를 써넣으시오. (1~7)

1 $1\frac{1}{2}+2\frac{2}{3}=\frac{\square}{2}+\frac{\square}{3}=\frac{\square}{6}+\frac{\square}{6}=\frac{\square}{6}=\square$

2 $2\frac{3}{4}+1\frac{2}{5}=\frac{\square}{4}+\frac{\square}{5}=\frac{\square}{20}+\frac{\square}{20}=\frac{\square}{20}=\square$

3 $1\frac{1}{6}+1\frac{8}{9}=\frac{\square}{6}+\frac{\square}{9}=\frac{\square}{18}+\frac{\square}{18}=\frac{\square}{18}=\square$

4 $2\frac{5}{8}+1\frac{3}{4}=\frac{\square}{8}+\frac{\square}{4}=\frac{\square}{8}+\frac{\square}{8}=\frac{\square}{8}=\square$

5 $1\frac{1}{2}+2\frac{5}{6}=\frac{\square}{2}+\frac{\square}{6}=\frac{\square}{6}+\frac{\square}{6}=\frac{\square}{6}=\frac{\square}{3}=\square$

6 $2\frac{1}{10}+1\frac{7}{8}=\frac{\square}{10}+\frac{\square}{8}=\frac{\square}{40}+\frac{\square}{40}=\frac{\square}{40}=\square$

7 $1\frac{5}{9}+2\frac{7}{12}=\frac{\square}{9}+\frac{\square}{12}=\frac{\square}{36}+\frac{\square}{36}=\frac{\square}{36}=\square$

계산은 빠르고 정확하게!

걸린 시간	1~10분	10~15분	15~20분
맞은 개수	19~21개	15~18개	1~14개
평가	참 잘했어요.	잘했어요.	좀더 노력해요.

계산을 하시오. (8 ~ 21)

8 $1\frac{3}{5}+1\frac{5}{7}$

9 $2\frac{1}{2}+1\frac{6}{7}$

10 $1\frac{3}{5}+2\frac{5}{6}$

11 $2\frac{2}{3}+1\frac{3}{4}$

12 $2\frac{4}{5}+2\frac{1}{3}$

13 $1\frac{5}{8}+1\frac{7}{9}$

14 $2\frac{4}{7}+1\frac{5}{8}$

15 $1\frac{3}{5}+1\frac{8}{9}$

16 $1\frac{3}{4}+1\frac{5}{6}$

17 $2\frac{4}{7}+1\frac{9}{14}$

18 $1\frac{4}{5}+3\frac{5}{8}$

19 $2\frac{4}{9}+1\frac{7}{12}$

20 $3\frac{5}{9}+1\frac{7}{15}$

21 $2\frac{7}{10}+2\frac{5}{8}$

받아올림이 있는 대분수의 덧셈(3)

빈 곳에 알맞은 수를 써넣으시오. (1 ~ 10)

1

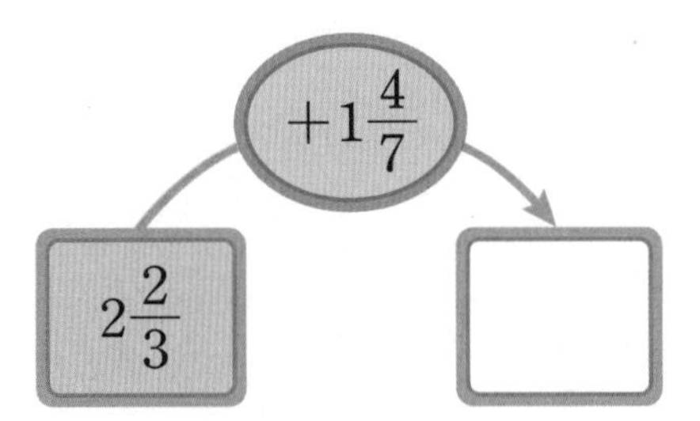

2

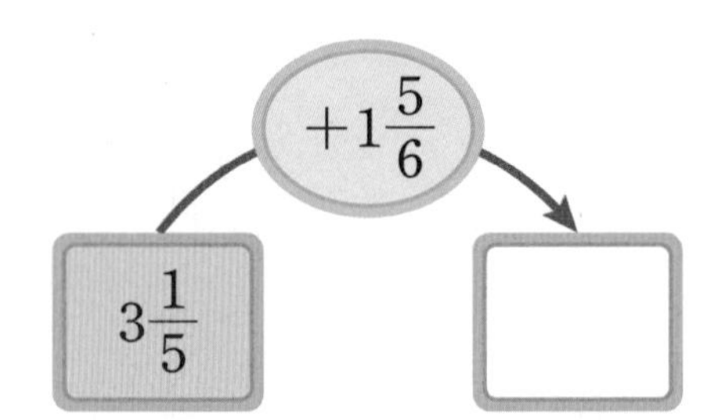

3

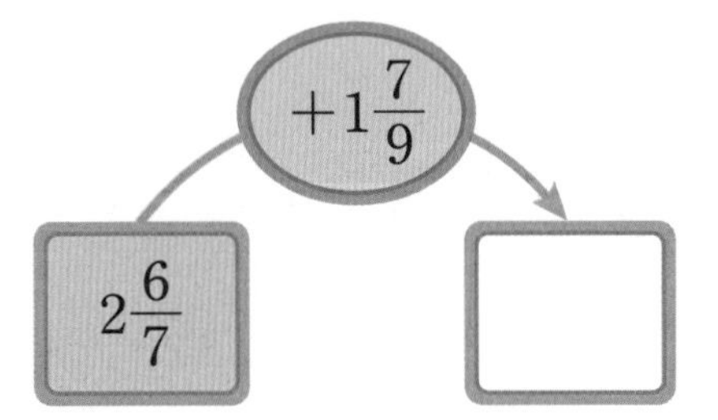

4

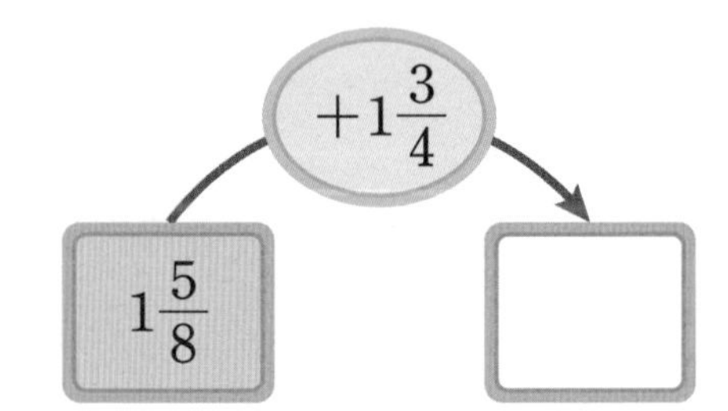

5

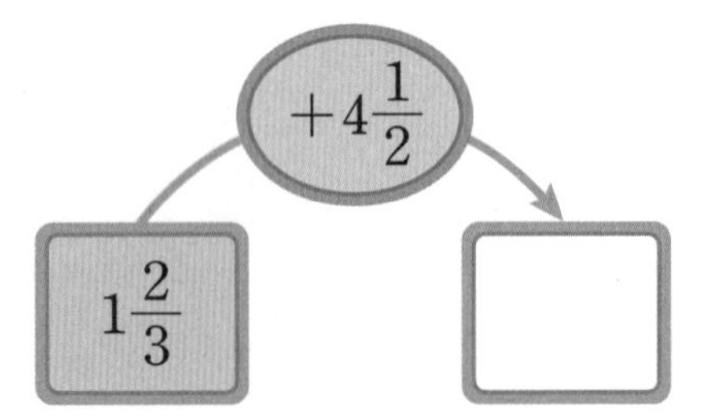

6

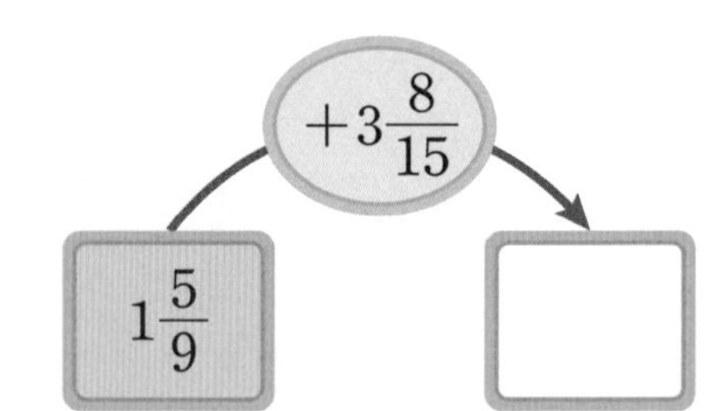

7

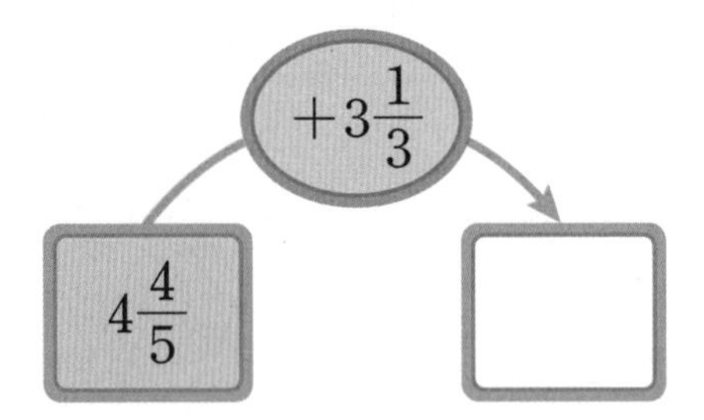

8

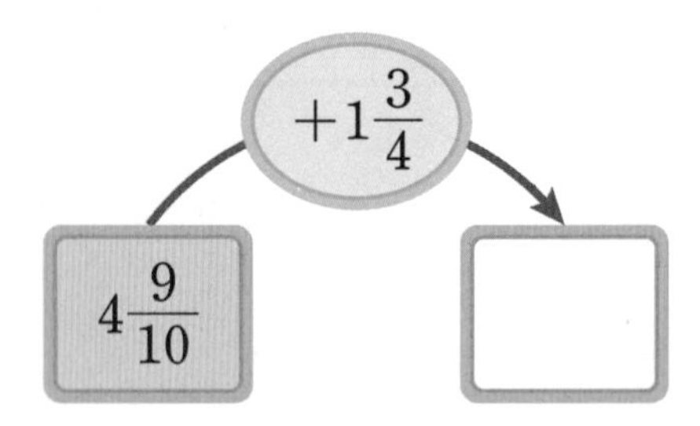

9

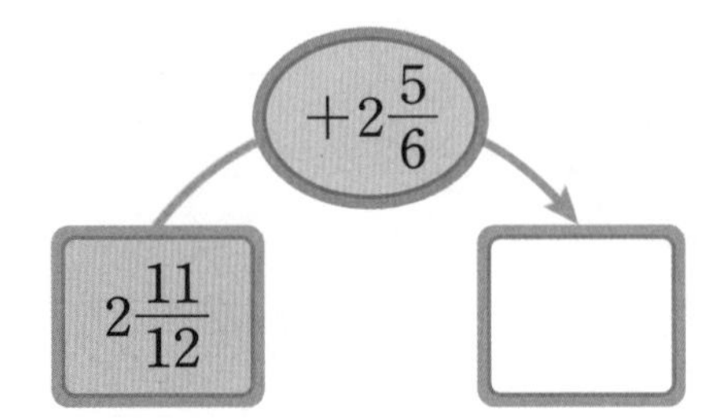

10

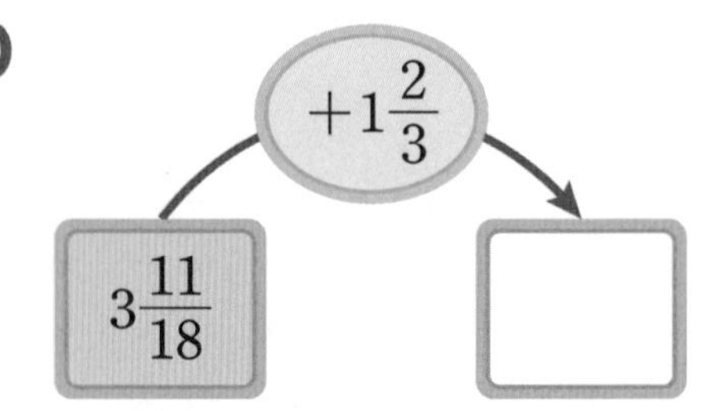

계산은 빠르고 정확하게!

걸린 시간	1~8분	8~12분	12~16분
맞은 개수	17~18개	13~16개	1~12개
평가	참 잘했어요.	잘했어요.	좀더 노력해요.

□ 안에 알맞은 수를 써넣으시오. (11 ~ 18)

11

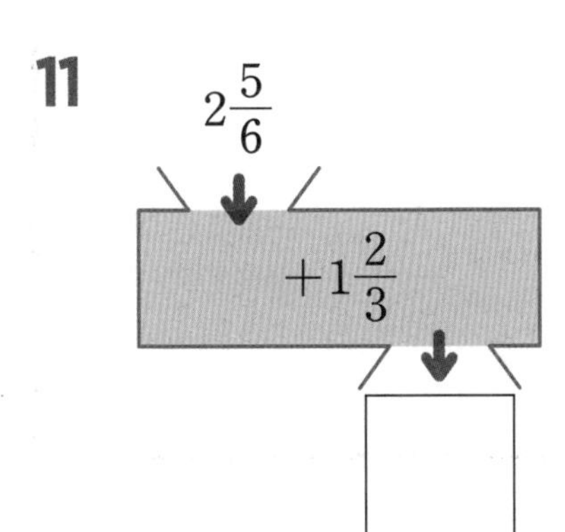

12

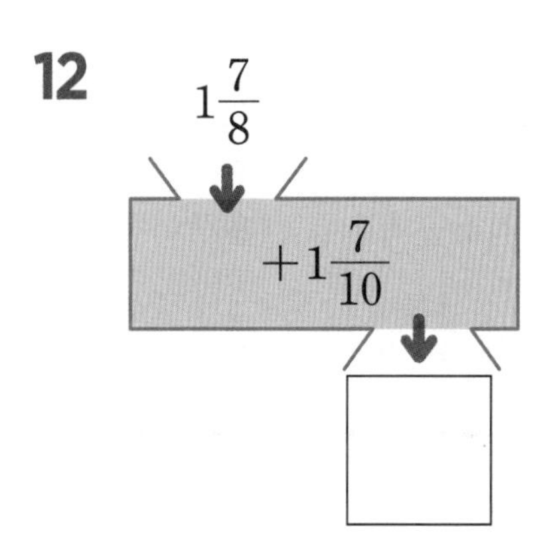

13

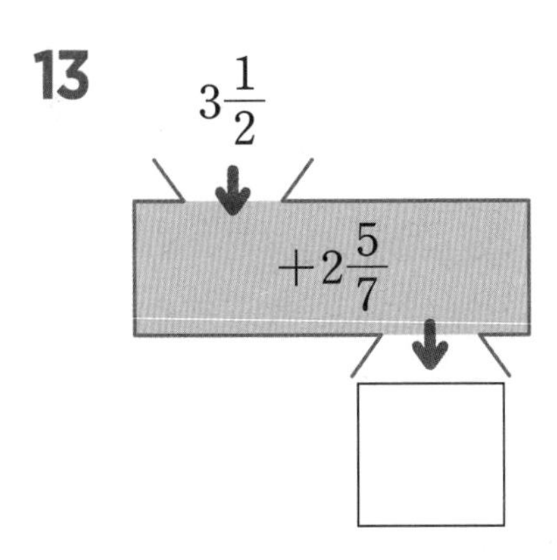

14

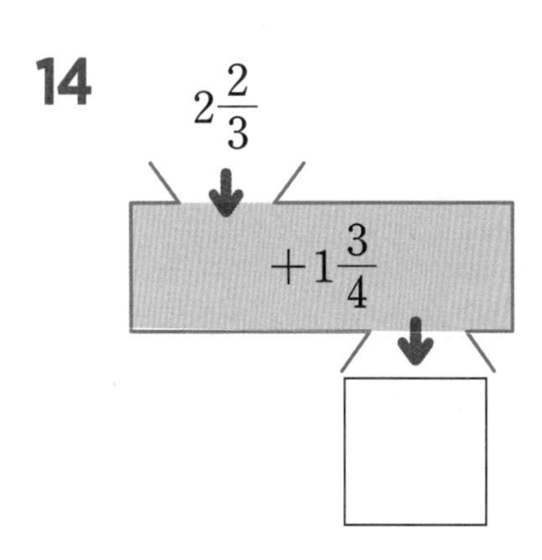

15

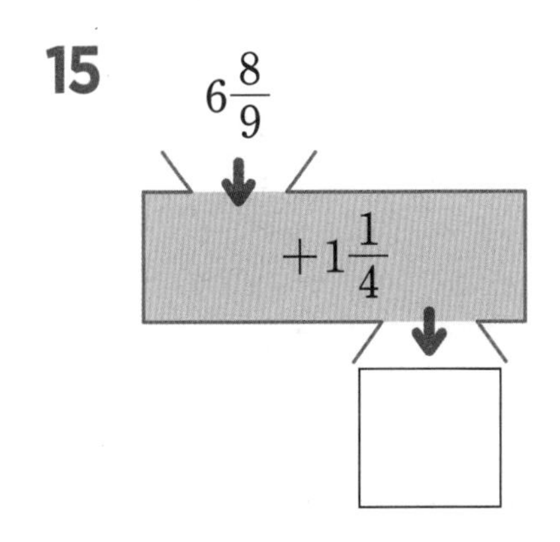

16

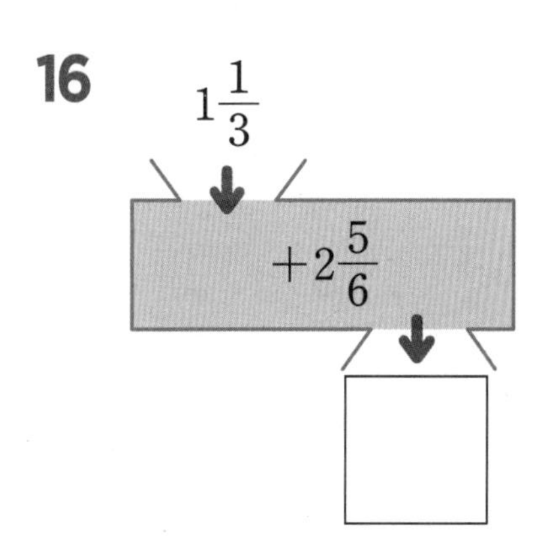

17

$5\frac{3}{4}$

$+2\frac{7}{12}$

□

18

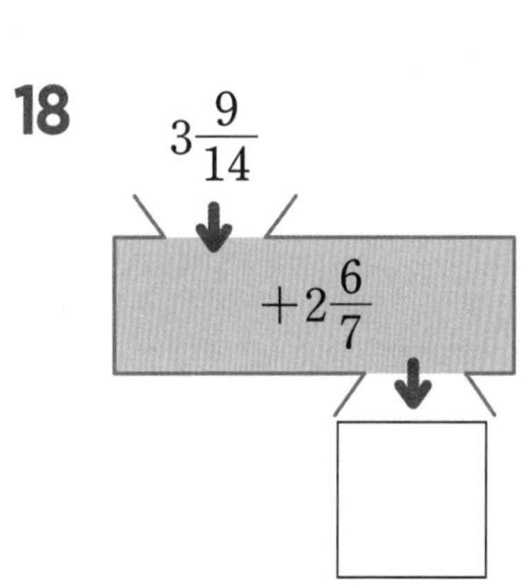

분모가 다른 진분수의 뺄셈(1)

방법 ① 분모의 곱을 이용하여 통분한 후 계산하기

$$\frac{5}{6}-\frac{5}{8}=\frac{5\times8}{6\times8}-\frac{5\times6}{8\times6}=\frac{40}{48}-\frac{30}{48}=\frac{10}{48}=\frac{5}{24}$$

방법 ② 분모의 최소공배수를 이용하여 통분한 후 계산하기

$$\frac{5}{6}-\frac{5}{8}=\frac{5\times4}{6\times4}-\frac{5\times3}{8\times3}=\frac{20}{24}-\frac{15}{24}=\frac{5}{24}$$

분모의 곱을 공통분모로 하여 통분한 후 계산하려고 합니다. □ 안에 알맞은 수를 써넣으시오. (1~5)

1 $\frac{4}{5}-\frac{2}{3}=\frac{4\times\square}{5\times3}-\frac{2\times\square}{3\times5}=\frac{\square}{15}-\frac{\square}{15}=\frac{\square}{15}$

2 $\frac{5}{6}-\frac{3}{4}=\frac{5\times\square}{6\times4}-\frac{3\times\square}{4\times6}=\frac{\square}{24}-\frac{\square}{24}=\frac{\square}{24}=\frac{\square}{12}$

3 $\frac{6}{7}-\frac{3}{8}=\frac{6\times\square}{7\times\square}-\frac{3\times\square}{8\times\square}=\frac{\square}{56}-\frac{\square}{56}=\frac{\square}{56}$

4 $\frac{7}{10}-\frac{5}{9}=\frac{7\times\square}{10\times\square}-\frac{5\times\square}{9\times\square}=\frac{\square}{90}-\frac{\square}{90}=\frac{\square}{90}$

5 $\frac{7}{8}-\frac{1}{6}=\frac{7\times\square}{8\times\square}-\frac{1\times\square}{6\times\square}=\frac{\square}{48}-\frac{\square}{48}=\frac{\square}{48}=\frac{\square}{24}$

계산은 빠르고 정확하게!

걸린 시간	1~8분	8~12분	12~16분
맞은 개수	19~21개	15~18개	1~14개
평가	참 잘했어요.	잘했어요.	좀더 노력해요.

계산을 하시오. (6 ~ 21)

6 $\frac{5}{6}-\frac{2}{3}$

7 $\frac{5}{7}-\frac{1}{2}$

8 $\frac{7}{10}-\frac{3}{5}$

9 $\frac{7}{8}-\frac{2}{3}$

10 $\frac{11}{12}-\frac{4}{5}$

11 $\frac{3}{8}-\frac{1}{12}$

12 $\frac{8}{9}-\frac{5}{6}$

13 $\frac{7}{8}-\frac{2}{5}$

14 $\frac{11}{12}-\frac{7}{8}$

15 $\frac{5}{9}-\frac{1}{3}$

16 $\frac{3}{4}-\frac{1}{5}$

17 $\frac{5}{6}-\frac{4}{15}$

18 $\frac{5}{8}-\frac{3}{10}$

19 $\frac{8}{11}-\frac{3}{5}$

20 $\frac{9}{14}-\frac{3}{5}$

21 $\frac{7}{9}-\frac{2}{15}$

12 분모가 다른 진분수의 뺄셈(2)

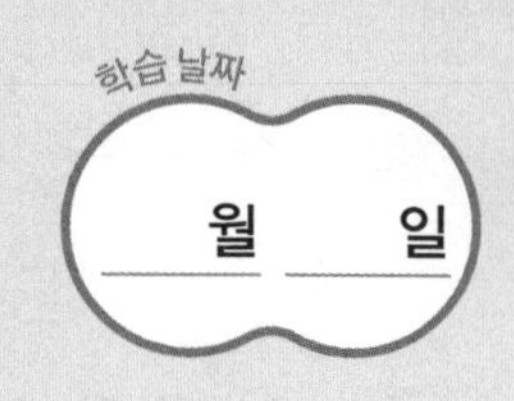

분모의 최소공배수를 공통분모로 하여 통분한 후 계산하려고 합니다. □ 안에 알맞은 수를 써넣으시오. (1~7)

1 $\dfrac{3}{4}-\dfrac{1}{2}=\dfrac{\square}{4}-\dfrac{1\times\square}{2\times2}=\dfrac{\square}{4}-\dfrac{\square}{4}=\dfrac{\square}{4}$

2 $\dfrac{7}{9}-\dfrac{2}{3}=\dfrac{\square}{9}-\dfrac{2\times\square}{3\times3}=\dfrac{\square}{9}-\dfrac{\square}{9}=\dfrac{\square}{9}$

3 $\dfrac{5}{6}-\dfrac{1}{4}=\dfrac{5\times\square}{6\times2}-\dfrac{1\times\square}{4\times3}=\dfrac{\square}{12}-\dfrac{\square}{12}=\dfrac{\square}{12}$

4 $\dfrac{5}{8}-\dfrac{1}{6}=\dfrac{5\times\square}{8\times\square}-\dfrac{1\times\square}{6\times\square}=\dfrac{\square}{24}-\dfrac{\square}{24}=\dfrac{\square}{24}$

5 $\dfrac{3}{4}-\dfrac{3}{10}=\dfrac{3\times\square}{4\times\square}-\dfrac{3\times\square}{10\times\square}=\dfrac{\square}{20}-\dfrac{\square}{20}=\dfrac{\square}{20}$

6 $\dfrac{8}{9}-\dfrac{5}{6}=\dfrac{8\times\square}{9\times\square}-\dfrac{5\times\square}{6\times\square}=\dfrac{\square}{18}-\dfrac{\square}{18}=\dfrac{\square}{18}$

7 $\dfrac{7}{12}-\dfrac{4}{15}=\dfrac{7\times\square}{12\times\square}-\dfrac{4\times\square}{15\times\square}=\dfrac{\square}{60}-\dfrac{\square}{60}=\dfrac{\square}{60}$

계산은 빠르고 정확하게!

걸린 시간	1~10분	10~15분	15~20분
맞은 개수	21~23개	17~20개	1~16개
평가	참 잘했어요.	잘했어요.	좀더 노력해요.

계산을 하시오. (8 ~ 23)

8 $\frac{5}{8}-\frac{1}{4}$

9 $\frac{7}{10}-\frac{5}{9}$

10 $\frac{8}{15}-\frac{4}{9}$

11 $\frac{5}{6}-\frac{7}{24}$

12 $\frac{7}{12}-\frac{3}{8}$

13 $\frac{9}{10}-\frac{5}{6}$

14 $\frac{5}{6}-\frac{3}{10}$

15 $\frac{1}{4}-\frac{1}{10}$

16 $\frac{7}{8}-\frac{6}{7}$

17 $\frac{7}{15}-\frac{1}{6}$

18 $\frac{4}{5}-\frac{7}{15}$

19 $\frac{11}{18}-\frac{7}{12}$

20 $\frac{3}{4}-\frac{7}{20}$

21 $\frac{7}{12}-\frac{3}{10}$

22 $\frac{2}{3}-\frac{7}{24}$

23 $\frac{11}{12}-\frac{8}{21}$

분모가 다른 진분수의 뺄셈(3)

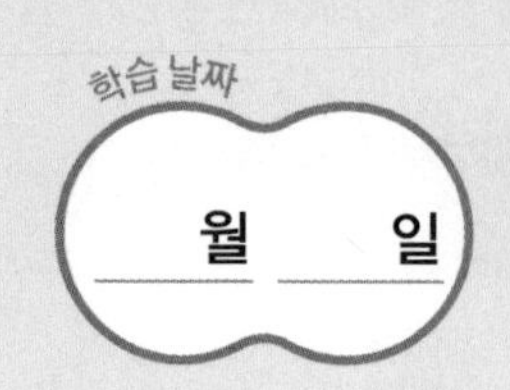

빈 곳에 알맞은 수를 써넣으시오. (1~10)

1

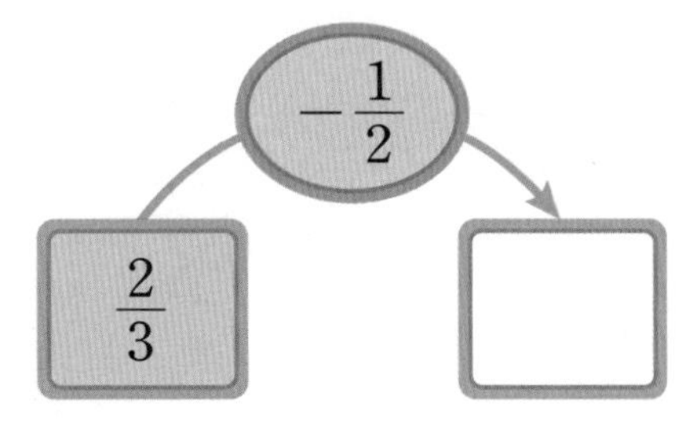

2

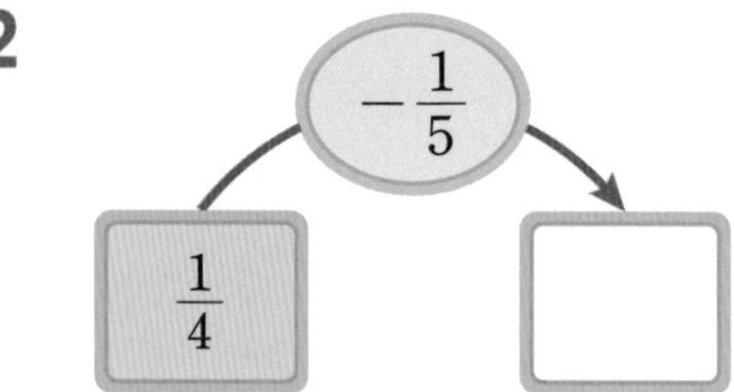

3

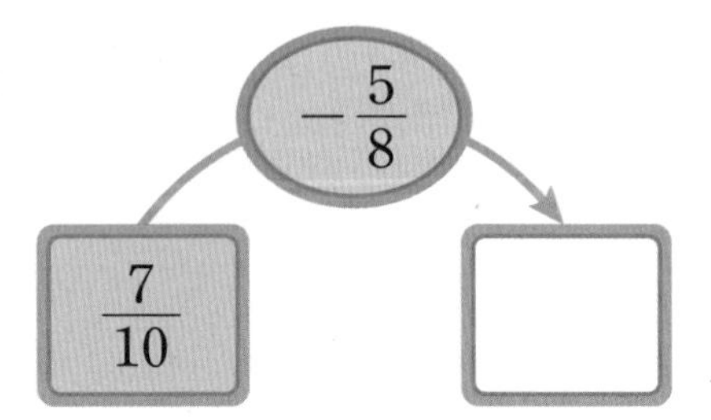

4

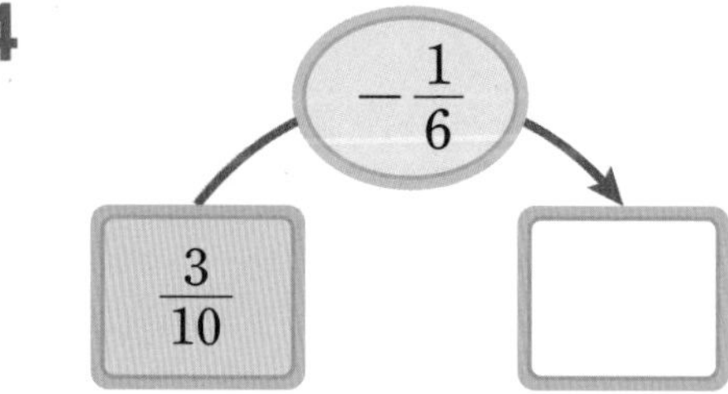

5

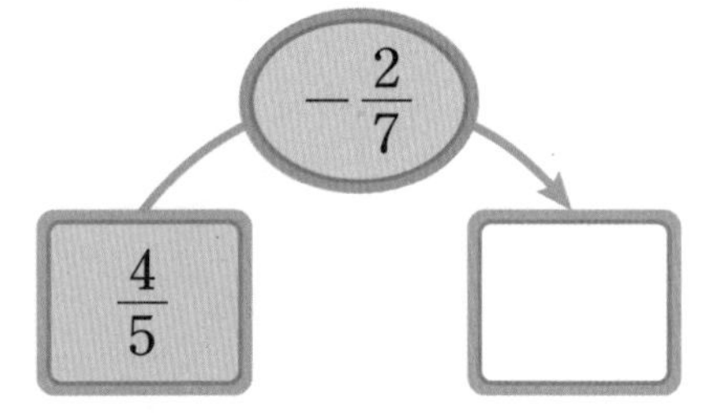

6

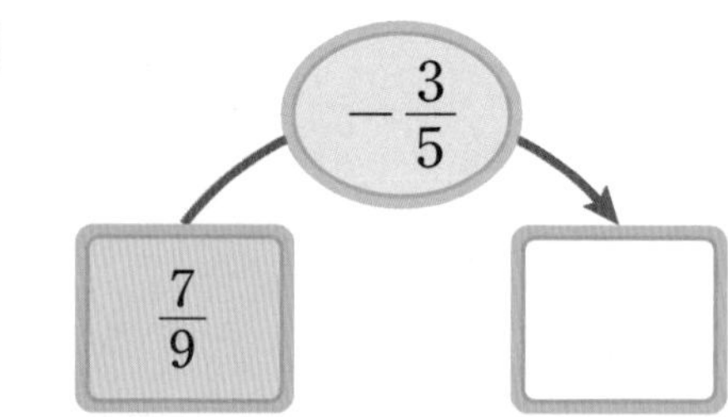

7

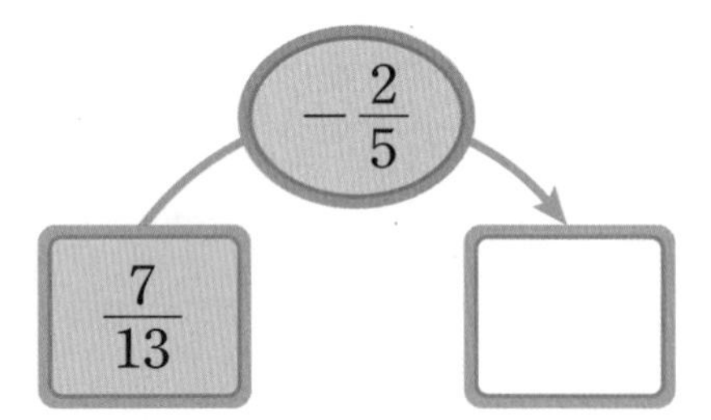

8

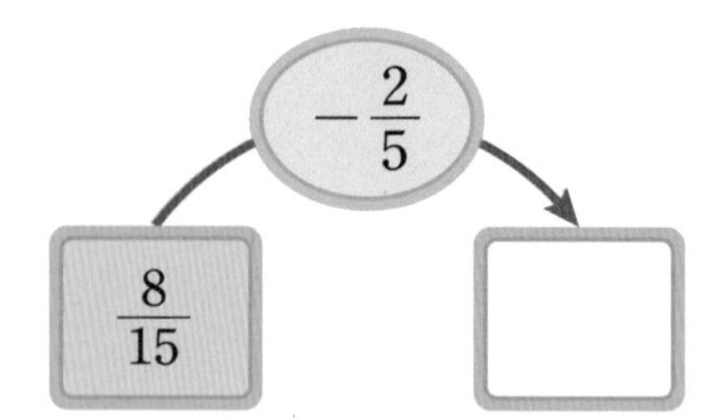

9

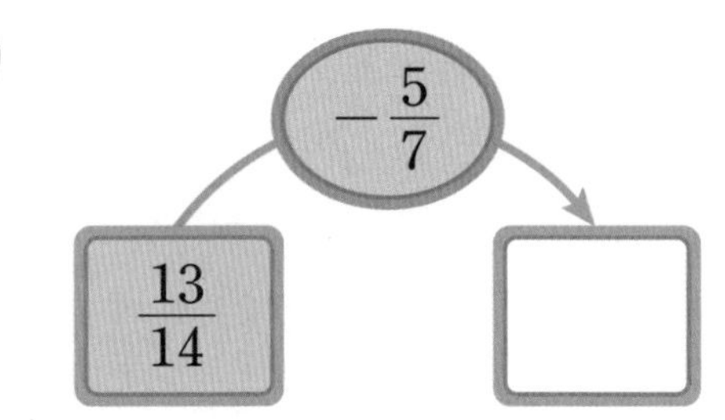

10

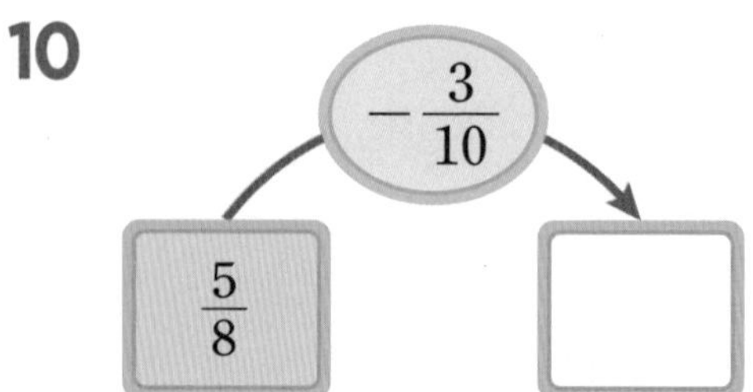

걸린 시간	1~6분	6~9분	9~12분
맞은 개수	17~18개	13~16개	1~12개
평가	참 잘했어요.	잘했어요.	좀더 노력해요.

□ 안에 알맞은 수를 써넣으시오. (11 ~ 18)

11

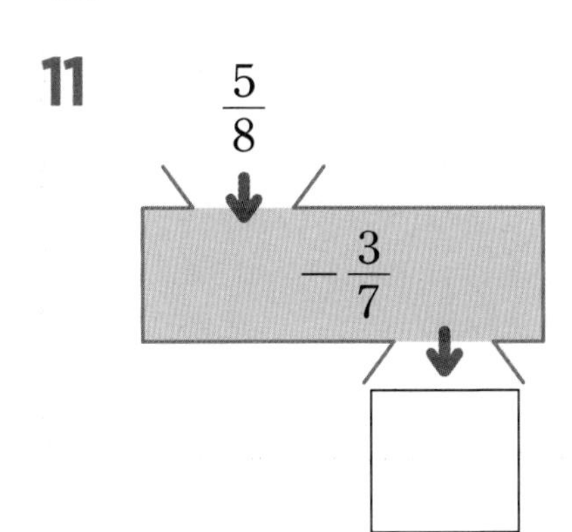

12

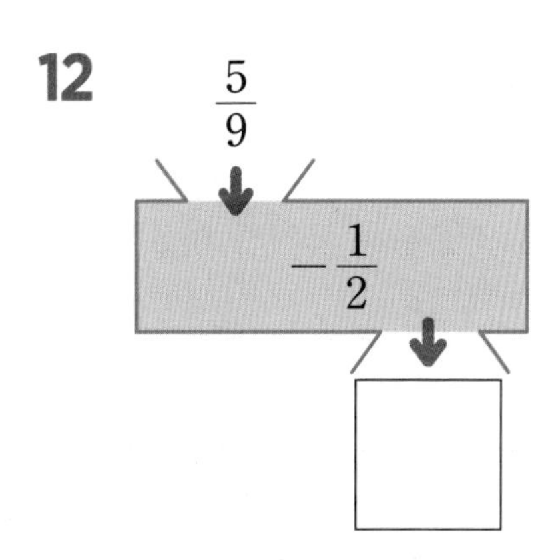

13

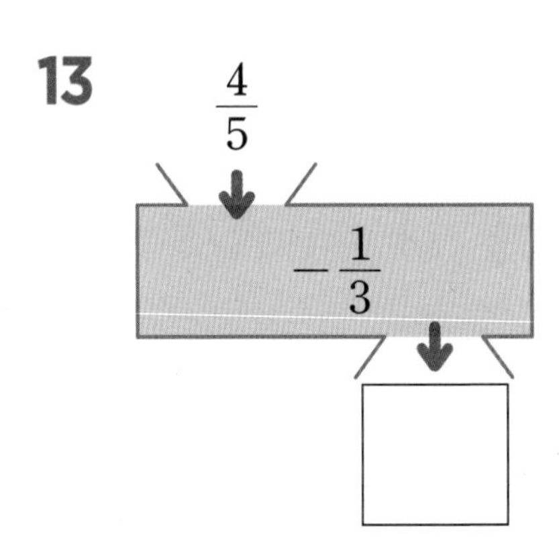

14

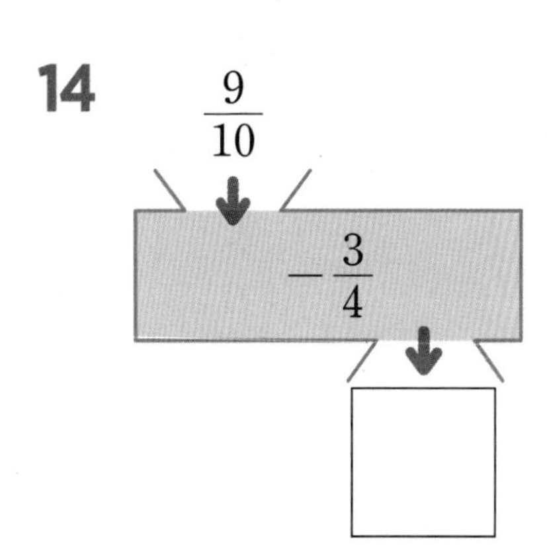

15

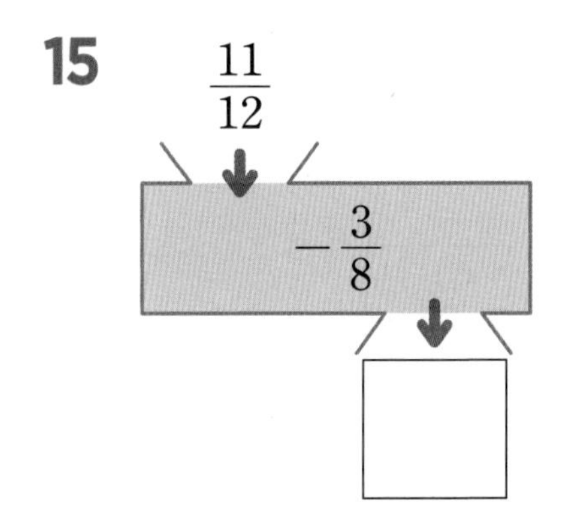

16

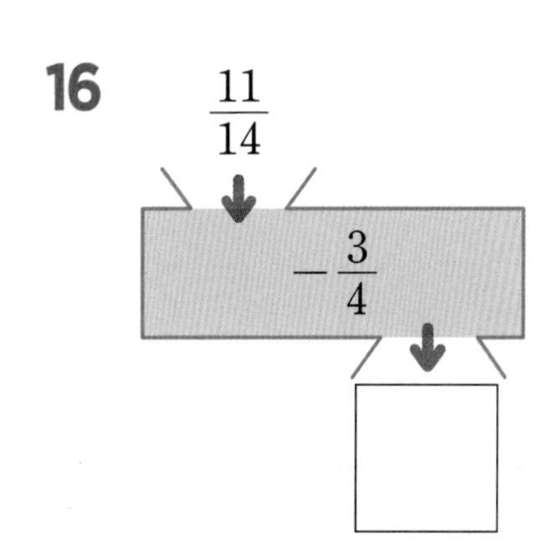

17

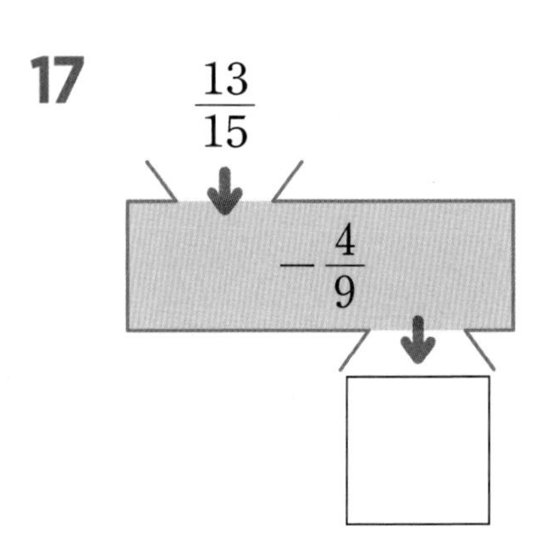

18

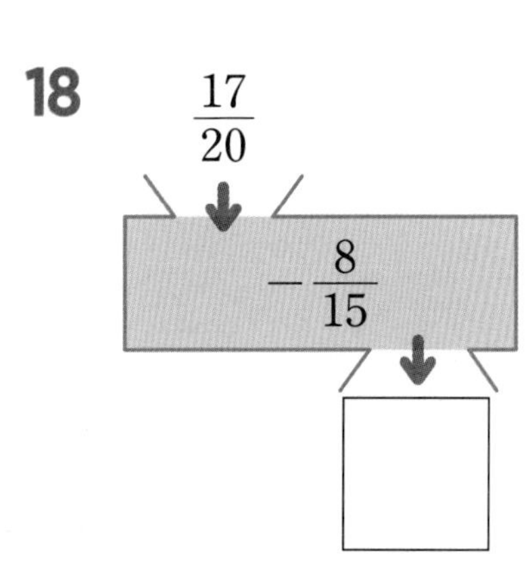

13 받아내림이 없는 대분수의 뺄셈(1)

방법 ① 자연수는 자연수끼리, 분수는 분수끼리 빼서 계산하기

$$2\frac{2}{3}-1\frac{1}{4}=(2-1)+\left(\frac{8}{12}-\frac{3}{12}\right)=1+\frac{5}{12}=1\frac{5}{12}$$

방법 ② 대분수를 가분수로 고쳐서 계산하기

$$2\frac{2}{3}-1\frac{1}{4}=\frac{8}{3}-\frac{5}{4}=\frac{32}{12}-\frac{15}{12}=\frac{17}{12}=1\frac{5}{12}$$

자연수는 자연수끼리, 분수는 분수끼리 빼서 계산하려고 합니다. □ 안에 알맞은 수를 써넣으시오. (1~5)

1 $2\frac{3}{4}-1\frac{2}{5}=(2-\square)+\left(\frac{\square}{20}-\frac{\square}{20}\right)=\square+\frac{\square}{20}=\square$

2 $3\frac{5}{6}-1\frac{2}{3}=(3-\square)+\left(\frac{\square}{6}-\frac{\square}{6}\right)=\square+\frac{\square}{6}=\square$

3 $4\frac{6}{7}-2\frac{3}{8}=(4-\square)+\left(\frac{\square}{56}-\frac{\square}{56}\right)=\square+\frac{\square}{56}=\square$

4 $3\frac{9}{10}-2\frac{3}{4}=(3-\square)+\left(\frac{\square}{20}-\frac{\square}{20}\right)=\square+\frac{\square}{20}=\square$

5 $5\frac{5}{8}-3\frac{1}{6}=(5-\square)+\left(\frac{\square}{24}-\frac{\square}{24}\right)=\square+\frac{\square}{24}=\square$

계산은 빠르고 정확하게!

걸린 시간	1~8분	8~12분	12~16분
맞은 개수	19~21개	15~18개	1~14개
평가	참 잘했어요.	잘했어요.	좀더 노력해요.

계산을 하시오. (6 ~ 21)

6 $3\frac{5}{7}-1\frac{1}{3}$

7 $2\frac{4}{5}-2\frac{1}{2}$

8 $6\frac{8}{9}-3\frac{3}{4}$

9 $5\frac{7}{8}-2\frac{1}{6}$

10 $4\frac{4}{5}-3\frac{2}{7}$

11 $2\frac{2}{3}-1\frac{1}{5}$

12 $6\frac{7}{10}-3\frac{5}{8}$

13 $3\frac{4}{5}-1\frac{7}{15}$

14 $2\frac{5}{12}-1\frac{3}{8}$

15 $5\frac{9}{10}-4\frac{5}{8}$

16 $3\frac{5}{6}-3\frac{3}{4}$

17 $4\frac{7}{8}-3\frac{5}{6}$

18 $8\frac{3}{4}-2\frac{3}{5}$

19 $3\frac{5}{12}-1\frac{2}{9}$

20 $4\frac{2}{9}-2\frac{2}{15}$

21 $5\frac{7}{16}-1\frac{5}{24}$

13 받아내림이 없는 대분수의 뺄셈(2)

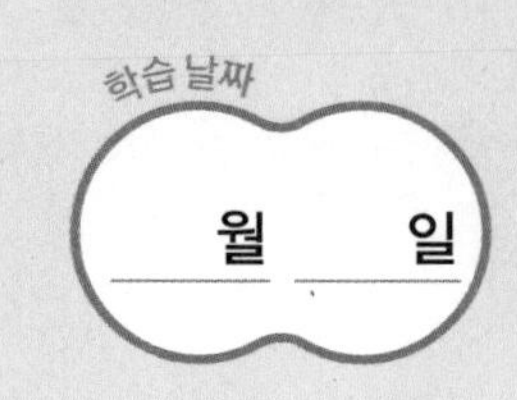

대분수를 가분수로 고쳐서 계산하려고 합니다. □ 안에 알맞은 수를 써넣으시오. (1~7)

1 $1\frac{5}{6}-1\frac{1}{4}=\frac{\square}{6}-\frac{\square}{4}=\frac{\square}{12}-\frac{\square}{12}=\frac{\square}{12}$

2 $1\frac{9}{10}-1\frac{2}{5}=\frac{\square}{10}-\frac{\square}{5}=\frac{\square}{10}-\frac{\square}{10}=\frac{\square}{10}=\frac{\square}{2}$

3 $2\frac{4}{5}-1\frac{3}{4}=\frac{\square}{5}-\frac{\square}{4}=\frac{\square}{20}-\frac{\square}{20}=\frac{\square}{20}=\square$

4 $4\frac{1}{2}-2\frac{1}{3}=\frac{\square}{2}-\frac{\square}{3}=\frac{\square}{6}-\frac{\square}{6}=\frac{\square}{6}=\square$

5 $2\frac{5}{6}-1\frac{7}{24}=\frac{\square}{6}-\frac{\square}{24}=\frac{\square}{24}-\frac{\square}{24}=\frac{\square}{24}=\square$

6 $3\frac{7}{8}-2\frac{2}{5}=\frac{\square}{8}-\frac{\square}{5}=\frac{\square}{40}-\frac{\square}{40}=\frac{\square}{40}=\square$

7 $3\frac{5}{6}-1\frac{4}{15}=\frac{\square}{6}-\frac{\square}{15}=\frac{\square}{30}-\frac{\square}{30}=\frac{\square}{30}=\square$

계산은 빠르고 정확하게!

걸린 시간	1~10분	10~15분	15~20분
맞은 개수	21~23개	17~20개	1~16개
평가	참 잘했어요.	잘했어요.	좀더 노력해요.

계산을 하시오. (8 ~ 23)

8 $3\frac{3}{4}-1\frac{1}{2}$

9 $2\frac{2}{3}-1\frac{1}{4}$

10 $3\frac{1}{2}-2\frac{2}{7}$

11 $2\frac{3}{5}-2\frac{1}{4}$

12 $4\frac{5}{6}-2\frac{1}{8}$

13 $5\frac{3}{4}-2\frac{2}{5}$

14 $3\frac{1}{3}-1\frac{1}{5}$

15 $2\frac{11}{12}-1\frac{5}{8}$

16 $3\frac{8}{15}-1\frac{2}{9}$

17 $7\frac{2}{3}-3\frac{1}{4}$

18 $8\frac{2}{5}-6\frac{1}{4}$

19 $4\frac{7}{9}-3\frac{1}{8}$

20 $5\frac{3}{8}-2\frac{1}{12}$

21 $4\frac{7}{8}-1\frac{5}{6}$

22 $3\frac{4}{7}-1\frac{7}{14}$

23 $2\frac{3}{20}-1\frac{2}{25}$

13 받아내림이 없는 대분수의 뺄셈(3)

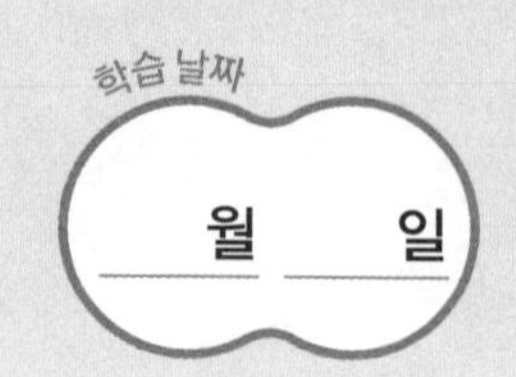

빈 곳에 알맞은 수를 써넣으시오. (1~10)

1

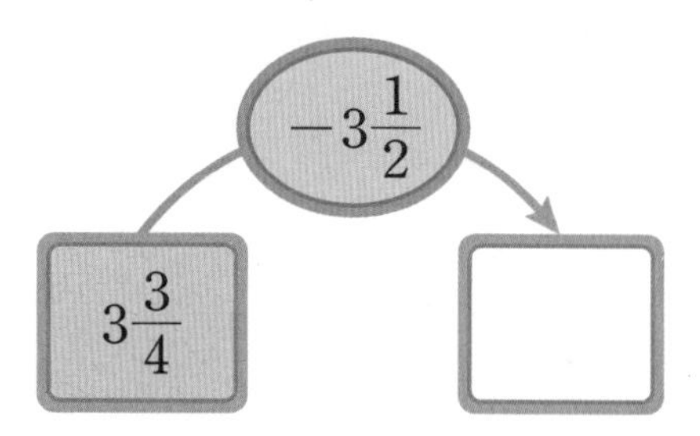

2

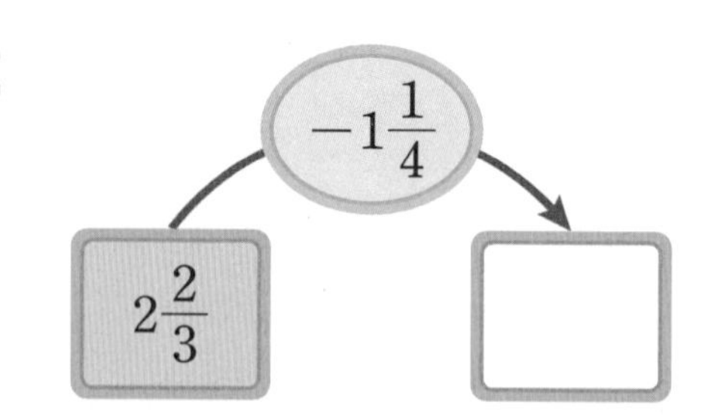

3

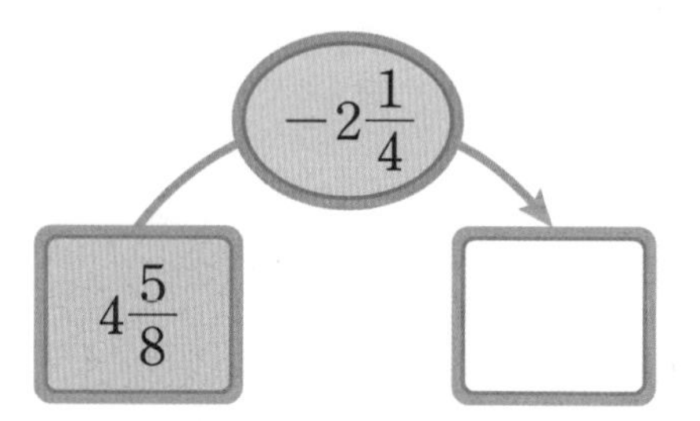

4

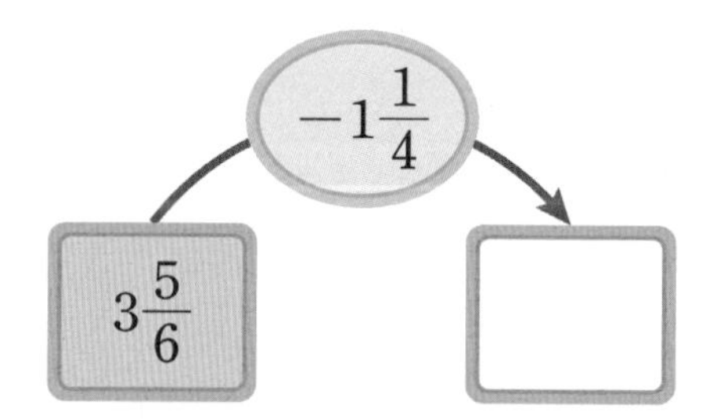

5

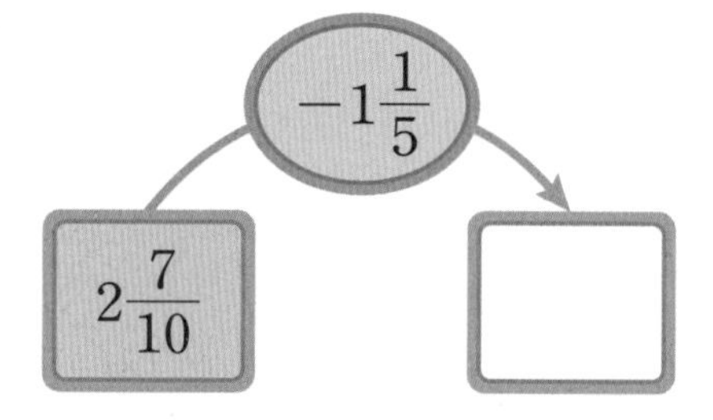

6

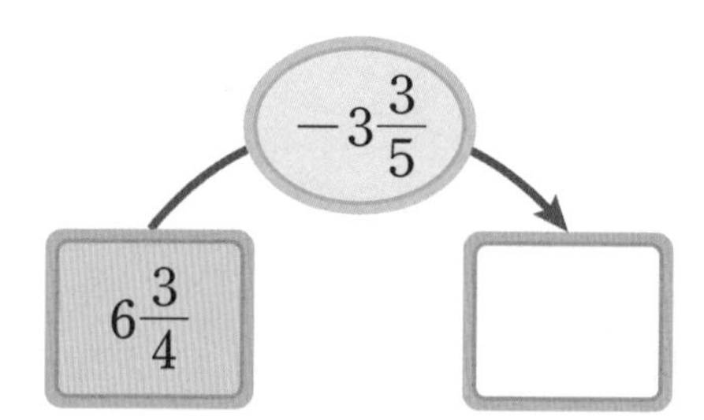

7

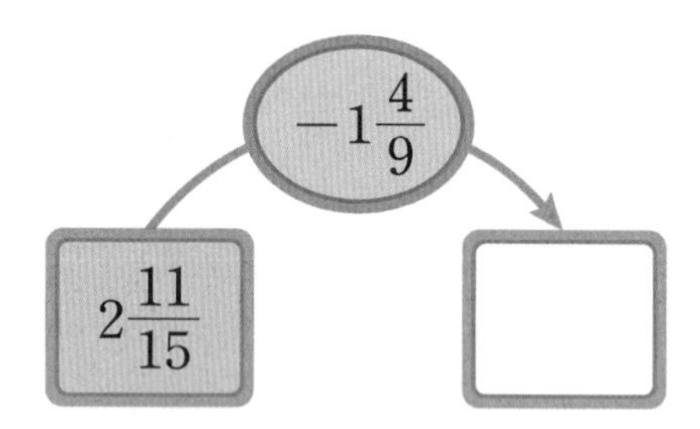

8

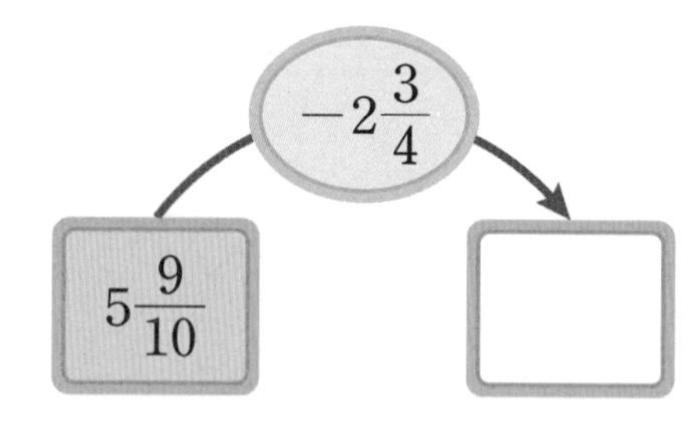

9

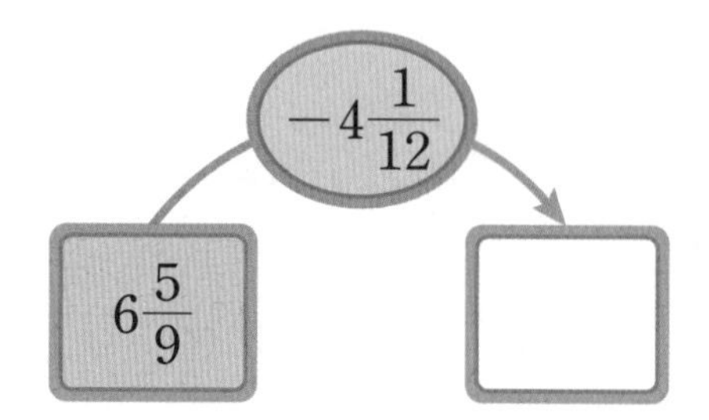

10

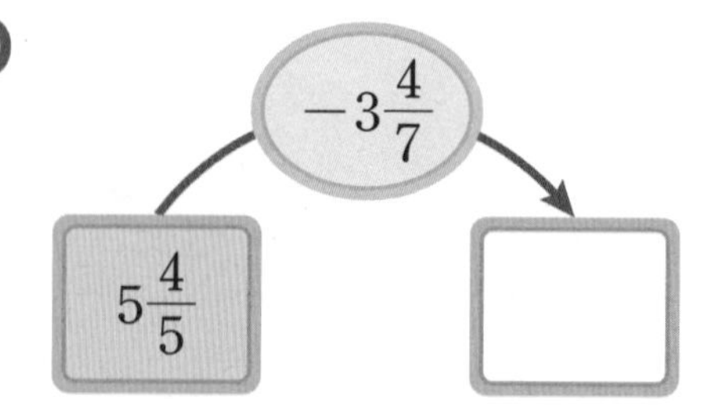

계산은 빠르고 정확하게!

걸린 시간	1~6분	6~9분	9~12분
맞은 개수	17~18개	13~16개	1~12개
평가	참 잘했어요.	잘했어요.	좀더 노력해요.

□ 안에 알맞은 수를 써넣으시오. (11 ~ 18)

11

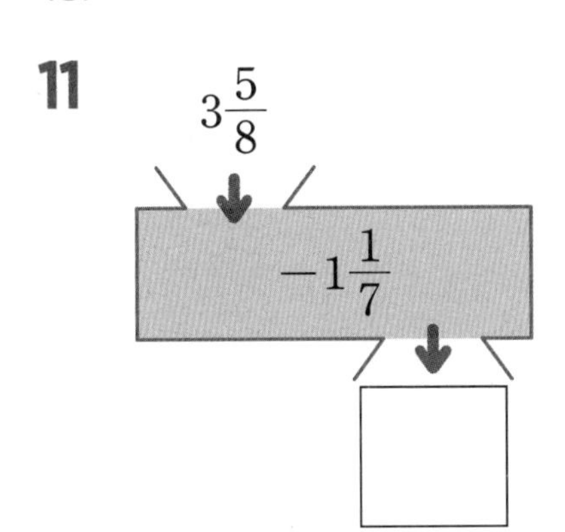

12

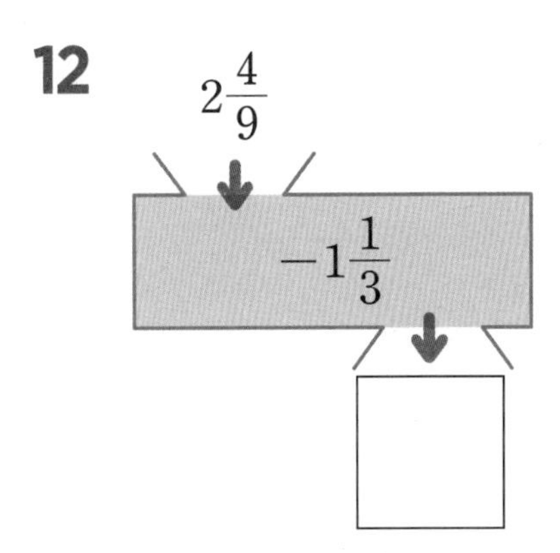

13

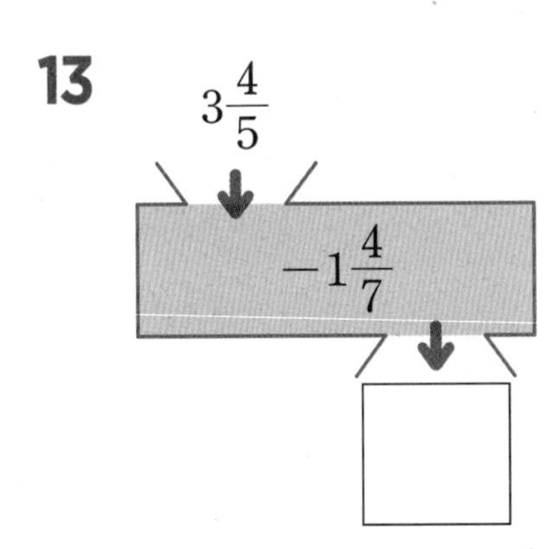

14

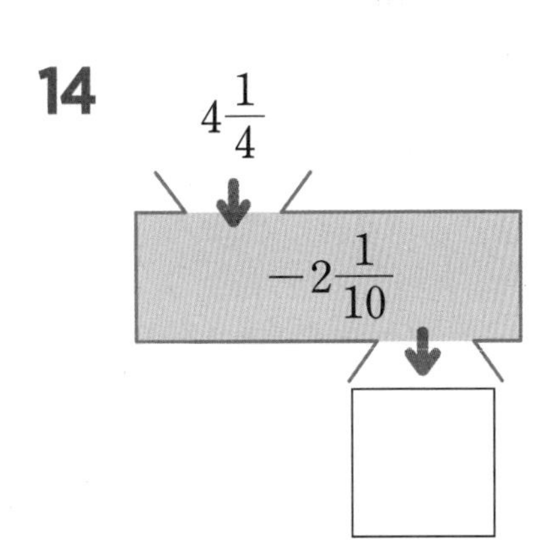

15

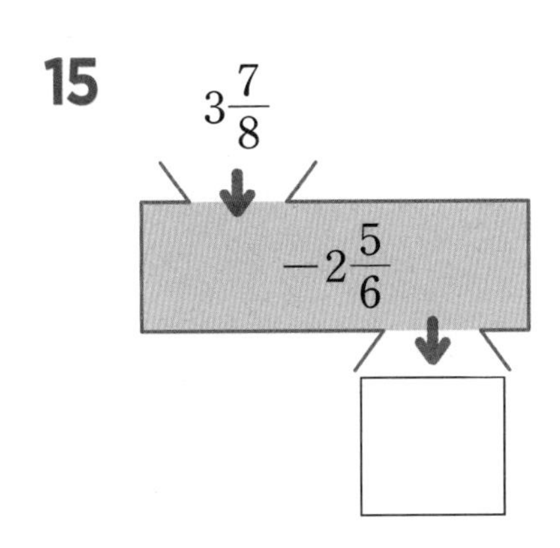

16

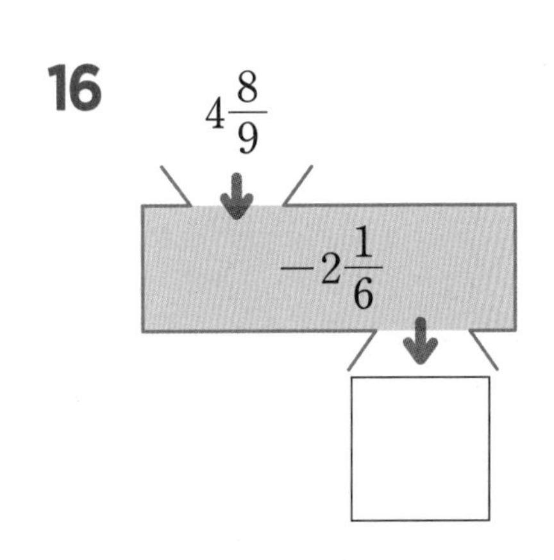

17

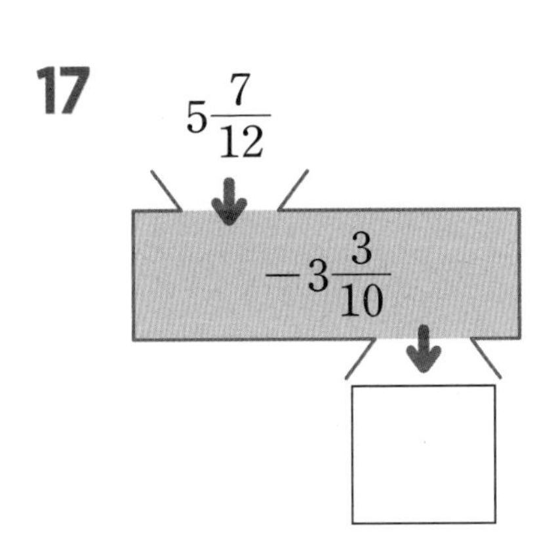

18

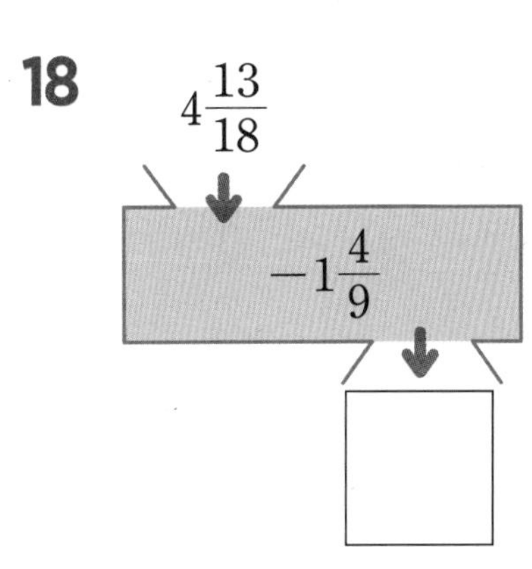

14 받아내림이 있는 대분수의 뺄셈(1)

방법 ① 자연수는 자연수끼리, 분수는 분수끼리 빼서 계산하기

$$3\frac{1}{3}-1\frac{1}{2}=3\frac{2}{6}-1\frac{3}{6}=2\frac{8}{6}-1\frac{3}{6}$$

$$=(2-1)+\left(\frac{8}{6}-\frac{3}{6}\right)=1+\frac{5}{6}=1\frac{5}{6}$$

방법 ② 대분수를 가분수로 고쳐서 계산하기

$$3\frac{1}{3}-1\frac{1}{2}=\frac{10}{3}-\frac{3}{2}=\frac{20}{6}-\frac{9}{6}=\frac{11}{6}=1\frac{5}{6}$$

⏰ **자연수는 자연수끼리, 분수는 분수끼리 빼서 계산하려고 합니다. □ 안에 알맞은 수를 써넣으시오. (1~3)**

1 $2\frac{1}{5}-1\frac{1}{2}=2\frac{\square}{10}-1\frac{\square}{10}=1\frac{\square}{10}-1\frac{\square}{10}$

$=(1-\square)+\left(\frac{\square}{10}-\frac{\square}{10}\right)=\frac{\square}{10}$

2 $3\frac{3}{4}-1\frac{4}{5}=3\frac{\square}{20}-1\frac{\square}{20}=2\frac{\square}{20}-1\frac{\square}{20}$

$=(2-\square)+\left(\frac{\square}{20}-\frac{\square}{20}\right)=\square+\frac{\square}{20}=\square$

3 $3\frac{4}{15}-2\frac{7}{10}=3\frac{\square}{30}-2\frac{\square}{30}=2\frac{\square}{30}-2\frac{\square}{30}$

$=(2-\square)+\left(\frac{\square}{30}-\frac{\square}{30}\right)=\frac{\square}{30}$

계산은 빠르고 정확하게!

걸린 시간	1~8분	8~12분	12~16분
맞은 개수	16~17개	12~15개	1~11개
평가	참 잘했어요.	잘했어요.	좀더 노력해요.

계산을 하시오. (4 ~ 17)

4 $3\frac{1}{5}-1\frac{2}{3}$

5 $6\frac{3}{7}-3\frac{3}{4}$

6 $2\frac{1}{9}-1\frac{5}{6}$

7 $4\frac{3}{8}-2\frac{7}{10}$

8 $2\frac{1}{4}-1\frac{9}{10}$

9 $2\frac{1}{2}-1\frac{3}{5}$

10 $5\frac{1}{5}-2\frac{1}{3}$

11 $7\frac{5}{12}-5\frac{3}{4}$

12 $3\frac{1}{3}-1\frac{5}{6}$

13 $5\frac{4}{15}-3\frac{7}{10}$

14 $5\frac{3}{8}-3\frac{5}{6}$

15 $5\frac{4}{9}-2\frac{5}{7}$

16 $6\frac{9}{16}-2\frac{3}{4}$

17 $4\frac{1}{18}-2\frac{5}{12}$

14 받아내림이 있는 대분수의 뺄셈(2)

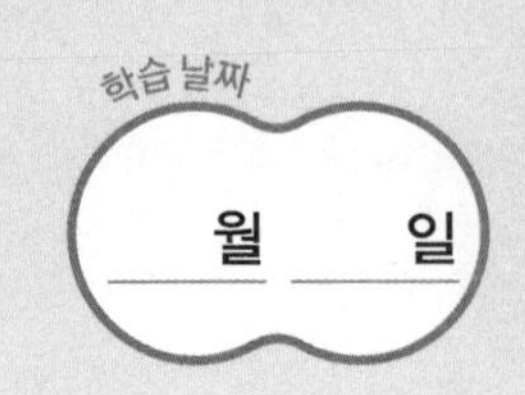

대분수를 가분수로 고쳐서 계산하려고 합니다. □ 안에 알맞은 수를 써넣으시오. (1~7)

1 $2\frac{1}{2}-1\frac{3}{5}=\frac{\square}{2}-\frac{\square}{5}=\frac{\square}{10}-\frac{\square}{10}=\frac{\square}{10}$

2 $3\frac{1}{2}-2\frac{4}{5}=\frac{\square}{2}-\frac{\square}{5}=\frac{\square}{10}-\frac{\square}{10}=\frac{\square}{10}$

3 $4\frac{1}{3}-3\frac{5}{6}=\frac{\square}{3}-\frac{\square}{6}=\frac{\square}{6}-\frac{\square}{6}=\frac{\square}{6}=\square$

4 $3\frac{2}{5}-1\frac{2}{3}=\frac{\square}{5}-\frac{\square}{3}=\frac{\square}{15}-\frac{\square}{15}=\frac{\square}{15}=\square$

5 $4\frac{2}{7}-2\frac{3}{4}=\frac{\square}{7}-\frac{\square}{4}=\frac{\square}{28}-\frac{\square}{28}=\frac{\square}{28}=\square$

6 $4\frac{3}{10}-2\frac{3}{5}=\frac{\square}{10}-\frac{\square}{5}=\frac{\square}{10}-\frac{\square}{10}=\frac{\square}{10}=\square$

7 $3\frac{1}{8}-1\frac{1}{6}=\frac{\square}{8}-\frac{\square}{6}=\frac{\square}{24}-\frac{\square}{24}=\frac{\square}{24}=\square$

계산은 빠르고 정확하게!

걸린 시간	1~8분	8~12분	12~16분
맞은 개수	19~21개	15~18개	1~14개
평가	참 잘했어요.	잘했어요.	좀더 노력해요.

계산을 하시오. (8 ~ 21)

8 $2\frac{2}{5}-1\frac{1}{2}$

9 $3\frac{2}{3}-2\frac{5}{6}$

10 $4\frac{1}{4}-2\frac{2}{3}$

11 $4\frac{7}{10}-2\frac{3}{4}$

12 $4\frac{1}{8}-1\frac{1}{6}$

13 $3\frac{5}{8}-1\frac{2}{3}$

14 $3\frac{1}{5}-1\frac{2}{9}$

15 $6\frac{1}{3}-3\frac{3}{4}$

16 $7\frac{1}{3}-2\frac{3}{5}$

17 $3\frac{1}{7}-1\frac{3}{4}$

18 $5\frac{1}{6}-2\frac{7}{9}$

19 $5\frac{3}{8}-3\frac{11}{14}$

20 $4\frac{5}{12}-2\frac{1}{2}$

21 $9\frac{1}{4}-5\frac{5}{6}$

14 받아내림이 있는 대분수의 뺄셈(3)

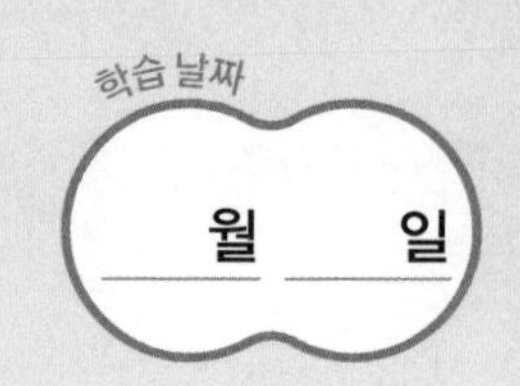

빈 곳에 알맞은 수를 써넣으시오. (1~10)

1

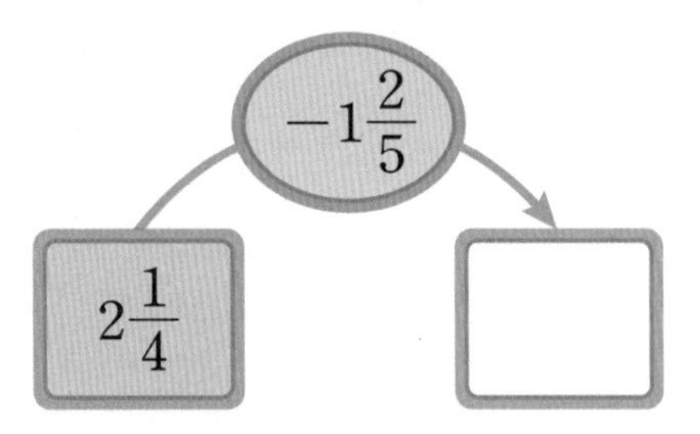

2

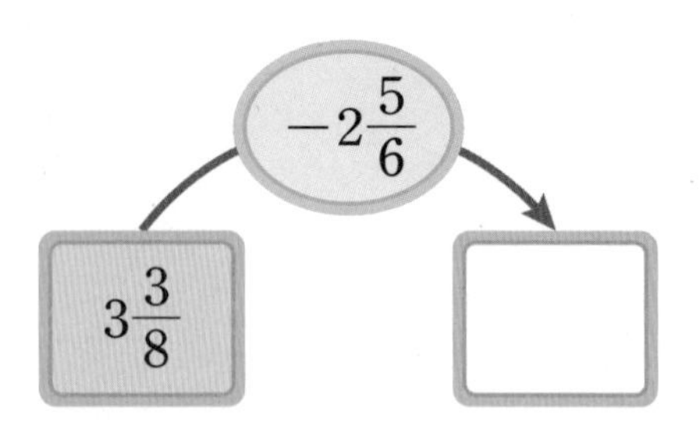

3

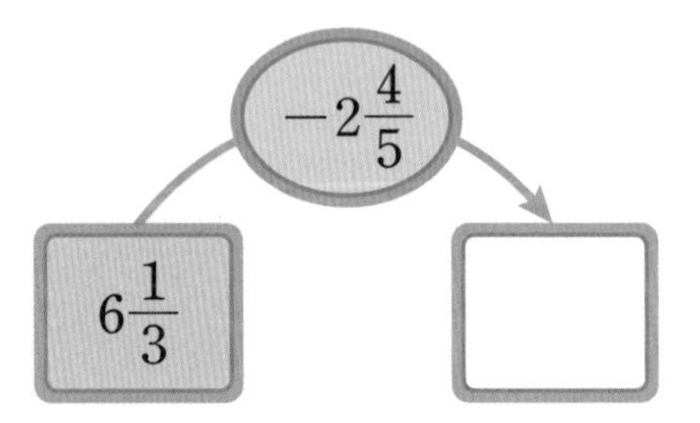

4

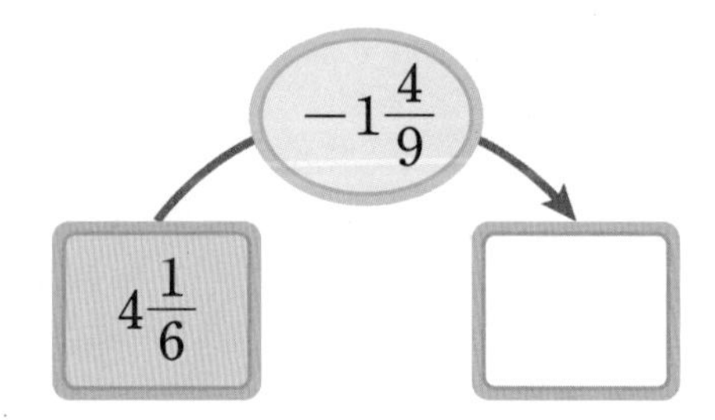

5

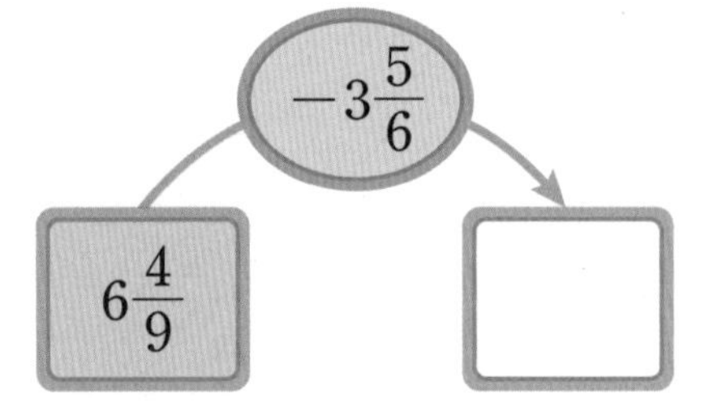

6

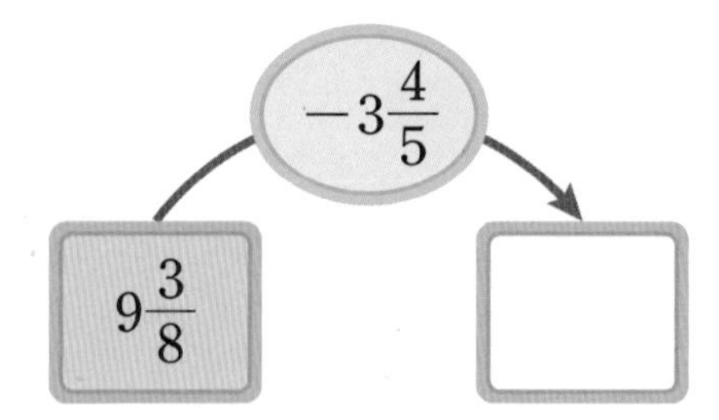

7

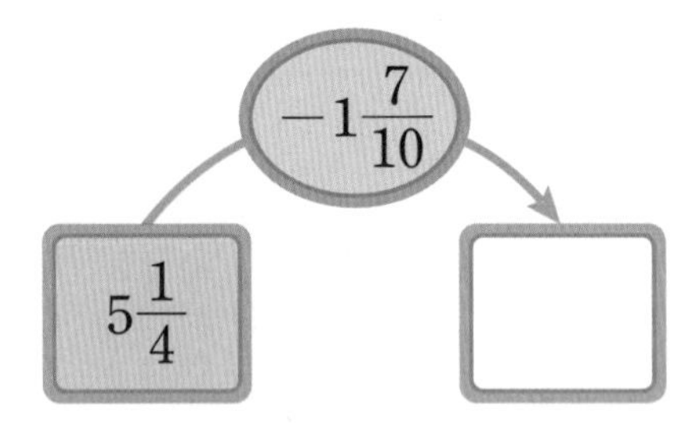

8

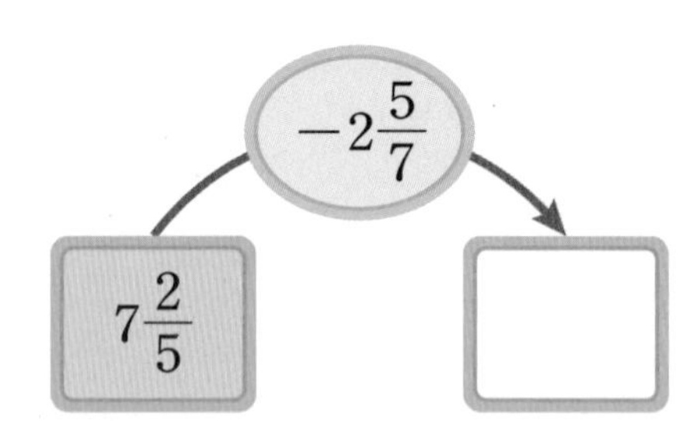

9

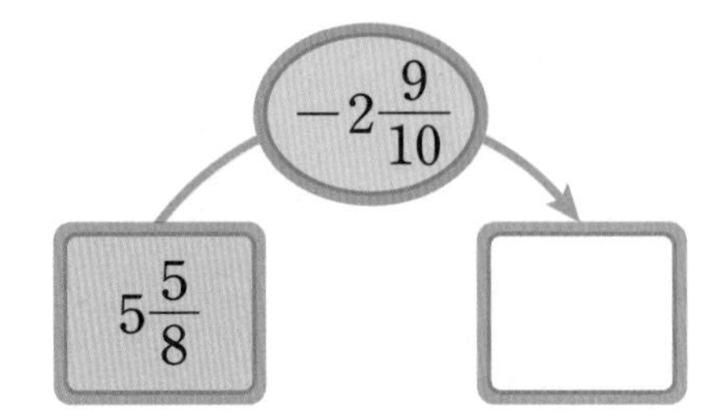

10

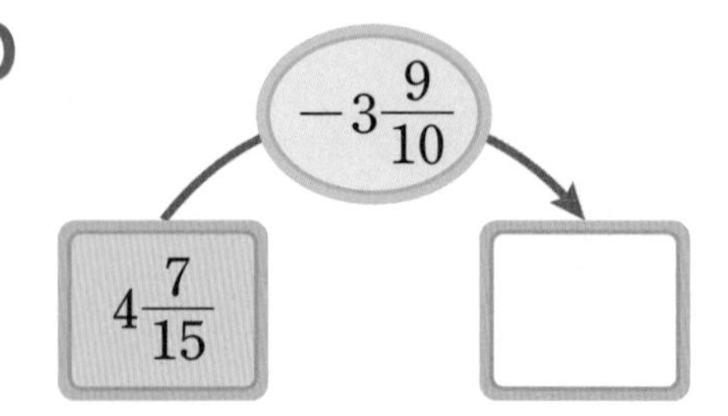

계산은 빠르고 정확하게!

걸린 시간	1~6분	6~9분	9~12분
맞은 개수	17~18개	13~16개	1~12개
평가	참 잘했어요.	잘했어요.	좀더 노력해요.

□ 안에 알맞은 수를 써넣으시오. (11 ~ 18)

11

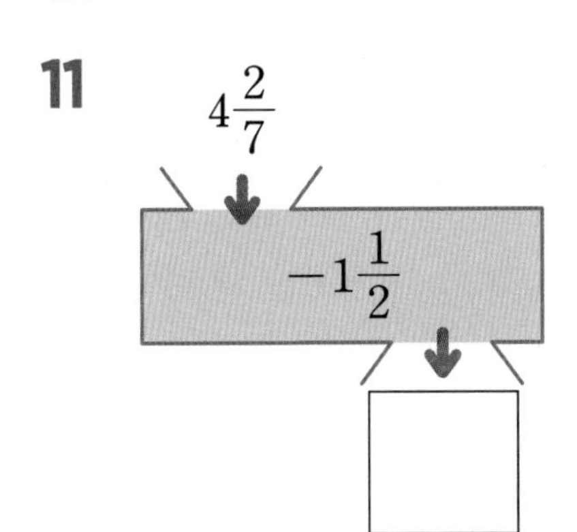

12

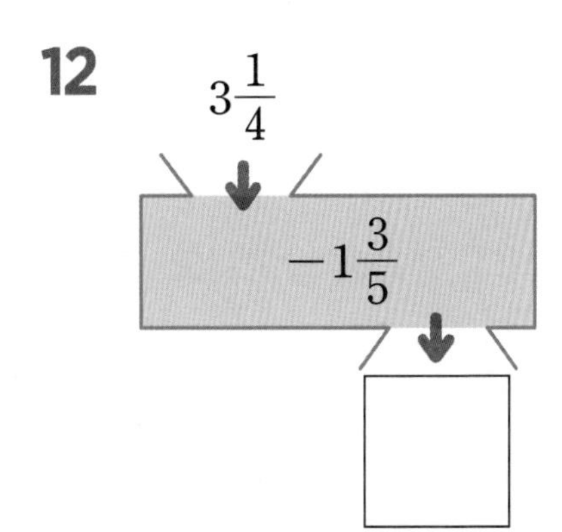

13

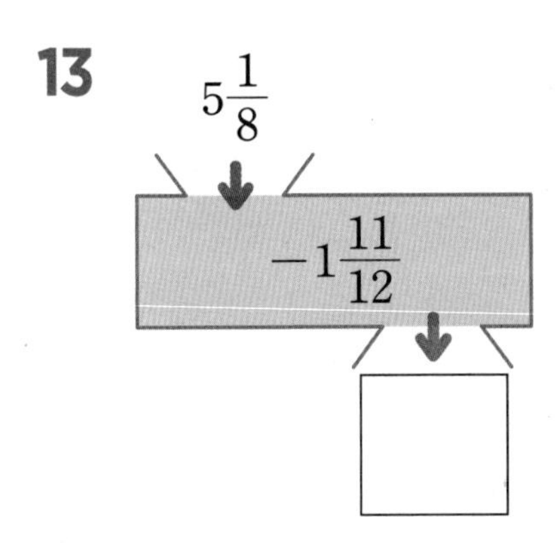

14

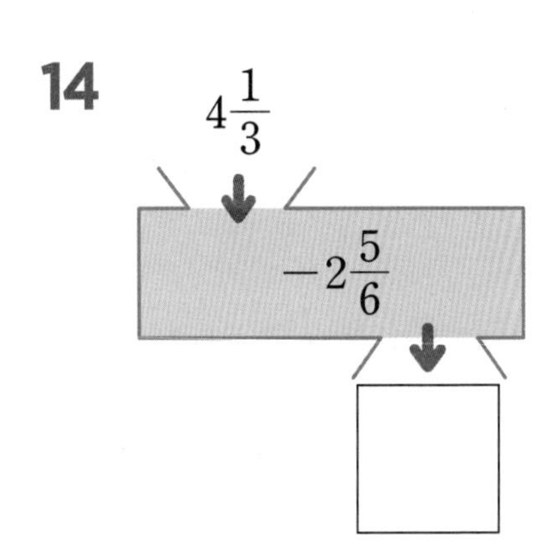

15

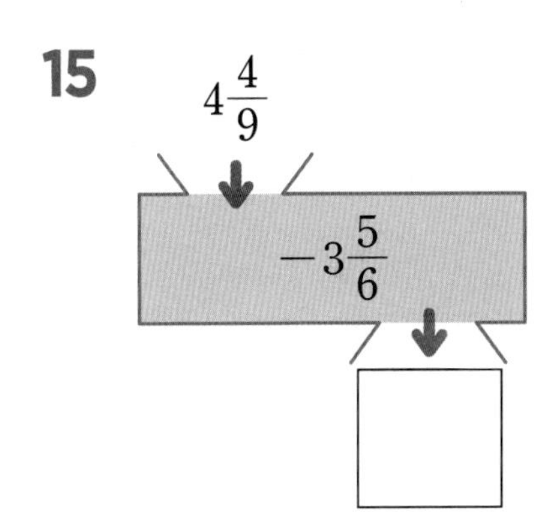

16

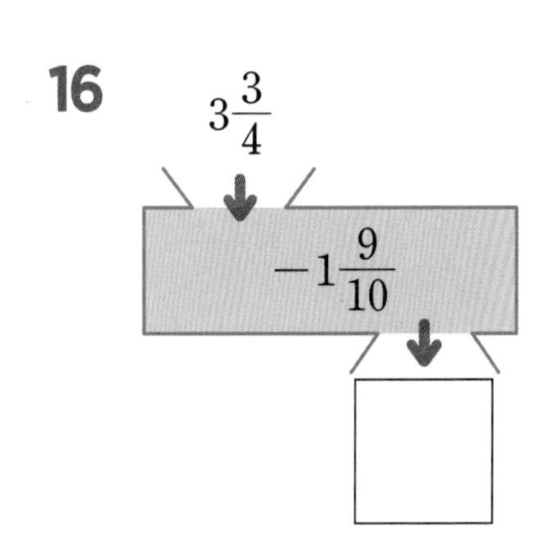

17

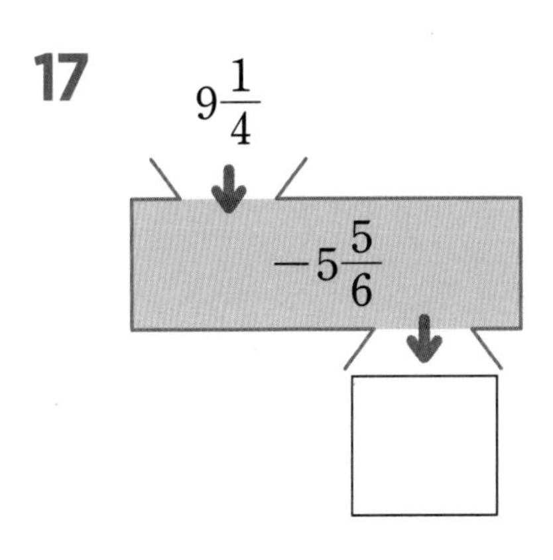

18

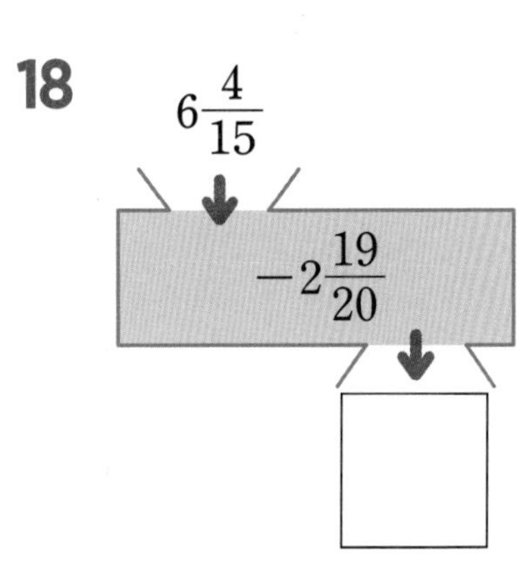

15 신기한 연산

색종이 한 장은 1로 나타낼 수 있습니다. 색종이 한 장을 똑같이 반으로 접으면 크기가 $\frac{1}{2}$인 색종이를 만들 수 있고, 크기가 $\frac{1}{2}$인 색종이를 똑같이 반으로 접으면 크기가 $\frac{1}{4}$인 색종이를 만들 수 있습니다. 물음에 답하시오. **(1~2)**

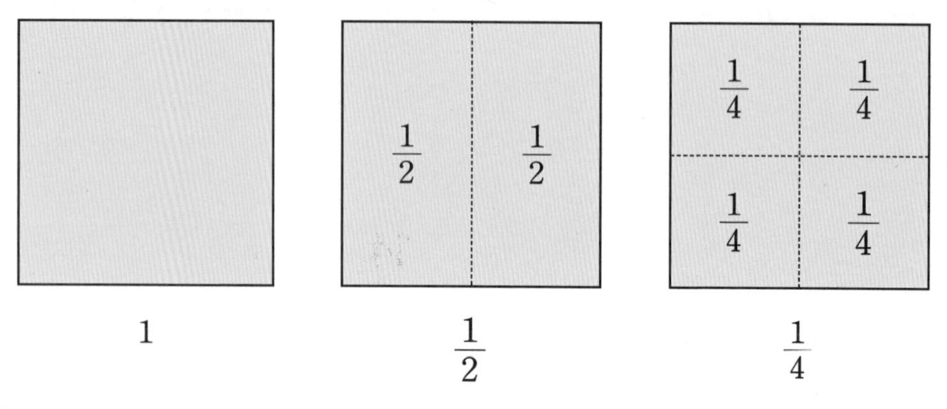

1 크기가 $\frac{1}{16}$인 색종이를 만들려면 모두 몇 번을 접어야 합니까?

(   )

2 분수 $\frac{5}{6}$를 두 단위분수의 합으로 나타내어 보시오.

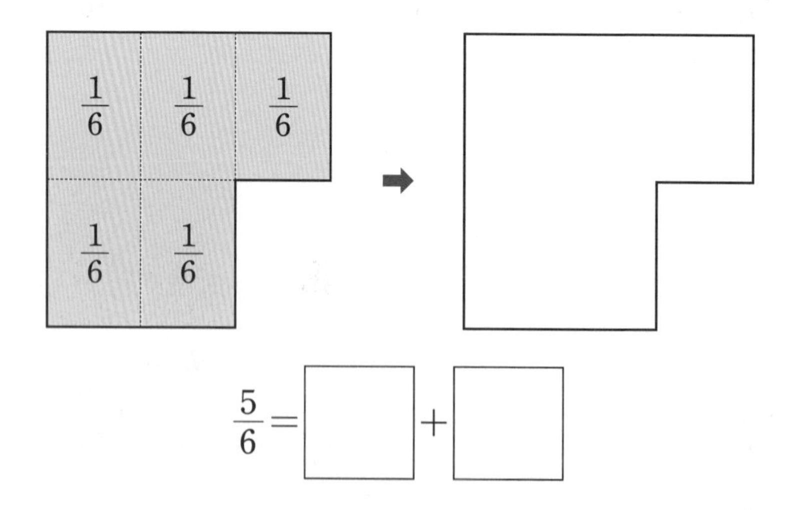

$\frac{5}{6}=\square+\square$

계산은 빠르고 정확하게!

걸린 시간	1~8분	8~12분	12~16분
맞은 개수	7개	6개	1~5개
평가	참 잘했어요.	잘했어요.	좀더 노력해요.

보기 와 같은 방법으로 주어진 분수를 서로 다른 두 단위분수의 합으로 나타내시오. **(3~7)**

보기

$$\frac{3}{5}=\frac{6}{10}=\frac{1}{10}+\frac{5}{10}=\frac{1}{10}+\frac{1}{2}$$

위와 같이 주어진 분수와 크기가 같은 여러 개의 분수 중에서 분자가 1과 처음 분수의 분모와의 합으로 된 것을 이용하여 분모가 같은 두 분수로 분해하고 약분하여 나타낼 수 있습니다.

3 $\frac{2}{5}=\frac{6}{\square}=\frac{1}{\square}+\frac{5}{\square}=\frac{1}{\square}+\frac{1}{\square}$

4 $\frac{4}{7}=\frac{8}{\square}=\frac{1}{\square}+\frac{7}{\square}=\frac{1}{\square}+\frac{1}{\square}$

5 $\frac{2}{9}=\frac{10}{\square}=\frac{1}{\square}+\frac{9}{\square}=\frac{1}{\square}+\frac{1}{\square}$

6 $\frac{3}{11}=\frac{12}{\square}=\frac{1}{\square}+\frac{11}{\square}=\frac{1}{\square}+\frac{1}{\square}$

7 $\frac{3}{14}=\frac{15}{\square}=\frac{1}{\square}+\frac{14}{\square}=\frac{1}{\square}+\frac{1}{\square}$

확인 평가

약수를 모두 구하시오. (1 ~ 2)

1 48의 약수 ➡ (   )

2 60의 약수 ➡ (   )

배수를 가장 작은 수부터 5개씩 쓰시오. (3 ~ 4)

3 9의 배수 ➡ (   )

4 25의 배수 ➡ (   )

5 식을 보고 □ 안에 알맞은 수를 써넣으시오.

$8=1\times8$, $8=2\times4$ ➡ 8은 □, □, □, □의 배수입니다. / □, □, □, □은 8의 약수입니다.

두 수의 최대공약수와 최소공배수를 각각 구하시오. (6 ~ 9)

6 4, 10 ➡ 최대공약수 (   ) / 최소공배수 (   )

7 8, 12 ➡ 최대공약수 (   ) / 최소공배수 (   )

8 12, 15 ➡ 최대공약수 (   ) / 최소공배수 (   )

9 18, 24 ➡ 최대공약수 (   ) / 최소공배수 (   )

걸린 시간	1~12분	12~18분	18~24분
맞은 개수	34~37개	26~33개	1~25개
평가	참 잘했어요.	잘했어요.	좀더 노력해요.

□ 안에 알맞은 수를 써넣으시오. (10 ~ 11)

10 $\frac{6}{7}=\frac{\square}{14}=\frac{\square}{21}=\frac{\square}{28}=\frac{\square}{35}=\frac{\square}{42}=\cdots$

11 $\frac{24}{60}=\frac{\square}{30}=\frac{\square}{20}=\frac{\square}{15}=\frac{\square}{10}=\frac{\square}{5}$

약분한 분수를 모두 쓰시오. (12 ~ 13)

12 $\frac{4}{8}$ ➡ (　　　　　)

13 $\frac{18}{42}$ ➡ (　　　　　)

분모의 곱을 공통분모로 하여 통분하시오. (14 ~ 15)

14 $\left(\frac{3}{4}, \frac{4}{5}\right)$ ➡ $\left(\frac{\square}{\square}, \frac{\square}{\square}\right)$

15 $\left(\frac{7}{9}, \frac{3}{7}\right)$ ➡ $\left(\frac{\square}{\square}, \frac{\square}{\square}\right)$

분모의 최소공배수를 공통분모로 하여 통분하시오. (16 ~ 17)

16 $\left(\frac{2}{3}, \frac{5}{9}\right)$ ➡ $\left(\frac{\square}{\square}, \frac{\square}{\square}\right)$

17 $\left(\frac{9}{10}, \frac{3}{4}\right)$ ➡ $\left(\frac{\square}{\square}, \frac{\square}{\square}\right)$

○ 안에 $>$, $=$, $<$를 알맞게 써넣으시오. (18 ~ 21)

18 $\frac{4}{5}$ ○ $\frac{6}{7}$

19 $\frac{17}{20}$ ○ $\frac{3}{8}$

20 $4\frac{17}{25}$ ○ 4.5

21 $5\frac{7}{8}$ ○ 5.89

확인 평가

계산을 하시오. (22 ~ 37)

22 $\frac{1}{4}+\frac{3}{5}$

23 $\frac{4}{5}-\frac{1}{3}$

24 $\frac{7}{8}+\frac{5}{6}$

25 $\frac{7}{10}-\frac{4}{15}$

26 $1\frac{3}{5}+2\frac{1}{3}$

27 $4\frac{5}{6}-2\frac{3}{7}$

28 $2\frac{1}{8}+1\frac{3}{4}$

29 $6\frac{7}{10}-2\frac{1}{4}$

30 $3\frac{1}{5}+4\frac{4}{15}$

31 $5\frac{7}{12}-3\frac{1}{6}$

32 $1\frac{7}{9}+2\frac{2}{3}$

33 $3\frac{2}{5}-1\frac{9}{10}$

34 $2\frac{5}{12}+3\frac{7}{10}$

35 $5\frac{3}{8}-2\frac{5}{6}$

36 $1\frac{11}{18}+2\frac{8}{9}$

37 $4\frac{7}{15}-3\frac{17}{20}$

3

다각형의 둘레와 넓이

1 다각형의 둘레
2 넓이의 단위
3 직사각형의 넓이
4 평행사변형의 넓이
5 삼각형의 넓이
6 마름모의 넓이
7 사다리꼴의 넓이
8 다각형의 넓이
9 신기한 연산
확인 평가

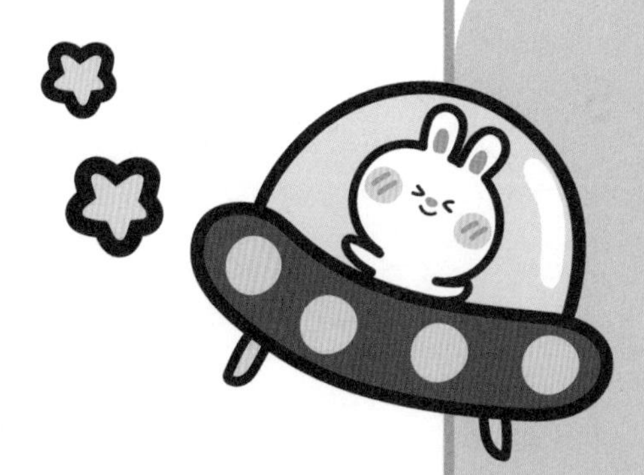

1 다각형의 둘레(1)

- (정다각형의 둘레)=(한 변의 길이)×(변의 수)
- (직사각형의 둘레)=(가로)×2+(세로)×2={(가로)+(세로)}×2
- (평행사변형의 둘레)=(한 변의 길이)×2+(다른 변의 길이)×2
  ={(한 변의 길이)+(다른 변의 길이)}×2
- (마름모의 둘레)=(한 변의 길이)×4

정다각형의 둘레를 구하시오. (1~8)

1

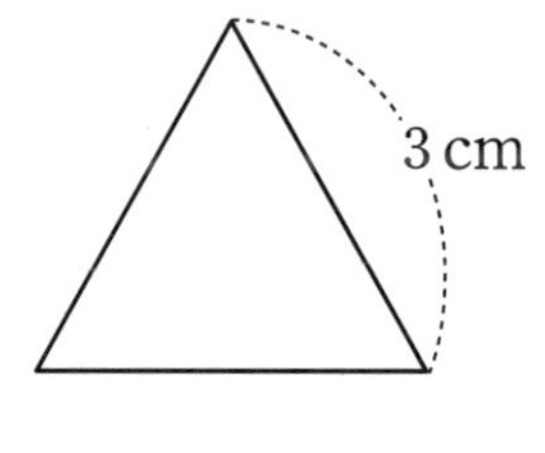

(　　　　　　　　)

2

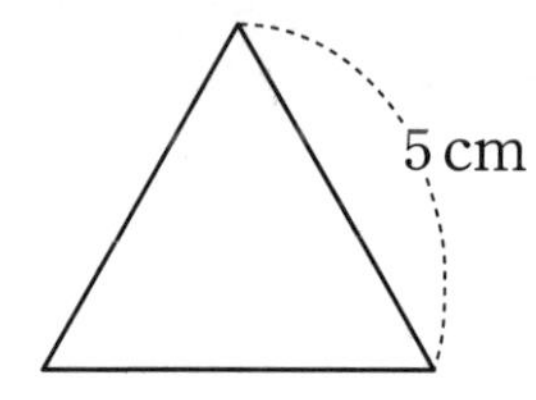

(　　　　　　　　)

3

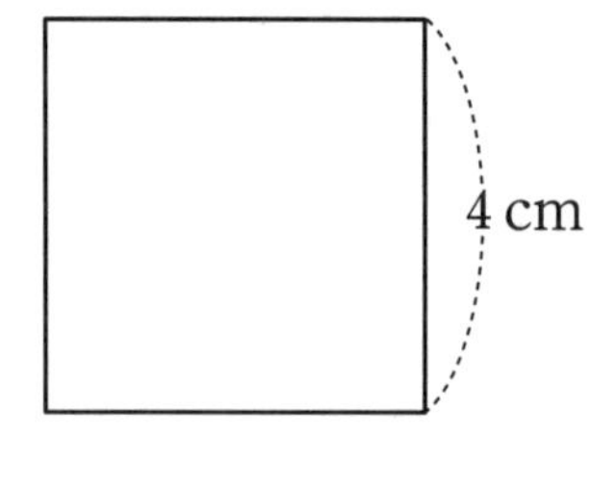

(　　　　　　　　)

4

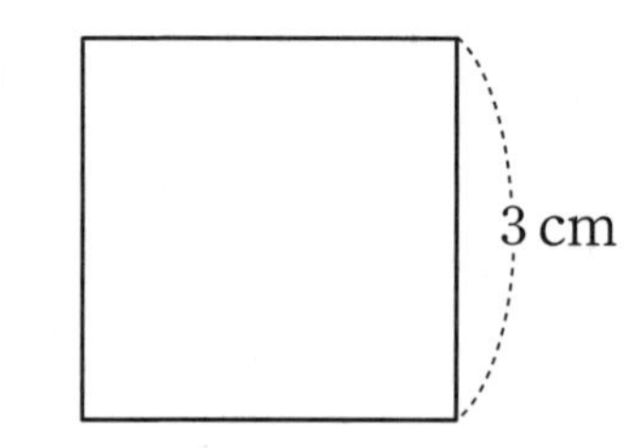

(　　　　　　　　)

5

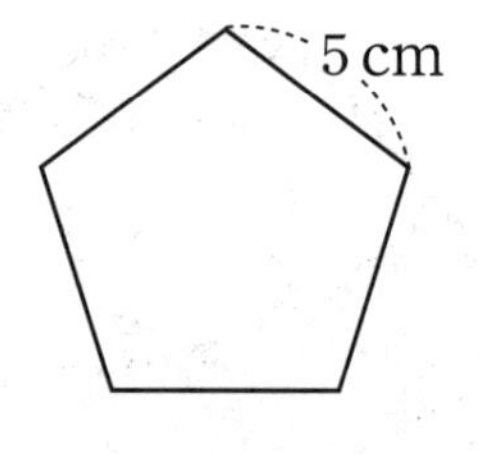

(　　　　　　　　)

6

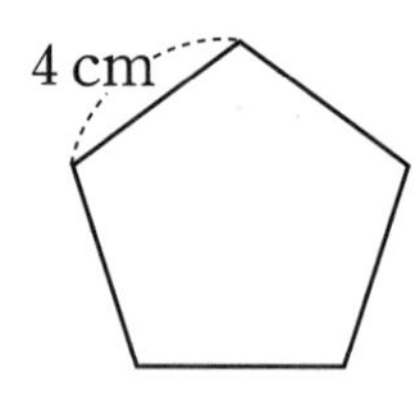

(　　　　　　　　)

7

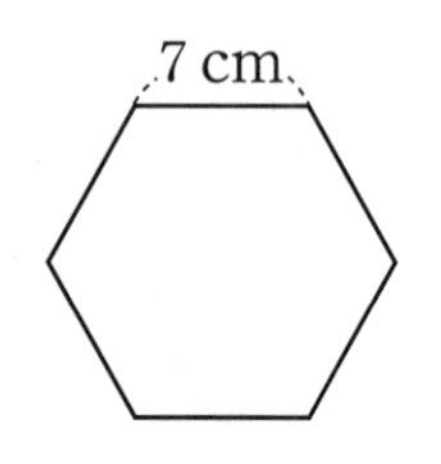

(　　　　　　　　)

8

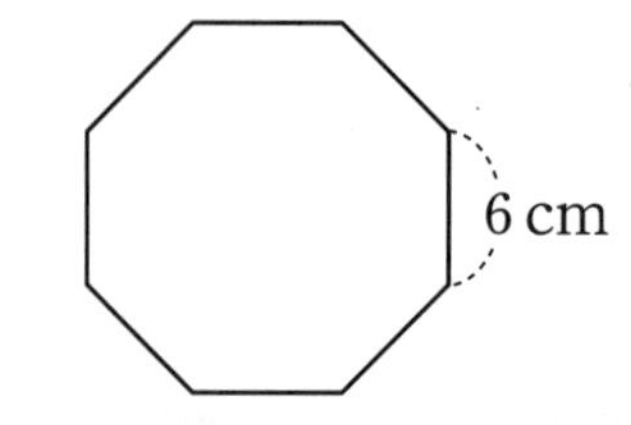

(　　　　　　　　)

걸린 시간	1~4분	4~6분	6~8분
맞은 개수	17~18개	13~16개	1~12개
평가	참 잘했어요.	잘했어요.	좀더 노력해요.

직사각형의 둘레를 구하시오. (9 ~ 18)

9

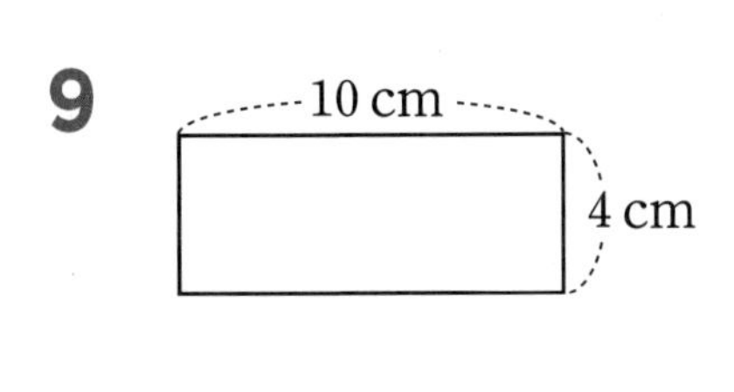

( )

10

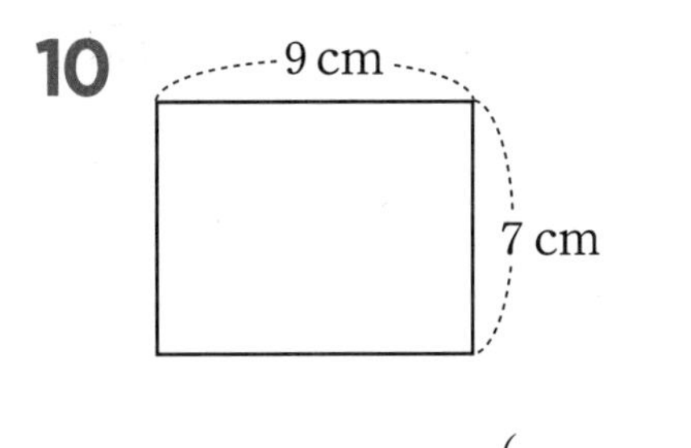

( )

11

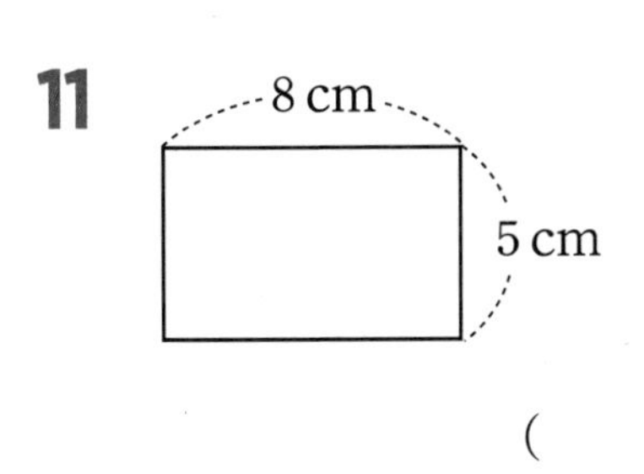

( )

12

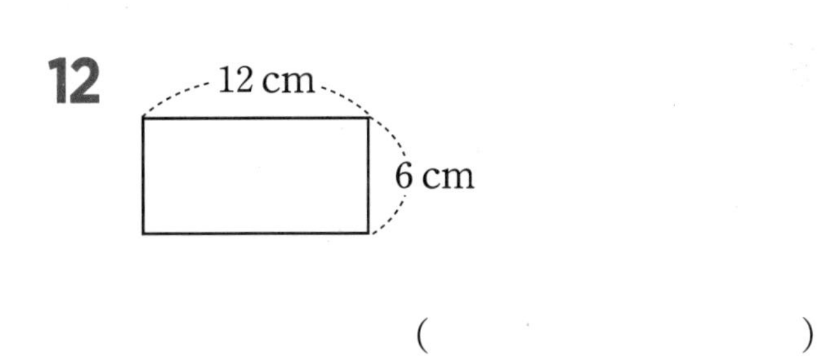

( )

13

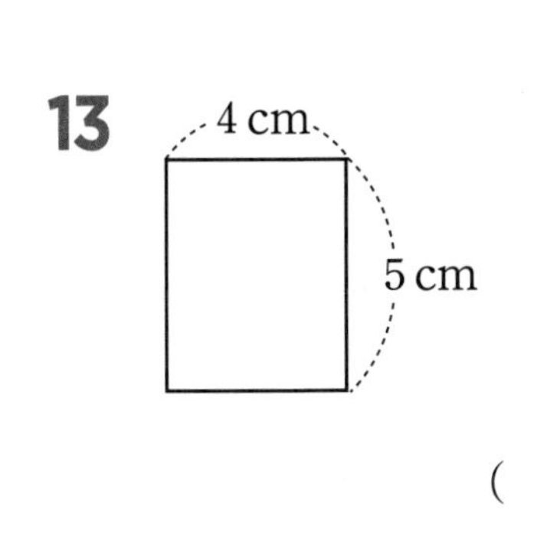

( )

14

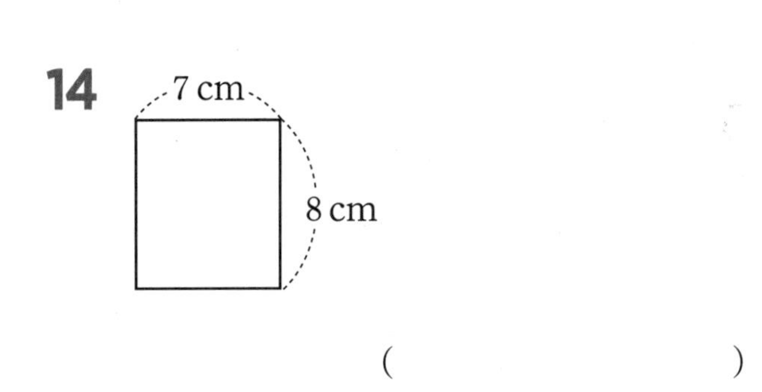

( )

15

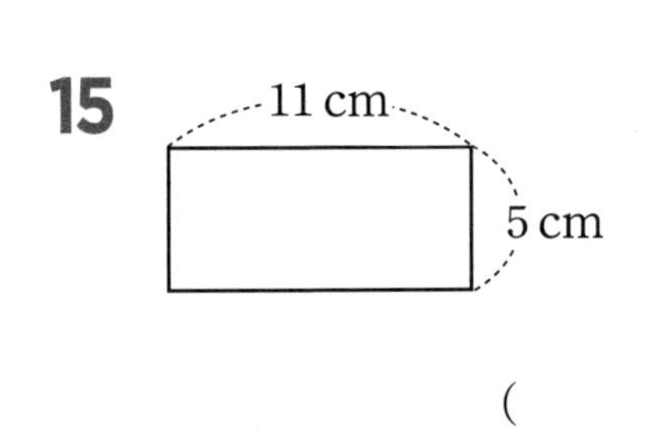

( )

16

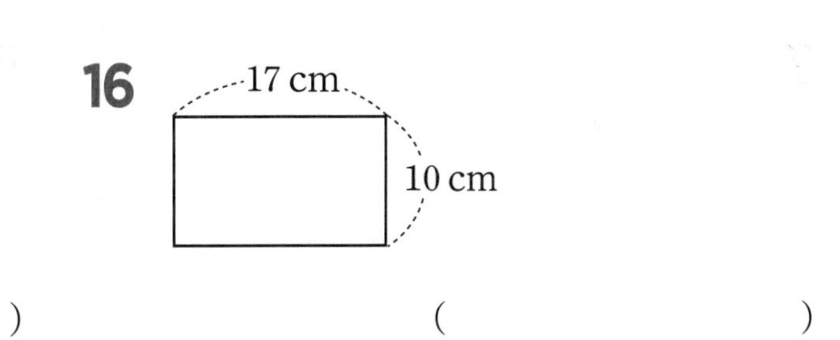

( )

17

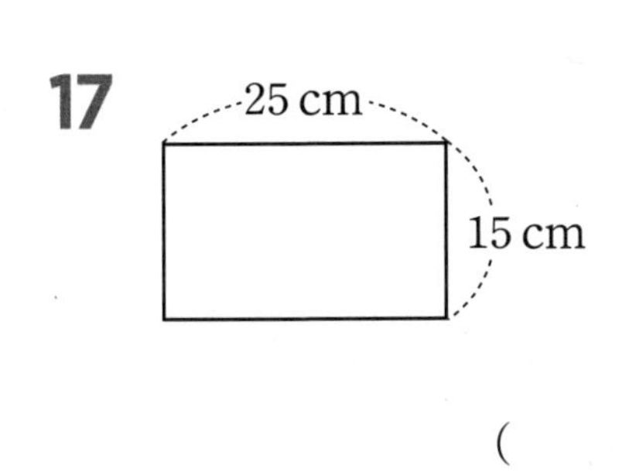

( )

18

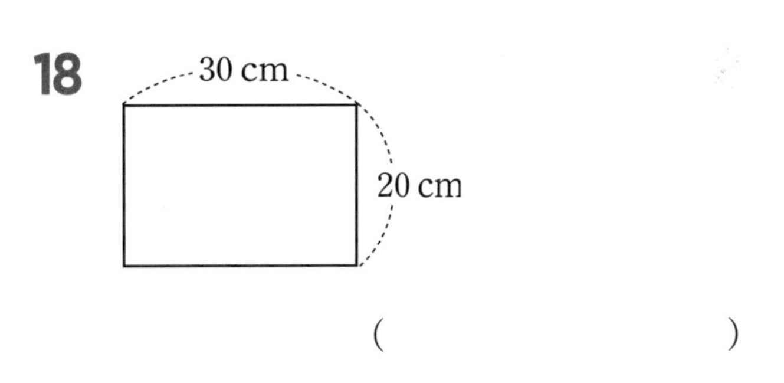

( )

1 다각형의 둘레(2)

평행사변형의 둘레를 구하시오. (1~10)

1

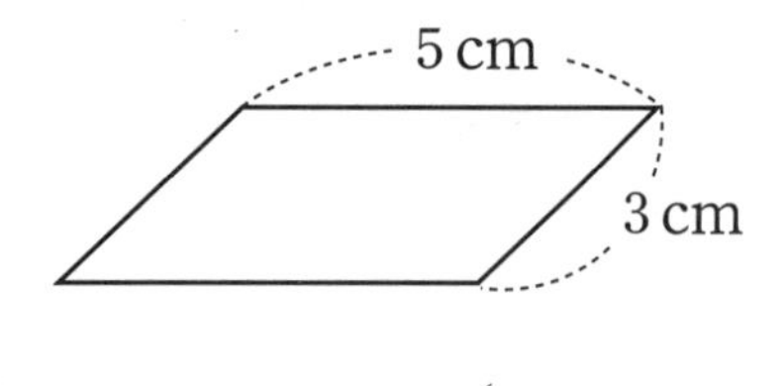

(　　　　　　　　　　)

2

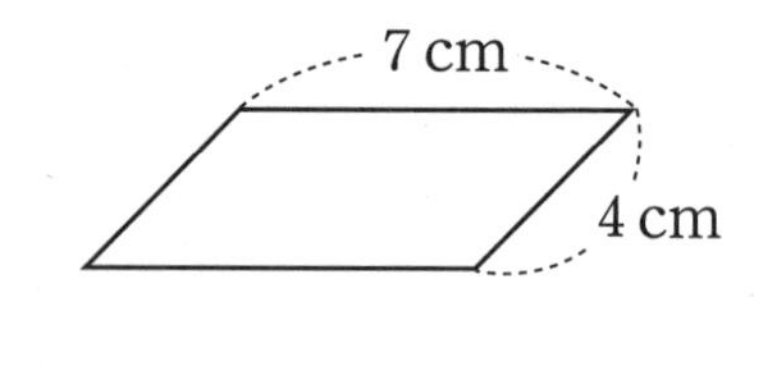

(　　　　　　　　　　)

3

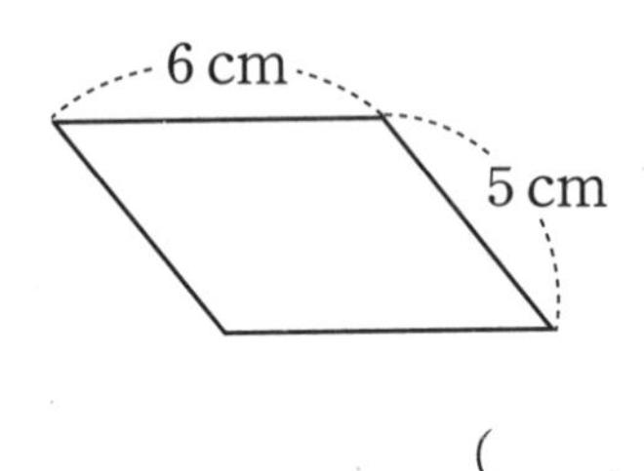

(　　　　　　　　　　)

4

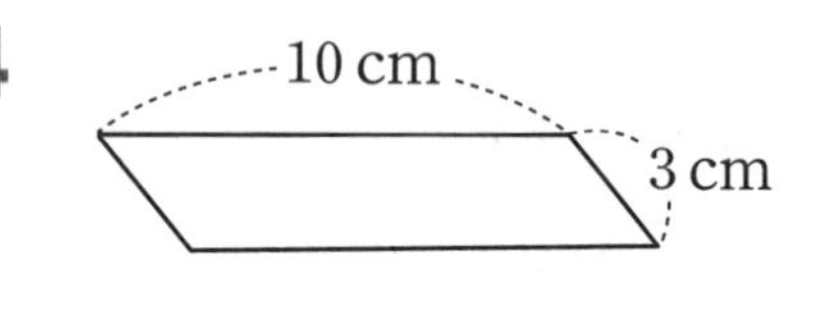

(　　　　　　　　　　)

5

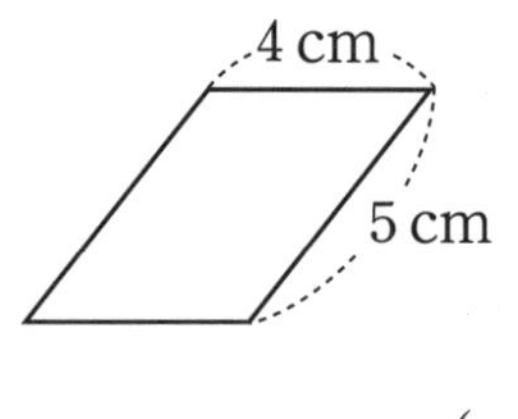

(　　　　　　　　　　)

6

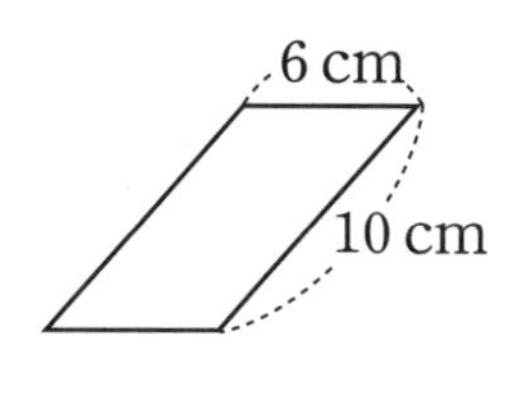

(　　　　　　　　　　)

7

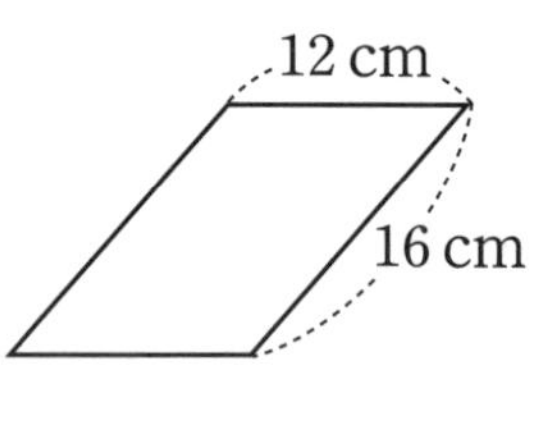

(　　　　　　　　　　)

8

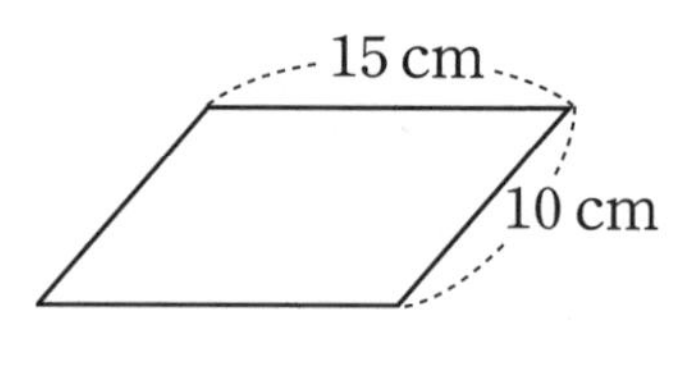

(　　　　　　　　　　)

9

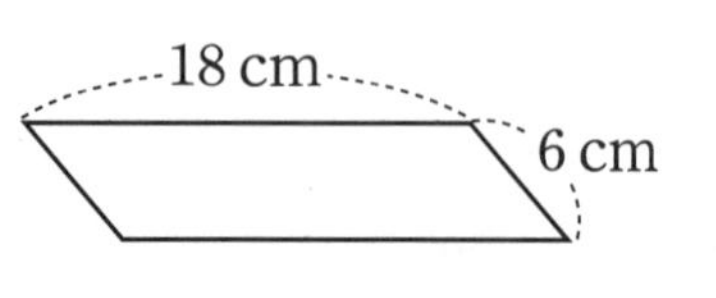

(　　　　　　　　　　)

10

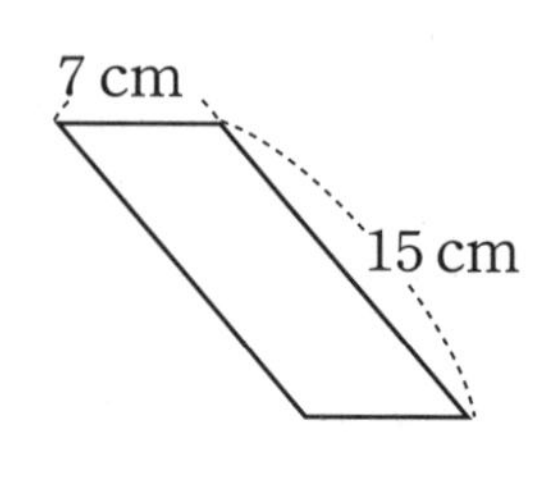

(　　　　　　　　　　)

계산은 빠르고 정확하게!

걸린 시간	1~4분	4~6분	6~8분
맞은 개수	18~20개	14~17개	1~13개
평가	참 잘했어요.	잘했어요.	좀더 노력해요.

마름모의 둘레를 구하시오. (11 ~ 20)

11

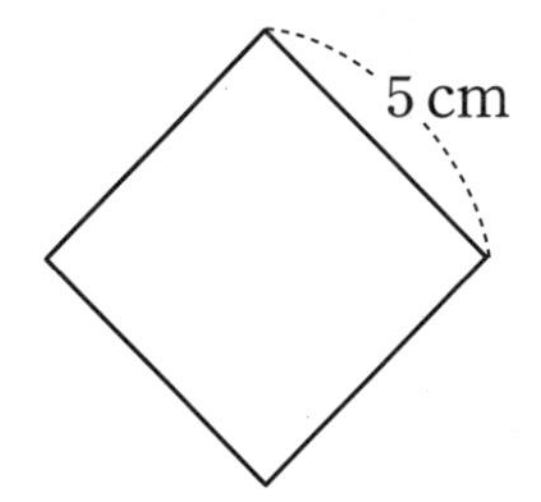

(　　　　　　　　　　)

12

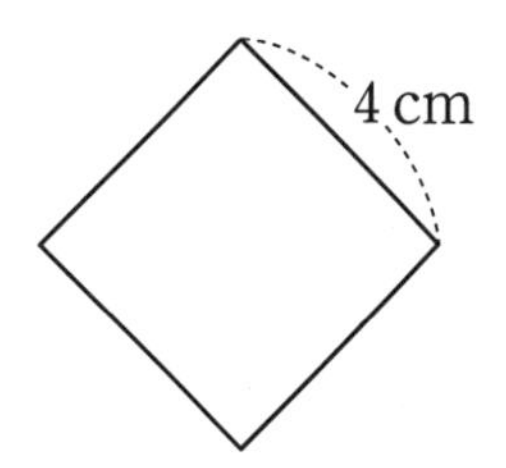

(　　　　　　　　　　)

13

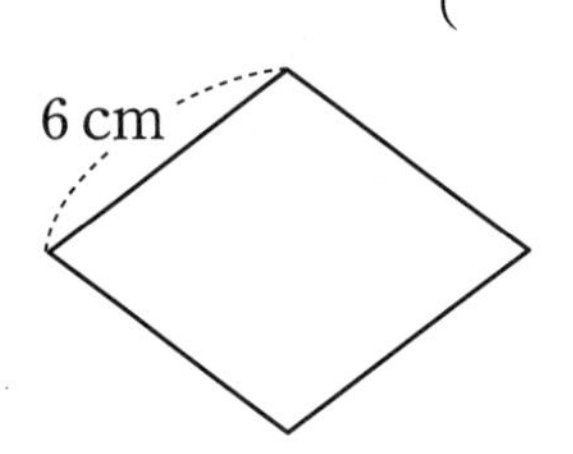

(　　　　　　　　　　)

14

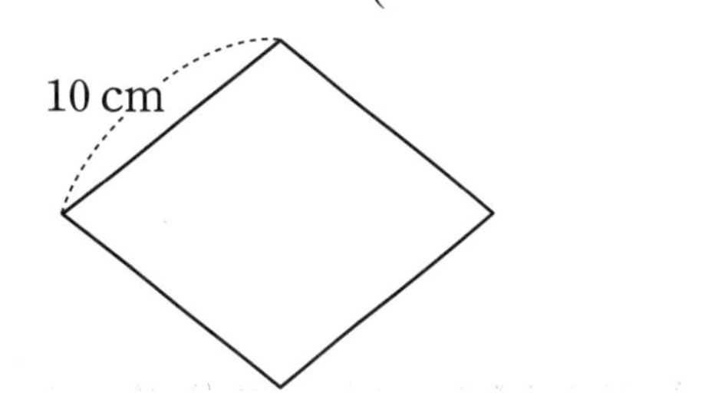

(　　　　　　　　　　)

15

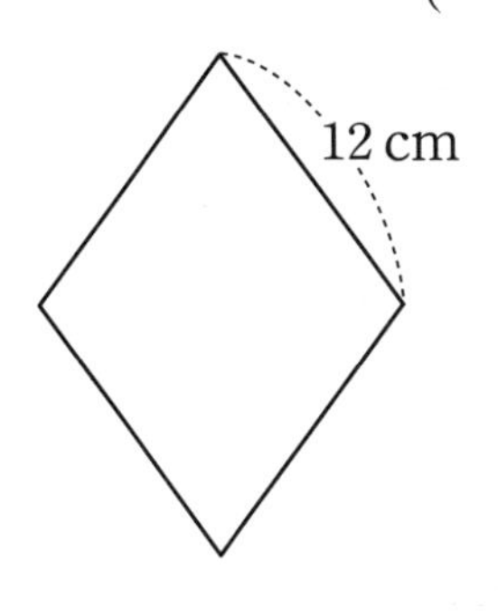

(　　　　　　　　　　)

16

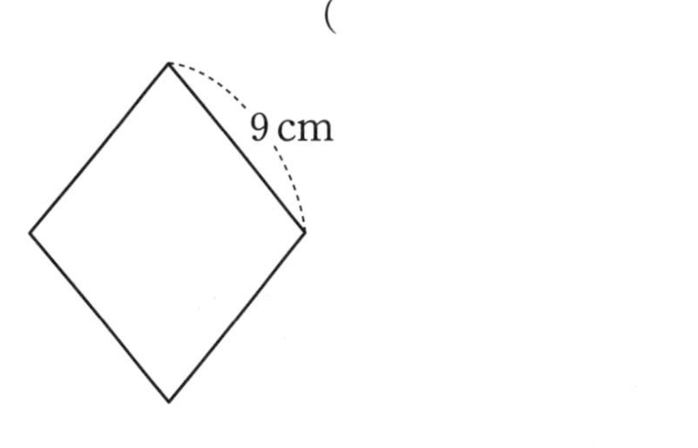

(　　　　　　　　　　)

17

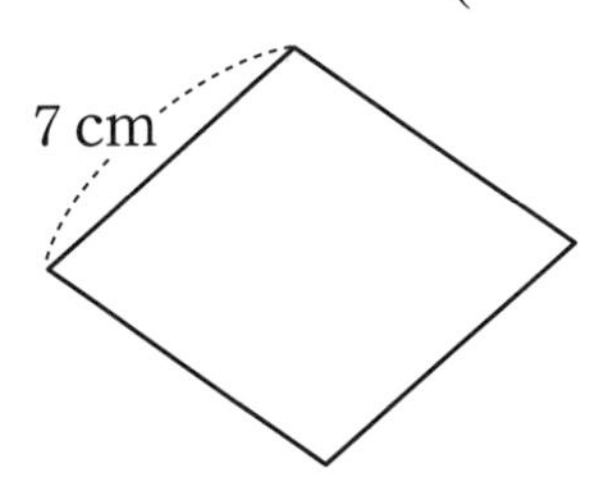

(　　　　　　　　　　)

18

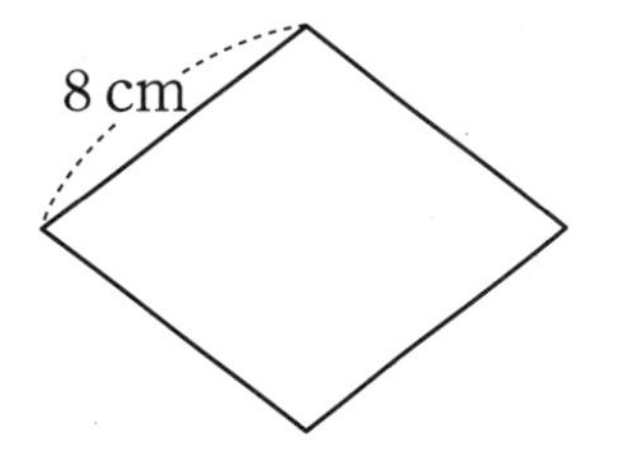

(　　　　　　　　　　)

19

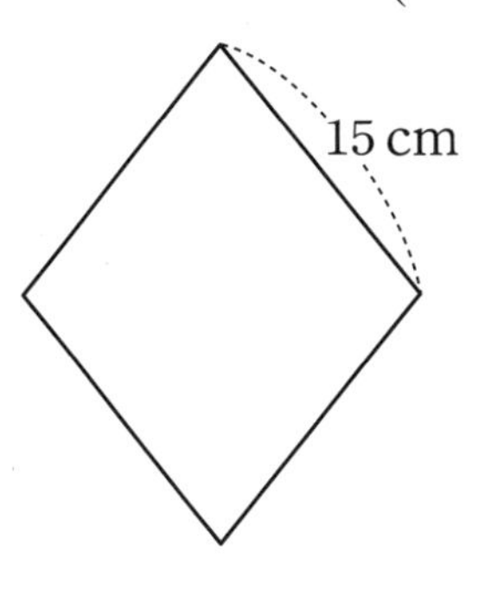

(　　　　　　　　　　)

20

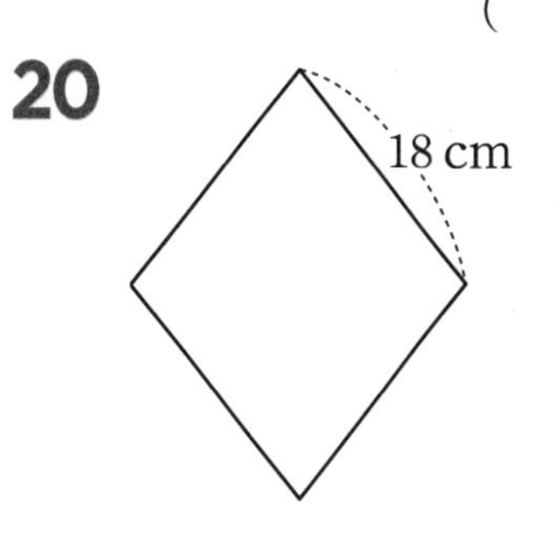

(　　　　　　　　　　)

2 넓이의 단위(1)

- 한 변의 길이가 1 cm인 정사각형의 넓이를 $1\ cm^2$라 쓰고 1 제곱센티미터라고 읽습니다.
- 한 변의 길이가 1 m인 정사각형의 넓이를 $1\ m^2$라 쓰고 1 제곱미터라고 읽습니다.

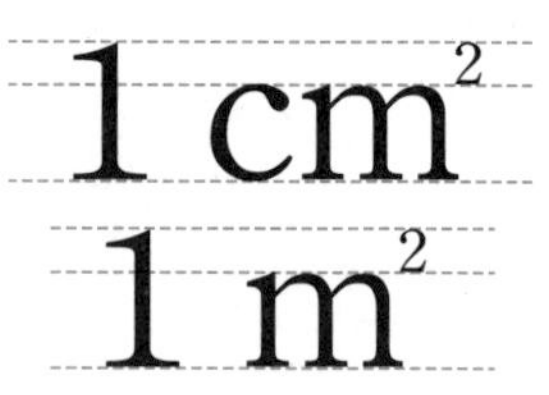

$$10000\ cm^2 = 1\ m^2$$

- 한 변의 길이가 1 km인 정사각형의 넓이를 $1\ km^2$라 쓰고 1 제곱킬로미터라고 읽습니다.

$$1000000\ m^2 = 1\ km^2$$

그림을 보고 □ 안에 알맞은 수를 써넣으시오. (1~4)

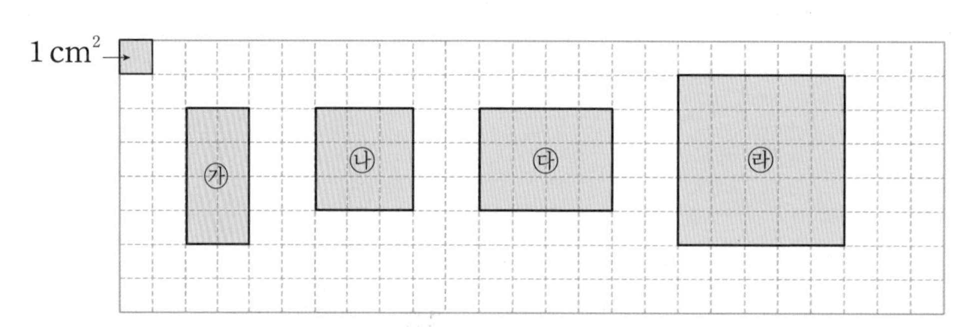

1 ㉮ 도형은 $1\ cm^2$가 □번 들어가므로 넓이는 □ cm^2입니다.

2 ㉯ 도형은 $1\ cm^2$가 □번 들어가므로 넓이는 □ cm^2입니다.

3 ㉰ 도형은 $1\ cm^2$가 □번 들어가므로 넓이는 □ cm^2입니다.

4 ㉱ 도형은 $1\ cm^2$가 □번 들어가므로 넓이는 □ cm^2입니다.

계산은 빠르고 정확하게!

걸린 시간	1~4분	4~6분	6~8분
맞은 개수	11~12개	9~10개	1~8개
평가	참 잘했어요.	잘했어요.	좀더 노력해요.

그림을 보고 □ 안에 알맞은 수를 써넣으시오. (5 ~ 8)

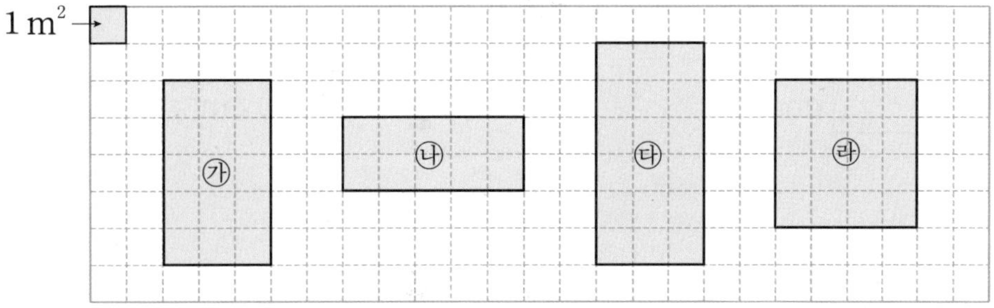

5 ㉮ 도형은 1 m^2가 □번 들어가므로 넓이는 □ m^2입니다.

6 ㉯ 도형은 1 m^2가 □번 들어가므로 넓이는 □ m^2입니다.

7 ㉰ 도형은 1 m^2가 □번 들어가므로 넓이는 □ m^2입니다.

8 ㉱ 도형은 1 m^2가 □번 들어가므로 넓이는 □ m^2입니다.

그림을 보고 □ 안에 알맞은 수를 써넣으시오. (9 ~ 12)

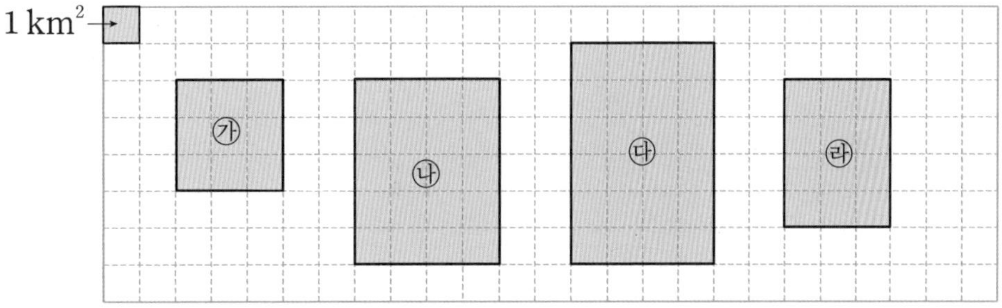

9 ㉮ 도형은 1 km^2가 □번 들어가므로 넓이는 □ km^2입니다.

10 ㉯ 도형은 1 km^2가 □번 들어가므로 넓이는 □ km^2입니다.

11 ㉰ 도형은 1 km^2가 □번 들어가므로 넓이는 □ km^2입니다.

12 ㉱ 도형은 1 km^2가 □번 들어가므로 넓이는 □ km^2입니다.

2 넓이의 단위(2)

□ 안에 알맞은 수를 써넣으시오. (1~20)

1 $2\ m^2=\square\ cm^2$

2 $50000\ cm^2=\square\ m^2$

3 $7\ m^2=\square\ cm^2$

4 $60000\ cm^2=\square\ m^2$

5 $11\ m^2=\square\ cm^2$

6 $150000\ cm^2=\square\ m^2$

7 $18\ m^2=\square\ cm^2$

8 $240000\ cm^2=\square\ m^2$

9 $27\ m^2=\square\ cm^2$

10 $210000\ cm^2=\square\ m^2$

11 $30\ m^2=\square\ cm^2$

12 $360000\ cm^2=\square\ m^2$

13 $0.8\ m^2=\square\ cm^2$

14 $7000\ cm^2=\square\ m^2$

15 $2.5\ m^2=\square\ cm^2$

16 $14000\ cm^2=\square\ m^2$

17 $1.72\ m^2=\square\ cm^2$

18 $24500\ cm^2=\square\ m^2$

19 $5.08\ m^2=\square\ cm^2$

20 $30700\ cm^2=\square\ m^2$

계산은 빠르고 정확하게!

걸린 시간	1~8분	8~12분	12~16분
맞은 개수	36~40개	28~35개	1~27개
평가	참 잘했어요.	잘했어요.	좀더 노력해요.

□ 안에 알맞은 수를 써넣으시오. (21 ~ 40)

21 $4\ km^2 = \square\ m^2$

22 $3000000\ m^2 = \square\ km^2$

23 $8\ km^2 = \square\ m^2$

24 $7000000\ m^2 = \square\ km^2$

25 $10\ km^2 = \square\ m^2$

26 $12000000\ m^2 = \square\ km^2$

27 $14\ km^2 = \square\ m^2$

28 $19000000\ m^2 = \square\ km^2$

29 $25\ km^2 = \square\ m^2$

30 $3000000\ m^2 = \square\ km^2$

31 $0.2\ km^2 = \square\ m^2$

32 $56000000\ m^2 = \square\ km^2$

33 $0.45\ km^2 = \square\ m^2$

34 $500000\ m^2 = \square\ km^2$

35 $1.6\ km^2 = \square\ m^2$

36 $2100000\ m^2 = \square\ km^2$

37 $2.07\ km^2 = \square\ m^2$

38 $3090000\ m^2 = \square\ km^2$

39 $0.94\ km^2 = \square\ m^2$

40 $4760000\ m^2 = \square\ km^2$

3 직사각형의 넓이(1)

직사각형의 넓이

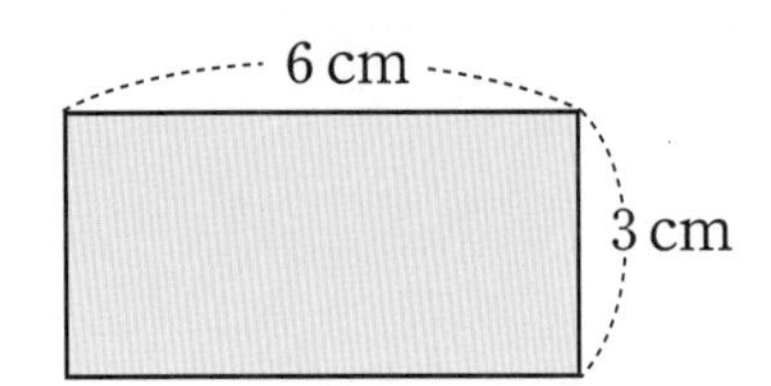

(직사각형의 넓이)
=(가로)×(세로)
$=6\times3=18(cm^2)$

정사각형의 넓이

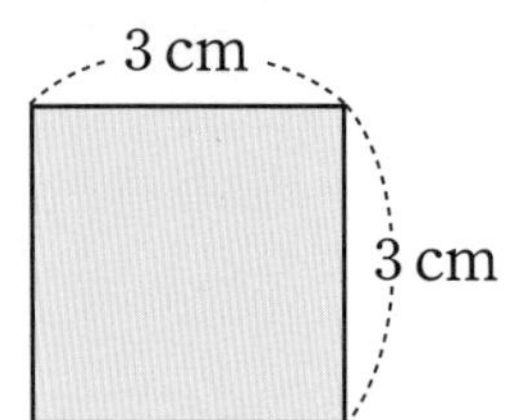

(정사각형의 넓이)
=(한 변의 길이)×(한 변의 길이)
$=3\times3=9(cm^2)$

도형의 넓이를 구하시오. (1~6)

1

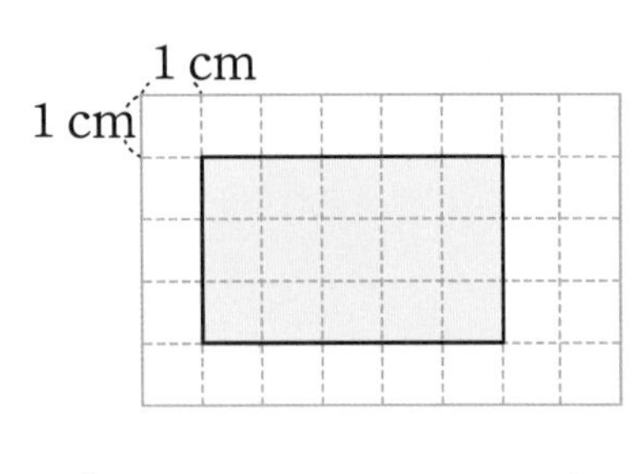

(　　　　　　　　)

2

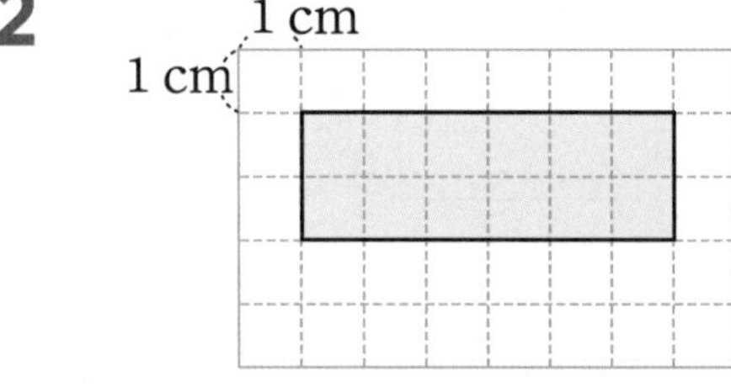

(　　　　　　　　)

3

1 cm
1 cm

(　　　　　　　　)

4

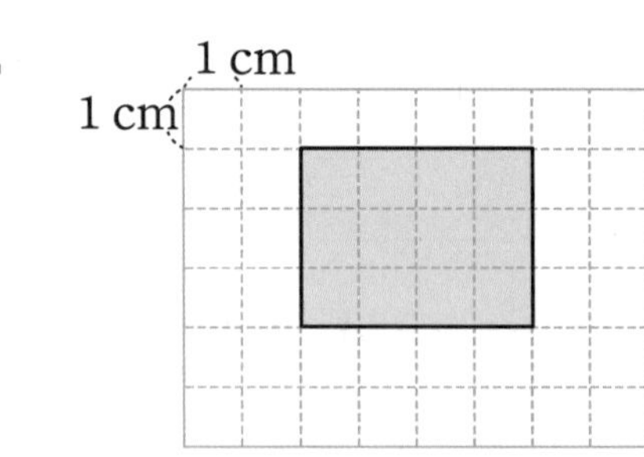

(　　　　　　　　)

5

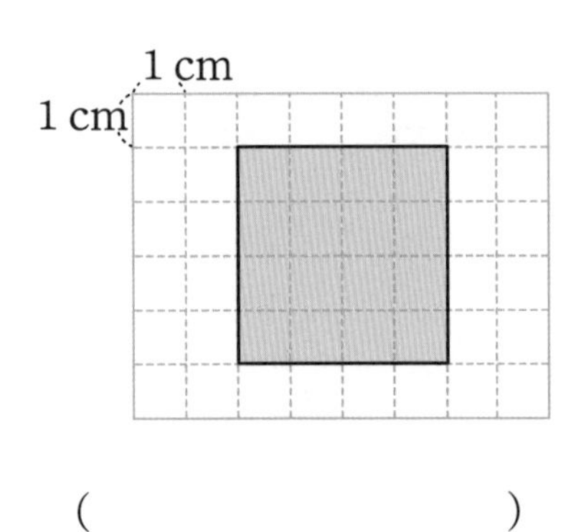

(　　　　　　　　)

6

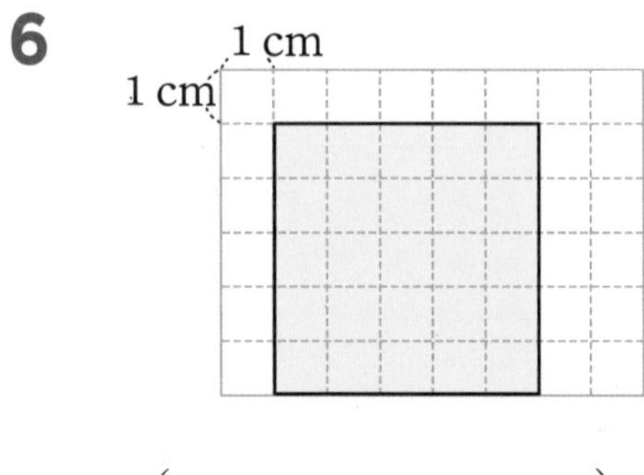

(　　　　　　　　)

계산은 빠르고 정확하게!

걸린 시간	1~4분	4~6분	6~8분
맞은 개수	13~14개	10~12개	1~9개
평가	참 잘했어요.	잘했어요.	좀더 노력해요.

직사각형의 넓이를 구하시오. (7 ~ 10)

7

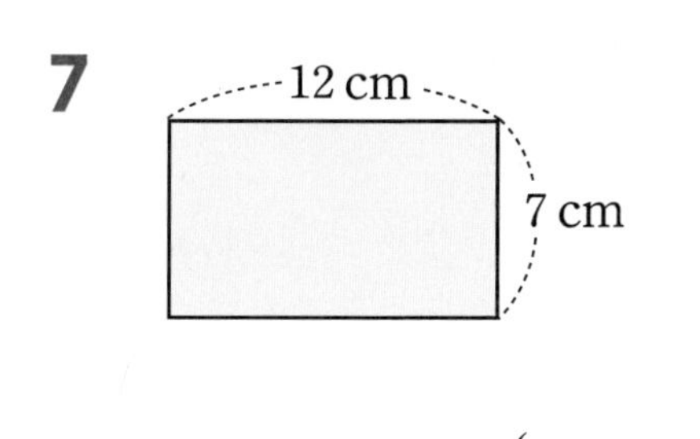

(　　　　　　　　)

8

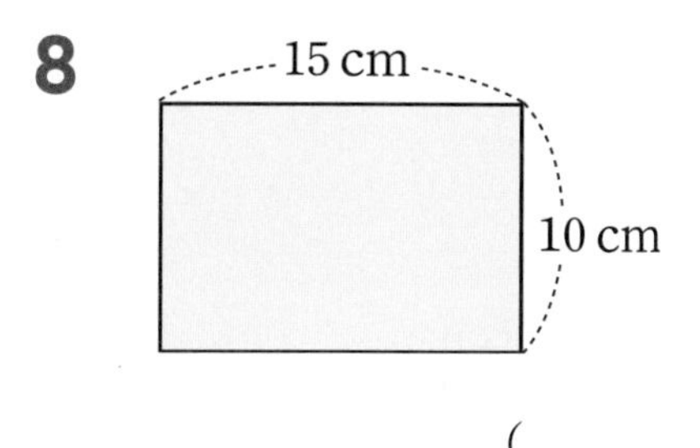

(　　　　　　　　)

9

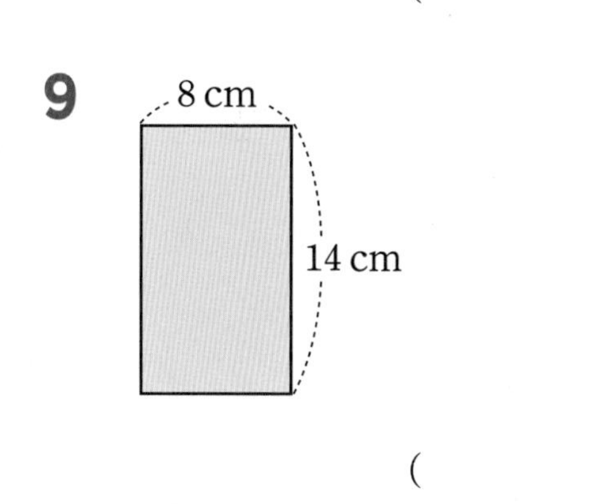

(　　　　　　　　)

10

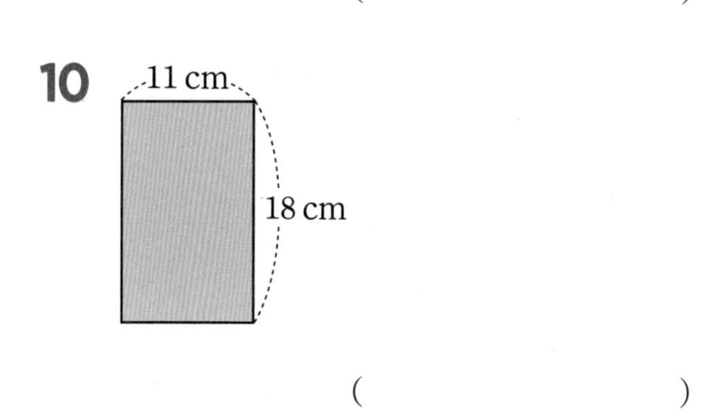

(　　　　　　　　)

정사각형의 넓이를 구하시오. (11 ~ 14)

11

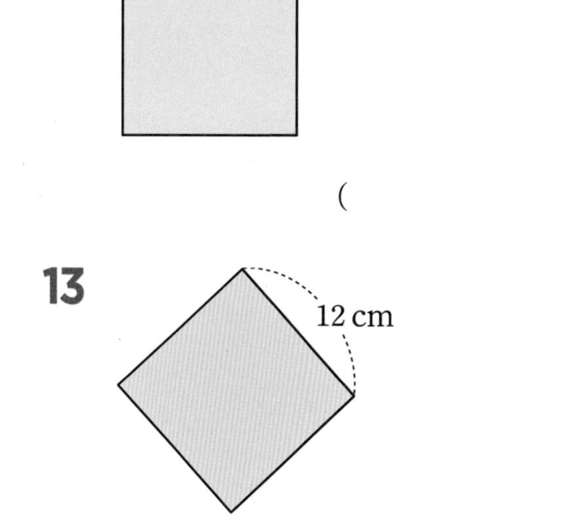

(　　　　　　　　)

12

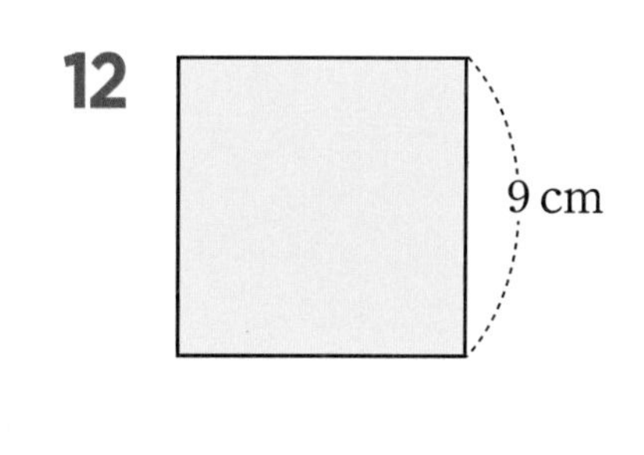

(　　　　　　　　)

13

(　　　　　　　　)

14

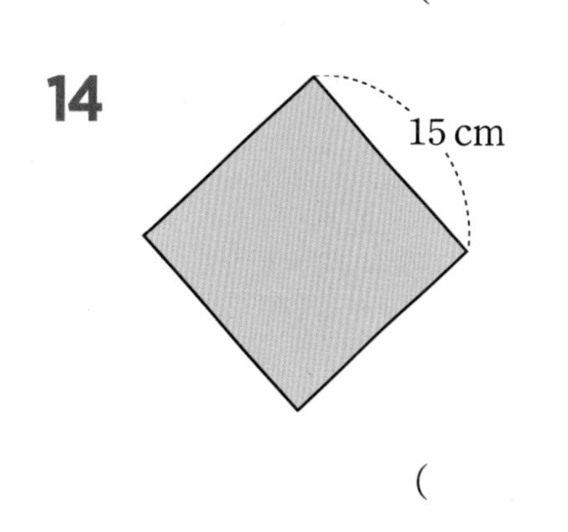

(　　　　　　　　)

3 직사각형의 넓이(2)

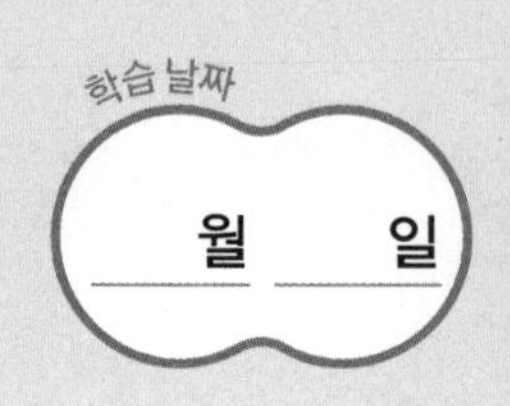

주어진 도형은 직사각형입니다. □ 안에 알맞은 수를 써넣으시오. (1~8)

1

12 cm, □ cm

넓이: 96 cm^2

2

□ cm, 9 cm

넓이: 135 cm^2

3

10 cm, □ cm

넓이: 80 cm^2

4

□ cm, 11 cm

넓이: 132 cm^2

5

7 cm, □ cm

넓이: 112 cm^2

6

□ cm, 14 cm

넓이: 84 cm^2

7

19 cm, □ cm

넓이: 133 cm^2

8

□ cm, 16 cm

넓이: 320 cm^2

걸린 시간	1~4분	4~6분	6~8분
맞은 개수	15~16개	12~14개	1~11개
평가	참 잘했어요.	잘했어요.	좀더 노력해요.

주어진 도형은 정사각형입니다. □ 안에 알맞은 수를 써넣으시오. (9 ~ 16)

9

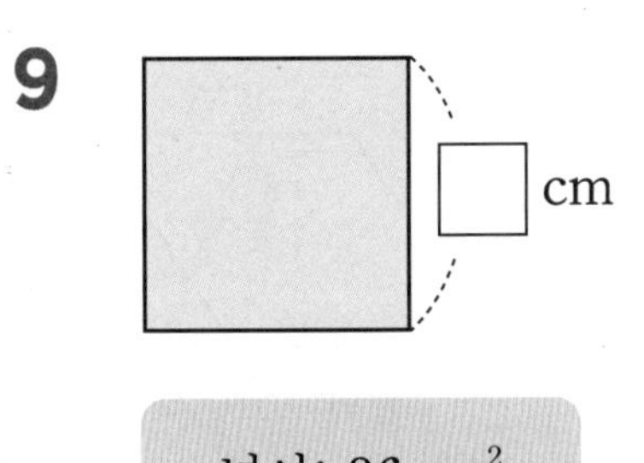

10

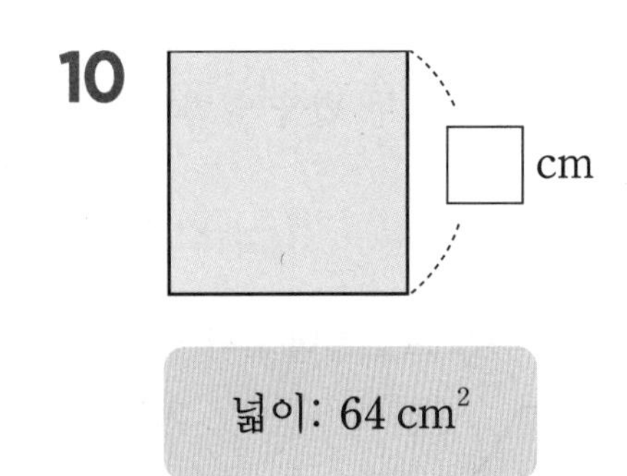

넓이: 64 cm^2

11

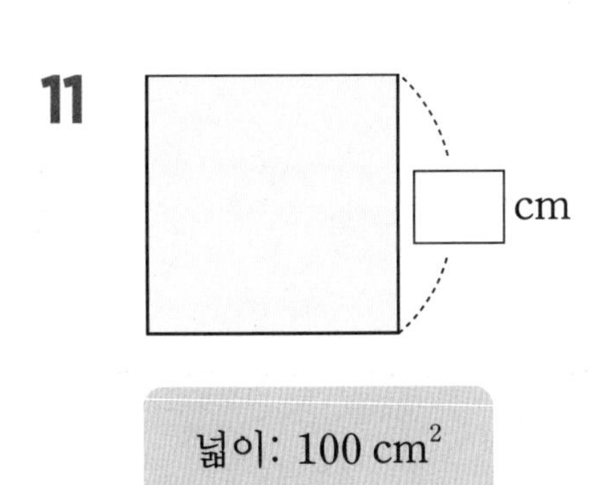

넓이: 100 cm^2

12

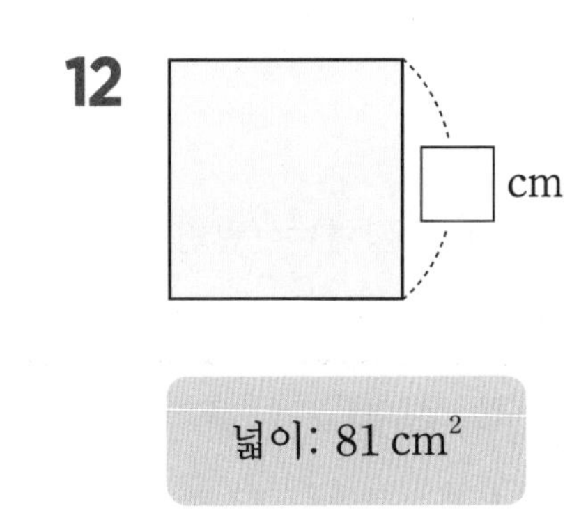

넓이: 81 cm^2

13

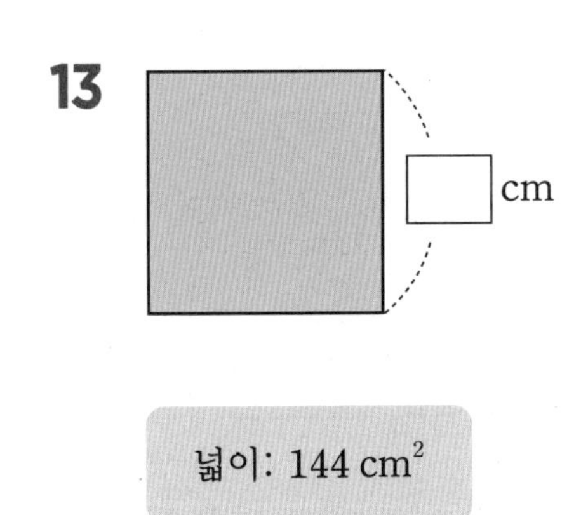

넓이: 144 cm^2

14

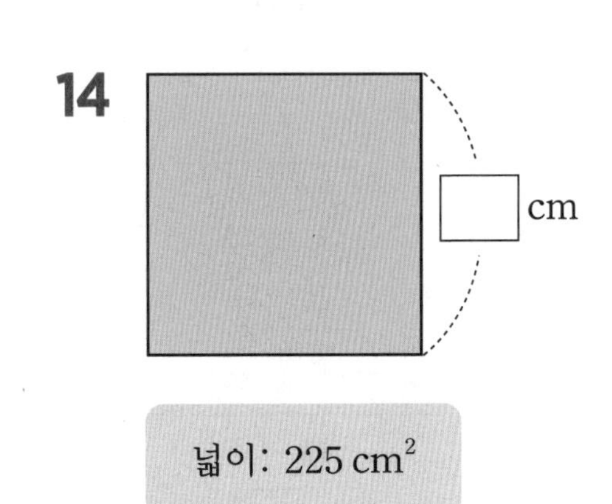

넓이: 225 cm^2

15

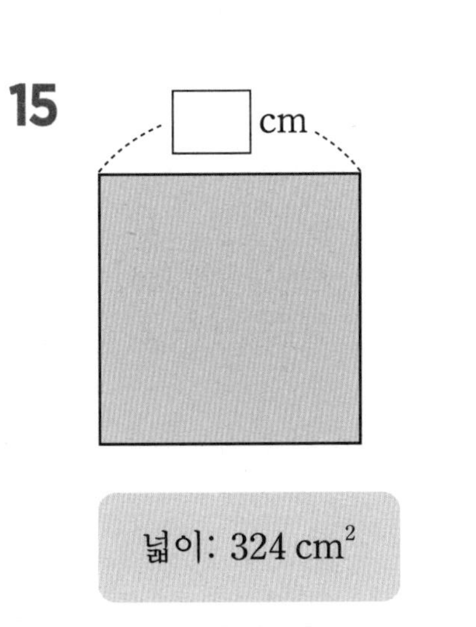

넓이: 324 cm^2

16

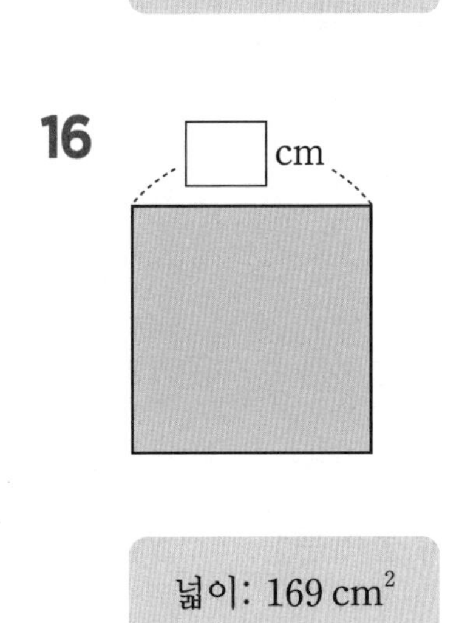

넓이: 169 cm^2

4 평행사변형의 넓이(1)

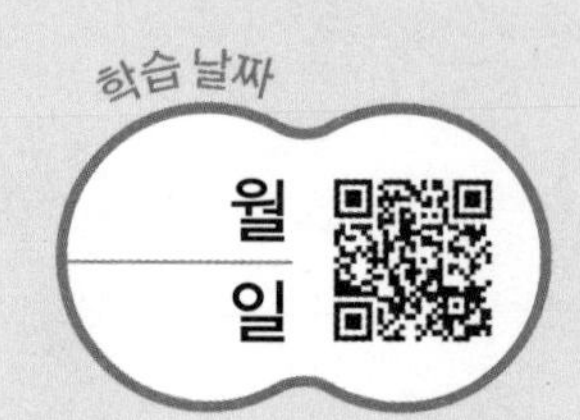

평행사변형의 구성 요소

평행사변형에서 평행한 두 변을 밑변이라 하고 두 밑변 사이의 거리를 높이라고 합니다.

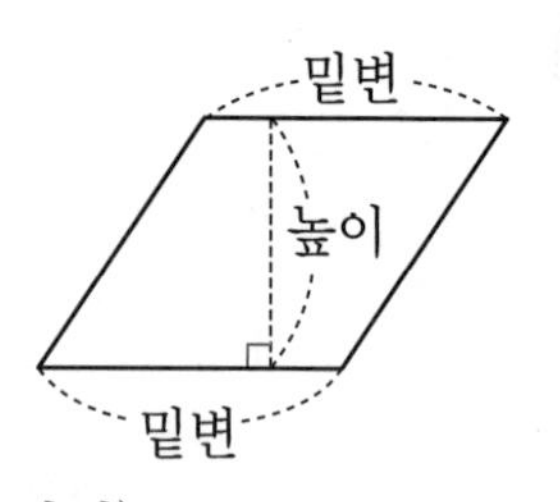

평행사변형을 직사각형으로 만들어 넓이 구하기

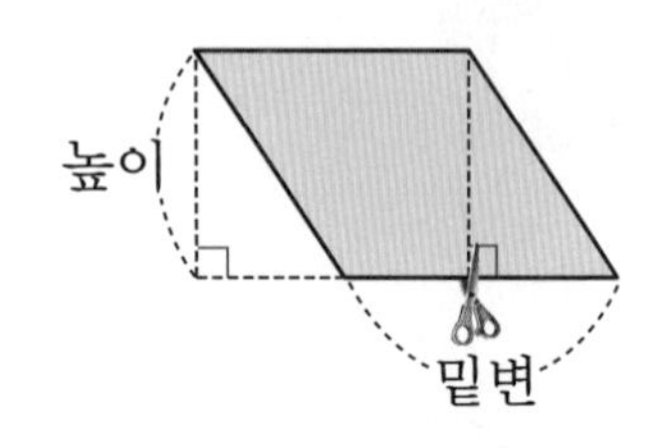

➡

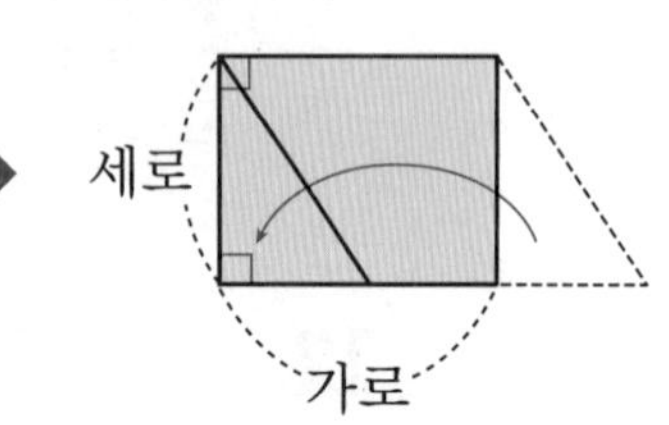

(평행사변형의 넓이)
=(직사각형의 넓이)
=(가로)×(세로)
=(밑변)×(높이)

(평행사변형의 넓이)=(밑변)×(높이)

평행사변형의 높이는 몇 cm인지 구하시오. (1~4)

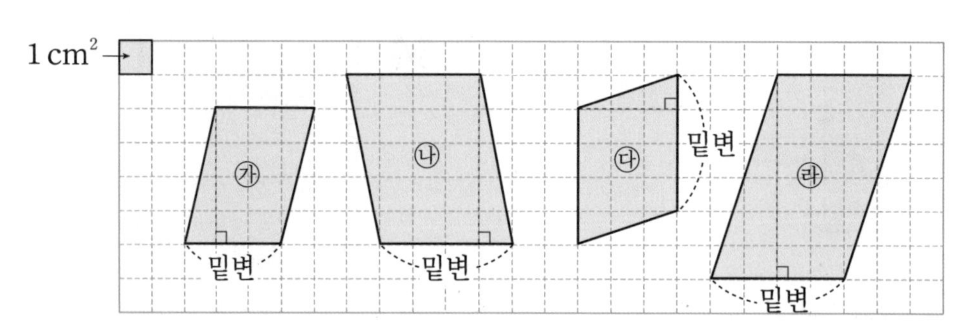

1 평행사변형 ㉮의 높이는 ☐ cm입니다.

2 평행사변형 ㉯의 높이는 ☐ cm입니다.

3 평행사변형 ㉰의 높이는 ☐ cm입니다.

4 평행사변형 ㉱의 높이는 ☐ cm입니다.

걸린 시간	1~4분	4~6분	6~8분
맞은 개수	11~12개	9~10개	1~8개
평가	참 잘했어요.	잘했어요.	좀더 노력해요.

평행사변형의 넓이를 구하시오. (5 ~ 12)

5

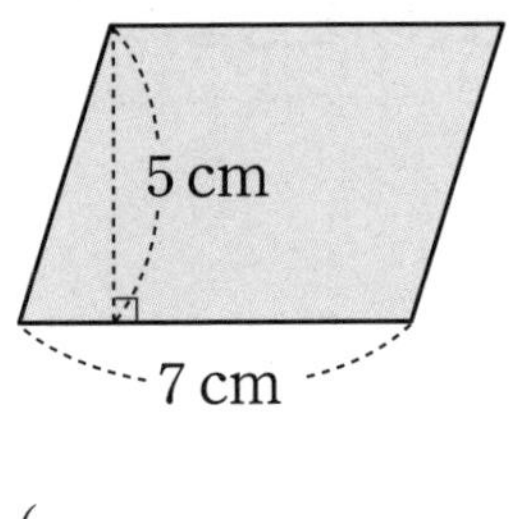

(   )

6

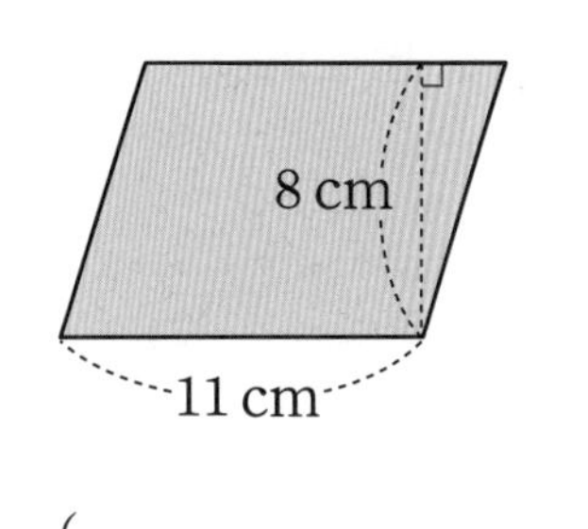

(   )

7

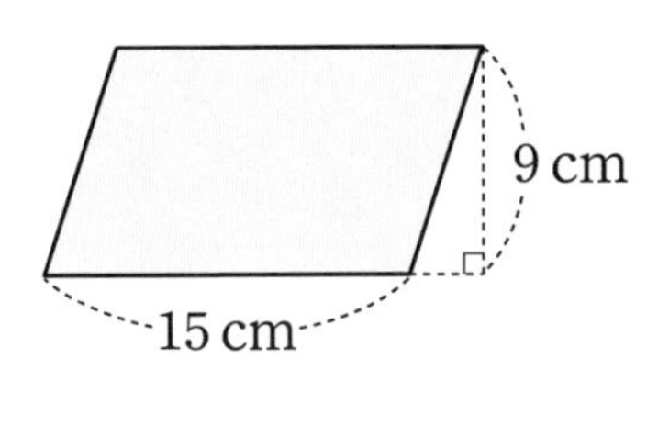

(   )

8

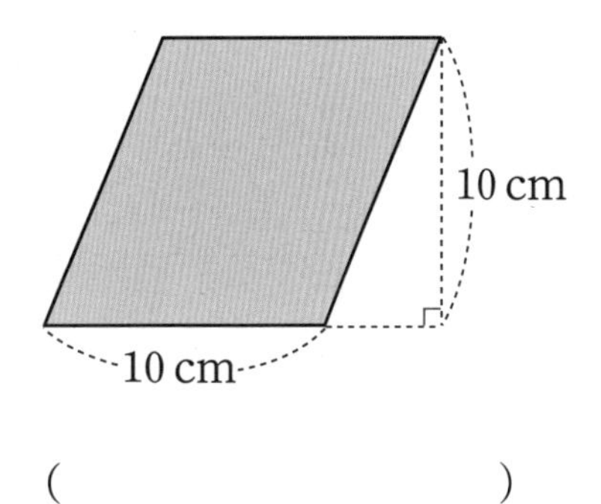

(   )

9

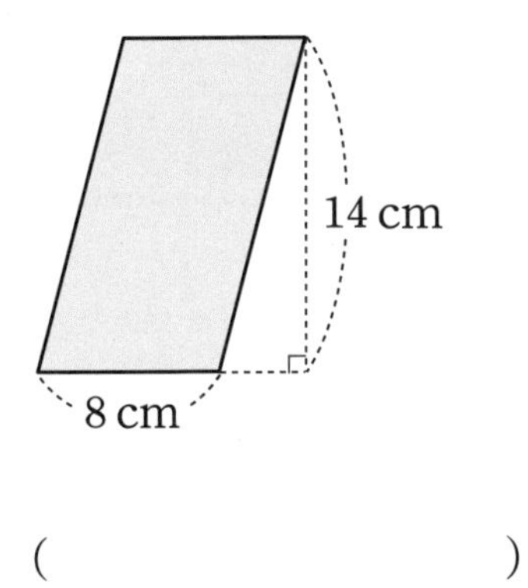

(   )

10

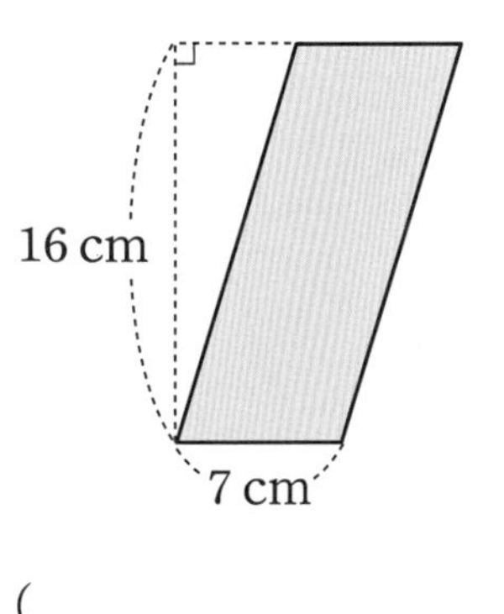

(   )

11

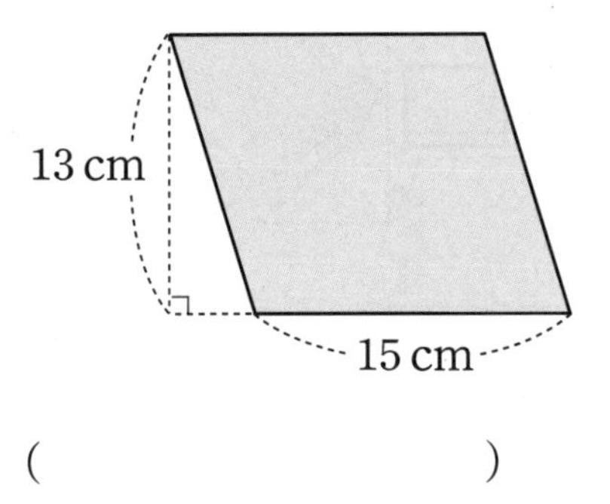

(   )

12

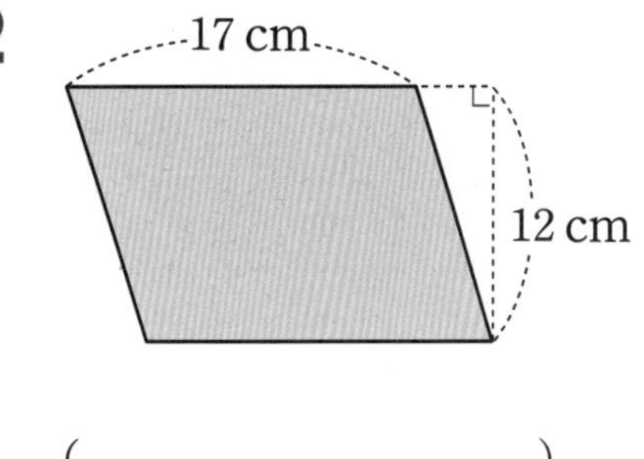

(   )

평행사변형의 넓이(2)

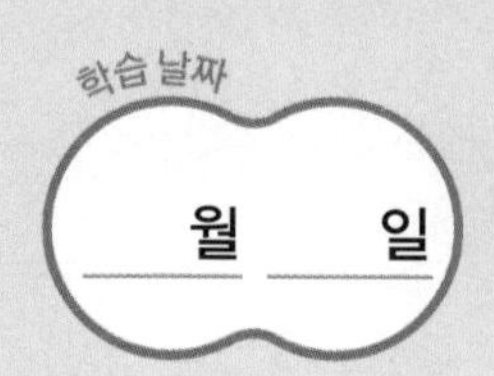

직선 가와 나는 서로 평행합니다. 3개의 평행사변형 중 넓이가 다른 평행사변형을 찾아 기호를 쓰시오. (1~4)

1

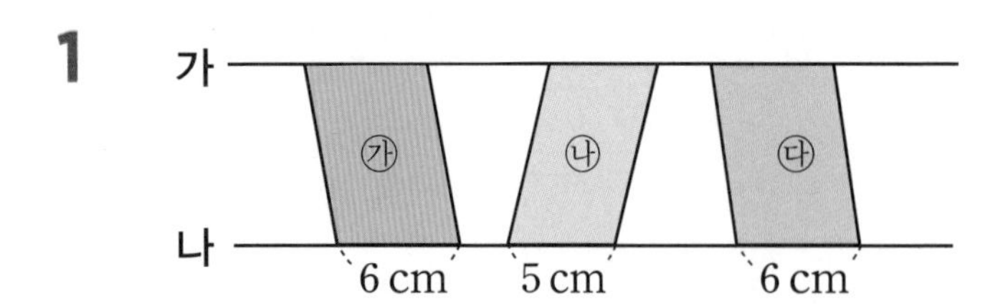

( )

2

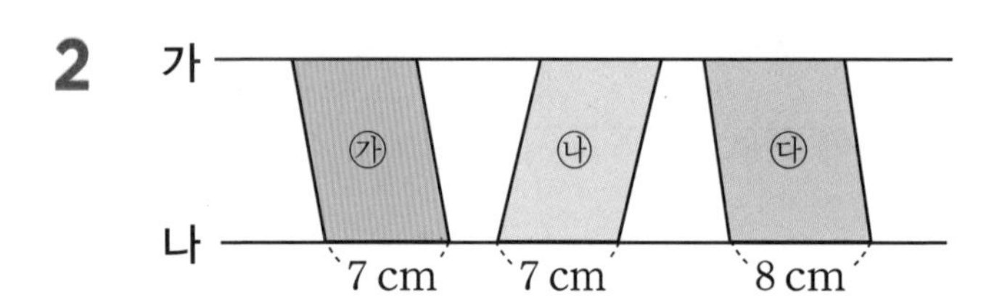

( )

3

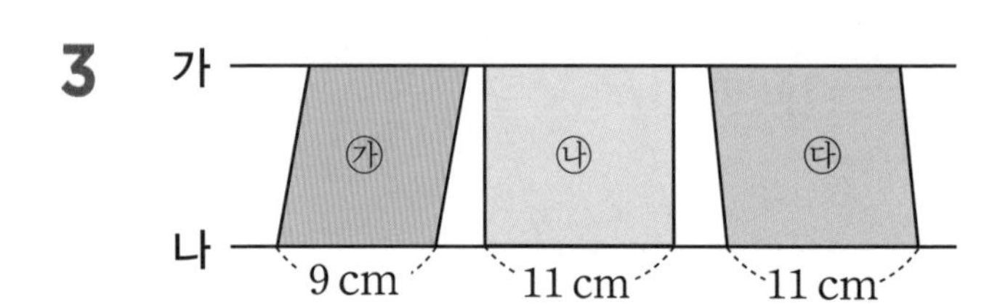

( )

4

가

㉮ ㉯ ㉰

나

12 cm 13 cm 12 cm

( )

걸린 시간	1~4분	4~6분	6~8분
맞은 개수	11~12개	9~10개	1~8개
평가	참 잘했어요.	잘했어요.	좀더 노력해요.

주어진 도형은 평행사변형입니다. □ 안에 알맞은 수를 써넣으시오. (5 ~ 12)

5

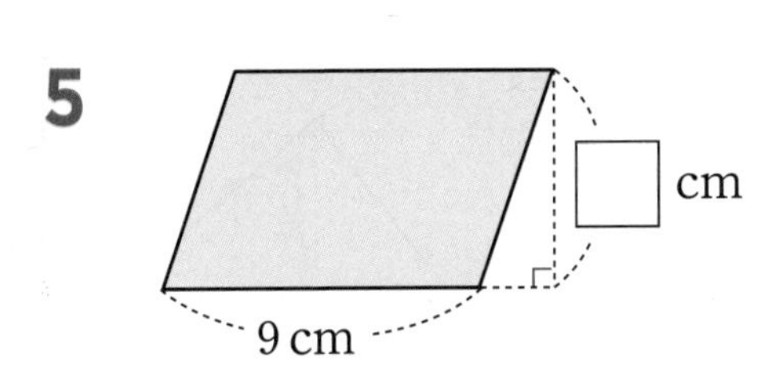

넓이: $54\ cm^2$

6

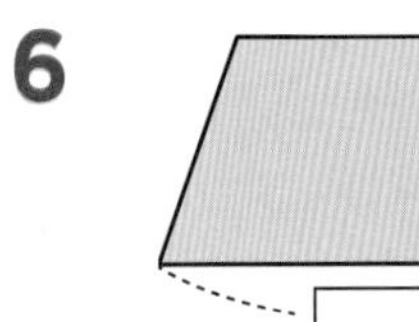

넓이: $60\ cm^2$

7

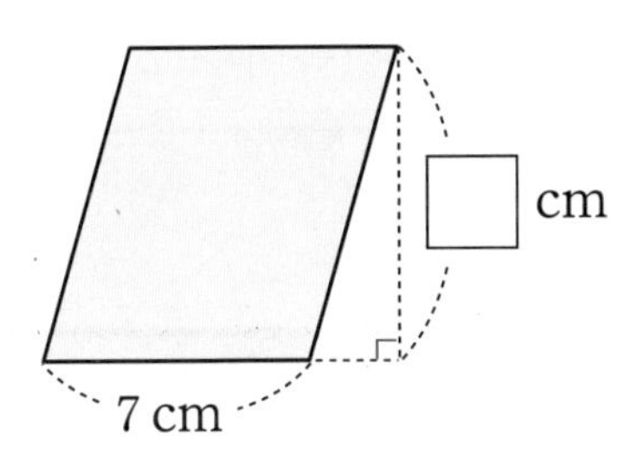

넓이: $56\ cm^2$

8

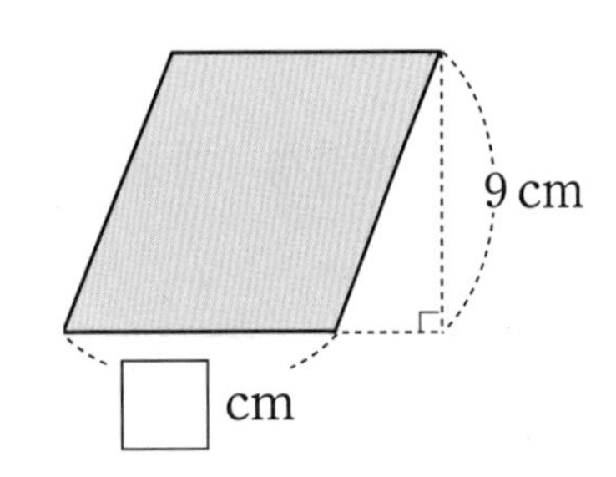

넓이: $81\ cm^2$

9

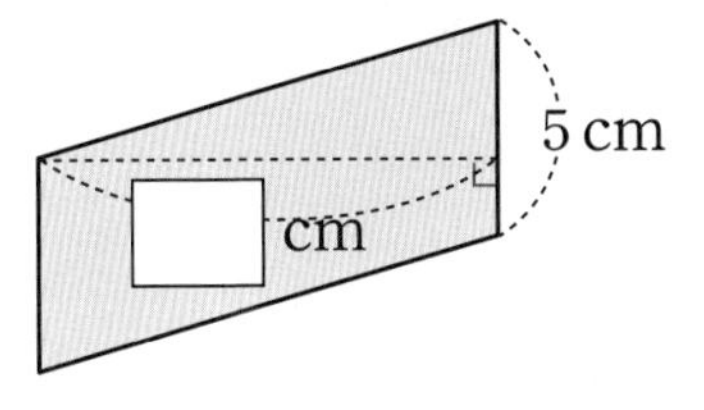

넓이: $55\ cm^2$

10

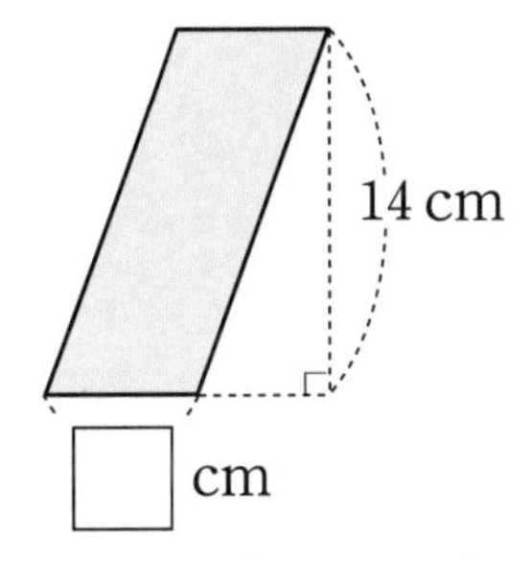

넓이: $84\ cm^2$

11

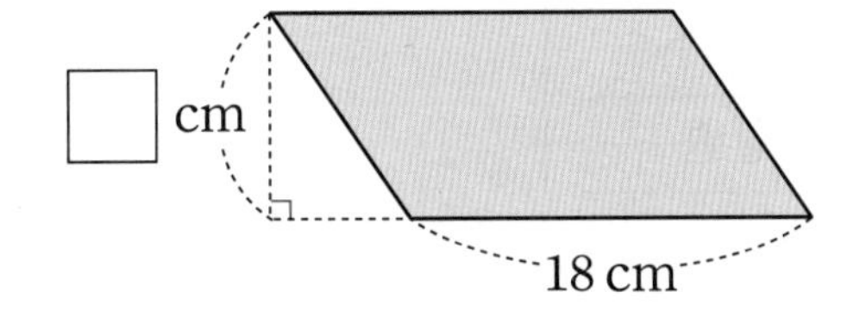

넓이: $162\ cm^2$

12

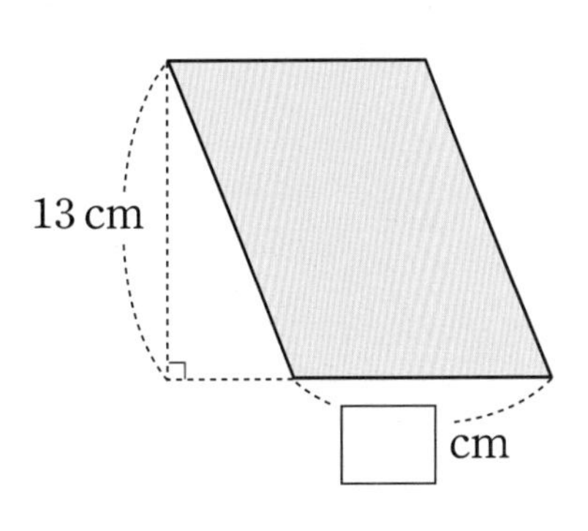

넓이: $143\ cm^2$

5 삼각형의 넓이 (1)

학습 날짜 월 일

삼각형의 밑변과 높이

삼각형의 한 변을 밑변이라고 하면, 밑변과 마주 보는 꼭짓점에서 밑변에 수직으로 그은 선분의 길이를 높이라고 합니다.

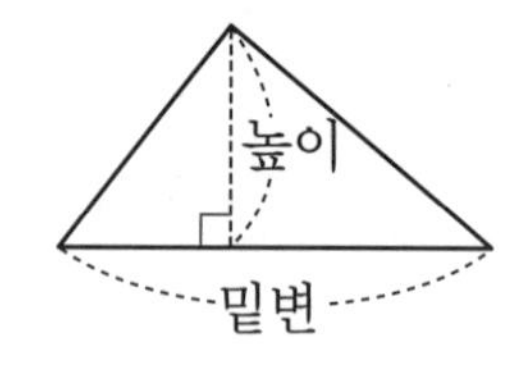

삼각형의 넓이 구하기

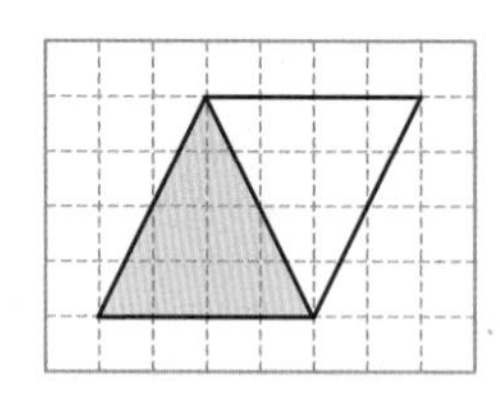

모양과 크기가 같은 삼각형 2개를 돌려 붙이면 평행사변형이 됩니다.

(삼각형의 넓이)
$=$(평행사변형의 넓이)$\div 2$
$=$(밑변의 길이)$\times$(높이)$\div 2$

그림을 보고 □ 안에 알맞은 말을 써넣으시오. (1~2)

1

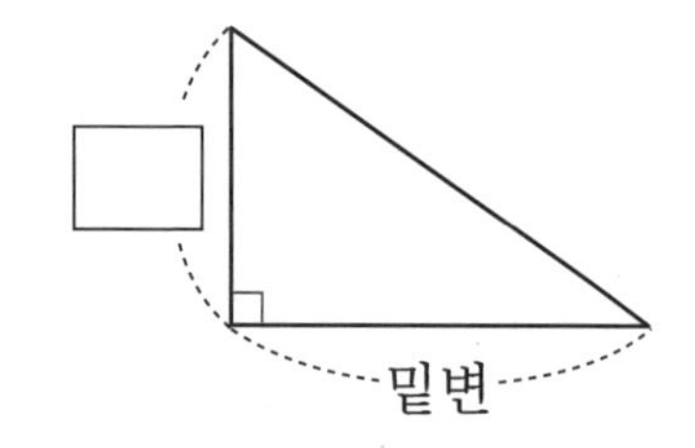

2

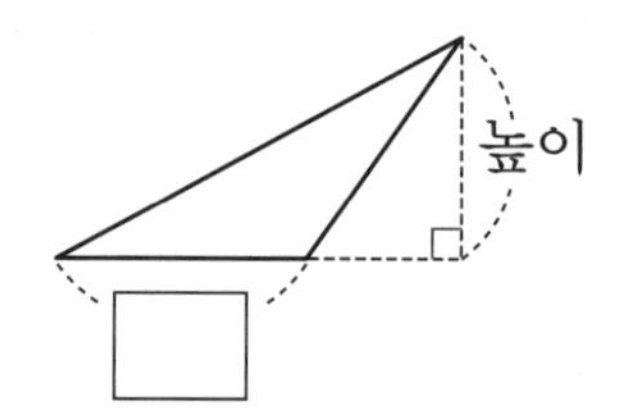

삼각형의 높이는 몇 cm인지 구하시오. (3~4)

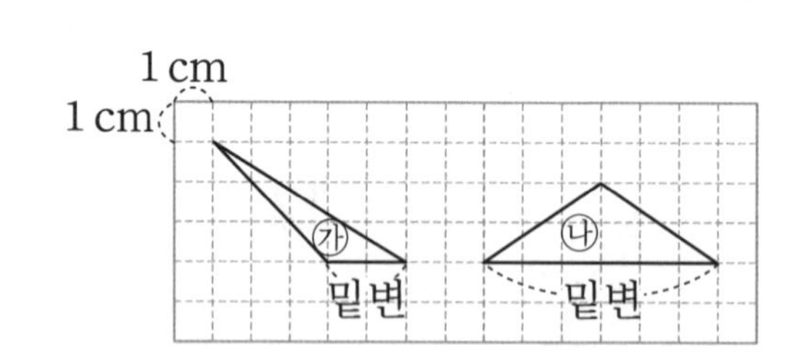

3 삼각형 ㉮의 높이는 □ cm입니다.

4 삼각형 ㉯의 높이는 □ cm입니다.

계산은 빠르고 정확하게!

걸린 시간	1~4분	4~6분	6~8분
맞은 개수	11~12개	9~10개	1~8개
평가	참 잘했어요.	잘했어요.	좀더 노력해요.

삼각형의 넓이를 구하시오. (5 ~ 12)

5

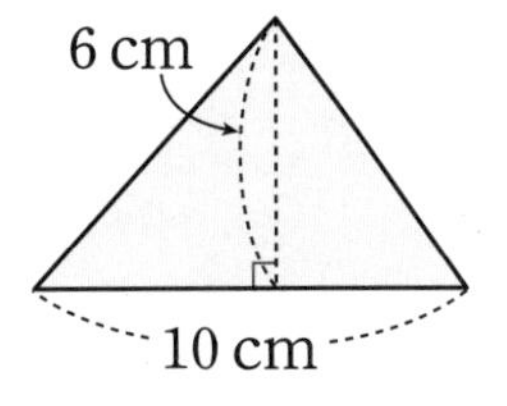

(　　　　　　　)

6

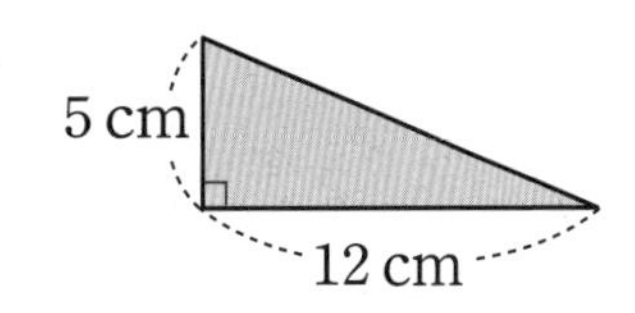

(　　　　　　　)

7

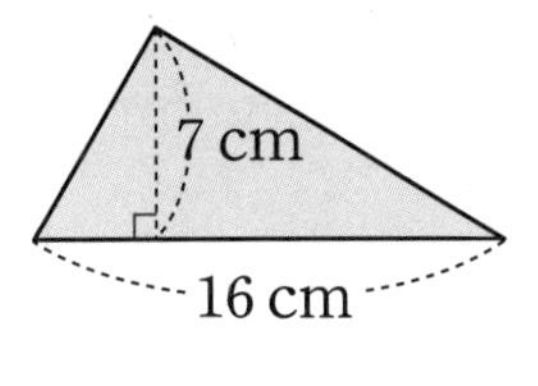

(　　　　　　　)

8

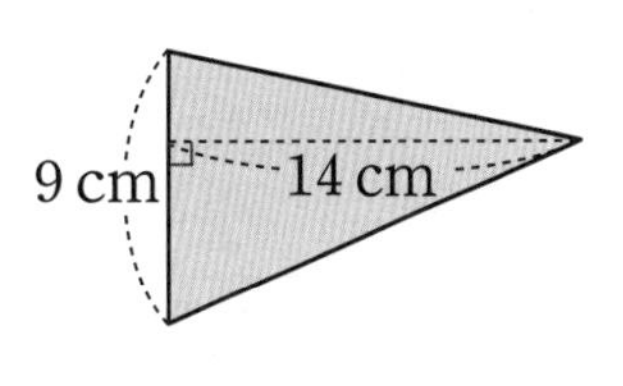

(　　　　　　　)

9

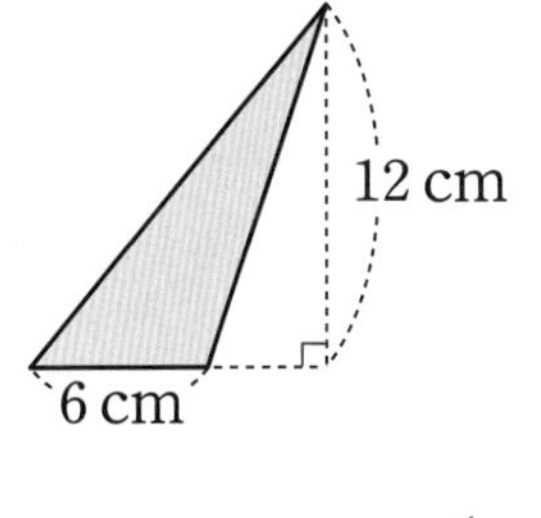

(　　　　　　　)

10

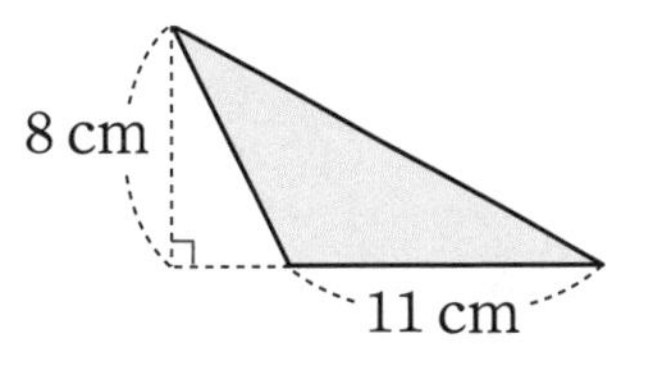

(　　　　　　　)

11

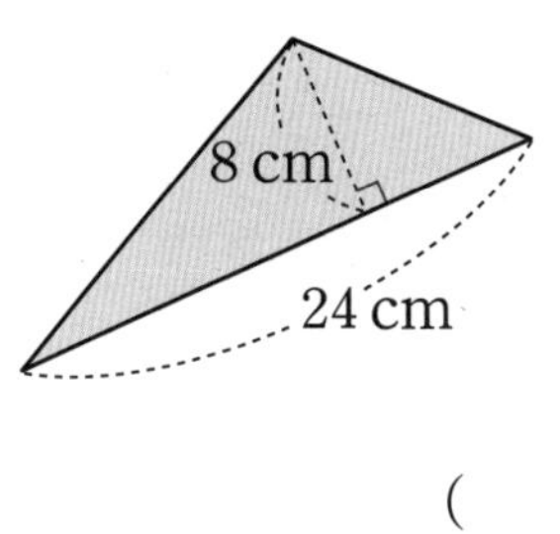

(　　　　　　　)

12

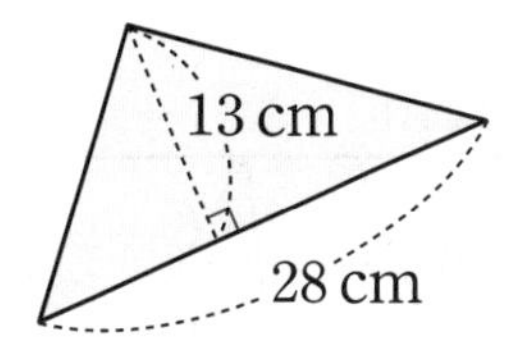

(　　　　　　　)

5 삼각형의 넓이(2)

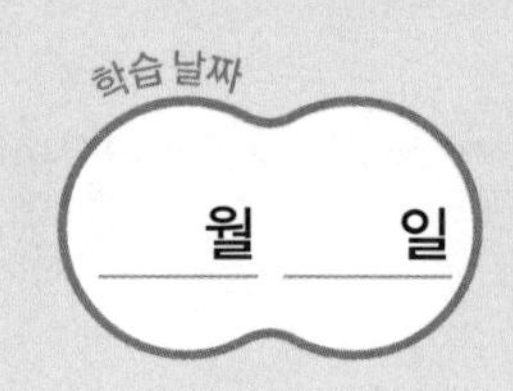

직선 가와 나는 서로 평행합니다. 3개의 삼각형 중 넓이가 다른 삼각형을 찾아 기호를 쓰시오. (1~4)

1

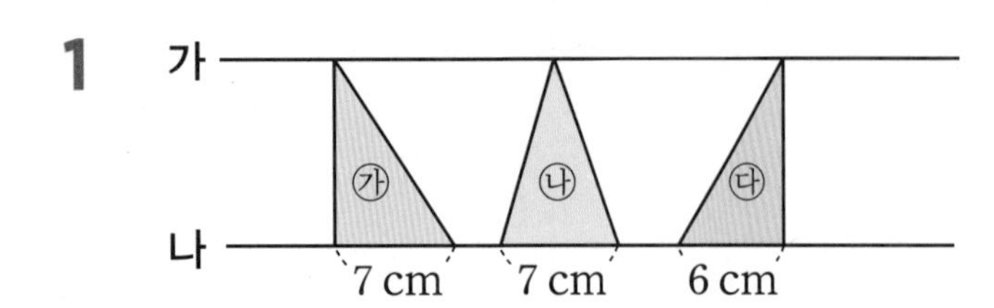

( )

2

가 나 ㉮ ㉯ ㉰ 8 cm 8 cm 6 cm

( )

3

가 나 ㉮ ㉯ ㉰ 11 cm 11 cm 13 cm

( )

4

가 나 ㉮ ㉯ ㉰ 13 cm 15 cm 13 cm

( )

걸린 시간	1~4분	4~6분	6~8분
맞은 개수	11~12개	9~10개	1~8개
평가	참 잘했어요.	잘했어요.	좀더 노력해요.

주어진 도형은 삼각형입니다. □ 안에 알맞은 수를 써넣으시오. (5 ~ 12)

5

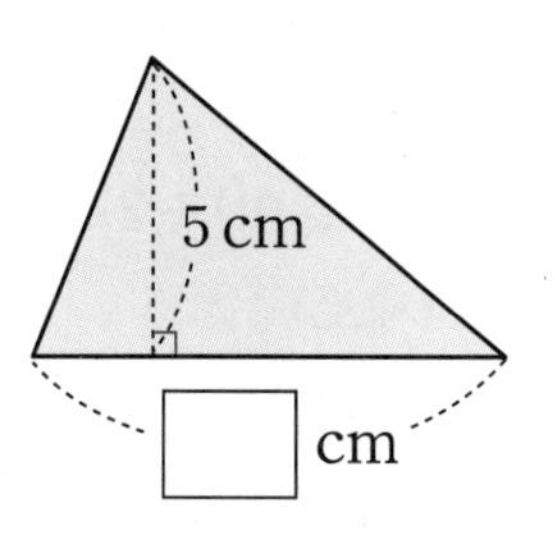

넓이: 30 cm²

6

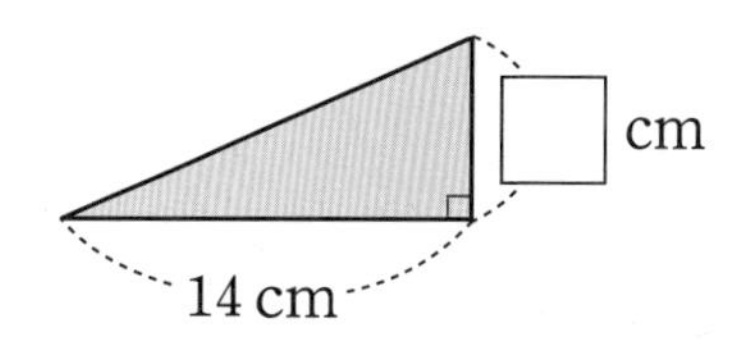

넓이: 42 cm²

7

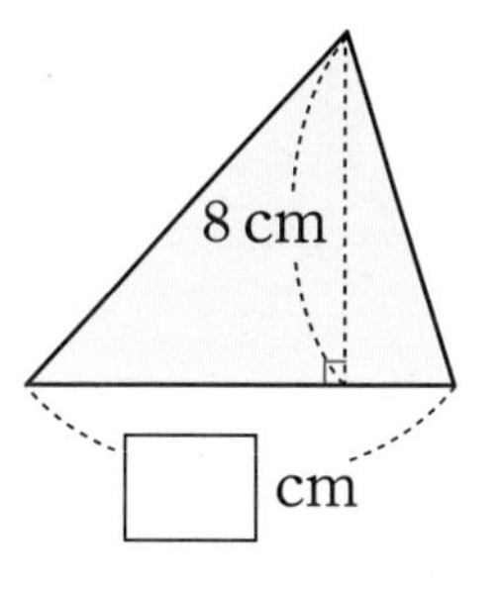

넓이: 40 cm²

8

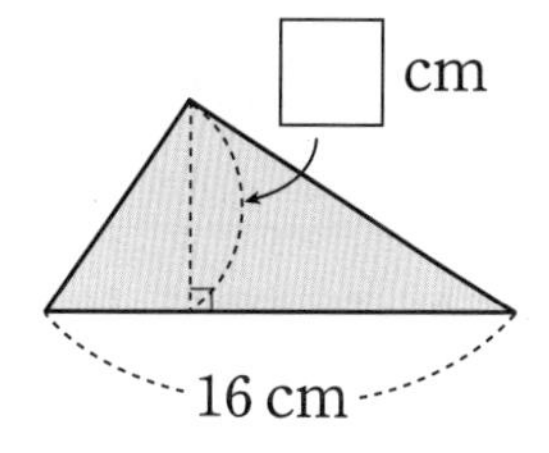

넓이: 56 cm²

9

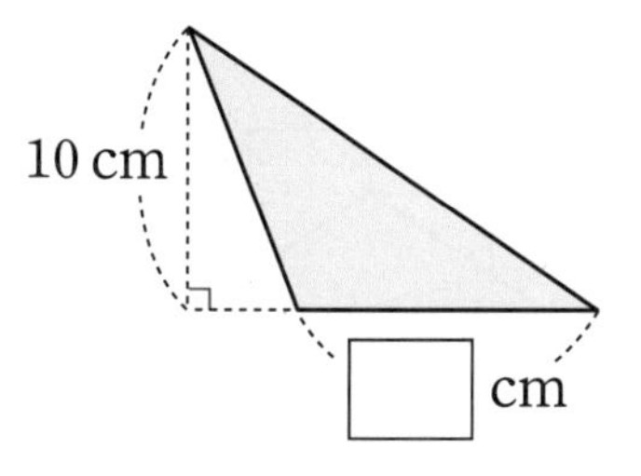

넓이: 55 cm²

10

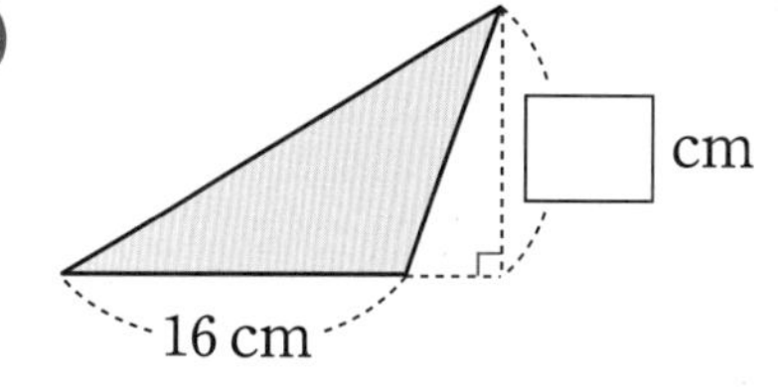

넓이: 96 cm²

11

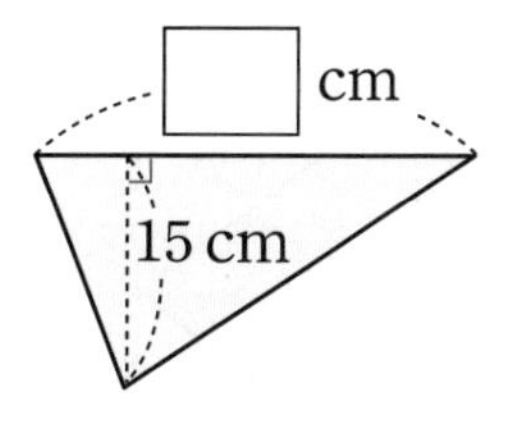

넓이: 225 cm²

12

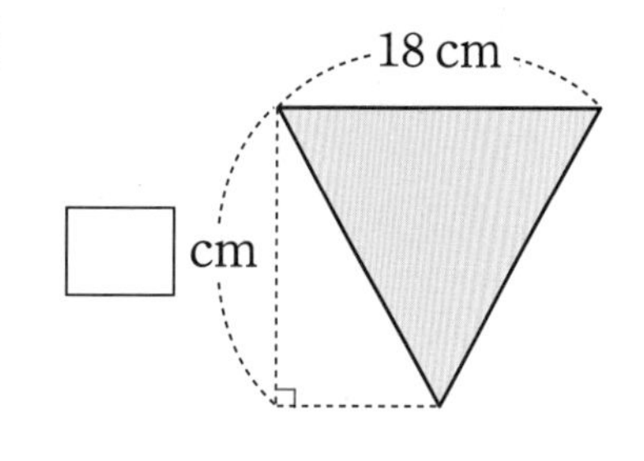

넓이: 144 cm²

6 마름모의 넓이(1)

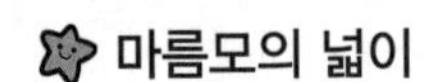

마름모의 넓이

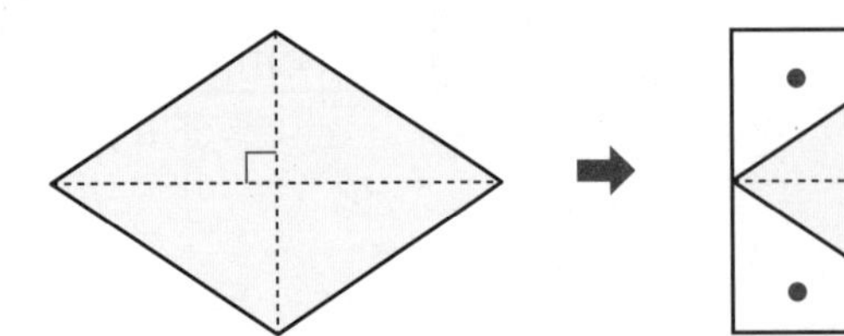

마름모의 넓이는 직사각형의 넓이의 반입니다.

(마름모의 넓이)
=(직사각형의 넓이)÷2
=(가로)×(세로)÷2
=(한 대각선의 길이)
×(다른 대각선의 길이)÷2

마름모의 넓이를 구하시오. (1~6)

1 1 cm² (한 칸)

( )

2

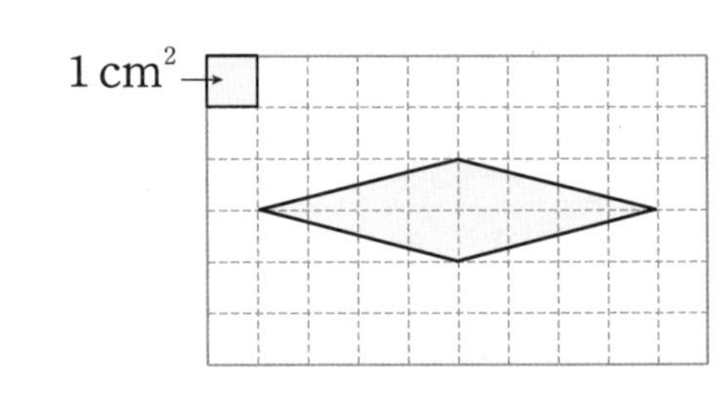

( )

3

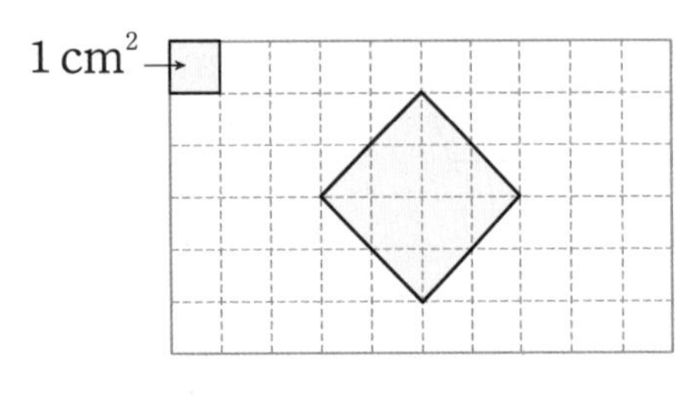

( )

4

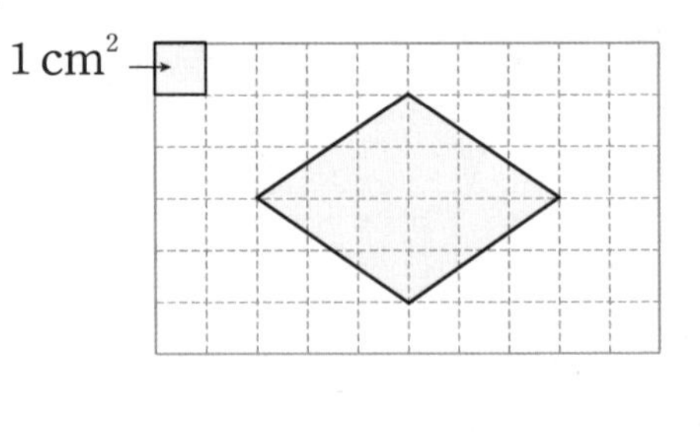

( )

5

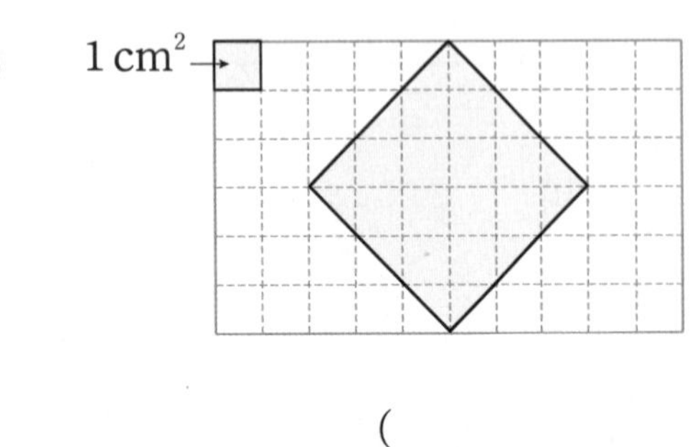

( )

6

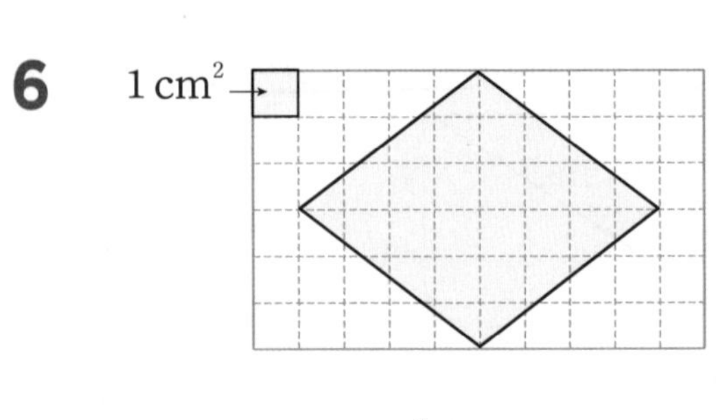

( )

계산은 빠르고 정확하게!

걸린 시간	1~4분	4~6분	6~8분
맞은 개수	9~10개	7~8개	1~6개
평가	참 잘했어요.	잘했어요.	좀더 노력해요.

마름모의 넓이를 구하려고 합니다. □ 안에 알맞은 수를 써넣으시오. (7 ~ 10)

7

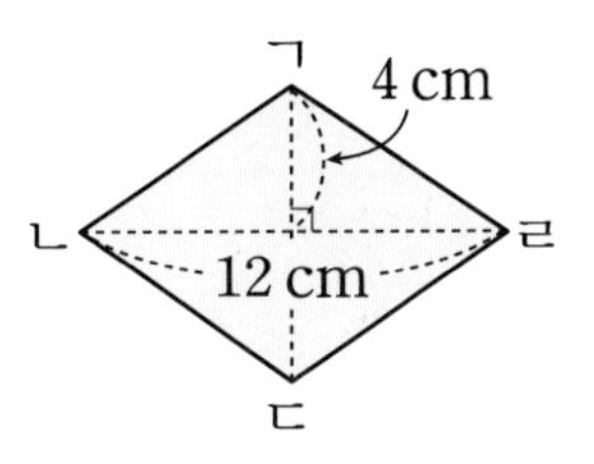

(넓이)=(삼각형 ㄱㄴㄹ의 넓이)×2

=□×□÷□×2

=□(cm²)

8

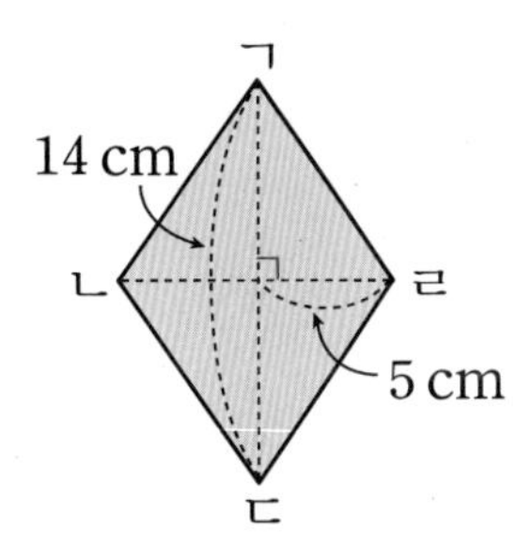

(넓이)=(삼각형 ㄱㄷㄹ의 넓이)×2

=□×□÷□×2

=□(cm²)

9

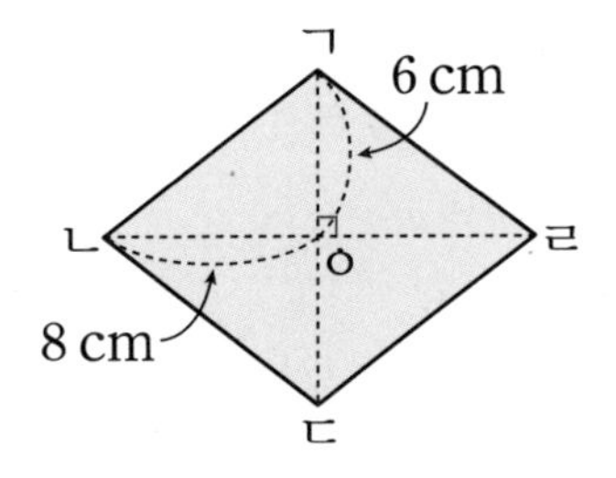

(넓이)=(삼각형 ㄱㄴㅇ의 넓이)×4

=□×□÷□×4

=□(cm²)

10

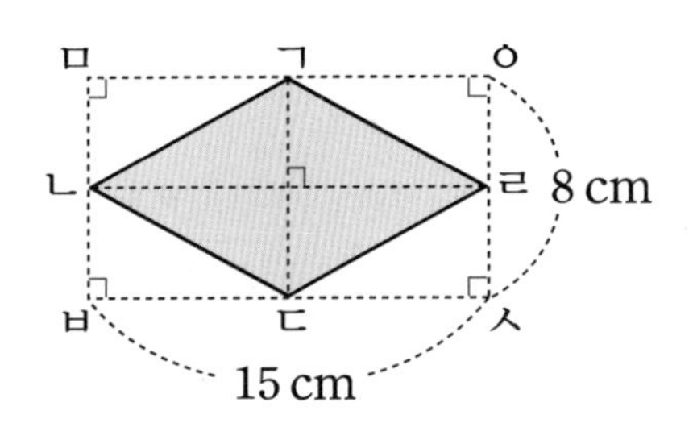

(넓이)=(직사각형 ㅁㅂㅅㅇ의 넓이)÷2

=□×□÷2

=□(cm²)

6 마름모의 넓이(2)

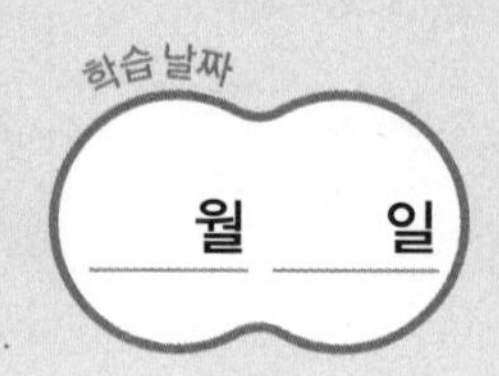

마름모의 넓이를 구하시오. (1~8)

1

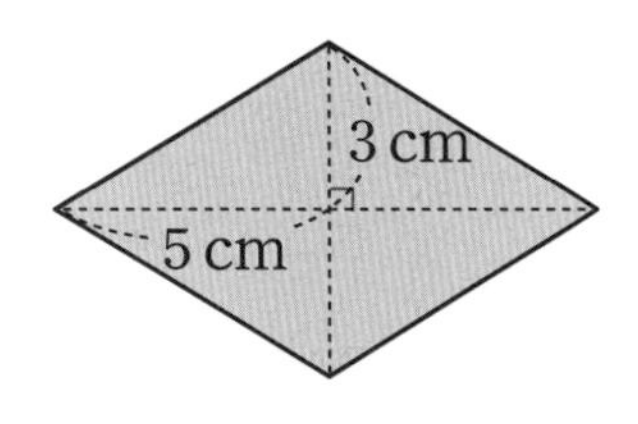

(　　　　　　　　)

2

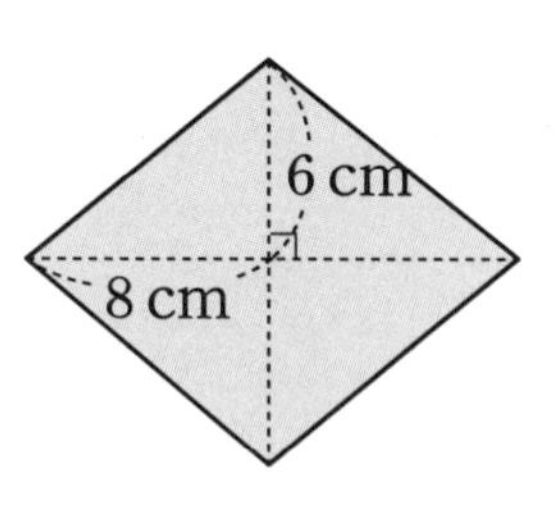

(　　　　　　　　)

3

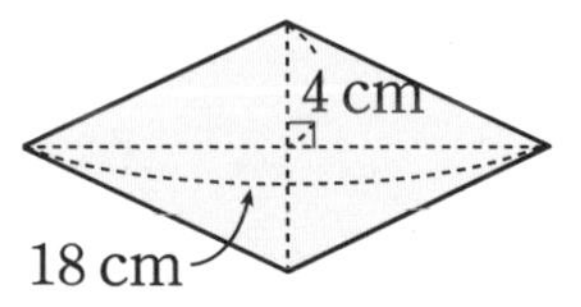

(　　　　　　　　)

4

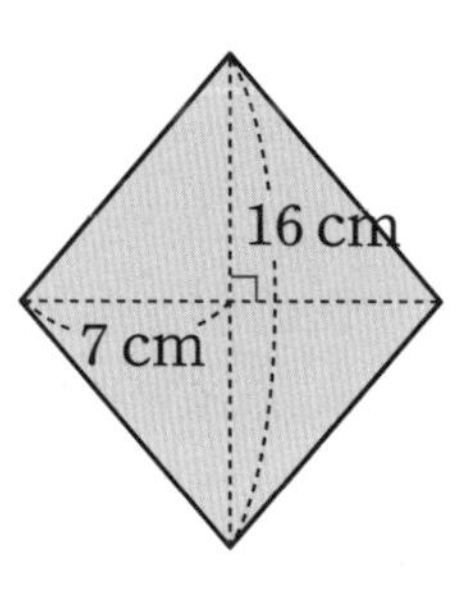

(　　　　　　　　)

5

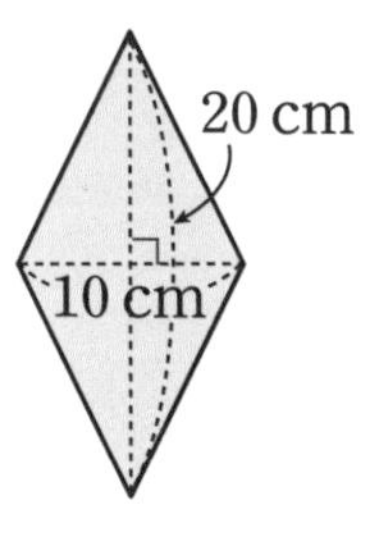

(　　　　　　　　)

6

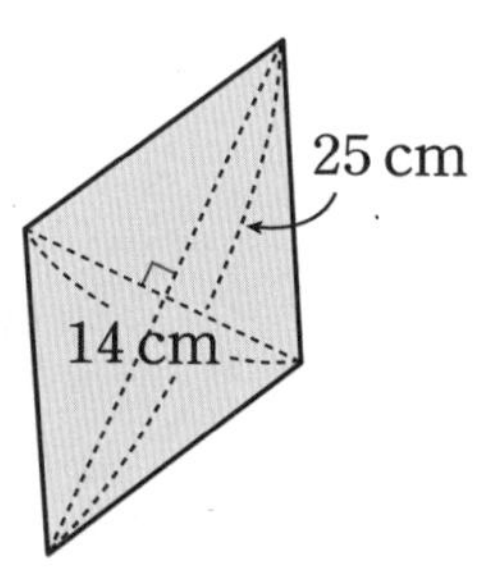

(　　　　　　　　)

7

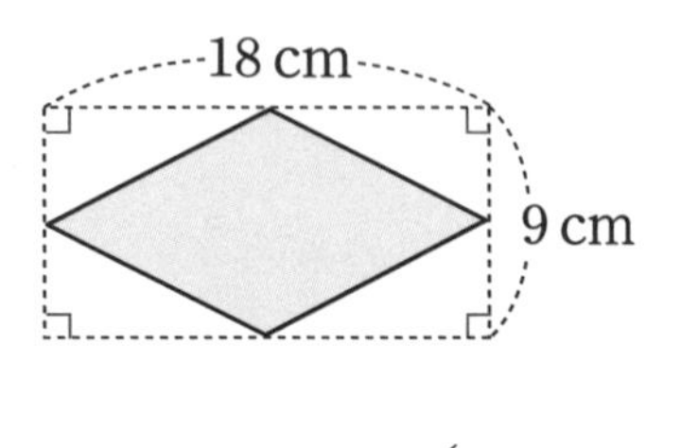

(　　　　　　　　)

8

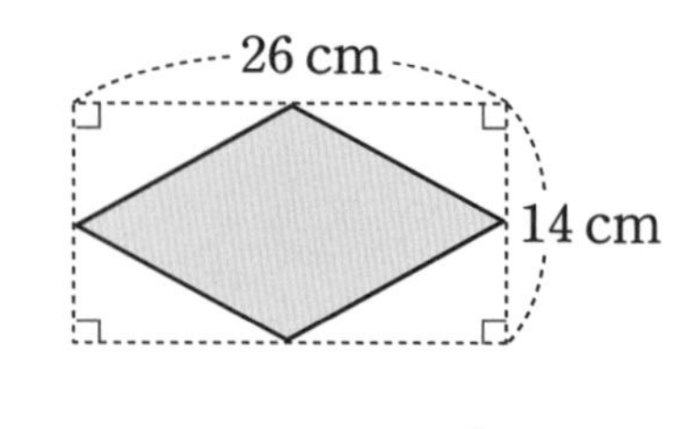

(　　　　　　　　)

걸린 시간	1~5분	5~8분	8~10분
맞은 개수	15~16개	12~14개	1~11개
평가	참 잘했어요.	잘했어요.	좀더 노력해요.

주어진 도형은 마름모입니다. □ 안에 알맞은 수를 써넣으시오. (9 ~ 16)

9

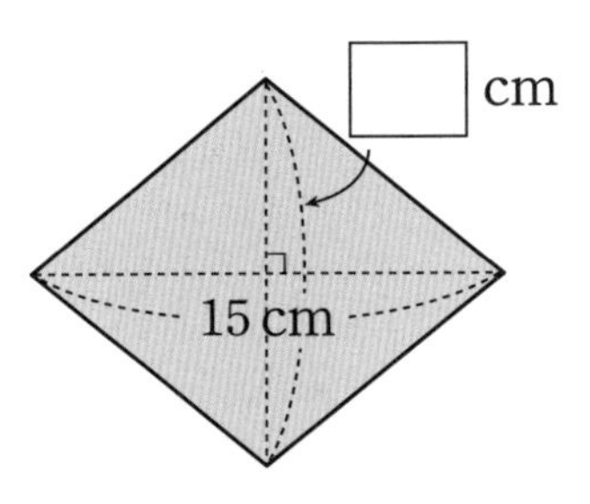

넓이: 90 cm^2

10

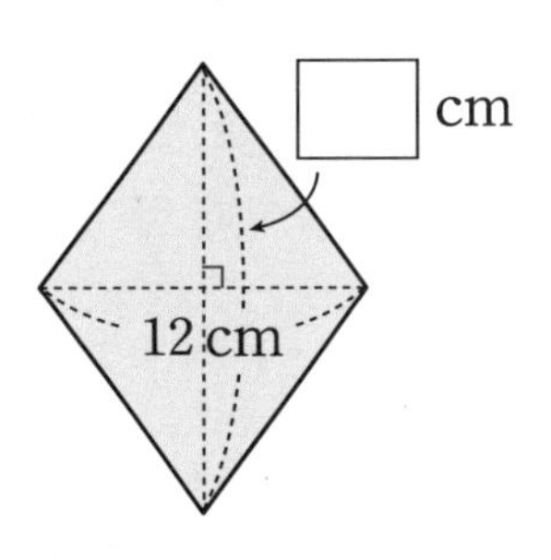

넓이: 96 cm^2

11

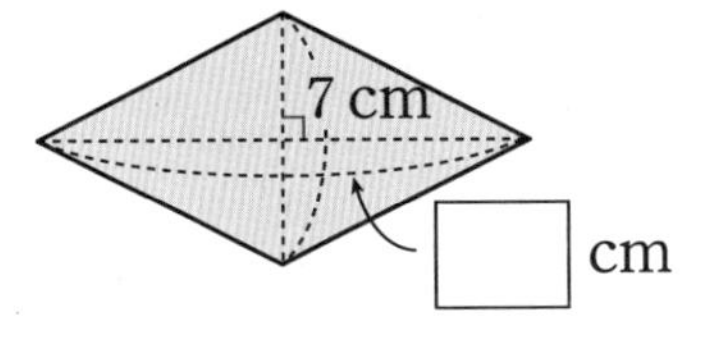

넓이: 49 cm^2

12

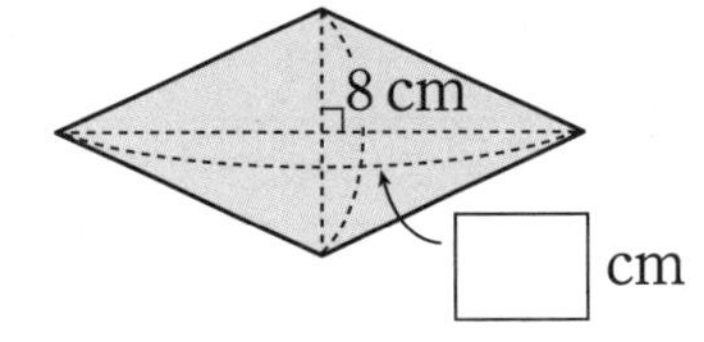

넓이: 72 cm^2

13

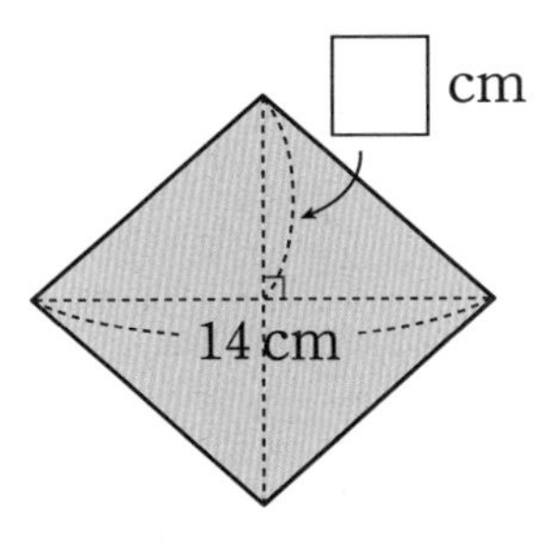

넓이: 84 cm^2

14

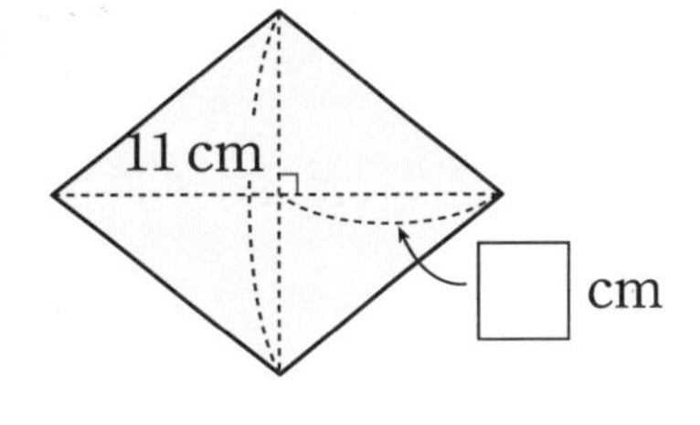

넓이: 77 cm^2

15

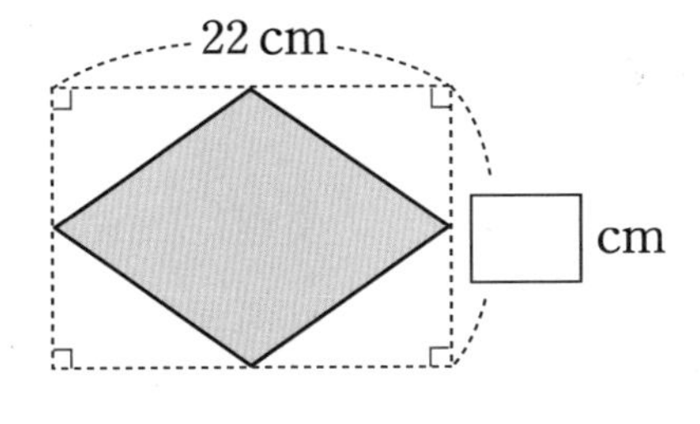

넓이: 165 cm^2

16

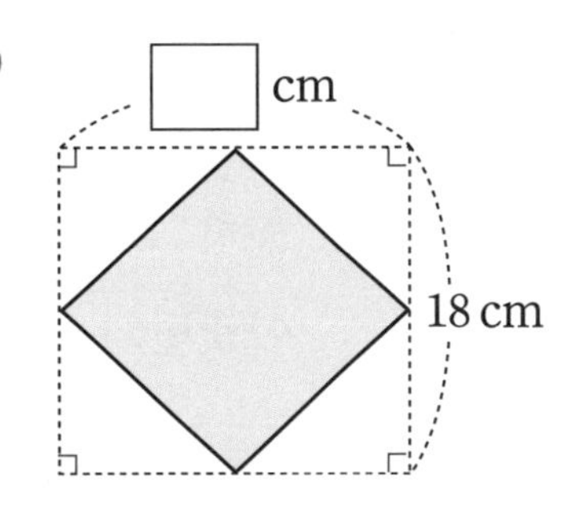

넓이: 180 cm^2

7 사다리꼴의 넓이(1)

사다리꼴의 구성 요소

사다리꼴에서 평행한 두 변을 밑변이라 하고, 한 밑변을 윗변, 다른 밑변을 아랫변이라고 합니다. 이때 두 밑변 사이의 거리를 높이라고 합니다.

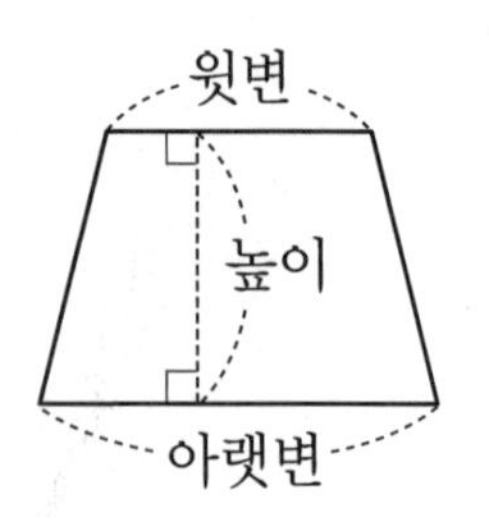

사다리꼴의 넓이

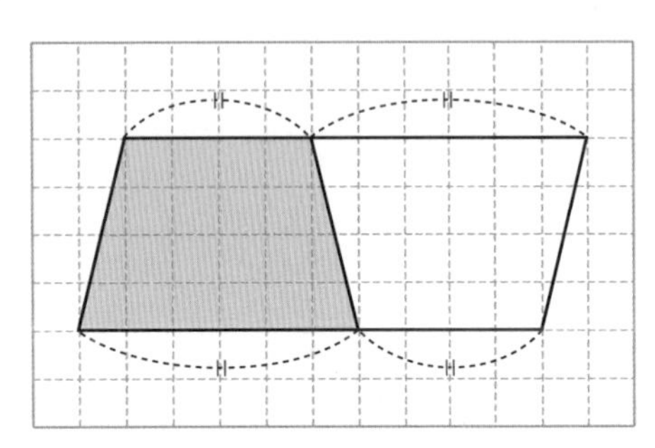

(사다리꼴의 넓이)
=(평행사변형의 넓이)÷2
=(밑변의 길이)×(높이)÷2
={(윗변의 길이)+(아랫변의 길이)}×(높이)÷2

모양과 크기가 같은 사다리꼴 2개를 돌려 붙이면 평행사변형이 됩니다.

□ 안에 알맞은 말을 써넣으시오. (1~2)

1

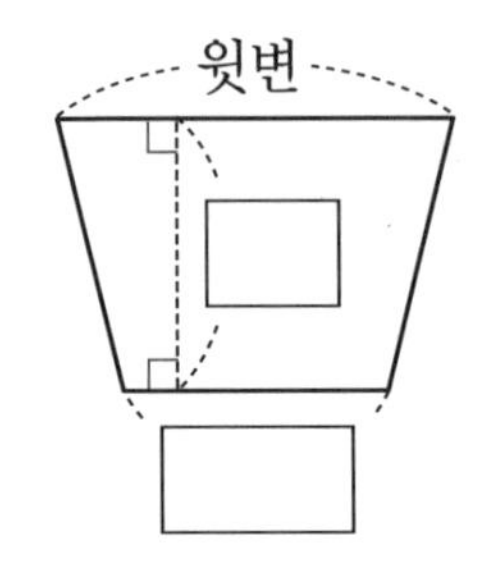

2

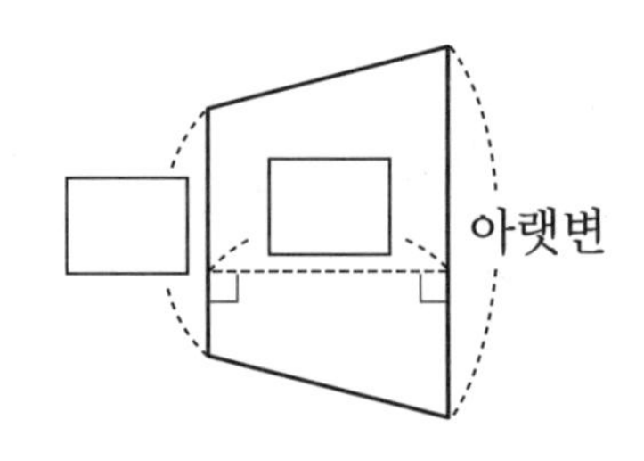

사다리꼴을 보고 윗변, 아랫변, 높이를 각각 구하시오. (3~4)

3

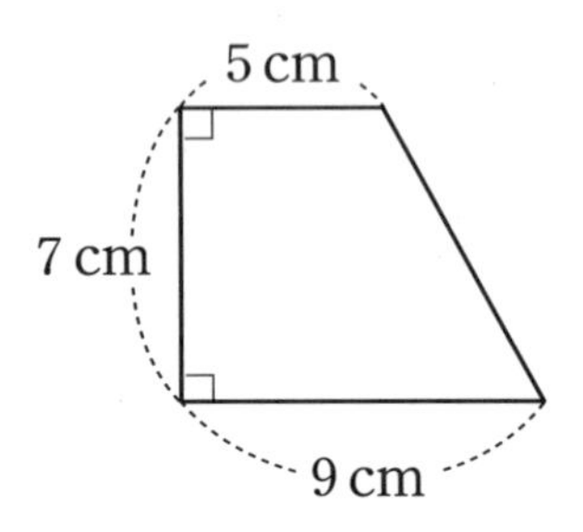

윗변: 5 cm
아랫변: □ cm
높이: □ cm

4

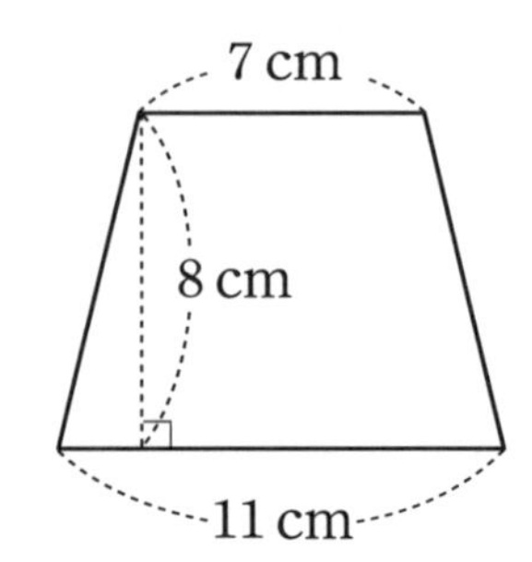

윗변: 7 cm
아랫변: □ cm
높이: □ cm

걸린 시간	1~4분	4~6분	6~8분
맞은 개수	11~12개	9~10개	1~8개
평가	참 잘했어요.	잘했어요.	좀더 노력해요.

사다리꼴의 넓이를 구하시오. (5 ~ 12)

5

4 cm
5 cm
6 cm

( )

6

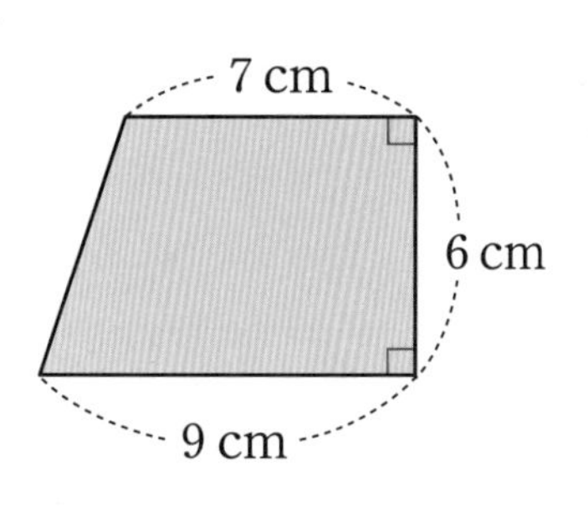

( )

7

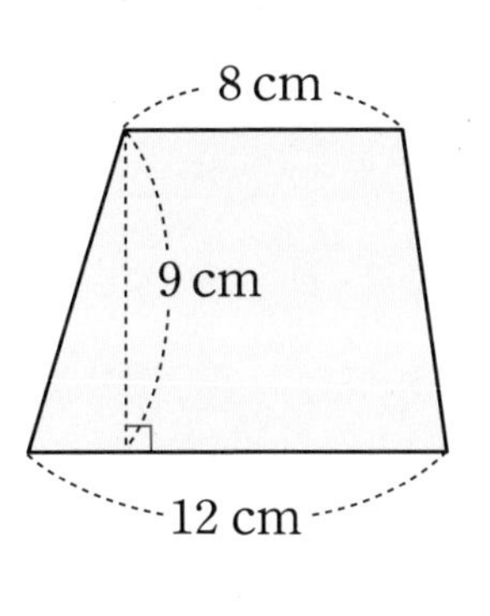

( )

8

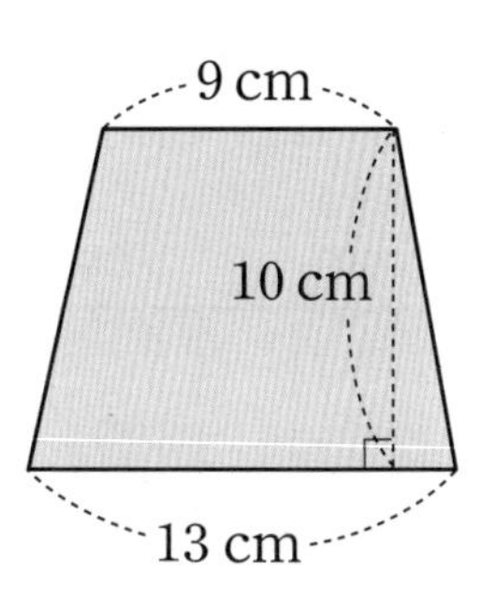

( )

9

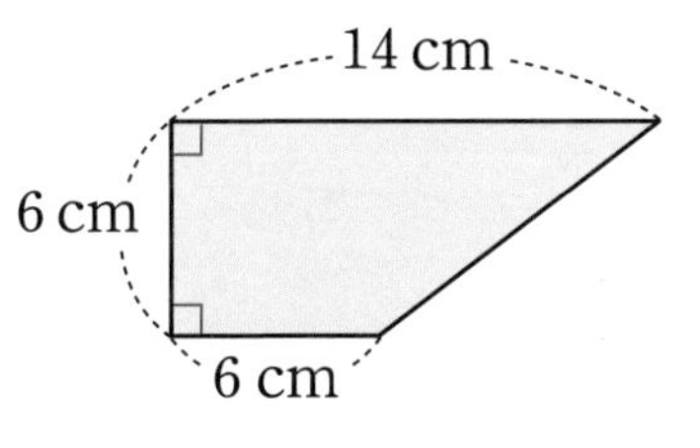

( )

10

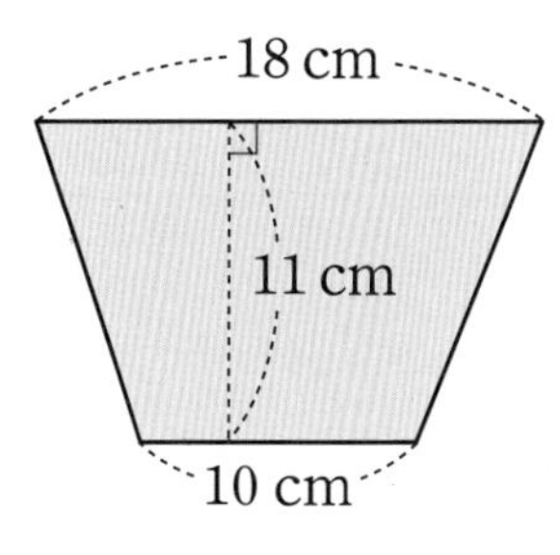

( )

11

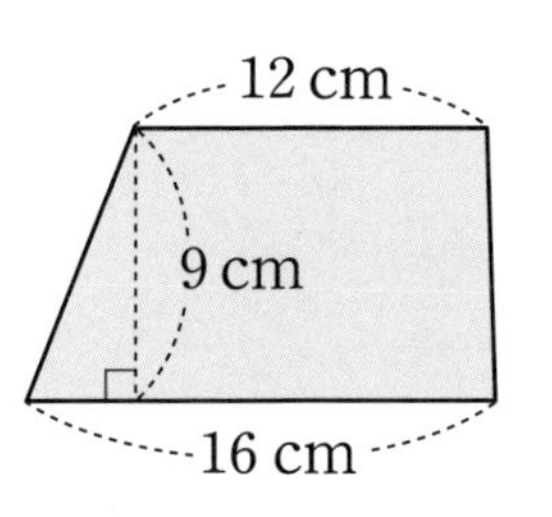

( )

12

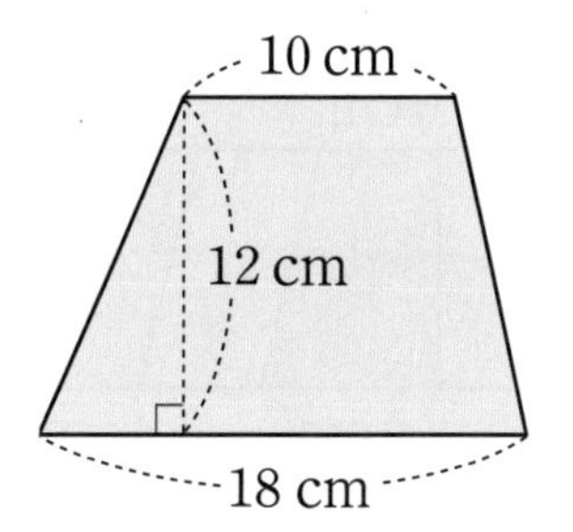

( )

7 사다리꼴의 넓이(2)

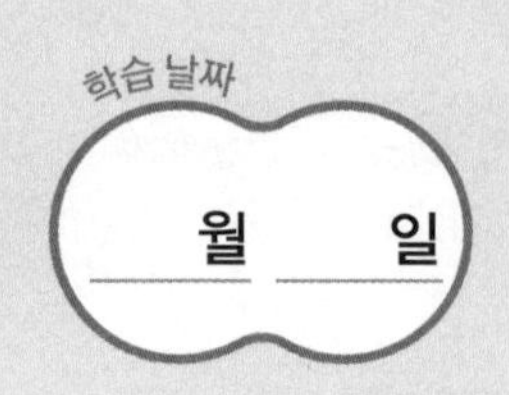

직선 가와 나는 서로 평행합니다. 3개의 사다리꼴 중 넓이가 다른 사다리꼴을 찾아 기호를 쓰시오. (1~4)

1

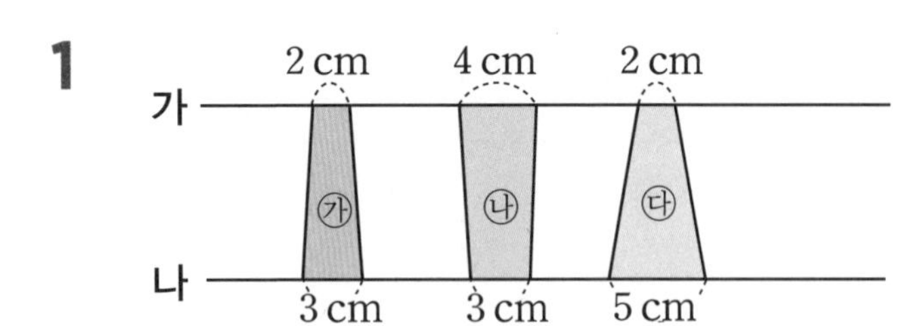

( )

2

가: 5 cm, 6 cm, 9 cm
㉮ ㉯ ㉰
나: 8 cm, 7 cm, 5 cm

( )

3

가: 9 cm, 7 cm, 4 cm
㉮ ㉯ ㉰
나: 5 cm, 8 cm, 10 cm

( )

4

가: 11 cm, 6 cm, 10 cm
㉮ ㉯ ㉰
나: 4 cm, 9 cm, 4 cm

( )

계산은 빠르고 정확하게!

걸린 시간	1~4분	4~6분	6~8분
맞은 개수	11~12개	9~10개	1~8개
평가	참 잘했어요.	잘했어요.	좀더 노력해요.

주어진 도형은 사다리꼴입니다. □ 안에 알맞은 수를 써넣으시오. (5 ~ 12)

5

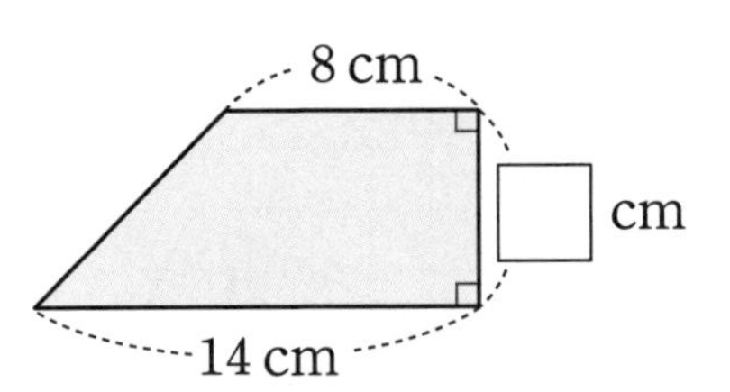

넓이: 66 cm^2

6

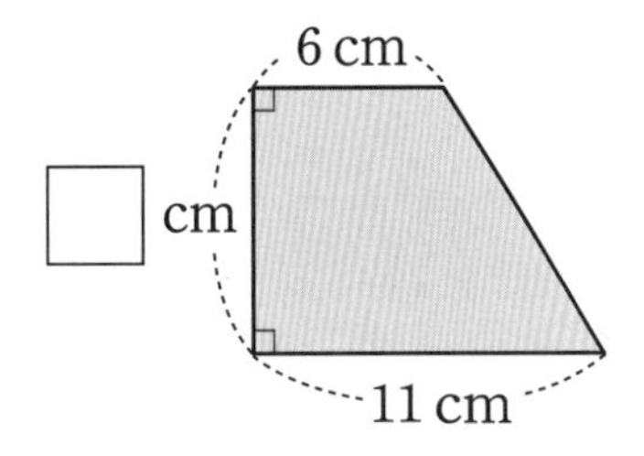

넓이: 68 cm^2

7

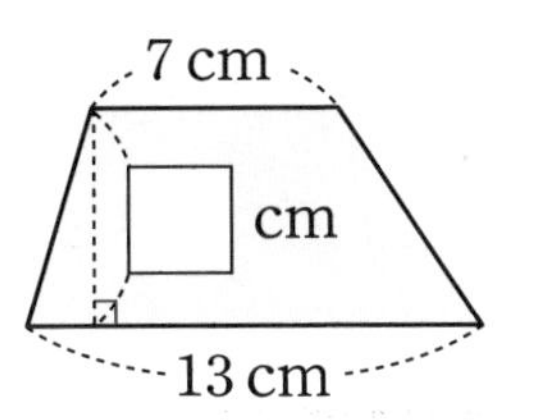

넓이: 60 cm^2

8

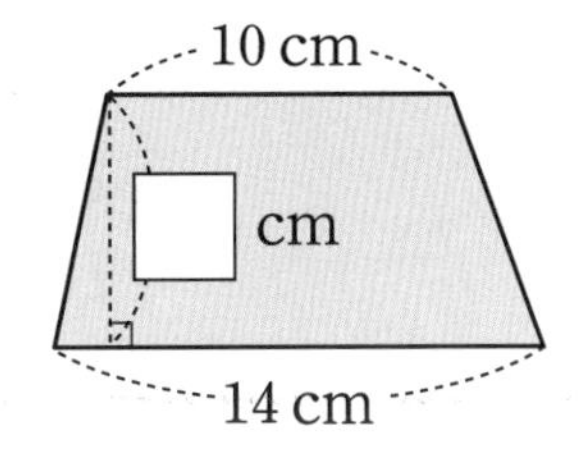

넓이: 84 cm^2

9

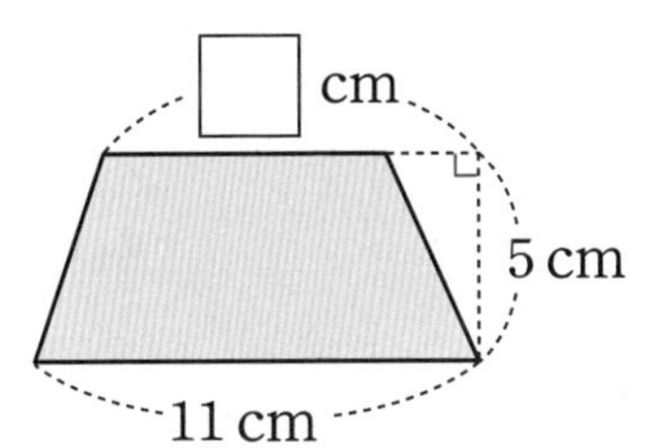

넓이: 45 cm^2

10

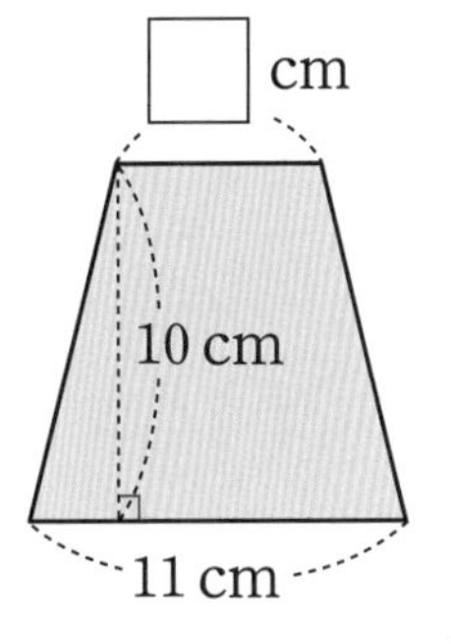

넓이: 85 cm^2

11

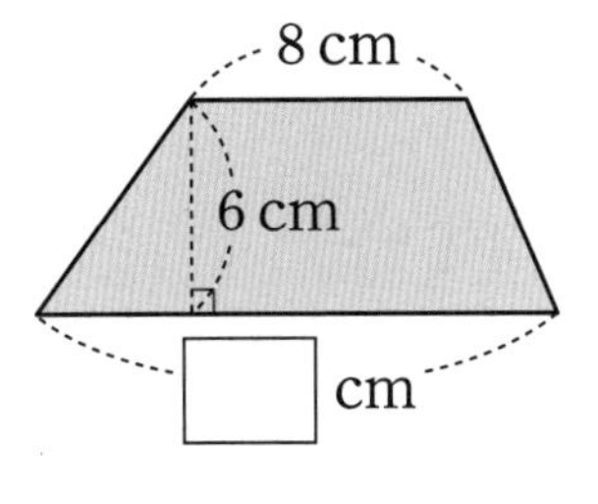

넓이: 69 cm^2

12

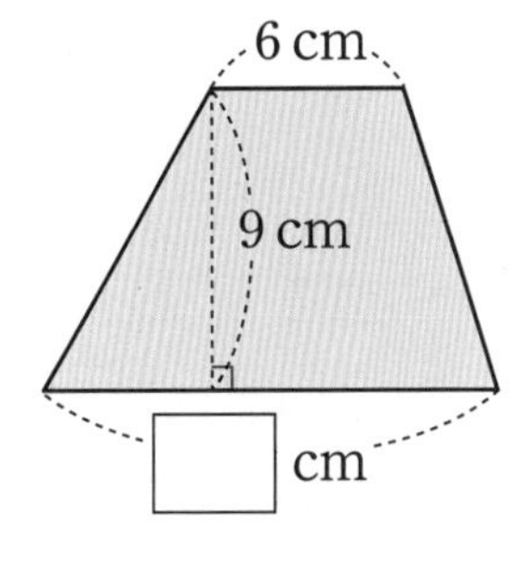

넓이: 90 cm^2

8 다각형의 넓이(1)

다각형의 넓이 구하기

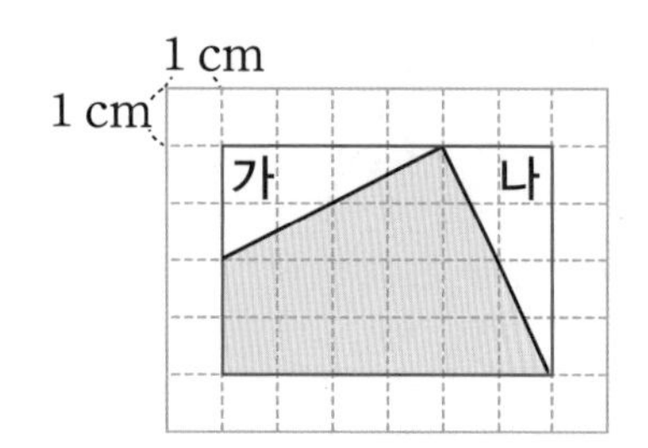

(직사각형의 넓이)$-$**가**$-$**나**

$=(6\times4)-(2\times4\div2)$

$\quad-(2\times4\div2)$

$=24-4-4$

$=16(\text{cm}^2)$

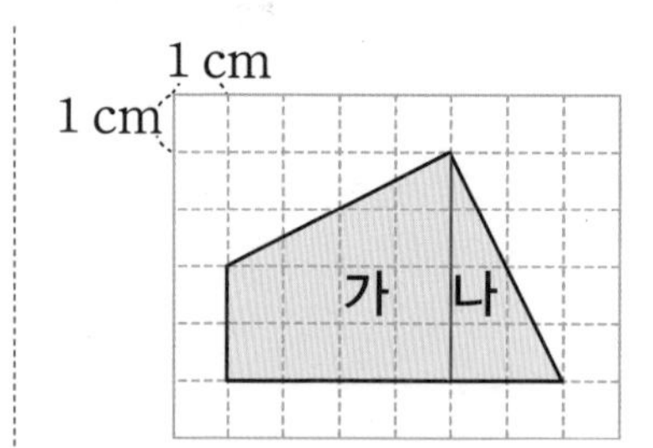

가$+$**나**

$=\{(2+4)\times4\div2\}$

$\quad+(2\times4\div2)$

$=12+4$

$=16(\text{cm}^2)$

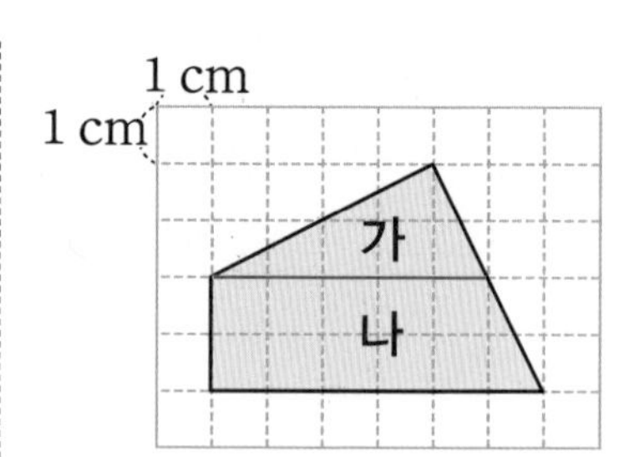

가$+$**나**

$=(5\times2\div2)$

$\quad+\{(5+6)\times2\div2\}$

$=5+11$

$=16(\text{cm}^2)$

그림을 보고 물음에 답하시오. (1~3)

가

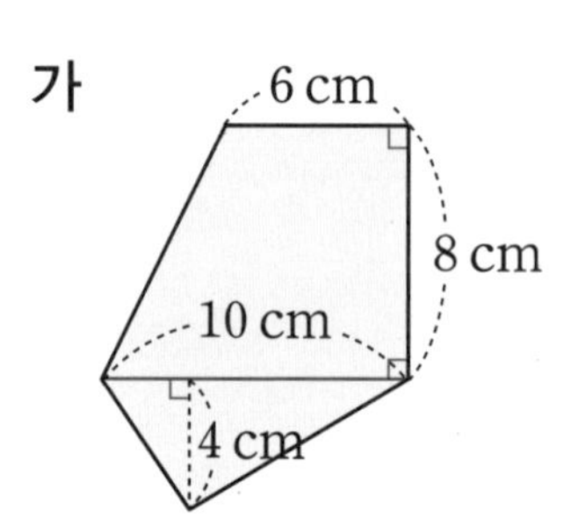

나 6 cm 8 cm 10 cm 4 cm

다

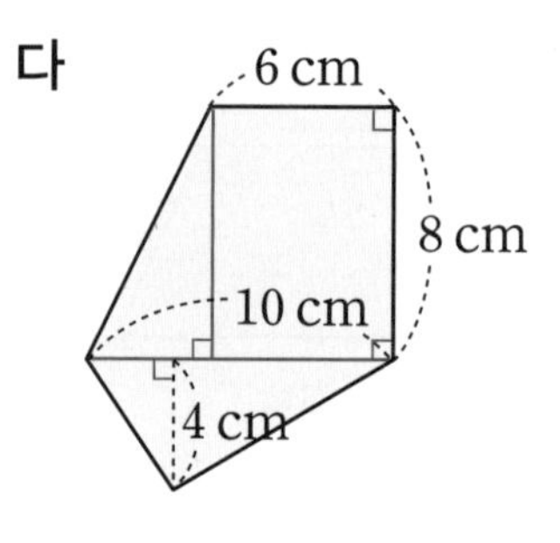

1 **가**와 같이 사다리꼴과 삼각형으로 나누어서 넓이를 구해 보시오.

(다각형의 넓이)$=\{(6+\square)\times8\div\square\}+(10\times\square\div2)$

$=\square+\square=\square(\text{cm}^2)$

2 **나**와 같이 3개의 삼각형으로 나누어서 넓이를 구해 보시오.

(다각형의 넓이)$=(6\times\square\div2)+(10\times\square\div2)+(\square\times4\div2)$

$=\square+\square+\square=\square(\text{cm}^2)$

3 **다**와 같이 2개의 삼각형과 1개의 직사각형으로 나누어서 넓이를 구해 보시오.

(다각형의 넓이)$=\{(10-\square)\times8\div\square\}+(6\times\square)+(10\times\square\div2)$

$=\square+\square+\square=\square(\text{cm}^2)$

계산은 빠르고 정확하게!

걸린 시간	1~5분	5~7분	7~10분
맞은 개수	10~11개	8~9개	1~7개
평가	참 잘했어요.	잘했어요.	좀더 노력해요.

다각형의 넓이를 구하시오. (4 ~ 11)

4

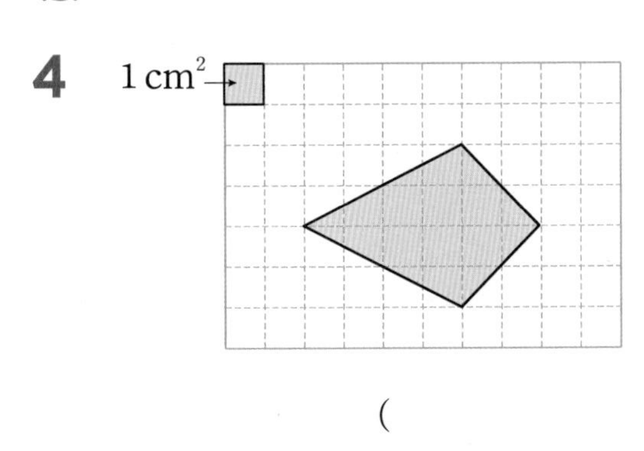

(　　　　　　　)

5

1 cm²

(　　　　　　　)

6

1 cm²

(　　　　　　　)

7

1 cm²

(　　　　　　　)

8

1 cm²

(　　　　　　　)

9

1 cm²

(　　　　　　　)

10

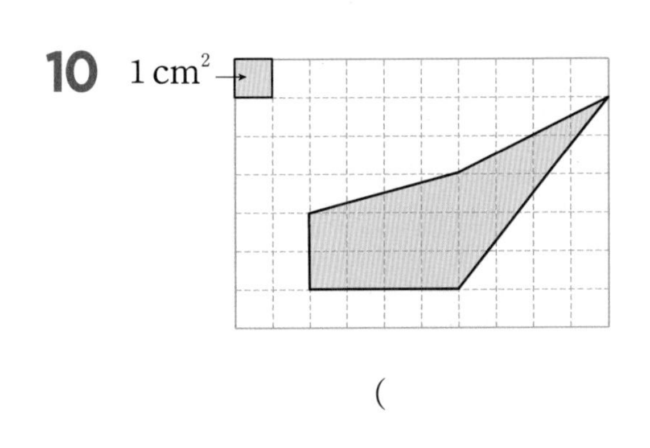

(　　　　　　　)

11

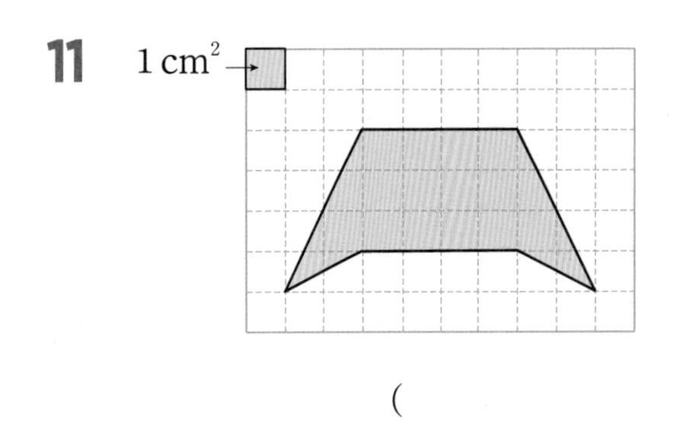

(　　　　　　　)

8 다각형의 넓이 (2)

다각형의 넓이를 구하시오. (1~8)

1

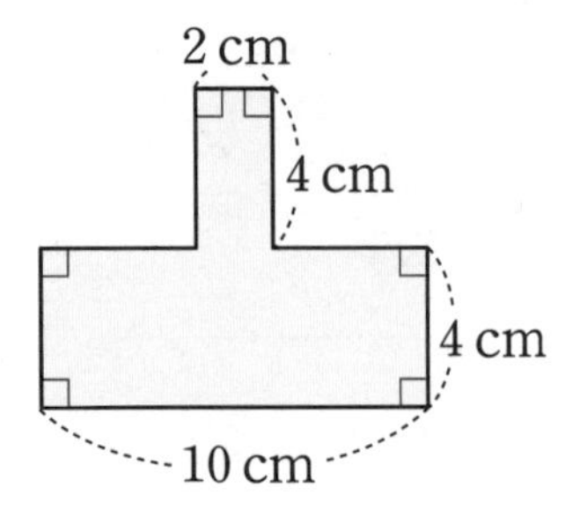

( )

2

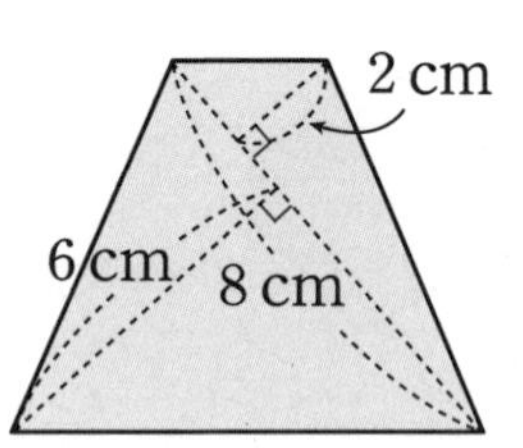

( )

3

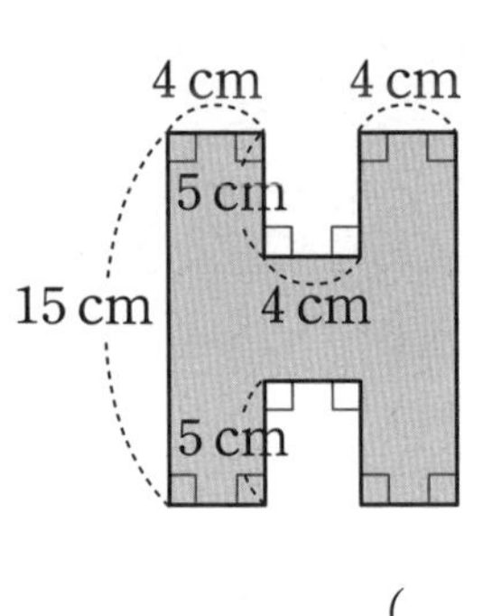

( )

4

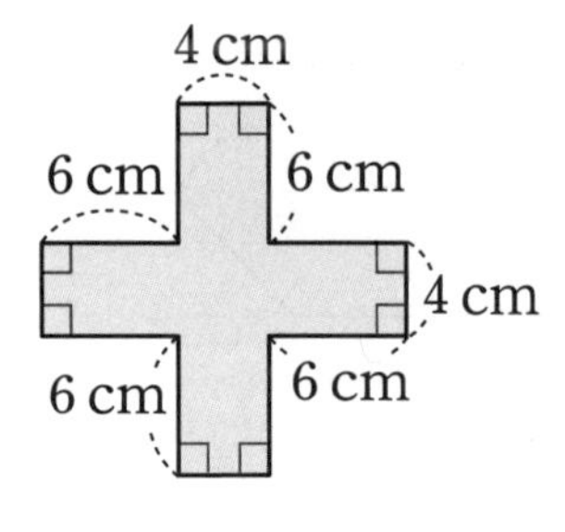

( )

5

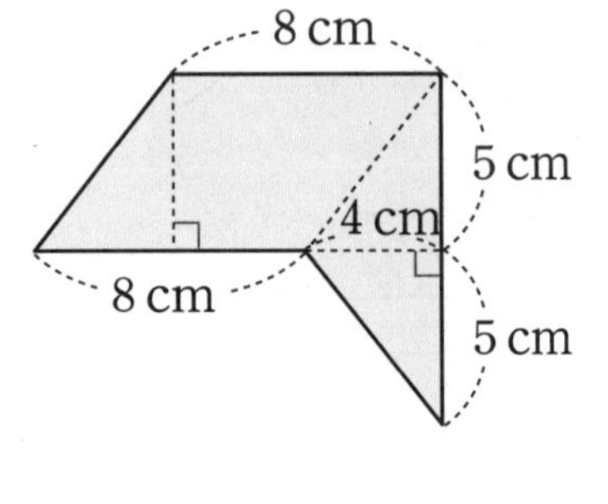

( )

6

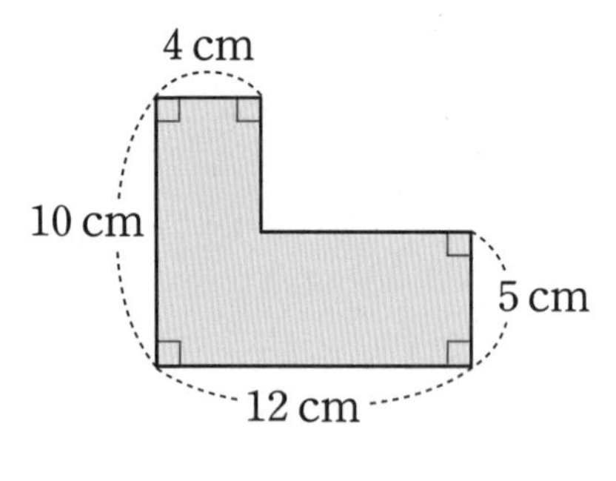

( )

7

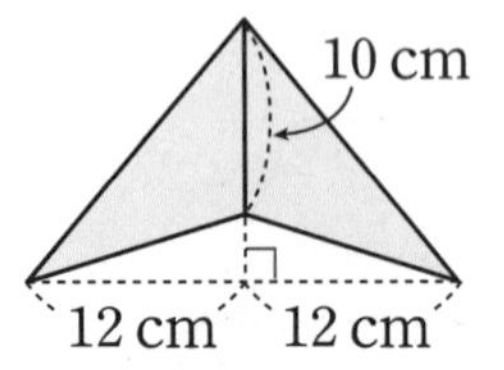

( )

8

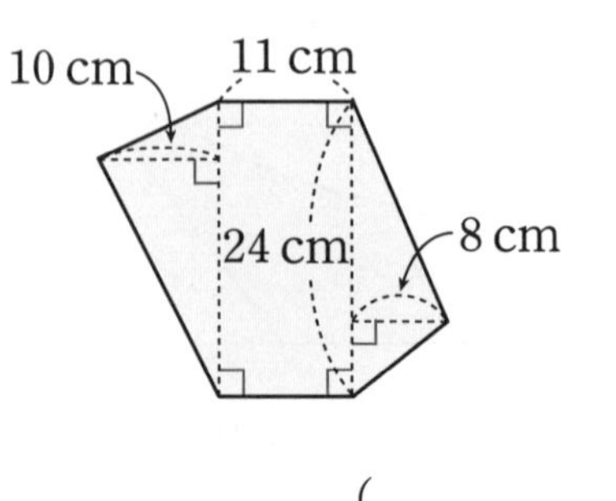

( )

계산은 빠르고 정확하게!

걸린 시간	1~6분	6~8분	8~10분
맞은 개수	15~16개	13~14개	1~12개
평가	참 잘했어요.	잘했어요.	좀더 노력해요.

다각형의 넓이를 구하시오. (9 ~ 16)

9

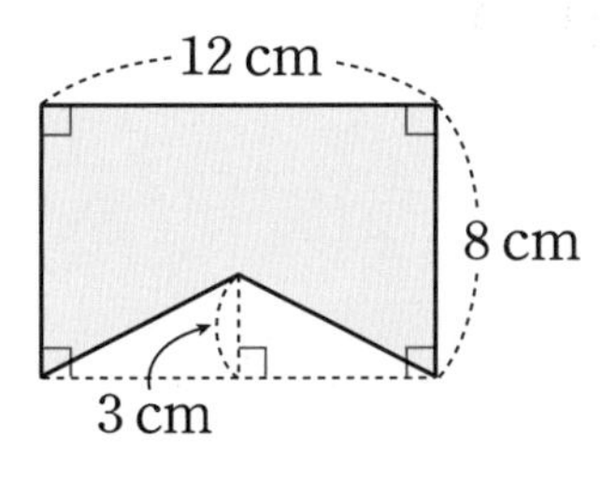

(　　　　　　　　)

10

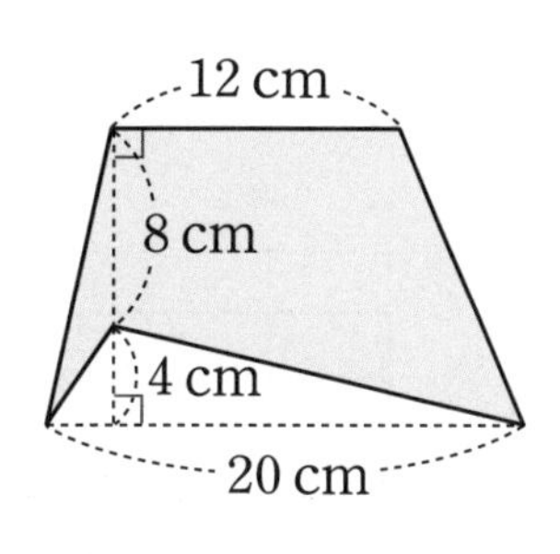

(　　　　　　　　)

11

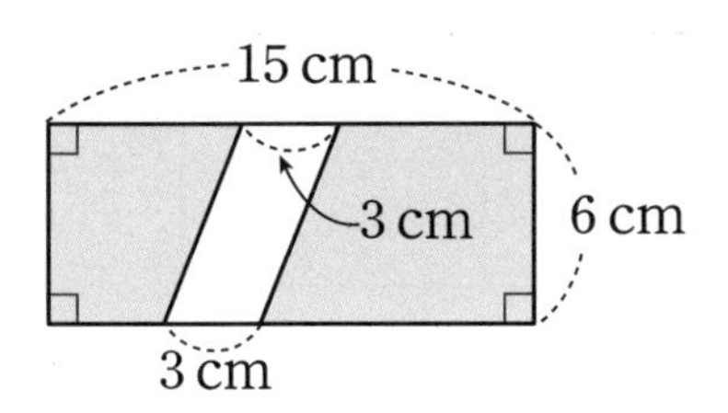

(　　　　　　　　)

12

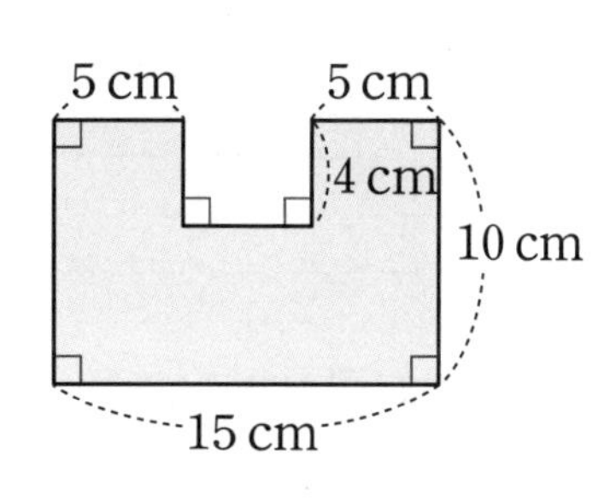

(　　　　　　　　)

13

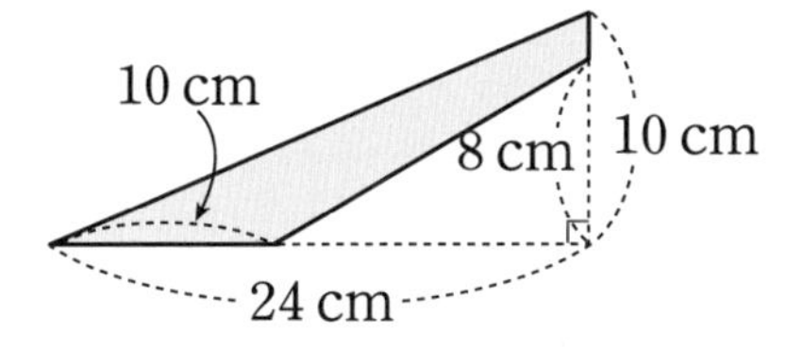

(　　　　　　　　)

14

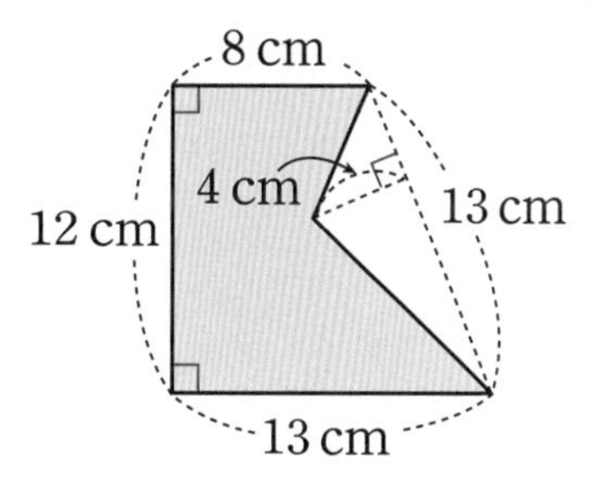

(　　　　　　　　)

15

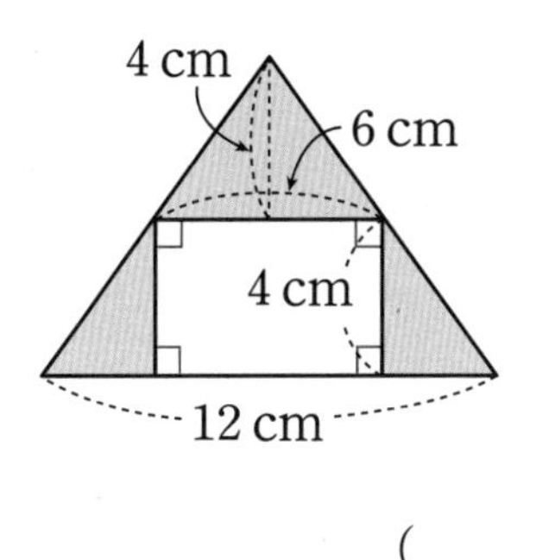

(　　　　　　　　)

16

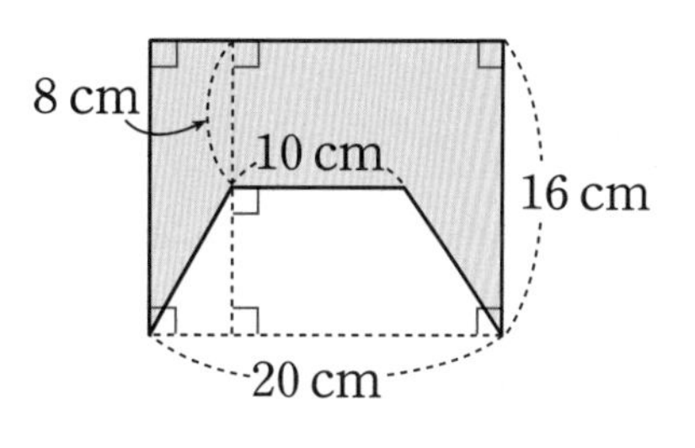

(　　　　　　　　)

9 신기한 연산

둘레가 32 cm인 직사각형, 가, 나, 다를 보고 물음에 답하시오. (1~3)

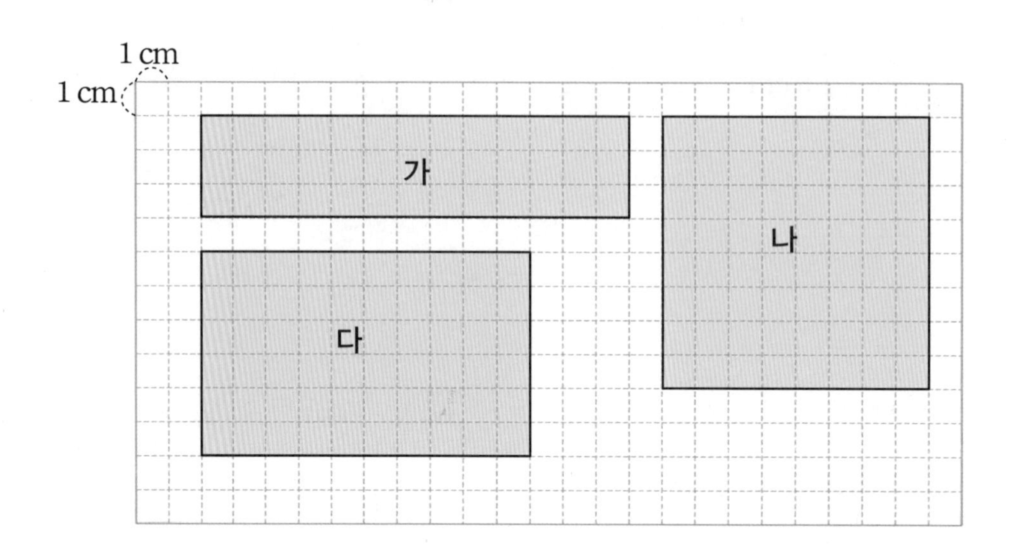

1 직사각형 **가**, **나**, **다**를 보고 표를 완성하시오.

	가로(cm)	세로(cm)	넓이(cm^2)
가			
나			
다			

2 가장 넓은 직사각형은 어느 것입니까?

( )

3 둘레가 일정할 때 가장 넓은 직사각형을 그리는 방법을 이야기해 보시오.

걸린 시간	1~6분	6~9분	9~12분
맞은 개수	7개	6개	1~5개
평가	참 잘했어요.	잘했어요.	좀더 노력해요.

직선 가와 나는 서로 평행합니다. 가장 넓은 도형부터 차례로 기호를 쓰시오. (4~7)

4

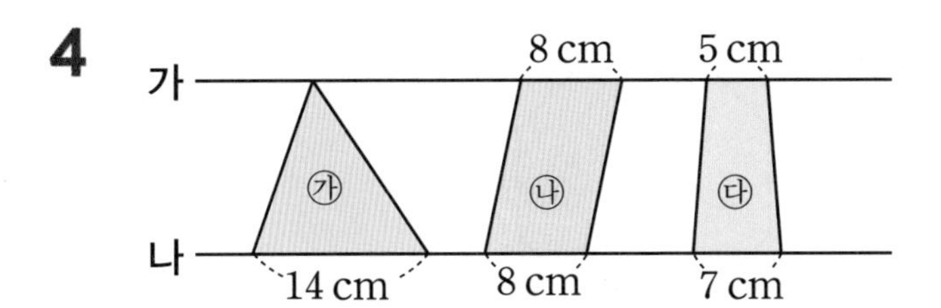

(　　　　　　　　　　)

5

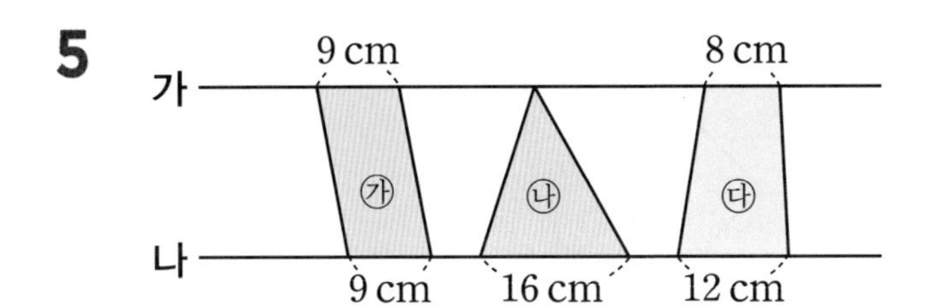

(　　　　　　　　　　)

6

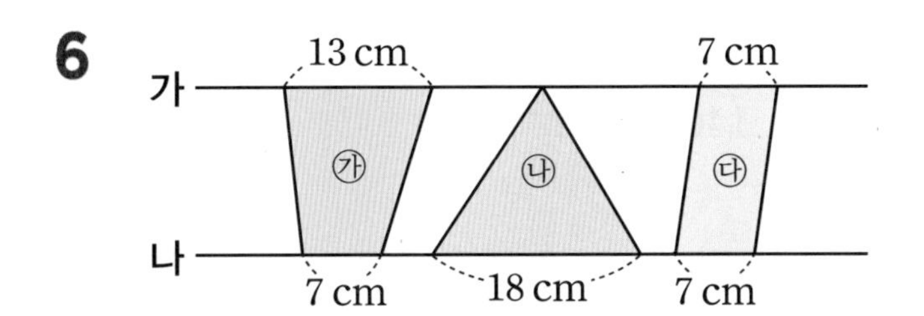

(　　　　　　　　　　)

7

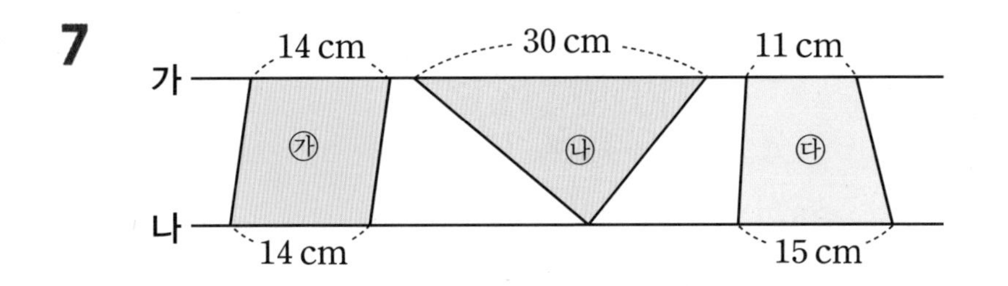

(　　　　　　　　　　)

확인 평가

정다각형의 둘레를 구하시오. (1~2)

1

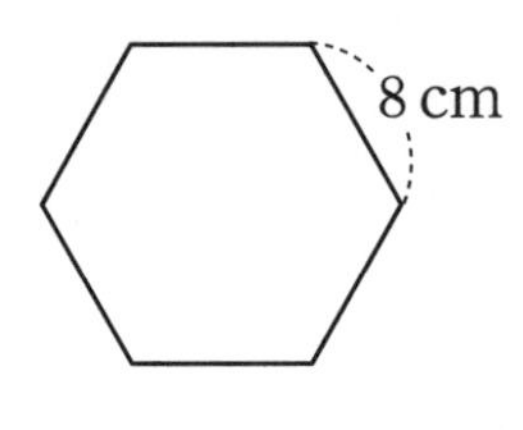

( )

2

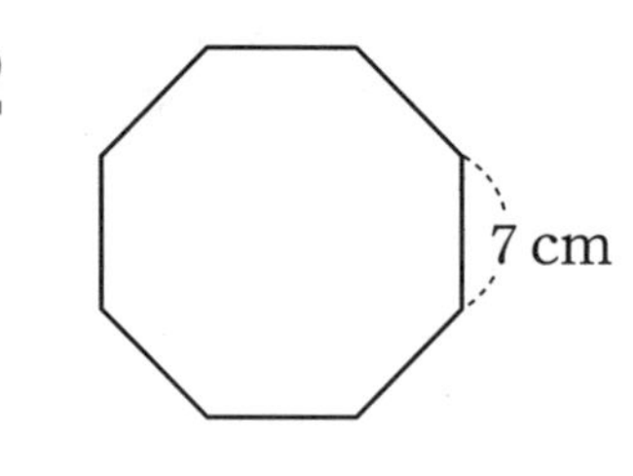

( )

사각형의 둘레를 구하시오. (3~4)

3

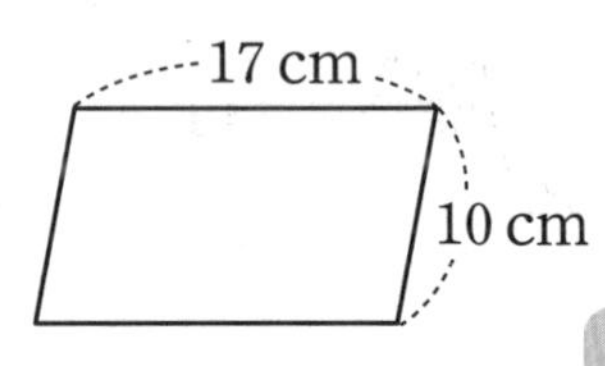

평행사변형

( )

4

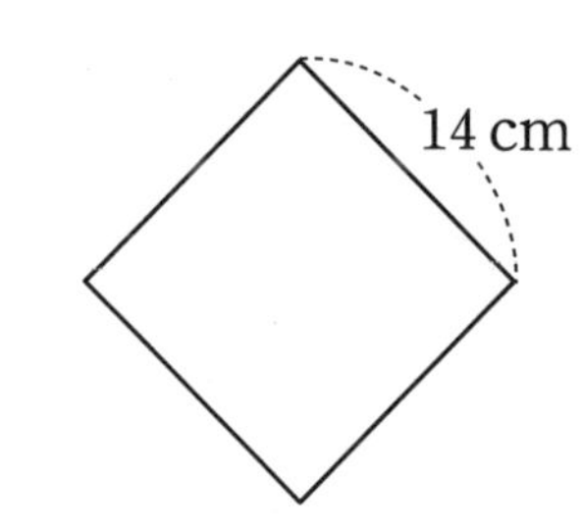

마름모

( )

□ 안에 알맞은 수를 써넣으시오. (5~8)

5 $9\text{ m}^2=\square\text{ cm}^2$

6 $140000\text{ cm}^2=\square\text{ m}^2$

7 $16\text{ km}^2=\square\text{ m}^2$

8 $9480000\text{ m}^2=\square\text{ km}^2$

도형의 넓이를 구하시오. (9~10)

9

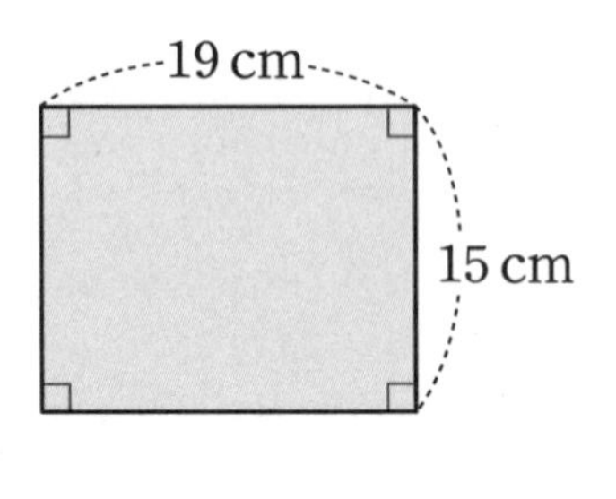

( )

10

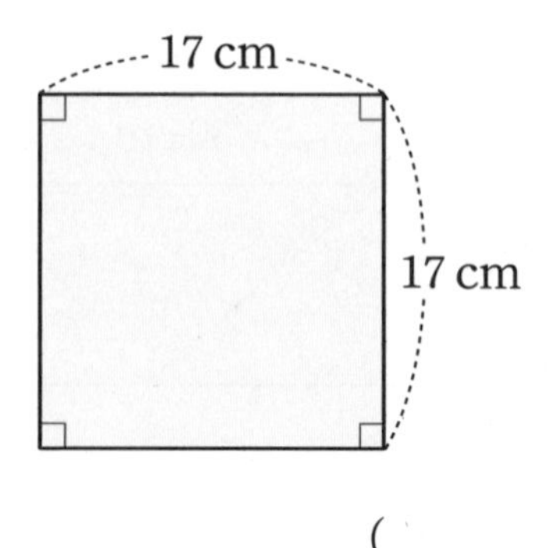

( )

걸린 시간	1~10분	10~15분	15~20분
맞은 개수	24~26개	19~23개	1~18개
평가	참 잘했어요.	잘했어요.	좀더 노력해요.

도형의 넓이를 구하시오. (11 ~ 18)

11

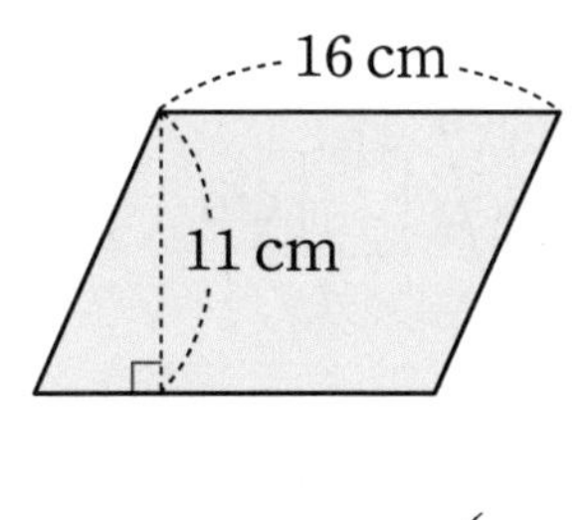

( )

12

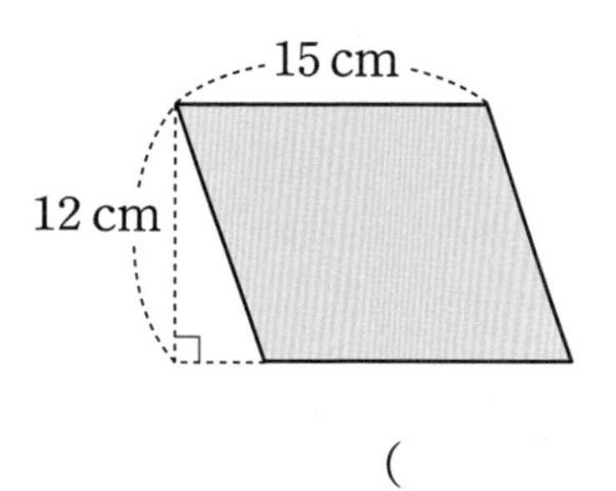

( )

13

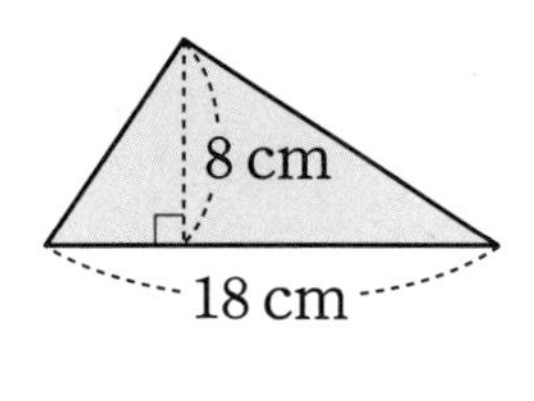

( )

14

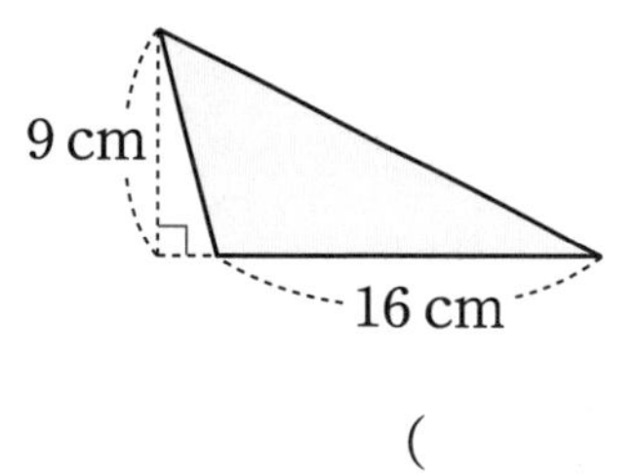

( )

15

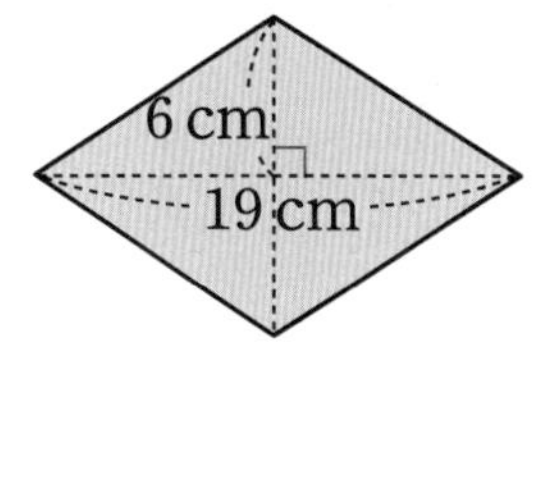

( )

16

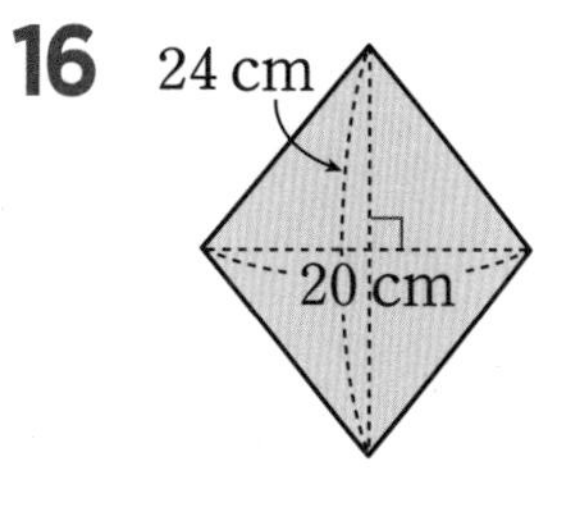

( )

17

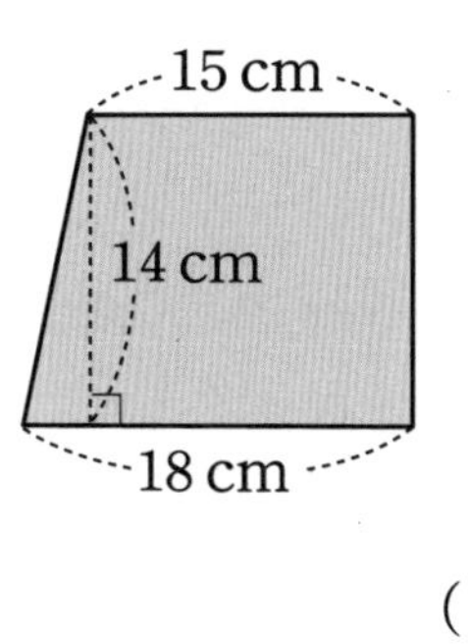

( )

18

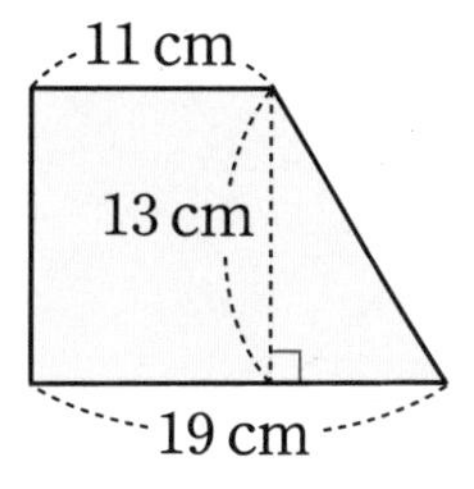

( )

확인 평가

□ 안에 알맞은 수를 써넣으시오. (19 ~ 24)

19

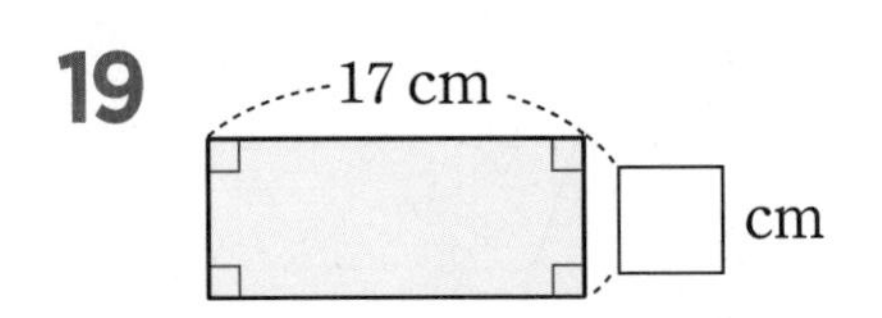

넓이: 119 cm^2

20

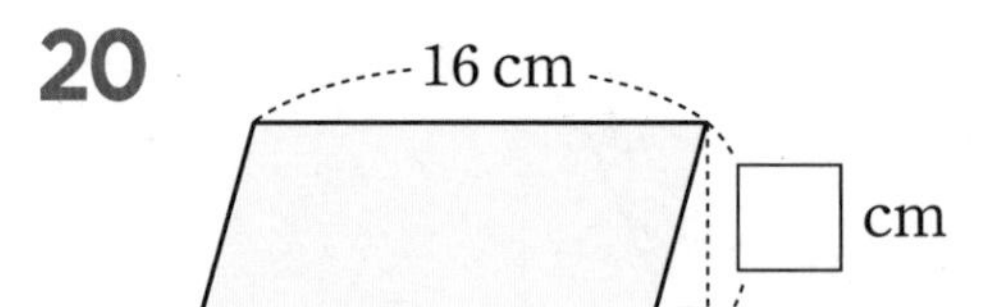

넓이: 128 cm^2

21

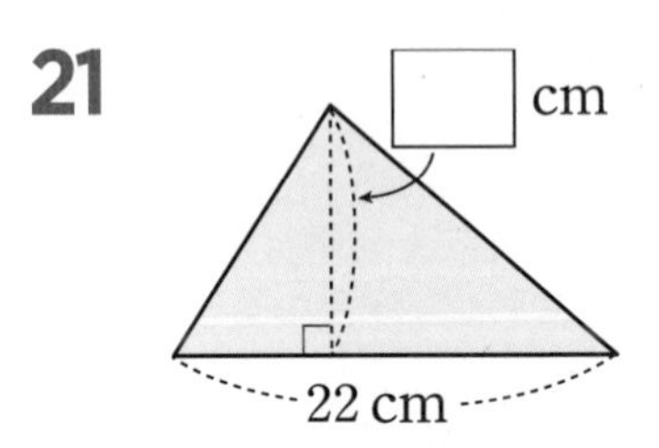

넓이: 132 cm^2

22

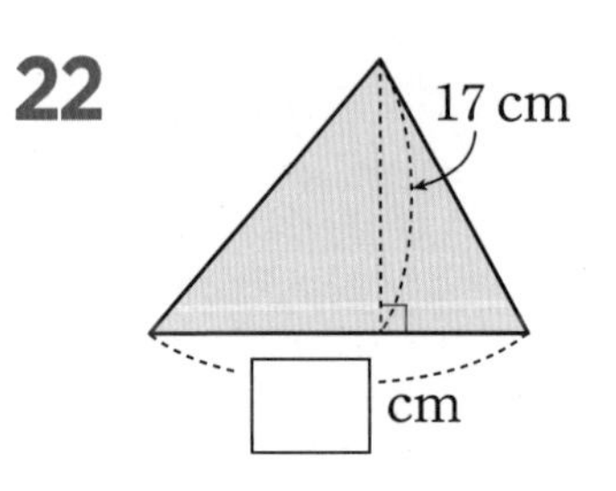

넓이: 204 cm^2

23

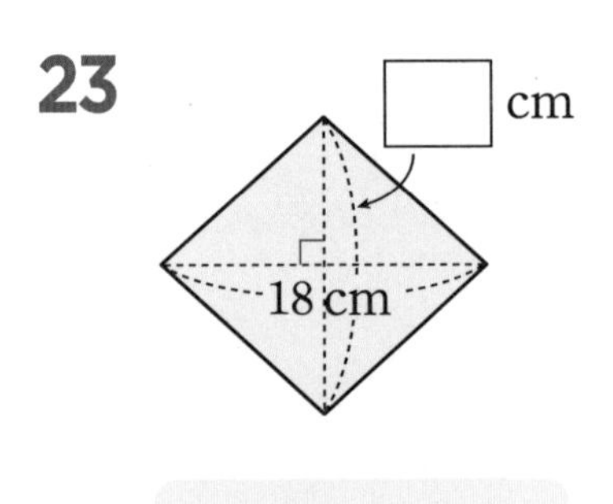

넓이: 144 cm^2

24

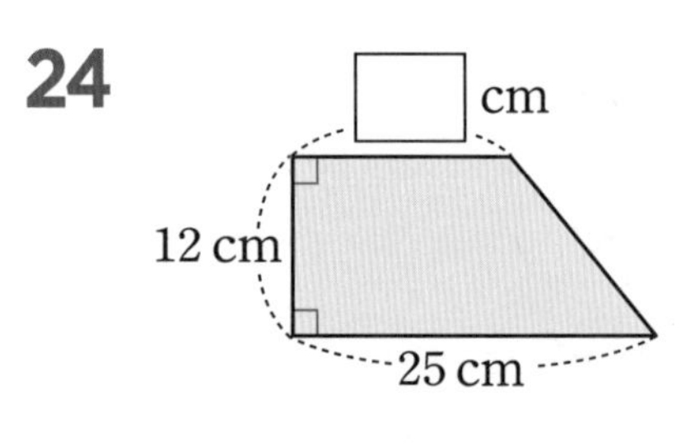

넓이: 240 cm^2

다각형의 넓이를 구하시오. (25 ~ 26)

25 **26**

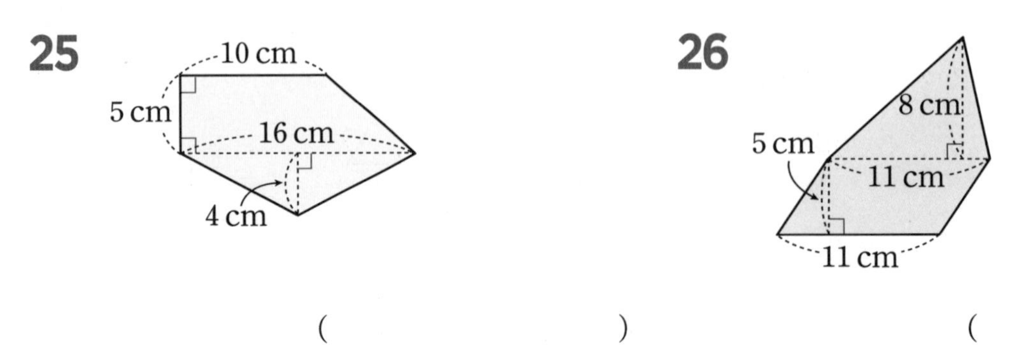

( )

( )

신기한
연산왕

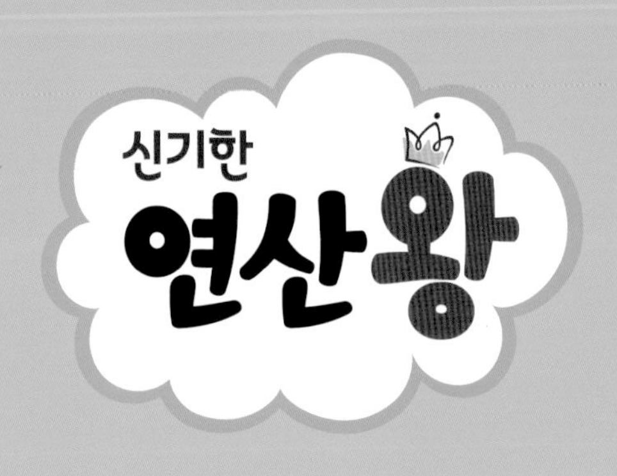
신기한
연산왕

초등 수학의 기본은 연산력!!

신기한 연산왕

정답

E-1

초5 수준

2
3
4

신기한
연산왕

정답

정답

❶ 자연수의 혼합 계산 P 8~11

1 덧셈과 뺄셈이 섞여 있는 식의 계산(1)

계산은 빠르고 정확하게!

걸린 시간	1~5분	5~8분	8~10분
맞은 개수	13~14개	10~12개	1~9개
평가	참 잘했어요.	잘했어요.	좀더 노력해요.

• 덧셈과 뺄셈이 섞여 있는 식의 계산
덧셈과 뺄셈이 섞여 있는 식은 앞에서부터 차례로 계산합니다.
(　　)가 있는 식은 (　　) 안을 먼저 계산합니다.

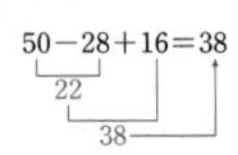

50−28+16=38 (22, 38)　　50−(28+16)=6 (44, 6)

□ 안에 알맞은 수를 써넣으시오. (1~6)

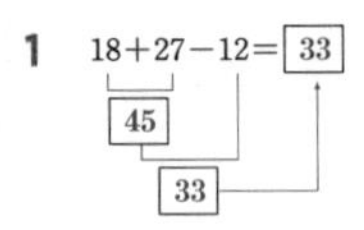

1　18+27−12=33 (45, 33)

2　28−15+12=25 (13, 25)

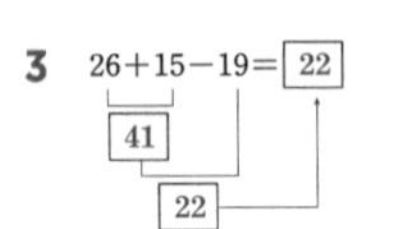

3　26+15−19=22 (41, 22)

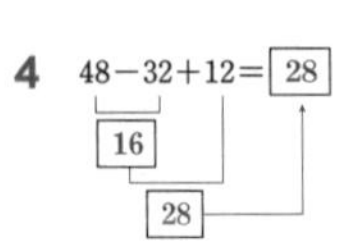

4　48−32+12=28 (16, 28)

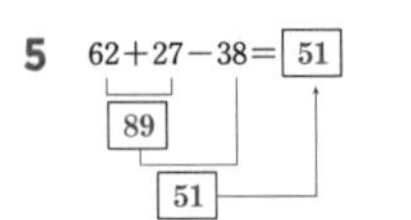

5　62+27−38=51 (89, 51)

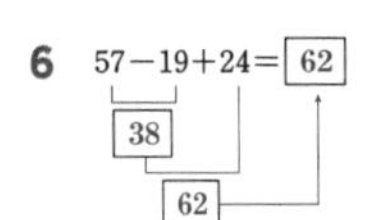

6　57−19+24=62 (38, 62)

□ 안에 알맞은 수를 써넣으시오. (7~14)

7　24+(32−15)=41 (17, 41)

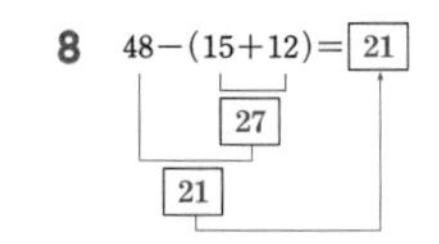

8　48−(15+12)=21 (27, 21)

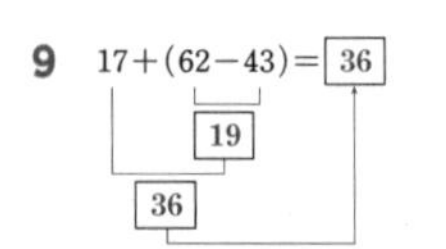

9　17+(62−43)=36 (19, 36)

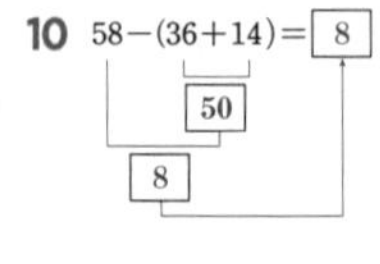

10　58−(36+14)=8 (50, 8)

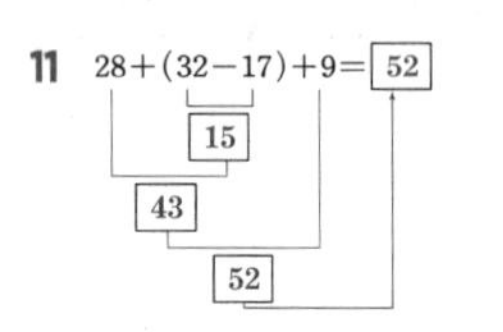

11　28+(32−17)+9=52 (15, 43, 52)

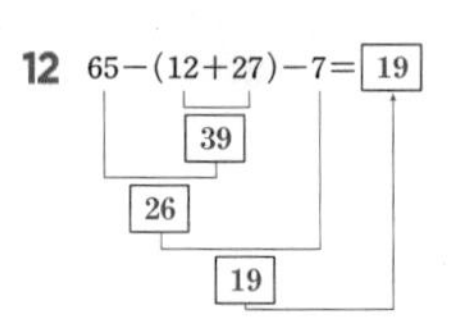

12　65−(12+27)−7=19 (39, 26, 19)

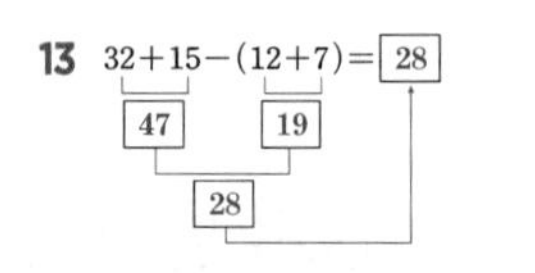

13　32+15−(12+7)=28 (47, 19, 28)

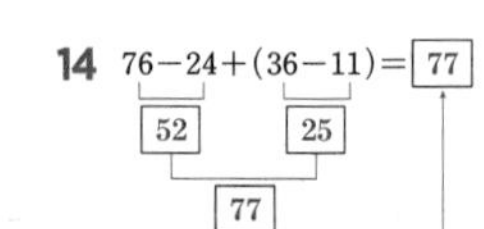

14　76−24+(36−11)=77 (52, 25, 77)

1 덧셈과 뺄셈이 섞여 있는 식의 계산(2)

학습 날짜　월　일

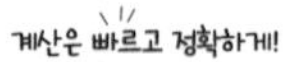

계산은 빠르고 정확하게!

걸린 시간	1~6분	6~9분	9~12분
맞은 개수	17~18개	13~16개	1~12개
평가	참 잘했어요.	잘했어요.	좀더 노력해요.

보기와 같이 순서를 나타내고 계산을 하시오. (1~9)

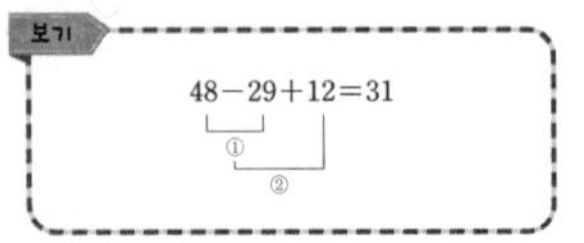

보기　48−29+12=31 (①, ②)

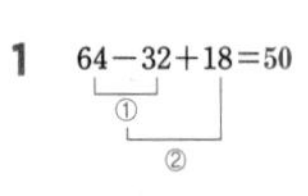

1　64−32+18=50

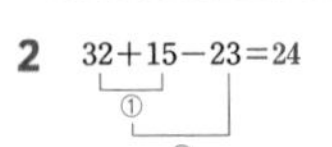

2　32+15−23=24

3　58−47+25=36

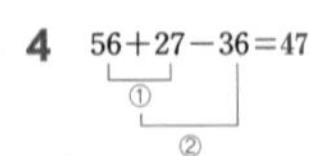

4　56+27−36=47

5　92−48+12=56

6　63+25−17+15=86

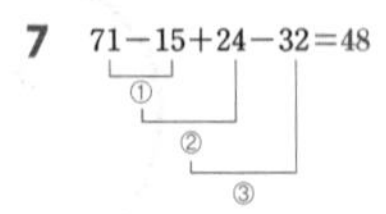

7　71−15+24−32=48

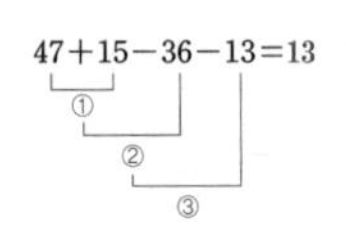

8　47+15−36−13=13

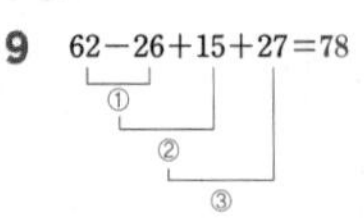

9　62−26+15+27=78

보기와 같이 순서를 나타내고 계산을 하시오. (10~18)

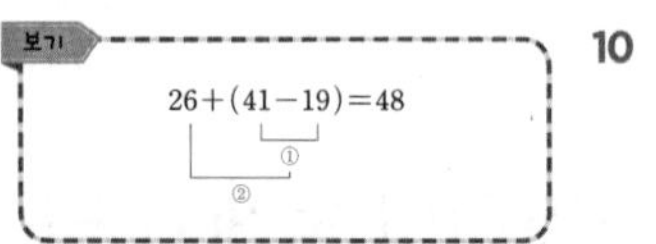

보기　26+(41−19)=48 (①, ②)

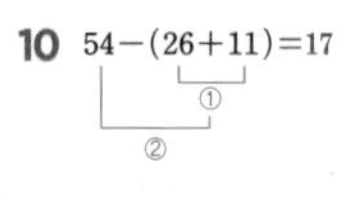

10　54−(26+11)=17

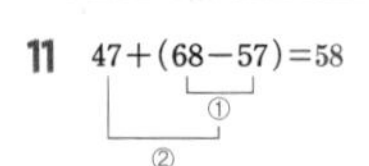

11　47+(68−57)=58

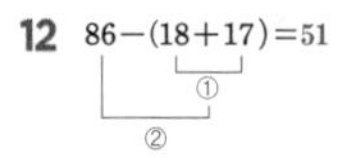

12　86−(18+17)=51

13　27+(51−23)=55

14　92−(28+29)=35

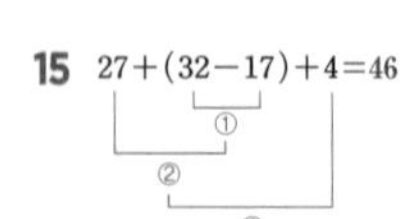

15　27+(32−17)+4=46

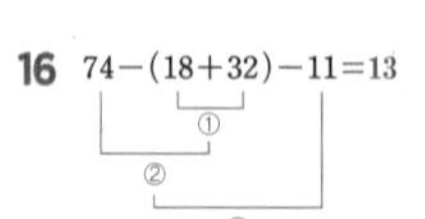

16　74−(18+32)−11=13

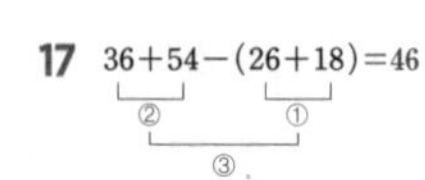

17　36+54−(26+18)=46

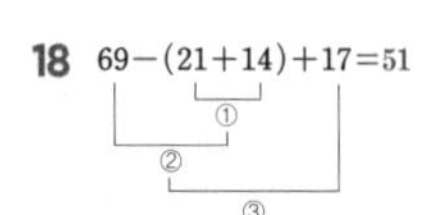

18　69−(21+14)+17=51

1 덧셈과 뺄셈이 섞여 있는 식의 계산(3)

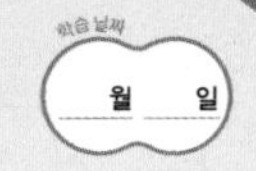

계산은 빠르고 정확하게!

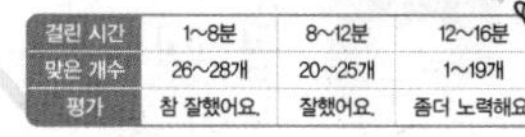

걸린 시간	1~8분	8~12분	12~16분
맞은 개수	26~28개	20~25개	1~19개
평가	참 잘했어요.	잘했어요.	좀더 노력해요.

계산을 하시오. (1~14)

1 46+27−35=38

2 54−27+12=39

3 62+19−42=39

4 62−57+18=23

5 49+54−61=42

6 82−54+27=55

7 56+49−76=29

8 96−48+14=62

9 25+47−32+14=54

10 61−19+24−31=35

11 69+15−29+17=72

12 74−24+36−57=29

13 48+59−14−39=54

14 87−23−31+40=73

계산을 하시오. (15~28)

15 59+(32−18)=73

16 53−(26+21)=6

17 46+(65−29)=82

18 94−(58+27)=9

19 32+(54−17)=69

20 52−(9+35)=8

21 27+25−(17+16)=19

22 64−54+(17−9)=18

23 64+19−(26+11)=46

24 92−(32+51)+11=20

25 82+(62−57)+12=99

26 84−(24+42)−9=9

27 115+24−(67−54)=126

28 58−(34−19)+15=58

2 곱셈과 나눗셈이 섞여 있는 식의 계산(1)

학습 날짜 월 일

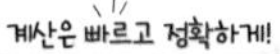

걸린 시간	1~5분	5~8분	8~10분
맞은 개수	13~14개	10~12개	1~9개
평가	참 잘했어요.	잘했어요.	좀더 노력해요.

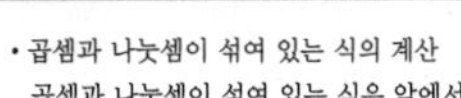

곱셈과 나눗셈이 섞여 있는 식은 앞에서부터 차례로 계산합니다.
( )가 있는 식은 ( ) 안을 먼저 계산합니다.

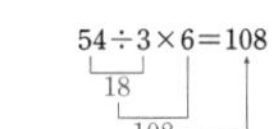
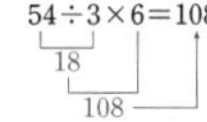

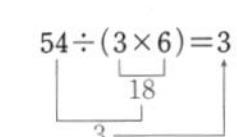

□ 안에 알맞은 수를 써넣으시오. (1~6)

1 5×12÷3=20

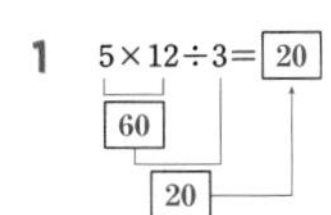

2 24÷4×7=42

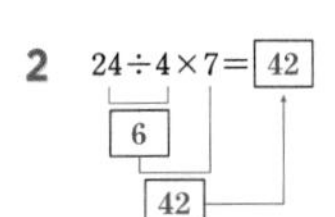

3 11×8÷4=22 (88, 22)

4 30÷6×9=45

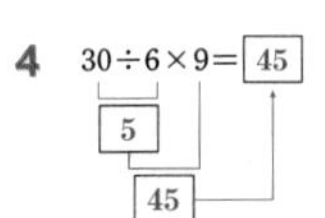

5 18×4÷6=12 (72, 12)

6 84÷12×5=35 (7, 35)

□ 안에 알맞은 수를 써넣으시오. (7~14)

7 8×(16÷4)=32 (4, 32)

8 84÷(14×2)=3

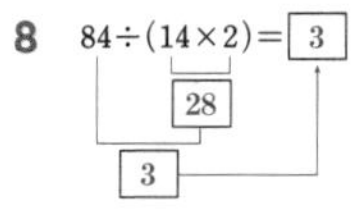

9 32×(21÷7)=96

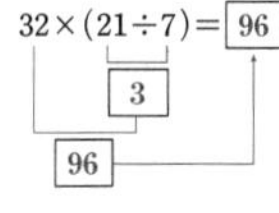

10 48÷(3×8)=2

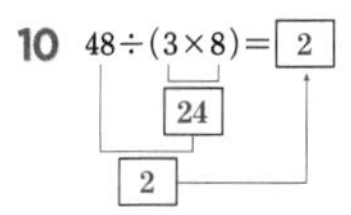

11 4×(96÷32)×8=96 (3, 12, 96)

12 72÷(4×9)×11=22

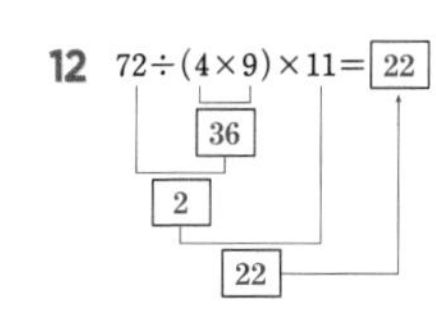

13 9×(42÷6)×3=189 (7, 63, 189)

14 91÷13×(27÷3)=63 (7, 9, 63)

곱셈과 나눗셈이 섞여 있는 식의 계산(2)

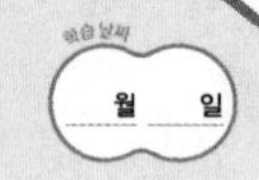

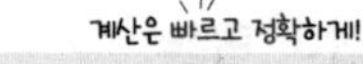

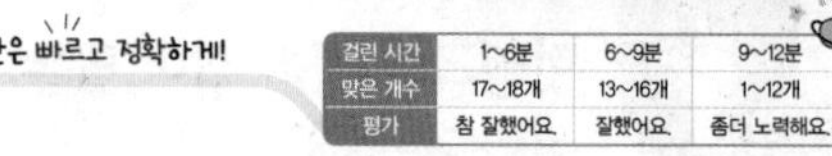

걸린 시간	1~6분	6~9분	9~12분
맞은 개수	17~18개	13~16개	1~12개
평가	참 잘했어요.	잘했어요.	좀더 노력해요.

보기 와 같이 순서를 나타내고 계산을 하시오. (1~9)

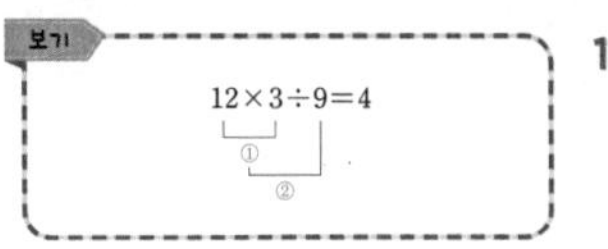

1 $63\div7\times8=72$

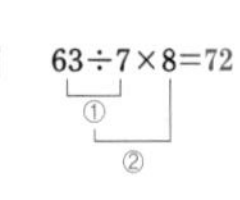

2 $11\times6\div3=22$

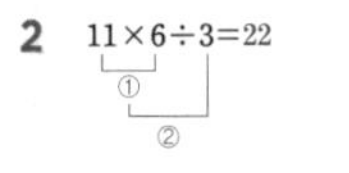

3 $132\div12\times7=77$

4 $72\times4\div9=32$

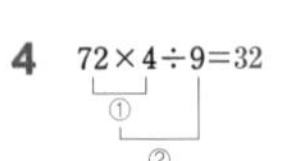

5 $81\div9\times12=108$

6 $18\times4\div6\times2=24$

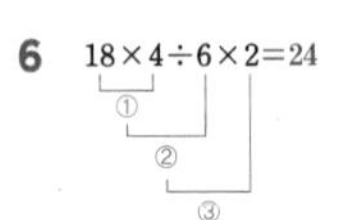

7 $64\div8\times9\div3=24$

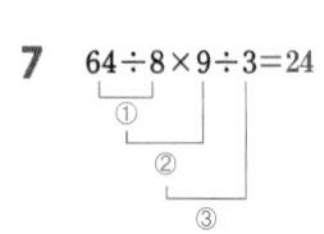

8 $35\times4\div7\div5=4$

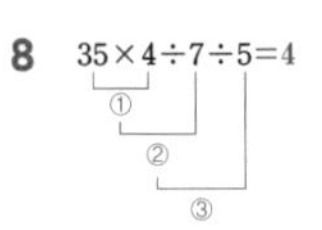

9 $156\div13\div2\times16=96$

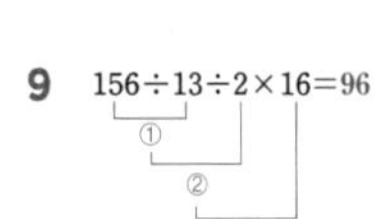

보기 와 같이 순서를 나타내고 계산을 하시오. (10~18)

보기

$12\times(9\div3)=36$

10 $84\div(3\times7)=4$

11 $48\times(121\div11)=528$

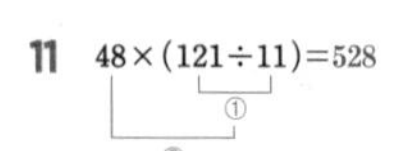

12 $120\div(6\times4)=5$

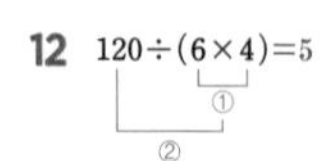

13 $32\times(90\div6)=480$

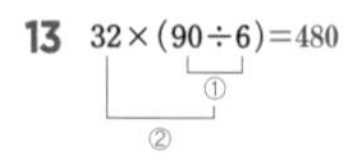

14 $165\div(11\times3)=5$

15 $24\times15\div(5\times6)=12$

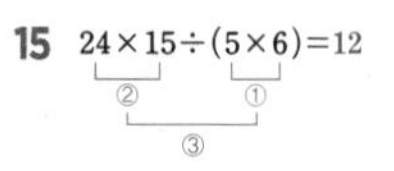

16 $96\div(4\times3)\times7=56$

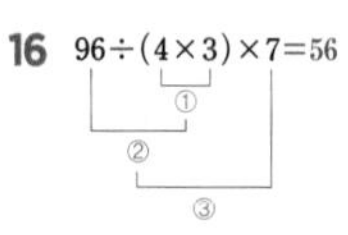

17 $21\times12\div(36\div4)=28$

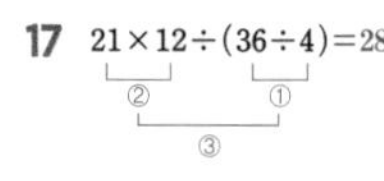

18 $270\div(9\times2)\div3=5$

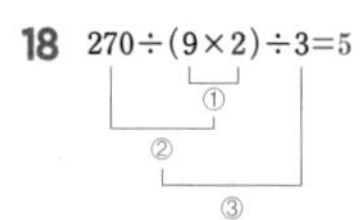

곱셈과 나눗셈이 섞여 있는 식의 계산(3)

계산은 빠르고 정확하게!

걸린 시간	1~9분	9~14분	14~18분
맞은 개수	26~28개	20~25개	1~19개
평가	참 잘했어요.	잘했어요.	좀더 노력해요.

계산을 하시오. (1~14)

1 $17\times12\div6=34$

2 $63\div21\times5=15$

3 $18\times15\div10=27$

4 $124\div31\times14=56$

5 $24\times25\div15=40$

6 $256\div8\times2=64$

7 $15\times28\div7=60$

8 $192\div16\times9=108$

9 $12\times4\div3\times5=80$

10 $60\div4\times3\div5=9$

11 $38\times5\div19\times7=70$

12 $104\div13\times6\div12=4$

13 $64\times9\div8\div3=24$

14 $68\div17\times5\times4=80$

계산을 하시오. (15~28)

15 $25\times(18\div6)=75$

16 $168\div(4\times7)=6$

17 $13\times(75\div15)=65$

18 $120\div(3\times5)=8$

19 $35\times(100\div25)=140$

20 $162\div(9\times6)=3$

21 $7\times(16\div4)\times3=84$

22 $96\div(2\times4)\div3=4$

23 $10\times9\div(3\times6)=5$

24 $270\div(6\times3)\div5=3$

25 $28\times6\div(7\times3)=8$

26 $98\div(18\div9)\times7=343$

27 $13\times21\div(12\div4)=91$

28 $96\div(28\div7)\times3=72$

3 덧셈, 뺄셈, 곱셈이 섞여 있는 식의 계산(1)

학습 날짜 월 일

- 덧셈, 뺄셈, 곱셈이 섞여 있는 식의 계산

덧셈, 뺄셈, 곱셈이 섞여 있는 식은 곱셈을 먼저 계산합니다.
(　　)가 있는 식은 (　　) 안을 먼저 계산합니다.

$30-6\times4+15=21$

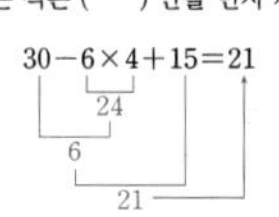

$(30-6)\times4+15=111$

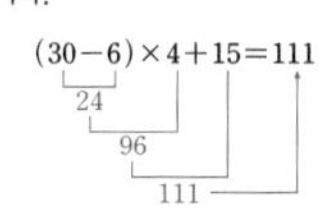

계산은 빠르고 정확하게!

걸린 시간	1~5분	5~8분	8~10분
맞은 개수	13~14개	10~12개	1~9개
평가	참 잘했어요.	잘했어요.	좀더 노력해요.

□ 안에 알맞은 수를 써넣으시오. (1~6)

1 $27+4\times9=63$

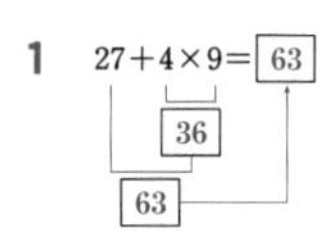

2 $58-12\times3=22$

3 $12+5\times8-21=31$

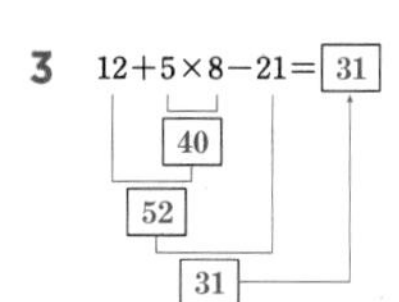

4 $65-13\times4+9=22$

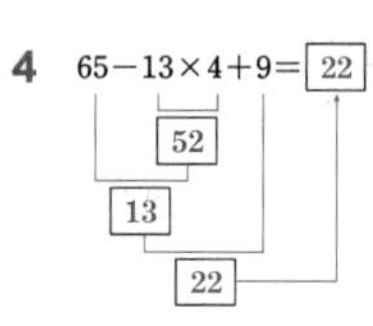

5 $16+24-3\times9=13$

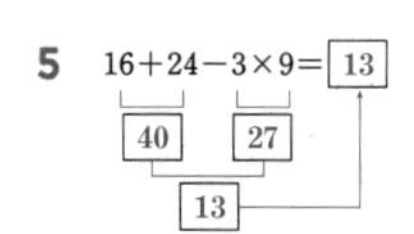

6 $72-46+6\times2=38$

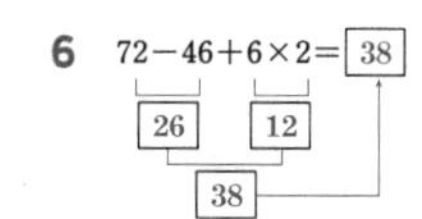

□ 안에 알맞은 수를 써넣으시오. (7~14)

7 $(15+14)\times3=87$

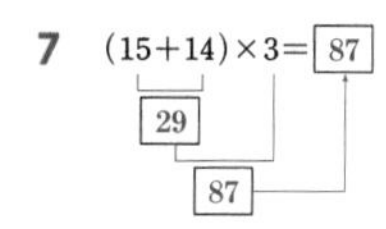

8 $(62-38)\times5=120$

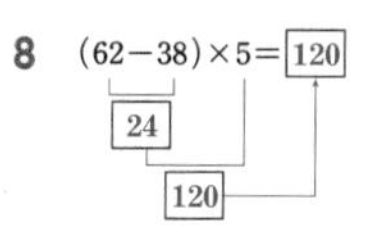

9 $21+5\times(7-2)=46$

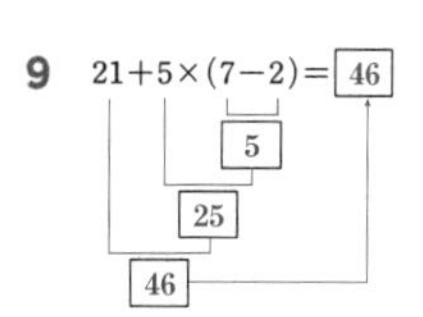

10 $84-4\times(9+6)=24$

11 $(12+15)\times3-37=44$

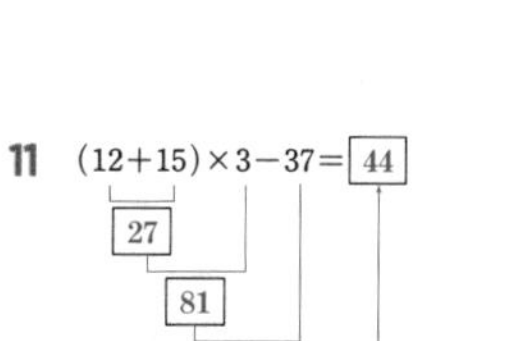

12 $(27-15)\times8+14=110$

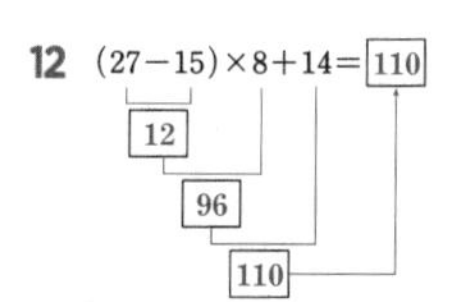

13 $8\times(16-7)+10=82$

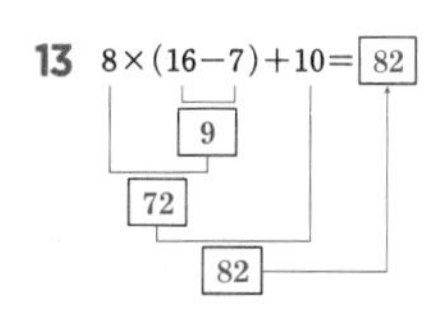

14 $5\times(14+8)-62=48$

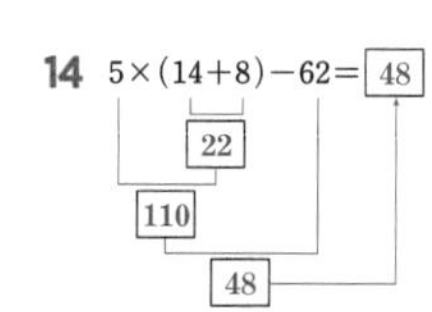

3 덧셈, 뺄셈, 곱셈이 섞여 있는 식의 계산(2)

학습 날짜 월 일

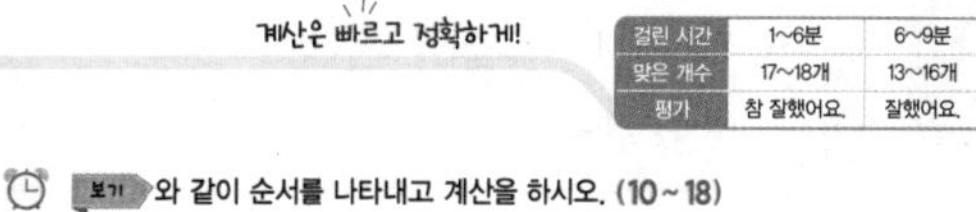

계산은 빠르고 정확하게!

걸린 시간	1~6분	6~9분	9~12분
맞은 개수	17~18개	13~16개	1~12개
평가	참 잘했어요.	잘했어요.	좀더 노력해요.

보기 와 같이 순서를 나타내고 계산을 하시오. (1~9)

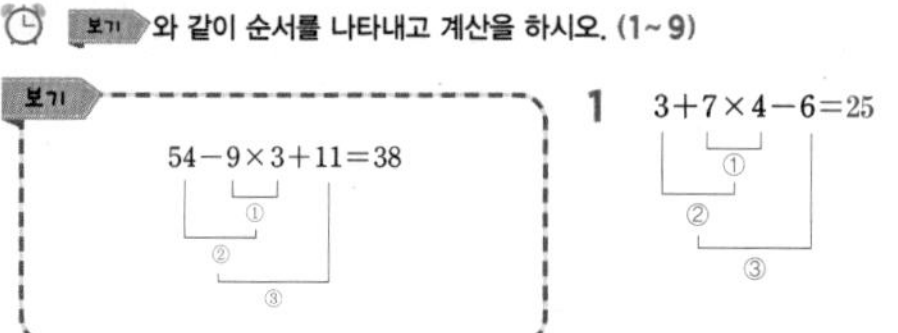

보기 $54-9\times3+11=38$

1 $3+7\times4-6=25$

2 $18-2\times6+7=13$

3 $24+5\times8-37=27$

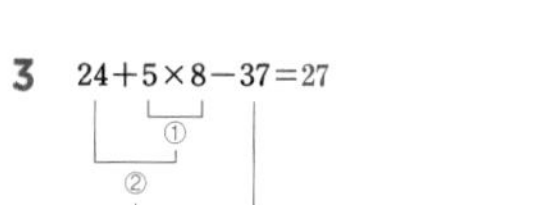

4 $76-11\times4+9=41$

5 $32+6\times15-88=34$

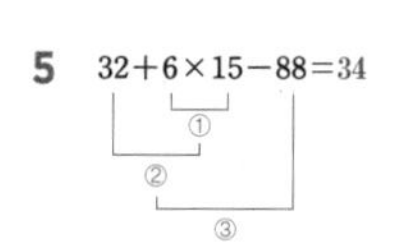

6 $17-5\times3+6+18=26$

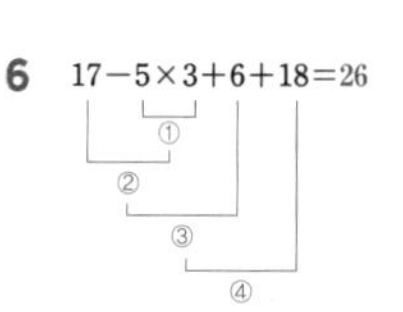

7 $36+12-5\times7+8=21$

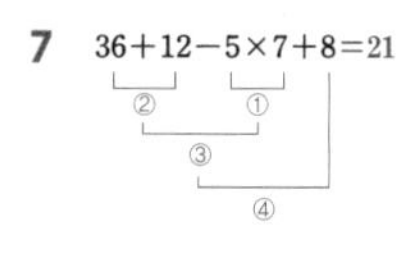

8 $7\times6-11+5+14=50$

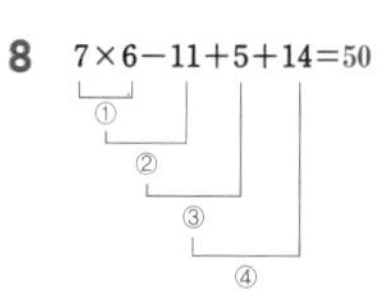

9 $25+6-3\times8+15=22$

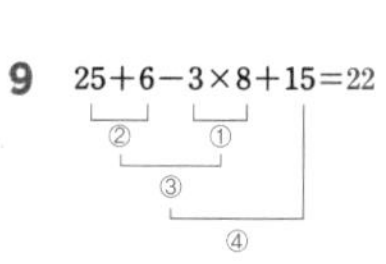

보기 와 같이 순서를 나타내고 계산을 하시오. (10~18)

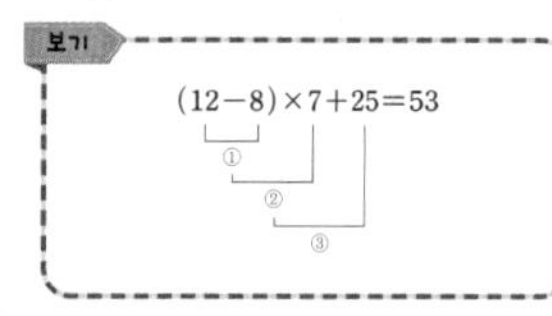

보기 $(12-8)\times7+25=53$

10 $(5+9)\times3-15=27$

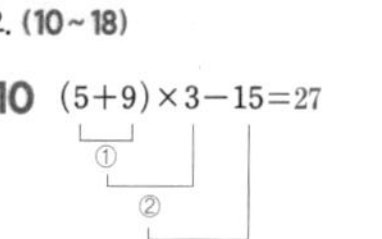

11 $7\times6+(52-28)=66$

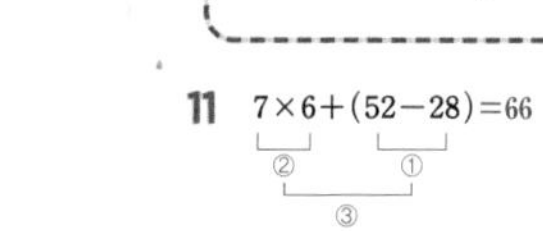

12 $4\times(9+6)-27=33$

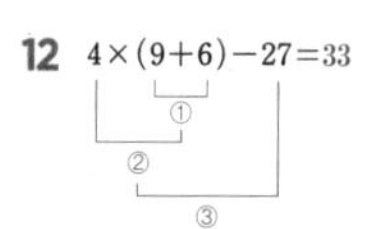

13 $50+(16-9)\times2=64$

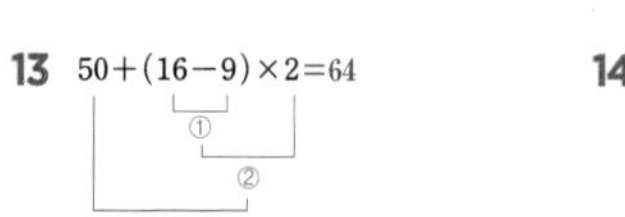

14 $14+(17-6)\times5=69$

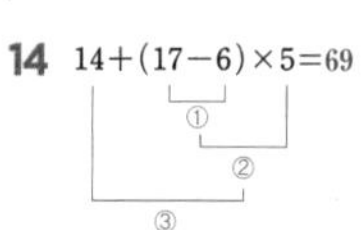

15 $55+(18-5)\times2-9=72$

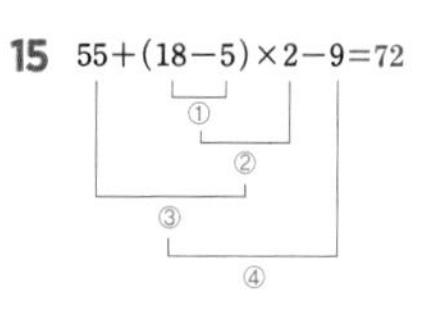

16 $12\times(6-4)+15-8=31$

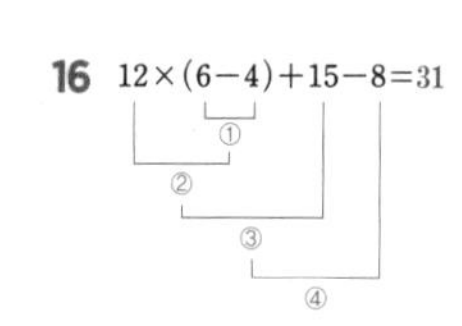

17 $90-13+(22-4)\times3=131$

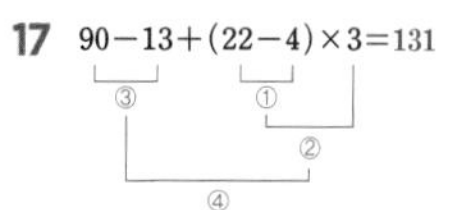

18 $3\times(24-13)\times5+9=174$

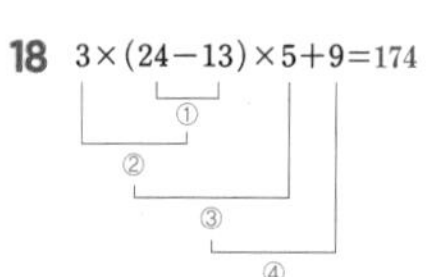

정답

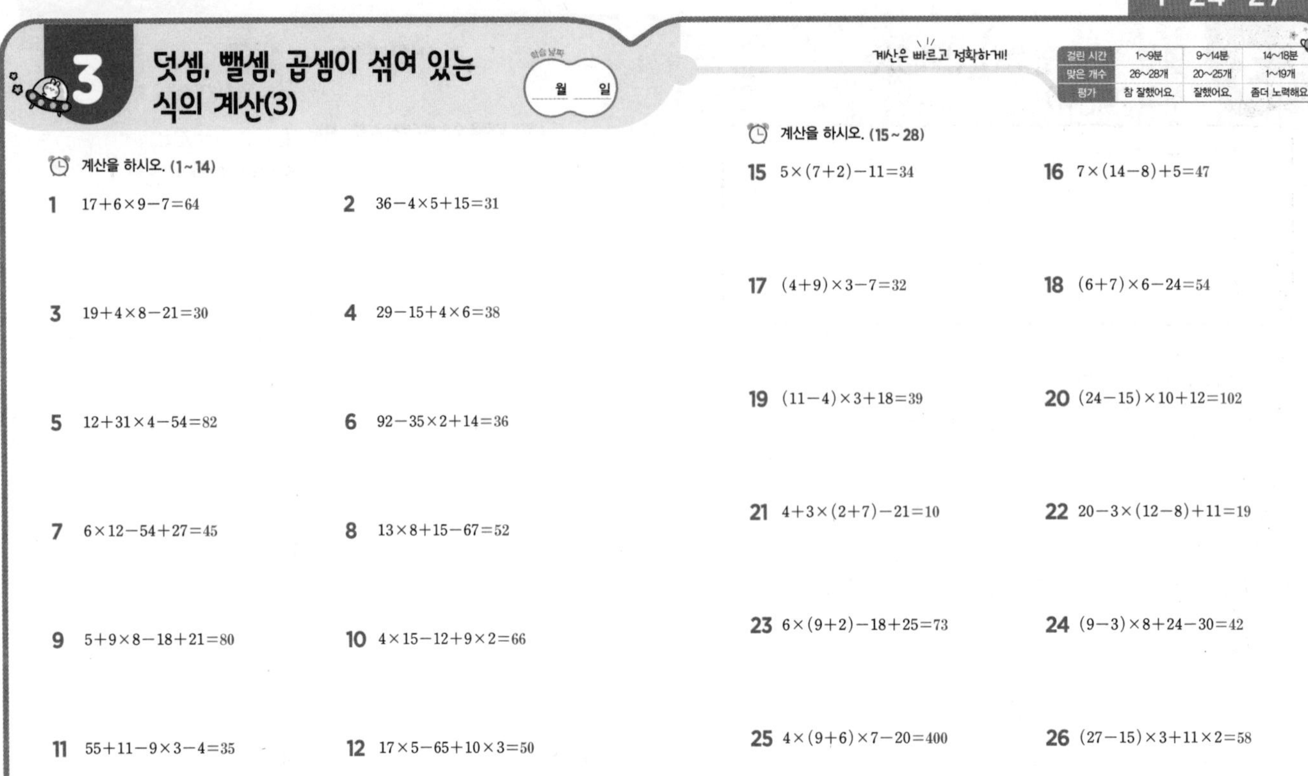

3 덧셈, 뺄셈, 곱셈이 섞여 있는 식의 계산(3)

학습 날짜 월 일

계산은 빠르고 정확하게!

걸린 시간	1~9분	9~14분	14~18분
맞은 개수	26~28개	20~25개	1~19개
평가	참 잘했어요.	잘했어요.	좀더 노력해요.

계산을 하시오. (1~14)

1 $17+6\times9-7=64$
2 $36-4\times5+15=31$
3 $19+4\times8-21=30$
4 $29-15+4\times6=38$
5 $12+31\times4-54=82$
6 $92-35\times2+14=36$
7 $6\times12-54+27=45$
8 $13\times8+15-67=52$
9 $5+9\times8-18+21=80$
10 $4\times15-12+9\times2=66$
11 $55+11-9\times3-4=35$
12 $17\times5-65+10\times3=50$
13 $27-12\times2+78-5=76$
14 $91+7\times4-8\times6=71$

계산을 하시오. (15~28)

15 $5\times(7+2)-11=34$
16 $7\times(14-8)+5=47$
17 $(4+9)\times3-7=32$
18 $(6+7)\times6-24=54$
19 $(11-4)\times3+18=39$
20 $(24-15)\times10+12=102$
21 $4+3\times(2+7)-21=10$
22 $20-3\times(12-8)+11=19$
23 $6\times(9+2)-18+25=73$
24 $(9-3)\times8+24-30=42$
25 $4\times(9+6)\times7-20=400$
26 $(27-15)\times3+11\times2=58$
27 $(5+7)\times8-9\times7=33$
28 $50-3\times(15-9)\times2=14$

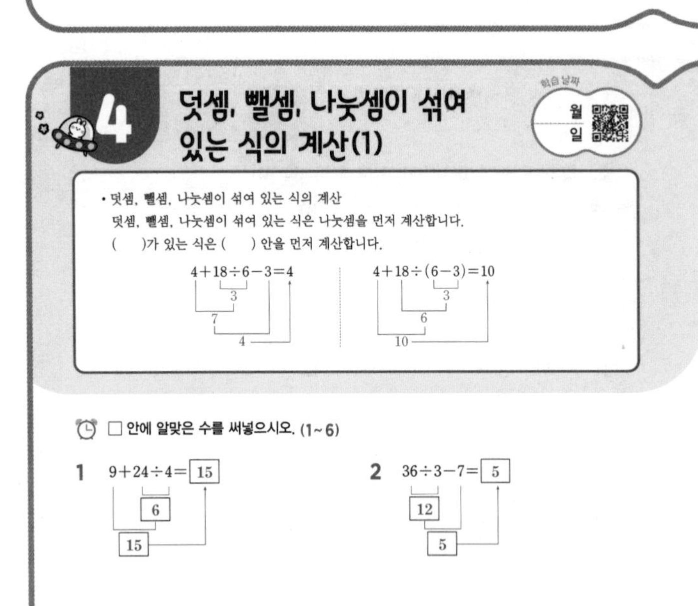

4 덧셈, 뺄셈, 나눗셈이 섞여 있는 식의 계산(1)

학습 날짜 월 일

• 덧셈, 뺄셈, 나눗셈이 섞여 있는 식의 계산
덧셈, 뺄셈, 나눗셈이 섞여 있는 식은 나눗셈을 먼저 계산합니다.
( )가 있는 식은 ( ) 안을 먼저 계산합니다.

$4+18\div6-3=4$ (3, 7, 4)

$4+18\div(6-3)=10$ (3, 6, 10)

□ 안에 알맞은 수를 써넣으시오. (1~6)

1 $9+24\div4=$ 15 (6, 15)
2 $36\div3-7=$ 5 (12, 5)
3 $9+12\div4-6=$ 6 (3, 12, 6)
4 $25-16\div2+3=$ 20 (8, 17, 20)
5 $45\div5+11-15=$ 5 (9, 20, 5)
6 $21-13+32\div8=$ 12 (8, 4, 12)

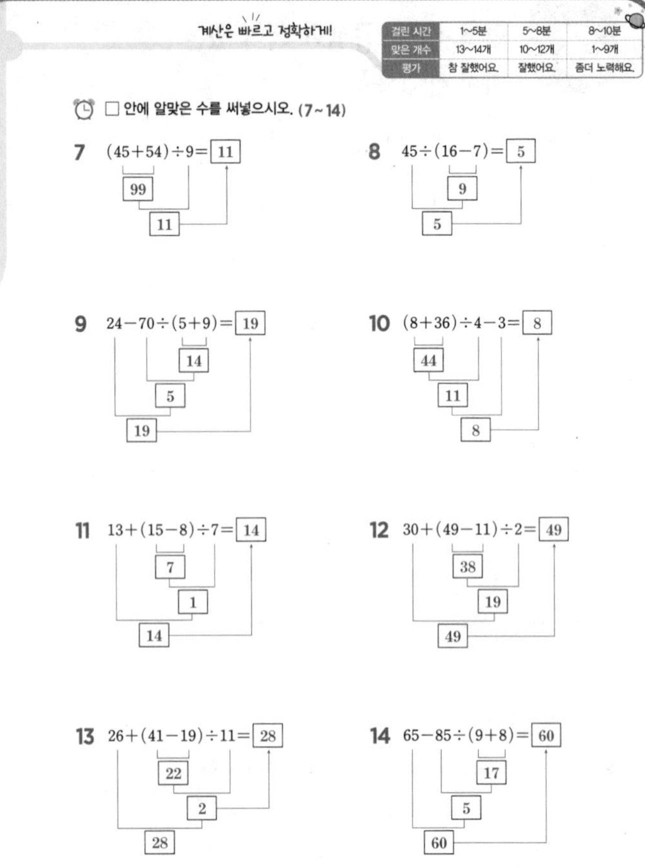

계산은 빠르고 정확하게!

걸린 시간	1~5분	5~8분	8~10분
맞은 개수	13~14개	10~12개	1~9개
평가	참 잘했어요.	잘했어요.	좀더 노력해요.

□ 안에 알맞은 수를 써넣으시오. (7~14)

7 $(45+54)\div9=$ 11 (99, 11)
8 $45\div(16-7)=$ 5 (9, 5)
9 $24-70\div(5+9)=$ 19 (14, 5, 19)
10 $(8+36)\div4-3=$ 8 (44, 11, 8)
11 $13+(15-8)\div7=$ 14 (7, 1, 14)
12 $30+(49-11)\div2=$ 49 (38, 19, 49)
13 $26+(41-19)\div11=$ 28 (22, 2, 28)
14 $65-85\div(9+8)=$ 60 (17, 5, 60)

4 덧셈, 뺄셈, 나눗셈이 섞여 있는 식의 계산(2)

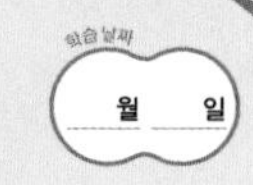

계산은 빠르고 정확하게!

걸린 시간	1~6분	6~9분	9~12분
맞은 개수	17~18개	13~16개	1~12개
평가	참 잘했어요.	잘했어요.	좀더 노력해요.

보기 와 같이 순서를 나타내고 계산을 하시오. (1 ~ 9)

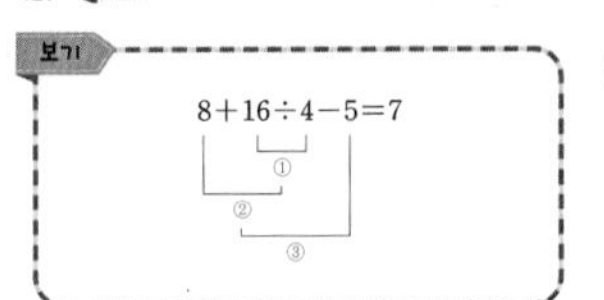

1 $9+24\div6-2=11$

2 $16-28\div7+5=17$

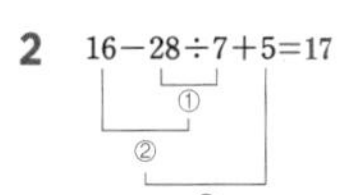

3 $36\div3+8-11=9$

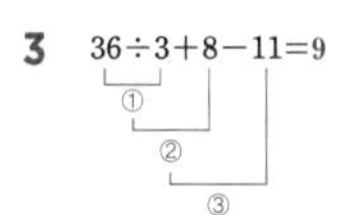

4 $8+14-72\div9=14$

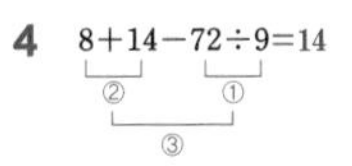

5 $82-96\div8+3=73$

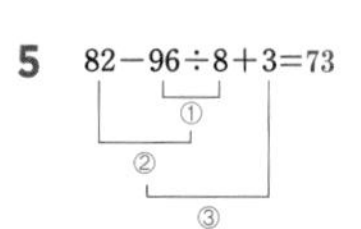

6 $63\div7+15-8=16$

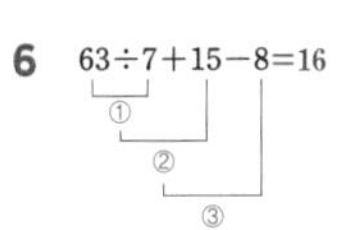

7 $35\div7-2+19=22$

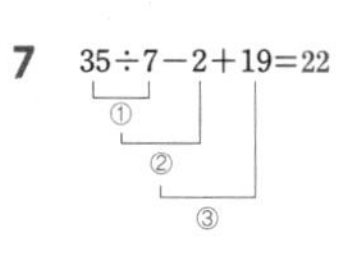

8 $18\div6+26-13=16$

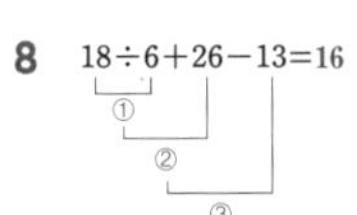

9 $40-8+15\div3=37$

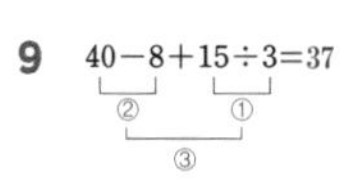

보기 와 같이 순서를 나타내고 계산을 하시오. (10 ~ 18)

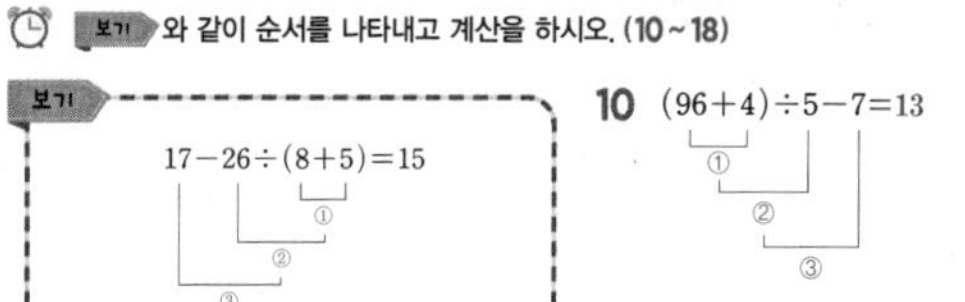

11 $52-48\div(2+6)=46$

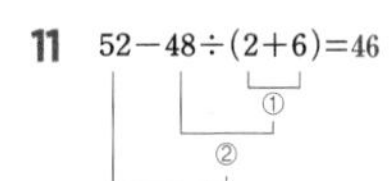

12 $(28-4)\div6+18=22$

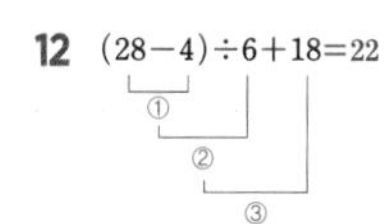

13 $40+(27-11)\div4=44$

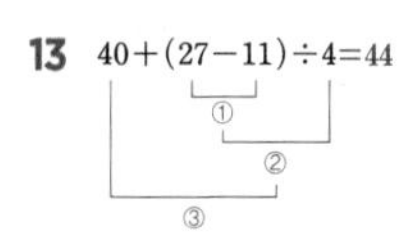

14 $29-(13+8)\div7=26$

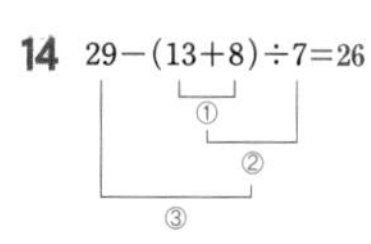

15 $27+25\div(9-4)=32$

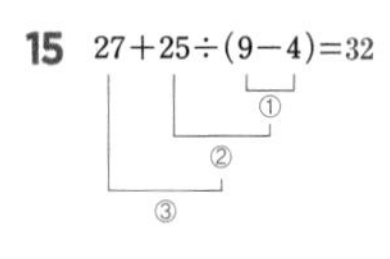

16 $15-44\div(8+3)=11$

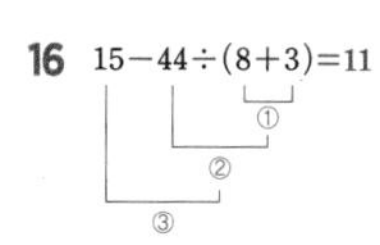

17 $38+(41-17)\div8=41$

18 $87-(65+15)\div16=82$

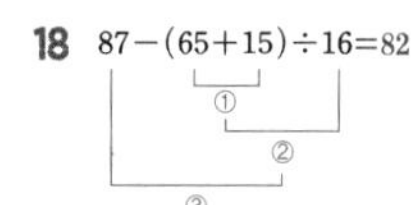

4 덧셈, 뺄셈, 나눗셈이 섞여 있는 식의 계산 (3)

계산은 빠르고 정확하게!

걸린 시간	1~9분	9~14분	14~18분
맞은 개수	26~28개	20~25개	1~19개
평가	참 잘했어요.	잘했어요.	좀더 노력해요.

계산을 하시오. (1 ~ 14)

1 $17+68\div4-6=28$

2 $28-49\div7+12=33$

3 $48+36\div4-23=34$

4 $42-39\div13+4=43$

5 $25+96\div6-18=23$

6 $68-121\div11+25=82$

7 $19+15-56\div4=20$

8 $72-56+98\div14=23$

9 $75\div15+27-19=13$

10 $153\div3-47+28=32$

11 $49\div7+41-36=12$

12 $54\div9+14-4=16$

13 $36+54\div6-14=31$

14 $57-84\div21+7=60$

계산을 하시오. (15 ~ 28)

15 $(24+36)\div15-3=1$

16 $175\div(15-8)+13=38$

17 $27+54\div(11-5)=36$

18 $28-180\div(16+29)=24$

19 $47+69\div(30-7)=50$

20 $58-114\div(11+8)=52$

21 $112\div(17-9)+44=58$

22 $165\div(8+7)-9=2$

23 $104\div(24-11)+22=30$

24 $195\div(4+9)-8=7$

25 $(49+71)\div8-6=9$

26 $(94-13)\div3+13=40$

27 $26+(41-19)\div11=28$

28 $24-136\div(16+18)=20$

5 덧셈, 뺄셈, 곱셈, 나눗셈이 섞여 있는 식의 계산(1)

계산은 빠르고 정확하게!

걸린 시간	1~6분	6~9분	9~12분
맞은 개수	11~12개	9~10개	1~8개
평가	참 잘했어요.	잘했어요.	좀더 노력해요.

• 덧셈, 뺄셈, 곱셈, 나눗셈이 섞여 있는 식의 계산
덧셈, 뺄셈, 곱셈, 나눗셈이 섞여 있는 식은 곱셈과 나눗셈을 먼저 계산합니다.
( )가 있는 식은 ( ) 안을 먼저 계산합니다.

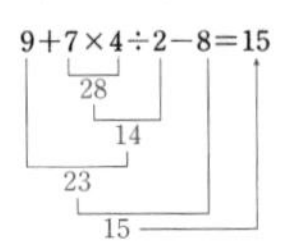

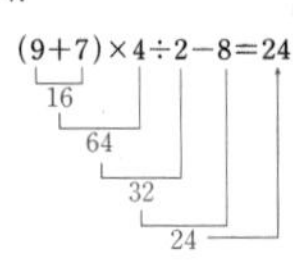

□ 안에 알맞은 수를 써넣으시오. (1~4)

1 29−4×9÷6+3=26

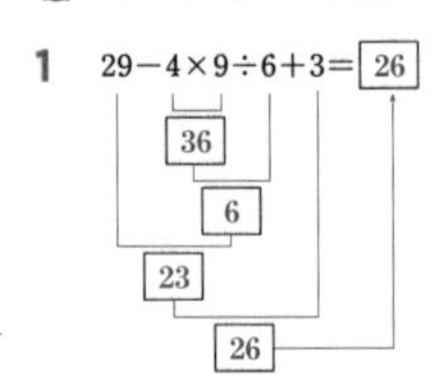

2 7+8×6÷4−5=14

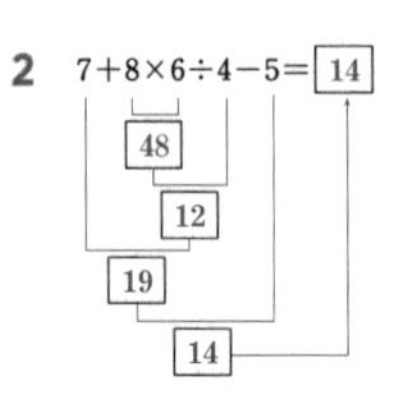

3 45−36÷4×3+5=23

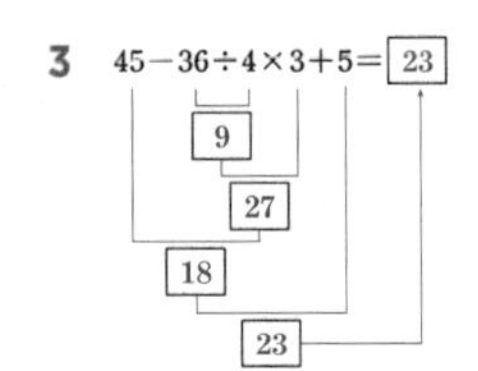

4 11+42÷6×3−15=17

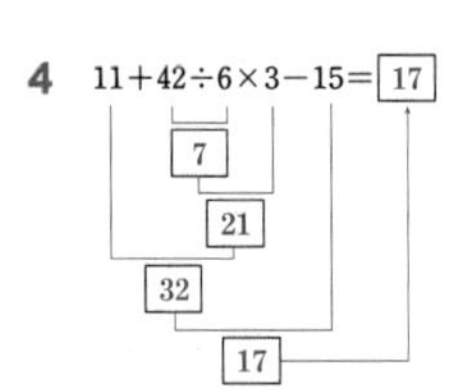

□ 안에 알맞은 수를 써넣으시오. (5~12)

5 5+8×(6−4)÷4=9

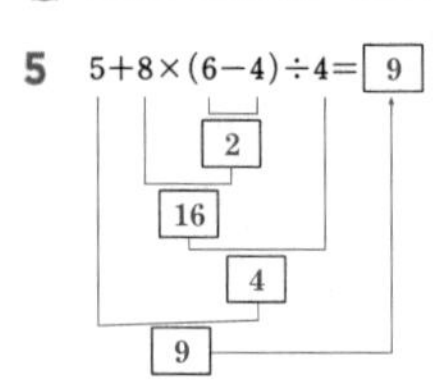

6 20−4×(5+3)÷2=4

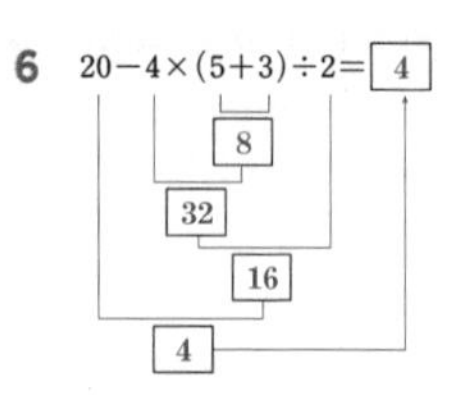

7 56÷(15−8)+3×5=23

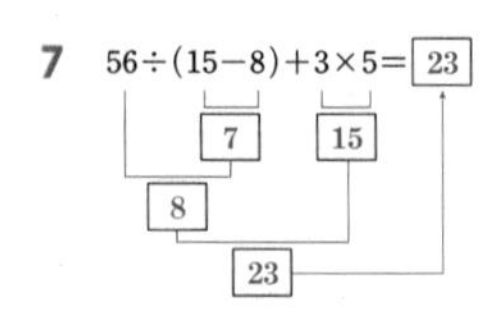

8 81÷(21−12)+4×7=37

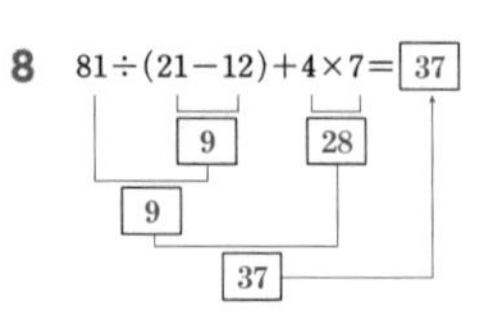

9 64÷(2×4)+7−9=6

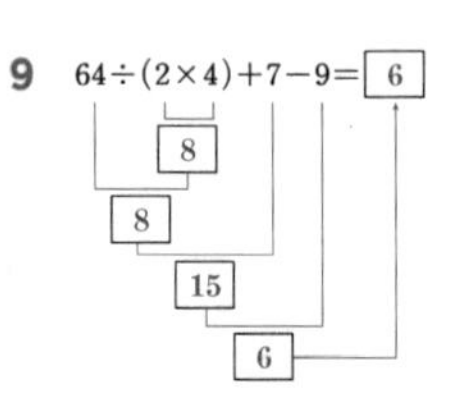

10 60÷(3×5)+8−3=9

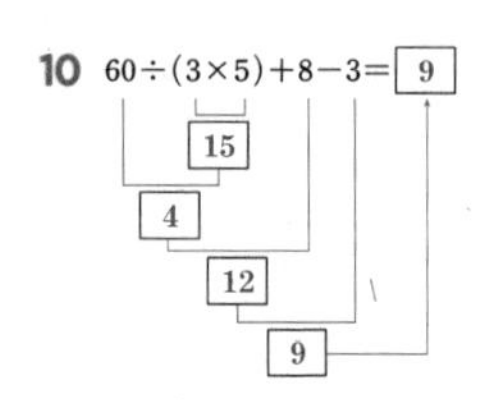

11 17−84÷(7×2)+5=16

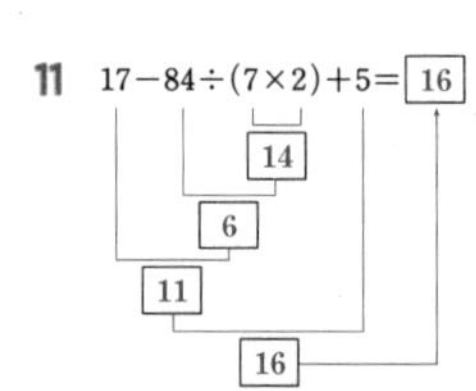

12 16+90÷(9×2)−11=10

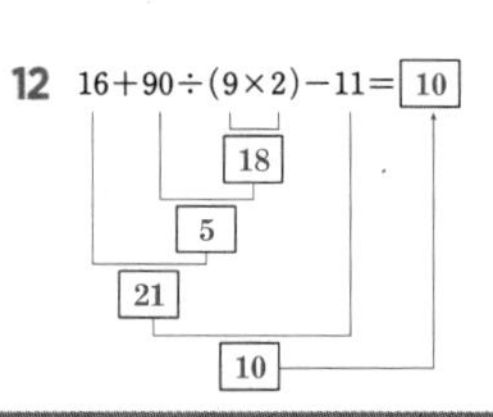

5 덧셈, 뺄셈, 곱셈, 나눗셈이 섞여 있는 식의 계산(2)

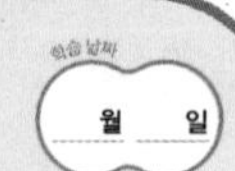

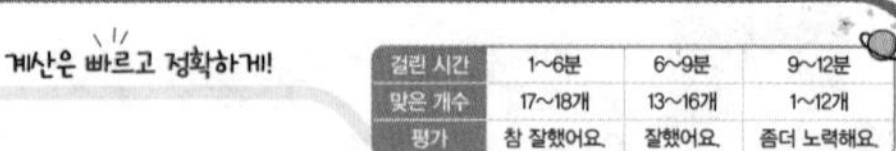

계산은 빠르고 정확하게!

걸린 시간	1~6분	6~9분	9~12분
맞은 개수	17~18개	13~16개	1~12개
평가	참 잘했어요.	잘했어요.	좀더 노력해요.

보기 와 같이 순서를 나타내고 계산을 하시오. (1~9)

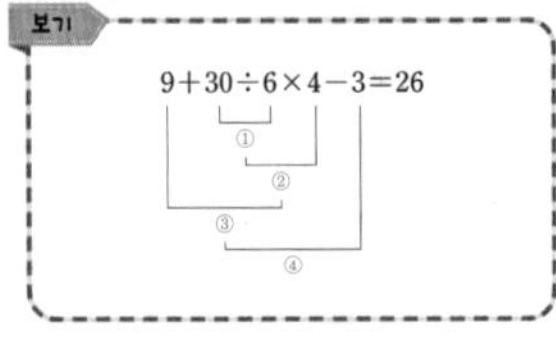

1 6+5×4−27÷3=17

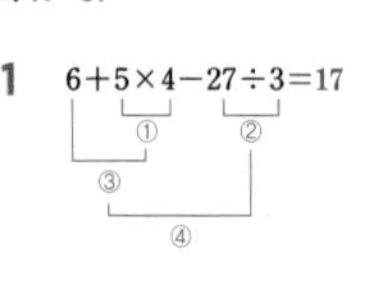

2 9−49÷7+3×8=26

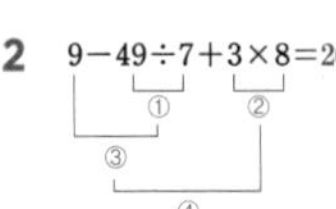

3 10+4×8−48÷6=34

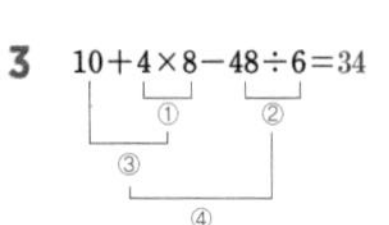

4 10+35÷7×2−8=12

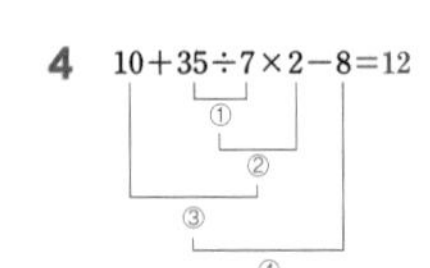

5 20−42÷7×3+6=8

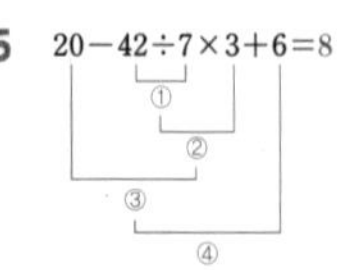

6 45÷5+7−3×4=4

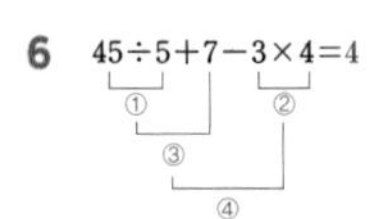

7 2×8+6−72÷4=4

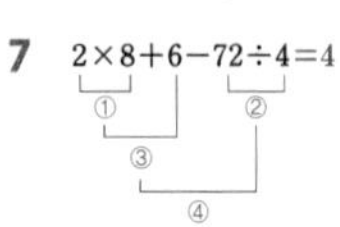

8 12×5−26+64÷2=66

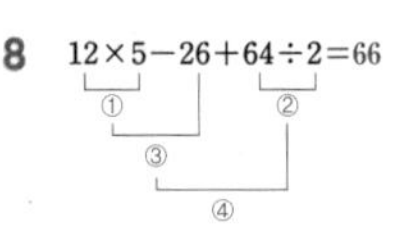

9 27+35−96÷8×4=14

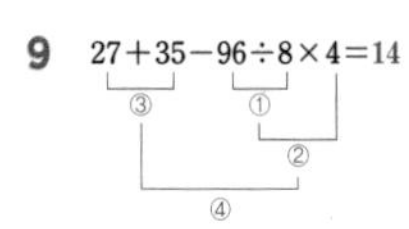

보기 와 같이 순서를 나타내고 계산을 하시오. (10~18)

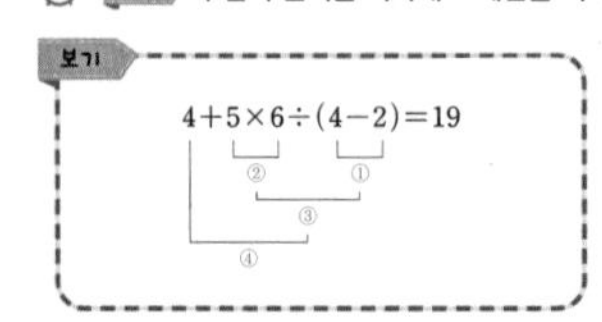

10 17−4×18÷(2+7)=9

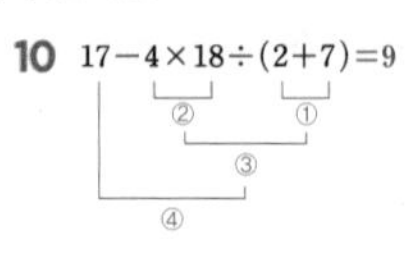

11 5+3×12÷(9−3)=11

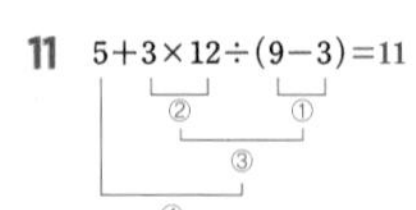

12 18−15×3÷(17−12)=9

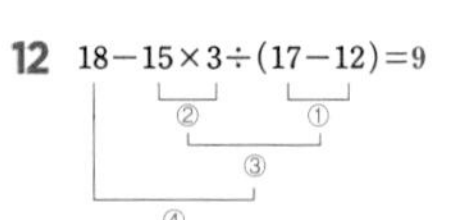

13 48÷(4×3)+9−5=8

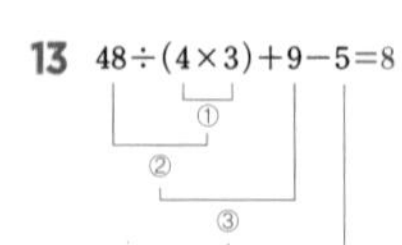

14 70÷(5×7)+18−16=4

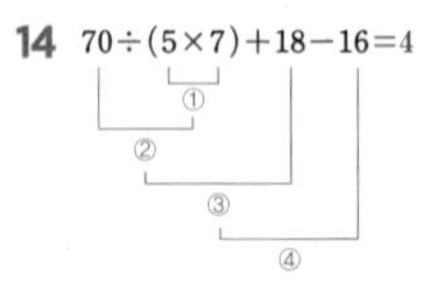

15 9×(18÷3)−15+8=47

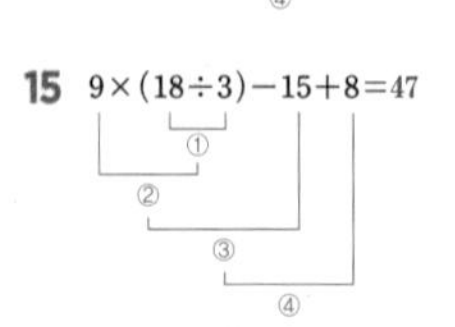

16 65−90÷(9×2)+3=63

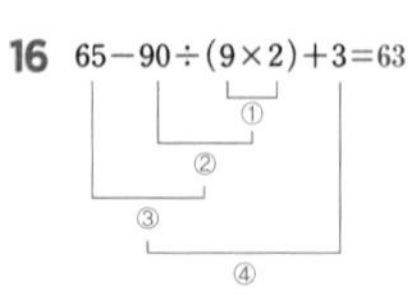

17 5+3×(72÷9)−11=18

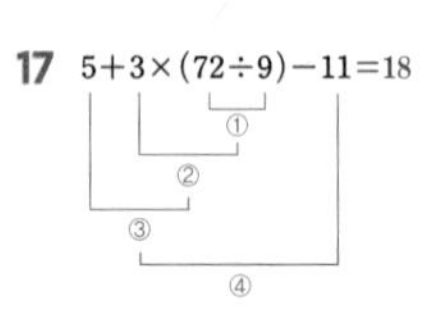

18 50−6×(84÷12)+14=22

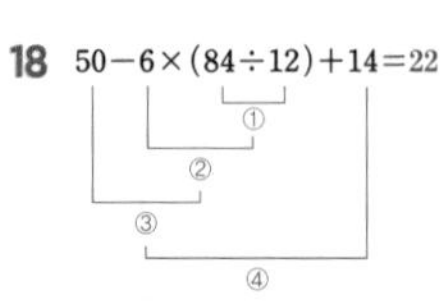

5 덧셈, 뺄셈, 곱셈, 나눗셈이 섞여 있는 식의 계산(3)

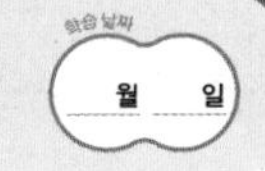

학습 날짜 월 일

계산은 빠르고 정확하게!

걸린 시간	1~10분	10~15분	15~20분
맞은 개수	26~28개	20~25개	1~19개
평가	참 잘했어요.	잘했어요.	좀더 노력해요.

계산을 하시오. (1~14)

1 $7+48\div6-2\times5=5$

2 $19-56\div8+5\times4=32$

3 $12+4\times13-68\div2=30$

4 $70-5\times12+66\div3=32$

5 $4\times8-12+75\div5=35$

6 $81\div3-7+2\times14=48$

7 $6\times5-11+64\div16=23$

8 $72\div4-8+3\times15=55$

9 $17+5\times8\div4-15=12$

10 $11+25\div5\times4-21=10$

11 $25-6\times12\div8+4=20$

12 $18-94\div47\times5+9=17$

13 $8\times11-48\div12+3=87$

14 $121\div11+4\times13-28=35$

계산을 하시오. (15~28)

15 $6+32\div(10-2)\times5=26$

16 $12+56\div(11-4)\times6=60$

17 $(3+5)\times6\div3-4=12$

18 $(9+4)\times8\div4-7=19$

19 $7+42\div(8-2)\times9=70$

20 $60-69\div(7-4)\times2=14$

21 $10-9\times(8+7)\div45=7$

22 $(51+15)-42\div6\times8=10$

23 $94-6\times(9+5)\div7=82$

24 $30-8\times(7+5)\div6=14$

25 $72\div(12+6)\times8-15=17$

26 $84\div(13-6)+2\times6=24$

27 $54\div(17-11)+4\times8=41$

28 $(62-6)\div4+3\times7=35$

6 신기한 연산

학습 날짜 월 일

계산은 빠르고 정확하게!

걸린 시간	1~10분	10~15분	15~20분
맞은 개수	11~12개	9~10개	1~8개
평가	참 잘했어요.	잘했어요.	좀더 노력해요.

보기를 참고하여 계산해 보시오. (1~6)

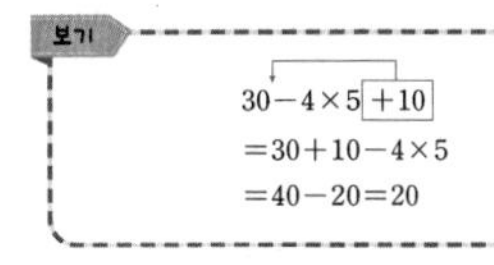

보기

$30-4\times5\,\boxed{+10}$
$=30+10-4\times5$
$=40-20=20$

$10+20\div5\,\boxed{-4}$
$=10-4+20\div5$
$=6+4=10$

1 $27+3\times6-15$

$27+3\times6-15$
$=27-15+3\times6$
$=12+18=30$

2 $32+40\div8-15$

$32+40\div8-15$
$=32-15+40\div8$
$=17+5=22$

3 $44-6\times5+2$

$44-6\times5+2$
$=44+2-6\times5$
$=46-30=16$

4 $38-56\div7+10$

$38-56\div7+10$
$=38+10-56\div7$
$=48-8=40$

5 $12+4\times7-8$

$12+4\times7-8$
$=12-8+4\times7$
$=4+28=32$

6 $62-81\div9+7$

$62-81\div9+7$
$=62+7-81\div9$
$=69-9=60$

보기를 참고하여 계산해 보시오. (7~12)

보기

$5\times4+3\times4+12\times4$
$=(5+3+12)\times4$
$=20\times4=80$

$6\times2+7\times4-8\times2$
$=6\times2+7\times2\times2-8\times2$
$=(6+14-8)\times2$
$=12\times2=24$

7 $48\times3+27\times3+25\times3$
$=(\boxed{48}+\boxed{27}+\boxed{25})\times\boxed{3}$
$=\boxed{100}\times\boxed{3}$
$=\boxed{300}$

8 $64\times4+23\times4-17\times4$
$=(\boxed{64}+\boxed{23}-\boxed{17})\times\boxed{4}$
$=\boxed{70}\times\boxed{4}$
$=\boxed{280}$

9 $36\times5-16\times5+30\times5$
$=(\boxed{36}-\boxed{16}+\boxed{30})\times\boxed{5}$
$=\boxed{50}\times\boxed{5}$
$=\boxed{250}$

10 $128\times6+53\times6-31\times6$
$=(\boxed{128}+\boxed{53}-\boxed{31})\times\boxed{6}$
$=\boxed{150}\times\boxed{6}$
$=\boxed{900}$

11 $12\times2+14\times4+16\times2$
$=(\boxed{12}+\boxed{28}+\boxed{16})\times\boxed{2}$
$=\boxed{56}\times\boxed{2}$
$=\boxed{112}$

12 $22\times3+32\times6+8\times9$
$=(\boxed{22}+\boxed{64}+\boxed{24})\times\boxed{3}$
$=\boxed{110}\times\boxed{3}$
$=\boxed{330}$

확인 평가

걸린 시간	1~10분	10~15분	15~20분
맞은 개수	28~31개	22~27개	1~21개
평가	참 잘했어요.	잘했어요.	좀더 노력해요.

□ 안에 알맞은 수를 써넣으시오. (1~8)

1 $24+57-32=49$

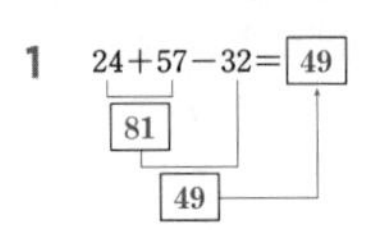

2 $112\div(4\times7)=4$

28
4

3 $7+5\times8-12=35$

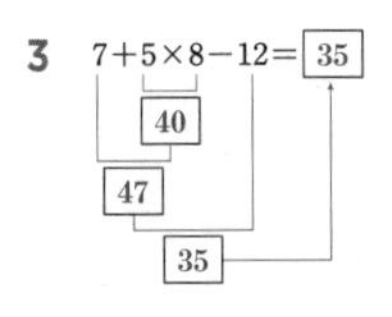

4 $32+3\times(9-3)=50$

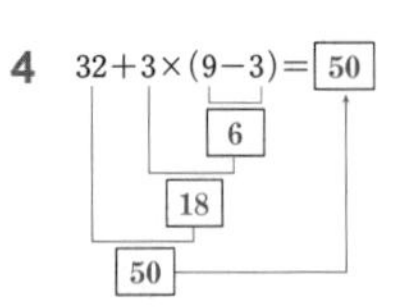

5 $17-5+72\div3=36$

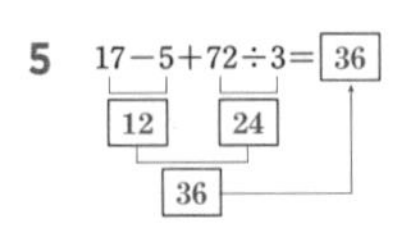

6 $(35+43)\div6-3=10$

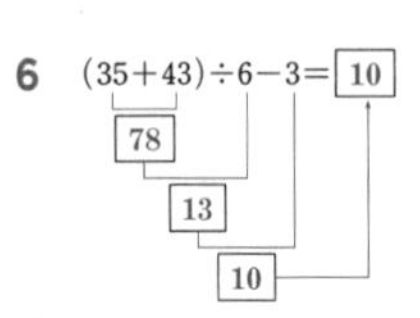

7 $15+3\times18\div6-7=17$

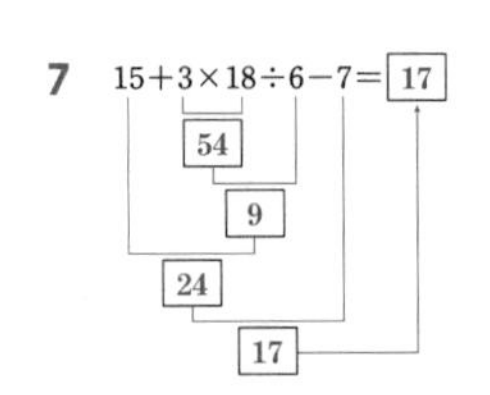

8 $28\div(14-7)\times9+11=47$

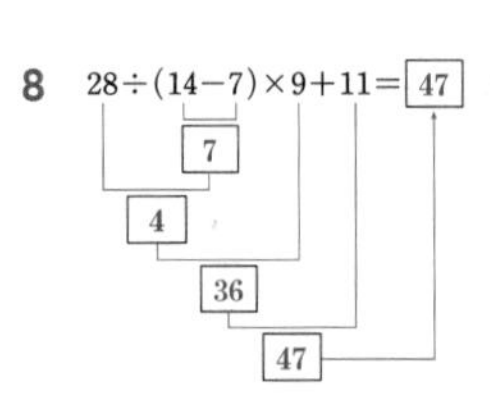

보기 와 같이 순서를 나타내고 계산을 하시오. (9~17)

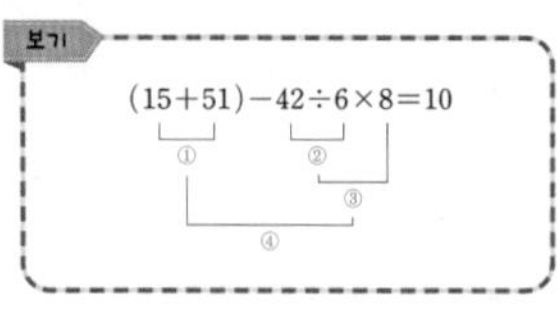

9 $180\div(4\times9)=5$

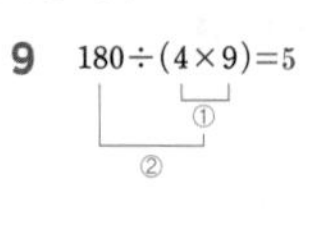

10 $9\times8\div6=12$

①
②

11 $126\div(9\times2)=7$

①
②

12 $6+5\times7-3=38$

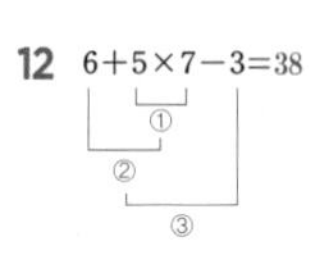

13 $(7+25)\times2-37=27$

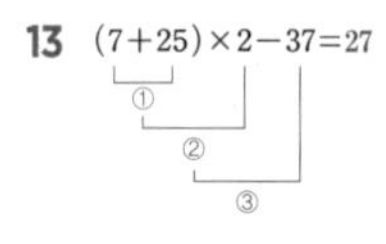

14 $19-54\div9+5=18$

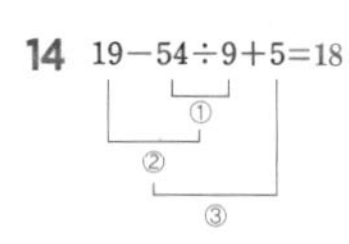

15 $28+(90-18)\div6=40$

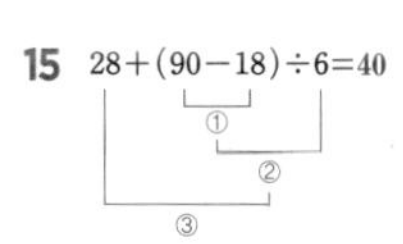

16 $13+84\div6\times2-15=26$

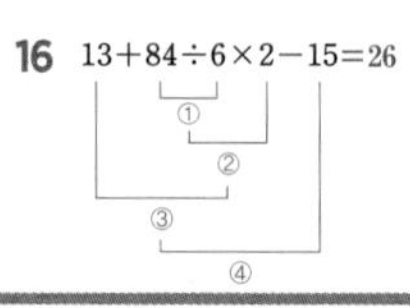

17 $76-4\times(21+6)\div3=40$

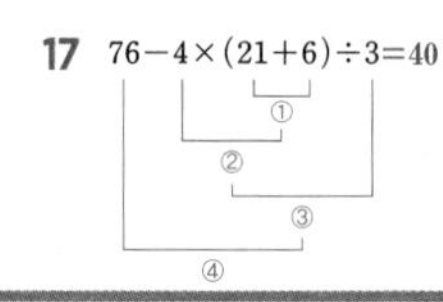

확인 평가

계산을 하시오. (18~31)

18 $48+32-52=28$

19 $82-(13+28)=41$

20 $24\times6\div12=12$

21 $84\div(2\times7)=6$

22 $9+4\times12-5=52$

23 $(17+4)\times3-47=16$

24 $35-17+54\div9=24$

25 $25-(56\div4)+11=22$

26 $63\div3-7\times2=7$

27 $8\times(5+7)\div6=16$

28 $64\div8+7\times5-26=17$

29 $91\div(4+9)\times8-28=28$

30 $14+37-72\div8\times5=6$

31 $72\div(15-9)\times8-65=31$

1 약수와 배수(1)

학습 날짜 월 일

- 어떤 수를 나누어떨어지게 하는 수를 그 수의 약수라고 합니다.
  예 8의 약수: 1, 2, 4, 8
- 어떤 수를 1배, 2배, 3배, …한 수를 그 수의 배수라고 합니다.
  예 4의 배수: 4, 8, 12, 16, 20, …
- 배수와 약수의 관계

  ■×▲=● ➡ ●는 ■와 ▲의 배수입니다. / ■와 ▲는 ●의 약수입니다.

□ 안에 알맞은 수를 써넣으시오. (1~3)

1

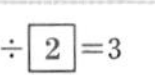  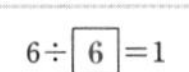

6÷[1]=6　6÷[2]=3　6÷[3]=2　6÷[6]=1

➡ 6의 약수 : [1], [2], [3], [6]

2

10÷[1]=10　10÷[2]=5　10÷[5]=2　10÷[10]=1

➡ 10의 약수 : [1], [2], [5], [10]

3

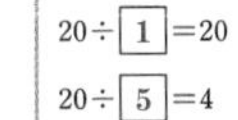

20÷[1]=20　20÷[2]=10　20÷[4]=5
20÷[5]=4　20÷[10]=2　20÷[20]=1

➡ 20의 약수 : [1], [2], [4], [5], [10], [20]

계산은 빠르고 정확하게!

걸린 시간	1~5분	5~8분	8~10분
맞은 개수	11~12개	9~10개	1~8개
평가	참 잘했어요.	잘했어요.	좀더 노력해요.

약수를 모두 구하시오. (4~12)

4 9의 약수 ➡ (1, 3, 9)

5 12의 약수 ➡ (1, 2, 3, 4, 6, 12)

6 15의 약수 ➡ (1, 3, 5, 15)

7 18의 약수 ➡ (1, 2, 3, 6, 9, 18)

8 24의 약수 ➡ (1, 2, 3, 4, 6, 8, 12, 24)

9 28의 약수 ➡ (1, 2, 4, 7, 14, 28)

10 30의 약수 ➡ (1, 2, 3, 5, 6, 10, 15, 30)

11 35의 약수 ➡ (1, 5, 7, 35)

12 36의 약수 ➡ (1, 2, 3, 4, 6, 9, 12, 18, 36)

1 약수와 배수(2)

학습 날짜 월 일

□ 안에 알맞은 수를 써넣으시오. (1~6)

1
3의 1배: 3×[1]=[3]
3의 2배: 3×[2]=[6]
3의 3배: 3×[3]=[9]
⋮
➡ 3의 배수: [3], [6], [9], …

2
5의 1배: 5×[1]=[5]
5의 2배: 5×[2]=[10]
5의 3배: 5×[3]=[15]
⋮
➡ 5의 배수: [5], [10], [15], …

3
7의 1배: 7×[1]=[7]
7의 2배: 7×[2]=[14]
7의 3배: 7×[3]=[21]
⋮
➡ 7의 배수: [7], [14], [21], …

4
9의 1배: 9×[1]=[9]
9의 2배: 9×[2]=[18]
9의 3배: 9×[3]=[27]
⋮
➡ 9의 배수: [9], [18], [27], …

5
10의 1배: 10×[1]=[10]
10의 2배: 10×[2]=[20]
10의 3배: 10×[3]=[30]
⋮
➡ 10의 배수: [10], [20], [30], …

6
12의 1배: 12×[1]=[12]
12의 2배: 12×[2]=[24]
12의 3배: 12×[3]=[36]
⋮
➡ 12의 배수: [12], [24], [36], …

계산은 빠르고 정확하게!

걸린 시간	1~6분	6~9분	9~12분
맞은 개수	14~15개	11~13개	1~10개
평가	참 잘했어요.	잘했어요.	좀더 노력해요.

배수를 가장 작은 수부터 5개씩 쓰시오. (7~15)

7 2의 배수 ➡ (2, 4, 6, 8, 10)

8 4의 배수 ➡ (4, 8, 12, 16, 20)

9 6의 배수 ➡ (6, 12, 18, 24, 30)

10 8의 배수 ➡ (8, 16, 24, 32, 40)

11 11의 배수 ➡ (11, 22, 33, 44, 55)

12 13의 배수 ➡ (13, 26, 39, 52, 65)

13 15의 배수 ➡ (15, 30, 45, 60, 75)

14 18의 배수 ➡ (18, 36, 54, 72, 90)

15 20의 배수 ➡ (20, 40, 60, 80, 100)

정답

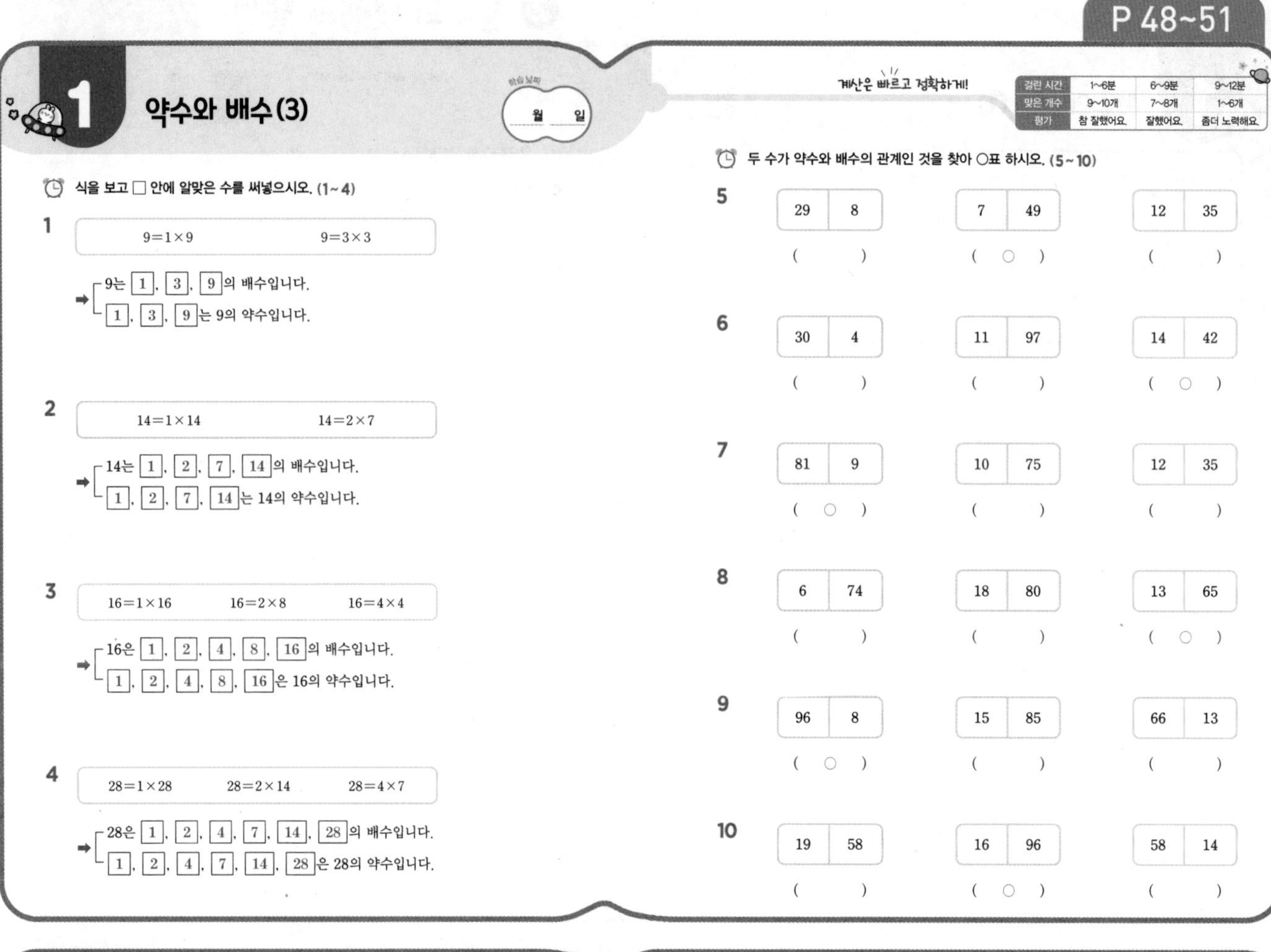

1 약수와 배수 (3)

학습 날짜 월 일

계산은 빠르고 정확하게!

걸린 시간	1~6분	6~9분	9~12분
맞은 개수	9~10개	7~8개	1~6개
평가	참 잘했어요.	잘했어요.	좀더 노력해요.

식을 보고 □ 안에 알맞은 수를 써넣으시오. (1~4)

1 9=1×9　9=3×3

➡ 9는 [1], [3], [9]의 배수입니다.
[1], [3], [9]는 9의 약수입니다.

2 14=1×14　14=2×7

➡ 14는 [1], [2], [7], [14]의 배수입니다.
[1], [2], [7], [14]는 14의 약수입니다.

3 16=1×16　16=2×8　16=4×4

➡ 16은 [1], [2], [4], [8], [16]의 배수입니다.
[1], [2], [4], [8], [16]은 16의 약수입니다.

4 28=1×28　28=2×14　28=4×7

➡ 28은 [1], [2], [4], [7], [14], [28]의 배수입니다.
[1], [2], [4], [7], [14], [28]은 28의 약수입니다.

두 수가 약수와 배수의 관계인 것을 찾아 ○표 하시오. (5~10)

5 29, 8 ( ) / 7, 49 (○) / 12, 35 ( )

6 30, 4 ( ) / 11, 97 ( ) / 14, 42 (○)

7 81, 9 (○) / 10, 75 ( ) / 12, 35 ( )

8 6, 74 ( ) / 18, 80 ( ) / 13, 65 (○)

9 96, 8 (○) / 15, 85 ( ) / 66, 13 ( )

10 19, 58 ( ) / 16, 96 (○) / 58, 14 ( )

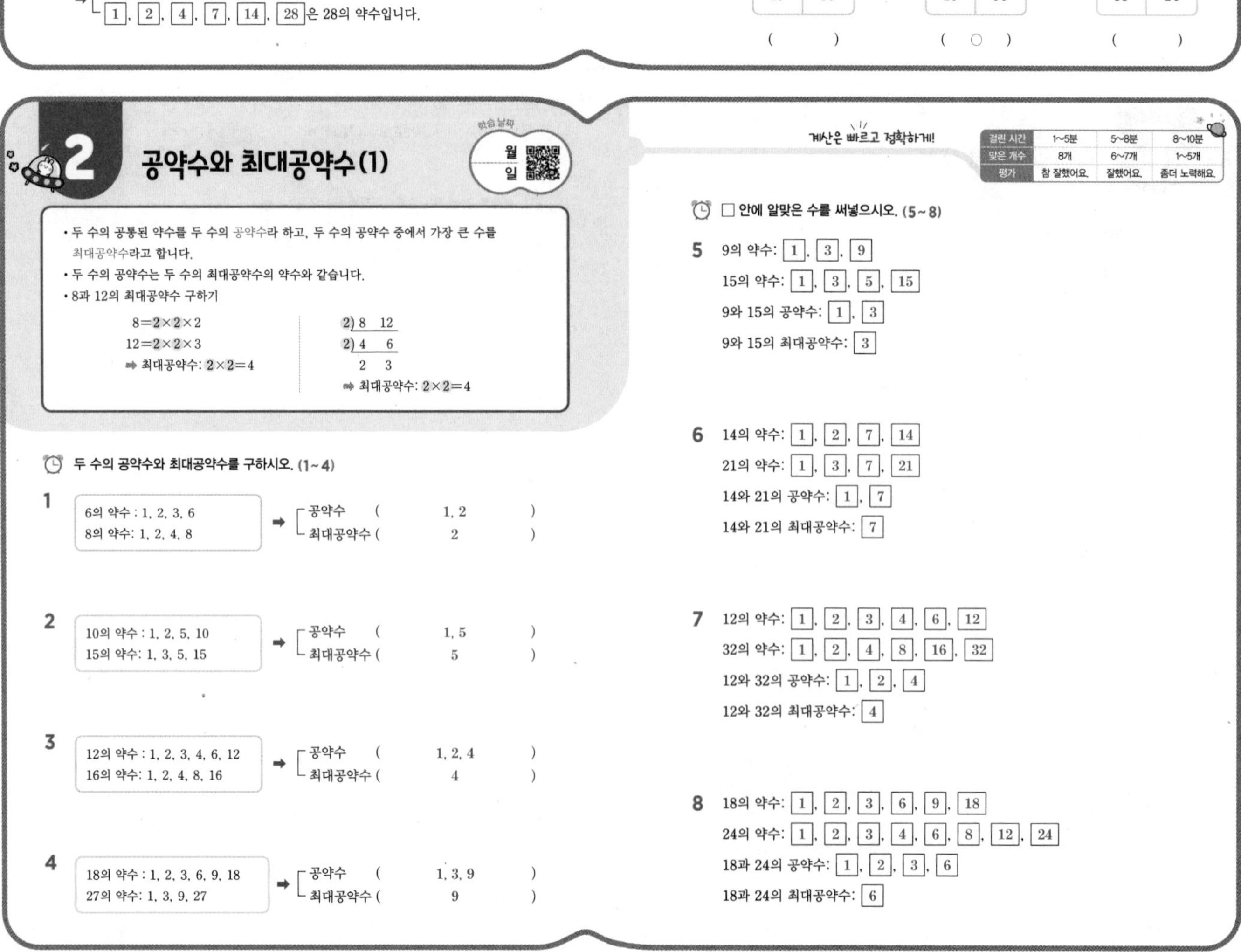

2 공약수와 최대공약수 (1)

학습 날짜 월 일

계산은 빠르고 정확하게!

걸린 시간	1~5분	5~8분	8~10분
맞은 개수	8개	6~7개	1~5개
평가	참 잘했어요.	잘했어요.	좀더 노력해요.

• 두 수의 공통된 약수를 두 수의 공약수라 하고, 두 수의 공약수 중에서 가장 큰 수를 최대공약수라고 합니다.
• 두 수의 공약수는 두 수의 최대공약수의 약수와 같습니다.
• 8과 12의 최대공약수 구하기

8=2×2×2
12=2×2×3
➡ 최대공약수: 2×2=4

2) 8 12
2) 4 6
  2 3
➡ 최대공약수: 2×2=4

두 수의 공약수와 최대공약수를 구하시오. (1~4)

1 6의 약수 : 1, 2, 3, 6 / 8의 약수: 1, 2, 4, 8
➡ 공약수 (1, 2) 최대공약수 (2)

2 10의 약수 : 1, 2, 5, 10 / 15의 약수: 1, 3, 5, 15
➡ 공약수 (1, 5) 최대공약수 (5)

3 12의 약수 : 1, 2, 3, 4, 6, 12 / 16의 약수: 1, 2, 4, 8, 16
➡ 공약수 (1, 2, 4) 최대공약수 (4)

4 18의 약수 : 1, 2, 3, 6, 9, 18 / 27의 약수: 1, 3, 9, 27
➡ 공약수 (1, 3, 9) 최대공약수 (9)

□ 안에 알맞은 수를 써넣으시오. (5~8)

5 9의 약수: [1], [3], [9]
15의 약수: [1], [3], [5], [15]
9와 15의 공약수: [1], [3]
9와 15의 최대공약수: [3]

6 14의 약수: [1], [2], [7], [14]
21의 약수: [1], [3], [7], [21]
14와 21의 공약수: [1], [7]
14와 21의 최대공약수: [7]

7 12의 약수: [1], [2], [3], [4], [6], [12]
32의 약수: [1], [2], [4], [8], [16], [32]
12와 32의 공약수: [1], [2], [4]
12와 32의 최대공약수: [4]

8 18의 약수: [1], [2], [3], [6], [9], [18]
24의 약수: [1], [2], [3], [4], [6], [8], [12], [24]
18과 24의 공약수: [1], [2], [3], [6]
18과 24의 최대공약수: [6]

2 공약수와 최대공약수 (2)

학습 날짜 월 일

계산은 빠르고 정확하게!

걸린 시간	1~6분	6~9분	9~12분
맞은 개수	18~20개	14~17개	1~13개
평가	참 잘했어요.	잘했어요.	좀더 노력해요.

두 수의 최대공약수를 구하려고 합니다. □ 안에 알맞은 수를 써넣으시오. (1~6)

1 8=2×2×2, 12=2×2×3
➡ 8과 12의 최대공약수 [2]×[2]=[4]

2 6=2×3, 18=2×3×3
➡ 6과 18의 최대공약수 [2]×[3]=[6]

3 20=2×2×[5], 28=2×2×[7]
➡ 20과 28의 최대공약수 [2]×[2]=[4]

4 12=2×2×[3], 30=2×3×[5]
➡ 12와 30의 최대공약수 [2]×[3]=[6]

5 30=2×[3]×[5], 70=2×[5]×[7]
➡ 30과 70의 최대공약수 [2]×[5]=[10]

6 16=2×[2]×[2]×[2], 24=2×[2]×[2]×[3]
➡ 16과 24의 최대공약수 [2]×[2]×[2]=[8]

두 수의 최대공약수를 구하시오. (7~20)

7 8, 10 ➡ (2)
8 6, 9 ➡ (3)
9 4, 12 ➡ (4)
10 5, 15 ➡ (5)
11 10, 25 ➡ (5)
12 14, 28 ➡ (7)
13 16, 20 ➡ (4)
14 18, 24 ➡ (6)
15 27, 36 ➡ (9)
16 20, 45 ➡ (5)
17 18, 42 ➡ (6)
18 30, 36 ➡ (6)
19 45, 30 ➡ (15)
20 54, 45 ➡ (9)

2 공약수와 최대공약수 (3)

학습 날짜 월 일

계산은 빠르고 정확하게!

걸린 시간	1~8분	8~12분	12~16분
맞은 개수	18~20개	14~17개	1~13개
평가	참 잘했어요.	잘했어요.	좀더 노력해요.

두 수의 최대공약수를 구하려고 합니다. □ 안에 알맞은 수를 써넣으시오. (1~6)

1 2) 8 28 / 2) [4] [14] / [2] [7]
➡ 8과 28의 최대공약수 [2]×[2]=[4]

2 2) 30 40 / 5) [15] [20] / [3] [4]
➡ 30과 40의 최대공약수 [2]×[5]=[10]

3 2) 24 30 / [3]) [12] [15] / [4] [5]
➡ 24와 30의 최대공약수 [2]×[3]=[6]

4 3) 21 42 / [7]) [7] [14] / [1] [2]
➡ 21과 42의 최대공약수 [3]×[7]=[21]

5 [2]) 16 40 / [2]) [8] [20] / [2]) [4] [10] / [2] [5]
➡ 16과 40의 최대공약수 [2]×[2]×[2]=[8]

6 [2]) 36 54 / [3]) [18] [27] / [3]) [6] [9] / [2] [3]
➡ 36과 54의 최대공약수 [2]×[3]×[3]=[18]

두 수의 최대공약수를 구하시오. (7~20)

7 8, 24 ➡ (8)
8 6, 18 ➡ (6)
9 12, 30 ➡ (6)
10 11, 55 ➡ (11)
11 15, 45 ➡ (15)
12 12, 18 ➡ (6)
13 21, 28 ➡ (7)
14 32, 40 ➡ (8)
15 48, 60 ➡ (12)
16 26, 39 ➡ (13)
17 45, 36 ➡ (9)
18 32, 56 ➡ (8)
19 28, 35 ➡ (7)
20 60, 75 ➡ (15)

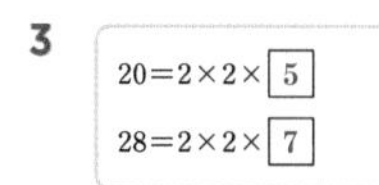

정답

3 공배수와 최소공배수(1)

학습 날짜 월 일

계산은 빠르고 정확하게!

걸린 시간	1~6분	6~9분	9~12분
맞은 개수	8개	6~7개	1~5개
평가	참 잘했어요.	잘했어요.	좀더 노력해요.

- 두 수의 공통된 배수를 두 수의 공배수라 하고 두 수의 공배수 중에서 가장 작은 수를 최소공배수라고 합니다.
- 두 수의 공배수는 두 수의 최소공배수의 배수와 같습니다.
- 8과 12의 최소공배수 구하기

$8=2\times2\times2$
$12=2\times2\times3$
➡ $2\times2\times2\times3=24$

2) 8 12
2) 4 6
2 3
➡ $2\times2\times2\times3=24$

□ 안에 알맞은 수를 써넣으시오. (1~4)

1 3의 배수 : 3, 6, 9, 12, 15, … / 6의 배수: 6, 12, 18, 24, … ➡ 공배수: 6, 12, … / 최소공배수: 6

2 4의 배수 : 4, 8, 12, 16, 20, 24, … / 6의 배수: 6, 12, 18, 24, … ➡ 공배수: 12, 24, … / 최소공배수: 12

3 6의 배수 : 6, 12, 18, 24, 30, 36, … / 9의 배수: 9, 18, 27, 36, … ➡ 공배수: 18, 36, … / 최소공배수: 18

4 10의 배수 : 10, 20, 30, 40, 50, 60, … / 15의 배수: 15, 30, 45, 60, … ➡ 공배수: 30, 60, … / 최소공배수: 30

□ 안에 알맞은 수를 써넣으시오. (5~8)

5 2의 배수: 2, 4, 6, 8, 10, 12, …
3의 배수: 3, 6, 9, 12, 15, …
2와 3의 공배수: 6, 12, …
2와 3의 최소공배수: 6

6 4의 배수: 4, 8, 12, 16, 20, 24, …
8의 배수: 8, 16, 24, 32, 40, …
4와 8의 공배수: 8, 16, 24, …
4와 8의 최소공배수: 8

7 10의 배수: 10, 20, 30, 40, 50, 60, …
20의 배수: 20, 40, 60, 80, 100, …
10과 20의 공배수: 20, 40, 60, …
10과 20의 최소공배수: 20

8 12의 배수: 12, 24, 36, 48, 60, 72, …
18의 배수: 18, 36, 54, 72, 90, …
12와 18의 공배수: 36, 72, …
12와 18의 최소공배수: 36

3 공배수와 최소공배수(2)

학습 날짜 월 일

계산은 빠르고 정확하게!

걸린 시간	1~10분	10~15분	15~20분
맞은 개수	18~19개	14~17개	1~13개
평가	참 잘했어요.	잘했어요.	좀더 노력해요.

두 수의 최소공배수를 구하려고 합니다. □ 안에 알맞은 수를 써넣으시오. (1~5)

1 $4=2\times2$, $6=2\times3$ ➡ 최소공배수 : $2\times2\times3=12$

2 $6=2\times3$, $10=2\times5$ ➡ 최소공배수 : $2\times3\times5=30$

3 $8=2\times2\times2$, $12=2\times2\times3$ ➡ 최소공배수 : $2\times2\times2\times3=24$

4 $18=2\times3\times3$, $30=2\times3\times5$ ➡ 최소공배수 : $2\times3\times3\times5=90$

5 $16=2\times2\times2\times2$, $24=2\times2\times2\times3$ ➡ 최소공배수 : $2\times2\times2\times2\times3=48$

두 수의 최소공배수를 구하시오. (6~19)

6 6, 8 ➡ (24)
7 4, 10 ➡ (20)
8 9, 15 ➡ (45)
9 8, 14 ➡ (56)
10 12, 20 ➡ (60)
11 27, 18 ➡ (54)
12 16, 40 ➡ (80)
13 15, 30 ➡ (30)
14 20, 30 ➡ (60)
15 28, 42 ➡ (84)
16 15, 18 ➡ (90)
17 30, 45 ➡ (90)
18 20, 28 ➡ (140)
19 18, 24 ➡ (72)

3 공배수와 최소공배수(3)

계산은 빠르고 정확하게!

걸린 시간	1~10분	10~15분	15~20분
맞은 개수	17~18개	13~16개	1~12개
평가	참 잘했어요.	잘했어요.	좀더 노력해요.

두 수의 최소공배수를 구하려고 합니다. □ 안에 알맞은 수를 써넣으시오. (1~4)

1 3) 9 12 → 3, 4 ➡ 최소공배수 : 3×3×4=36

2 2) 8 20, 2) 4 10 → 2, 5 ➡ 최소공배수 : 2×2×2×5=40

3 2) 6 18, 3) 3 9 → 1, 3 ➡ 최소공배수 : 2×3×1×3=18

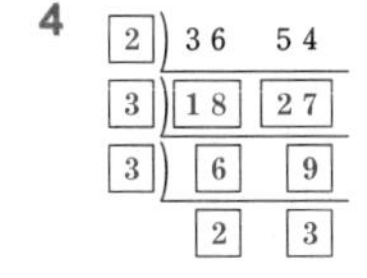

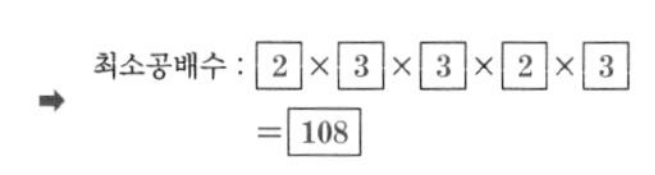

4 2) 36 54, 3) 18 27, 3) 6 9 → 2, 3 ➡ 최소공배수 : 2×3×3×2×3=108

두 수의 최소공배수를 구하시오. (5~18)

5 14, 35 ➡ (70)
6 16, 24 ➡ (48)
7 15, 25 ➡ (75)
8 12, 32 ➡ (96)
9 14, 21 ➡ (42)
10 28, 30 ➡ (420)
11 50, 60 ➡ (300)
12 24, 36 ➡ (72)
13 10, 25 ➡ (50)
14 26, 39 ➡ (78)
15 42, 56 ➡ (168)
16 42, 14 ➡ (42)
17 35, 50 ➡ (350)
18 32, 40 ➡ (160)

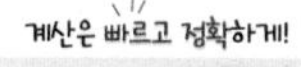

4 크기가 같은 분수(1)

계산은 빠르고 정확하게!

걸린 시간	1~6분	6~9분	9~12분
맞은 개수	8~9개	6~7개	1~5개
평가	참 잘했어요.	잘했어요.	좀더 노력해요.

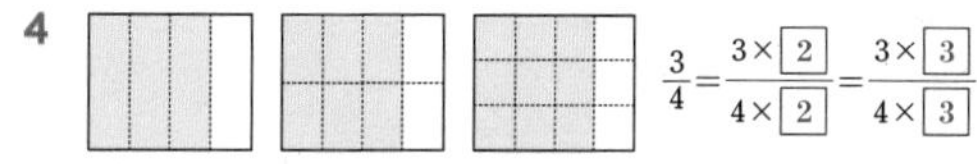

- 분모와 분자에 0이 아닌 같은 수를 곱하면 크기가 같은 분수가 됩니다.
  $\frac{1}{2}=\frac{1\times2}{2\times2}=\frac{2}{4}$, $\frac{1}{2}=\frac{1\times3}{2\times3}=\frac{3}{6}$
- 분모와 분자를 0이 아닌 같은 수로 나누면 크기가 같은 분수가 됩니다.
  $\frac{8}{12}=\frac{8\div2}{12\div2}=\frac{4}{6}$, $\frac{8}{12}=\frac{8\div4}{12\div4}=\frac{2}{3}$

분수만큼 각각 색칠하고 크기가 같은 분수끼리 짝지어 쓰시오. (1~3)

1 $\frac{1}{2}$ $\frac{1}{4}$ $\frac{3}{6}$ → $\frac{1}{2}=\frac{3}{6}$

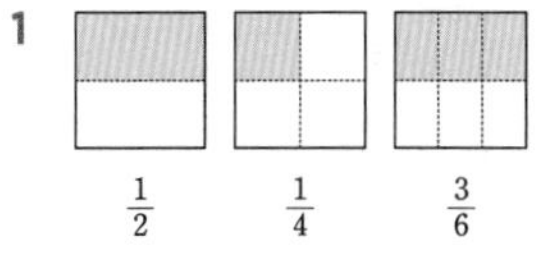

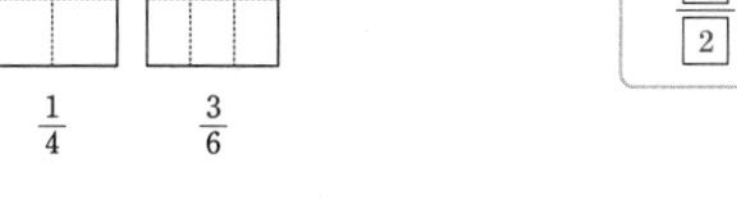

2 $\frac{2}{3}$ $\frac{4}{6}$ $\frac{5}{9}$ → $\frac{2}{3}=\frac{4}{6}$

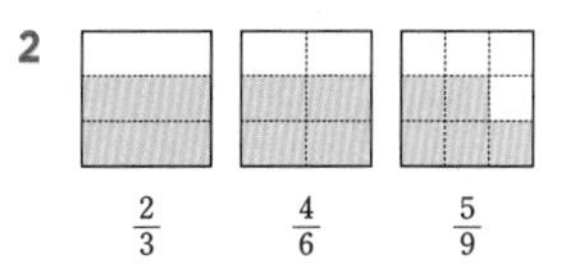

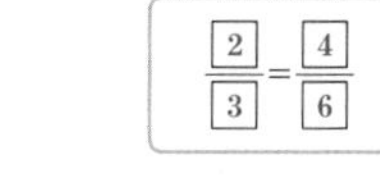

3 $\frac{4}{5}$ $\frac{6}{10}$ $\frac{9}{15}$ → $\frac{6}{10}=\frac{9}{15}$

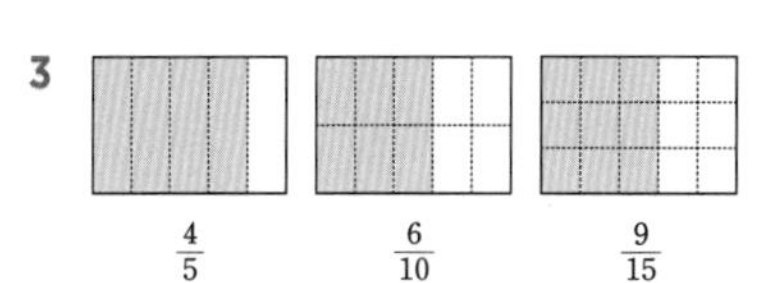

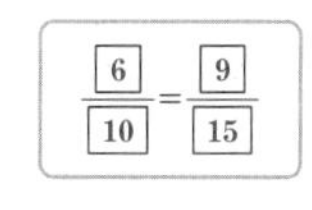

그림을 보고 크기가 같은 분수가 되도록 □ 안에 알맞은 수를 써넣으시오. (4~9)

4 $\frac{3}{4}=\frac{3\times2}{4\times2}=\frac{3\times3}{4\times3}$

5 $\frac{2}{3}=\frac{2\times2}{3\times2}=\frac{2\times3}{3\times3}$

6 $\frac{1}{5}=\frac{1\times2}{5\times2}=\frac{1\times3}{5\times3}$

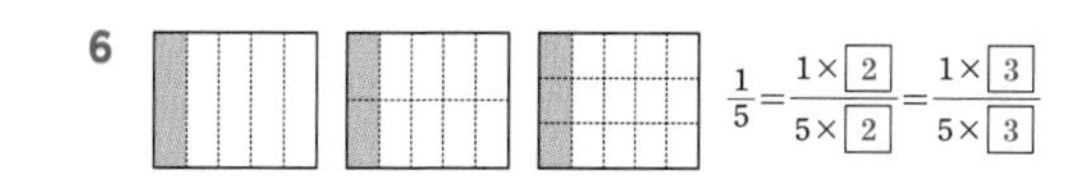

7 $\frac{4}{8}=\frac{4\div2}{8\div2}=\frac{4\div4}{8\div4}$

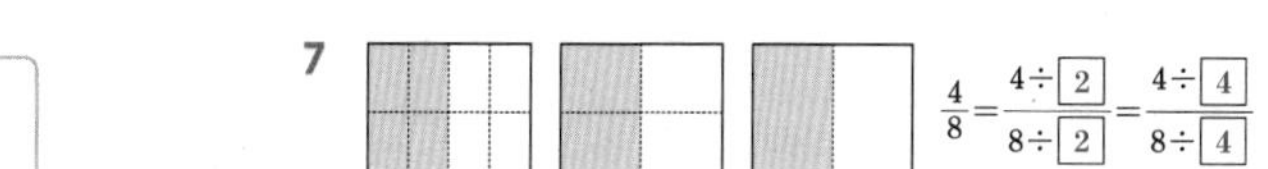

8 $\frac{4}{12}=\frac{4\div2}{12\div2}=\frac{4\div4}{12\div4}$

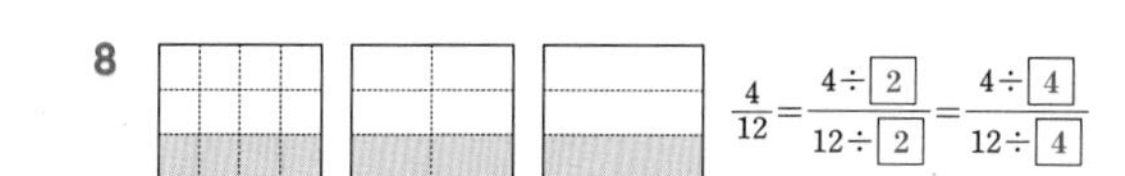

9 $\frac{9}{18}=\frac{9\div3}{18\div3}=\frac{9\div9}{18\div9}$

4 크기가 같은 분수(2)

계산은 빠르고 정확하게!

걸린 시간	1~6분	6~9분	9~12분
맞은 개수	20~22개	16~19개	1~15개
평가	참 잘했어요.	잘했어요.	좀더 노력해요.

□ 안에 알맞은 수를 써넣으시오. (1~10)

1. $\frac{5}{6} = \frac{15}{18}$ (×$\boxed{3}$, ×$\boxed{3}$)

2. $\frac{8}{10} = \frac{4}{5}$ (÷$\boxed{2}$, ÷$\boxed{2}$)

3. $\frac{4}{7} = \frac{\boxed{12}}{21}$ (×$\boxed{3}$, ×$\boxed{3}$)

4. $\frac{12}{14} = \frac{\boxed{6}}{7}$ (÷$\boxed{2}$, ÷$\boxed{2}$)

5. $\frac{5}{8} = \frac{\boxed{10}}{16}$ (×$\boxed{2}$, ×$\boxed{2}$)

6. $\frac{9}{27} = \frac{\boxed{3}}{9}$ (÷$\boxed{3}$, ÷$\boxed{3}$)

7. $\frac{7}{9} = \frac{28}{\boxed{36}}$ (×$\boxed{4}$, ×$\boxed{4}$)

8. $\frac{30}{36} = \frac{5}{\boxed{6}}$ (÷$\boxed{6}$, ÷$\boxed{6}$)

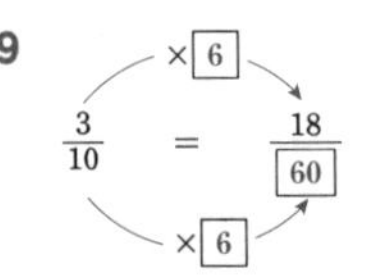

9. $\frac{3}{10} = \frac{18}{\boxed{60}}$ (×$\boxed{6}$, ×$\boxed{6}$)

10. $\frac{27}{45} = \frac{3}{\boxed{5}}$ (÷$\boxed{9}$, ÷$\boxed{9}$)

□ 안에 알맞은 수를 써넣으시오. (11~22)

11. $\frac{2}{5}=\frac{2\times\boxed{3}}{5\times3}=\frac{\boxed{6}}{15}$

12. $\frac{8}{12}=\frac{8\div\boxed{2}}{12\div2}=\frac{\boxed{4}}{6}$

13. $\frac{5}{7}=\frac{5\times\boxed{5}}{7\times5}=\frac{\boxed{25}}{\boxed{35}}$

14. $\frac{9}{15}=\frac{9\div\boxed{3}}{15\div3}=\frac{\boxed{3}}{\boxed{5}}$

15. $\frac{3}{8}=\frac{3\times\boxed{8}}{8\times8}=\frac{\boxed{24}}{\boxed{64}}$

16. $\frac{18}{20}=\frac{18\div\boxed{2}}{20\div2}=\frac{\boxed{9}}{\boxed{10}}$

17. $\frac{5}{6}=\frac{5\times4}{6\times\boxed{4}}=\frac{\boxed{20}}{\boxed{24}}$

18. $\frac{15}{25}=\frac{15\div5}{25\div\boxed{5}}=\frac{\boxed{3}}{\boxed{5}}$

19. $\frac{8}{9}=\frac{8\times6}{9\times\boxed{6}}=\frac{\boxed{48}}{\boxed{54}}$

20. $\frac{18}{30}=\frac{18\div6}{30\div\boxed{6}}=\frac{\boxed{3}}{\boxed{5}}$

21. $\frac{7}{11}=\frac{7\times9}{11\times\boxed{9}}=\frac{\boxed{63}}{\boxed{99}}$

22. $\frac{28}{42}=\frac{28\div7}{42\div\boxed{7}}=\frac{\boxed{4}}{\boxed{6}}$

4 크기가 같은 분수(3)

계산은 빠르고 정확하게!

걸린 시간	1~8분	8~12분	12~16분
맞은 개수	8개	6~7개	1~5개
평가	참 잘했어요.	잘했어요.	좀더 노력해요.

□ 안에 알맞은 수를 써넣으시오. (1~4)

1. $\frac{3}{4}=\frac{3\times\boxed{2}}{4\times2}=\frac{3\times3}{4\times\boxed{3}}=\frac{3\times\boxed{4}}{4\times4}=\frac{3\times5}{4\times\boxed{5}}=\cdots$

➡ $\frac{3}{4}=\frac{\boxed{6}}{8}=\frac{9}{\boxed{12}}=\frac{\boxed{12}}{16}=\frac{15}{\boxed{20}}=\cdots$

2. $\frac{4}{5}=\frac{4\times\boxed{2}}{5\times2}=\frac{4\times3}{5\times\boxed{3}}=\frac{4\times\boxed{4}}{5\times4}=\frac{4\times5}{5\times\boxed{5}}=\cdots$

➡ $\frac{4}{5}=\frac{\boxed{8}}{10}=\frac{12}{\boxed{15}}=\frac{\boxed{16}}{20}=\frac{20}{\boxed{25}}=\cdots$

3. $\frac{4}{9}=\frac{4\times2}{9\times\boxed{2}}=\frac{4\times\boxed{3}}{9\times3}=\frac{4\times4}{9\times\boxed{4}}=\frac{4\times\boxed{5}}{9\times5}=\cdots$

➡ $\frac{4}{9}=\frac{8}{\boxed{18}}=\frac{\boxed{12}}{27}=\frac{16}{\boxed{36}}=\frac{\boxed{20}}{45}=\cdots$

4. $\frac{11}{13}=\frac{11\times2}{13\times\boxed{2}}=\frac{11\times\boxed{3}}{13\times3}=\frac{11\times4}{13\times\boxed{4}}=\frac{11\times\boxed{5}}{13\times5}=\cdots$

➡ $\frac{11}{13}=\frac{22}{\boxed{26}}=\frac{\boxed{33}}{39}=\frac{44}{\boxed{52}}=\frac{\boxed{55}}{65}=\cdots$

□ 안에 알맞은 수를 써넣으시오. (5~8)

5. $\frac{16}{24}=\frac{16\div2}{24\div\boxed{2}}=\frac{16\div\boxed{4}}{24\div4}=\frac{16\div8}{24\div\boxed{8}}$

➡ $\frac{16}{24}=\frac{8}{\boxed{12}}=\frac{\boxed{4}}{6}=\frac{2}{\boxed{3}}$

6. $\frac{12}{36}=\frac{12\div2}{36\div\boxed{2}}=\frac{12\div\boxed{3}}{36\div3}=\frac{12\div4}{36\div\boxed{4}}=\frac{12\div\boxed{6}}{36\div6}=\frac{12\div12}{36\div\boxed{12}}$

➡ $\frac{12}{36}=\frac{6}{\boxed{18}}=\frac{\boxed{4}}{12}=\frac{3}{\boxed{9}}=\frac{\boxed{2}}{6}=\frac{1}{\boxed{3}}$

7. $\frac{20}{40}=\frac{20\div\boxed{2}}{40\div2}=\frac{20\div4}{40\div\boxed{4}}=\frac{20\div\boxed{5}}{40\div5}=\frac{20\div10}{40\div\boxed{10}}=\frac{20\div\boxed{20}}{40\div20}$

➡ $\frac{20}{40}=\frac{\boxed{10}}{20}=\frac{5}{\boxed{10}}=\frac{\boxed{4}}{8}=\frac{2}{\boxed{4}}=\frac{\boxed{1}}{2}$

8. $\frac{32}{48}=\frac{32\div\boxed{2}}{48\div2}=\frac{32\div4}{48\div\boxed{4}}=\frac{32\div\boxed{8}}{48\div8}=\frac{32\div16}{48\div\boxed{16}}$

➡ $\frac{32}{48}=\frac{\boxed{16}}{24}=\frac{8}{\boxed{12}}=\frac{\boxed{4}}{6}=\frac{2}{\boxed{3}}$

5 분수를 약분하기(1)

계산은 빠르고 정확하게!

걸린 시간	1~5분	5~8분	8~10분
맞은 개수	5개	4개	1~3개
평가	참 잘했어요.	잘했어요.	좀더 노력해요.

- 분모와 분자를 공약수로 나누어 간단히 하는 것을 약분한다고 합니다.
- 분모와 분자의 공약수가 1뿐인 분수를 기약분수라고 합니다.

예 16과 24의 공약수: 1, 2, 4, 8

$\frac{16}{24}=\frac{16\div2}{24\div2}=\frac{8}{12}$, $\frac{16}{24}=\frac{16\div4}{24\div4}=\frac{4}{6}$, $\frac{16}{24}=\frac{16\div8}{24\div8}=\frac{2}{3}$ ← 기약분수

□ 안에 알맞은 수를 써넣으시오. (1~2)

1 18과 24의 공약수: 1, $\boxed{2}$, $\boxed{3}$, $\boxed{6}$

$\frac{18}{24}=\frac{18\div2}{24\div\boxed{2}}=\frac{\boxed{9}}{\boxed{12}}$ $\frac{18}{24}=\frac{18\div3}{24\div\boxed{3}}=\frac{\boxed{6}}{\boxed{8}}$

$\frac{18}{24}=\frac{18\div6}{24\div\boxed{6}}=\frac{\boxed{3}}{\boxed{4}}$

2 32와 48의 공약수: 1, $\boxed{2}$, $\boxed{4}$, $\boxed{8}$, $\boxed{16}$

$\frac{32}{48}=\frac{32\div\boxed{2}}{48\div2}=\frac{\boxed{16}}{\boxed{24}}$ $\frac{32}{48}=\frac{32\div\boxed{4}}{48\div4}=\frac{\boxed{8}}{\boxed{12}}$

$\frac{32}{48}=\frac{32\div\boxed{8}}{48\div8}=\frac{\boxed{4}}{\boxed{6}}$ $\frac{32}{48}=\frac{32\div\boxed{16}}{48\div16}=\frac{\boxed{2}}{\boxed{3}}$

분수를 약분한 것입니다. □ 안에 알맞은 수를 써넣으시오. (3~5)

3 $\frac{24}{32}=\frac{24\div2}{32\div\boxed{2}}=\frac{\boxed{12}}{\boxed{16}}$ $\frac{24}{32}=\frac{24\div4}{32\div\boxed{4}}=\frac{\boxed{6}}{\boxed{8}}$

$\frac{24}{32}=\frac{24\div8}{32\div\boxed{8}}=\frac{\boxed{3}}{\boxed{4}}$

4 $\frac{24}{60}=\frac{24\div\boxed{2}}{60\div2}=\frac{\boxed{12}}{\boxed{30}}$ $\frac{24}{60}=\frac{24\div\boxed{3}}{60\div3}=\frac{\boxed{8}}{\boxed{20}}$

$\frac{24}{60}=\frac{24\div\boxed{4}}{60\div4}=\frac{\boxed{6}}{\boxed{15}}$ $\frac{24}{60}=\frac{24\div\boxed{6}}{60\div6}=\frac{\boxed{4}}{\boxed{10}}$

$\frac{24}{60}=\frac{24\div\boxed{12}}{60\div12}=\frac{\boxed{2}}{\boxed{5}}$

5 $\frac{56}{84}=\frac{56\div2}{84\div\boxed{2}}=\frac{\boxed{28}}{\boxed{42}}$ $\frac{56}{84}=\frac{56\div4}{84\div\boxed{4}}=\frac{\boxed{14}}{\boxed{21}}$

$\frac{56}{84}=\frac{56\div7}{84\div\boxed{7}}=\frac{\boxed{8}}{\boxed{12}}$ $\frac{56}{84}=\frac{56\div14}{84\div\boxed{14}}=\frac{\boxed{4}}{\boxed{6}}$

$\frac{56}{84}=\frac{56\div28}{84\div\boxed{28}}=\frac{\boxed{2}}{\boxed{3}}$

5 분수를 약분하기(2)

계산은 빠르고 정확하게!

걸린 시간	1~12분	12~18분	18~24분
맞은 개수	13~14개	10~12개	1~9개
평가	참 잘했어요.	잘했어요.	좀더 노력해요.

약분한 분수를 모두 쓰시오. (1~7)

1 $\frac{32}{40}$ ➡ ($\frac{16}{20}, \frac{8}{10}, \frac{4}{5}$)

2 $\frac{12}{48}$ ➡ ($\frac{6}{24}, \frac{4}{16}, \frac{3}{12}, \frac{2}{8}, \frac{1}{4}$)

3 $\frac{30}{50}$ ➡ ($\frac{15}{25}, \frac{6}{10}, \frac{3}{5}$)

4 $\frac{48}{72}$ ➡ ($\frac{24}{36}, \frac{16}{24}, \frac{12}{18}, \frac{8}{12}, \frac{6}{9}, \frac{4}{6}, \frac{2}{3}$)

5 $\frac{54}{90}$ ➡ ($\frac{27}{45}, \frac{18}{30}, \frac{9}{15}, \frac{6}{10}, \frac{3}{5}$)

6 $\frac{72}{120}$ ➡ ($\frac{36}{60}, \frac{24}{40}, \frac{18}{30}, \frac{12}{20}, \frac{9}{15}, \frac{6}{10}, \frac{3}{5}$)

7 $\frac{108}{144}$ ➡ ($\frac{54}{72}, \frac{36}{48}, \frac{27}{36}, \frac{18}{24}, \frac{12}{16}, \frac{9}{12}, \frac{6}{8}, \frac{3}{4}$)

기약분수를 모두 찾아 ○표 하시오. (8~14)

8
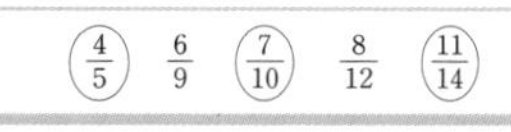

9
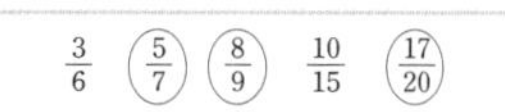

10

11
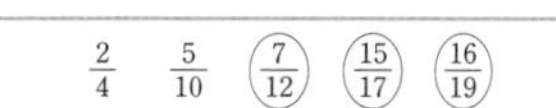

12
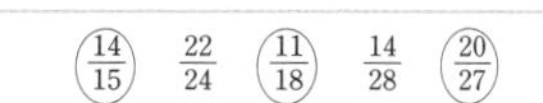

13 $\frac{2}{8}$ ($\frac{9}{10}$) ($\frac{17}{19}$) $\frac{20}{26}$ ($\frac{19}{30}$)

14 ($\frac{9}{11}$) $\frac{10}{15}$ ($\frac{11}{26}$) $\frac{18}{30}$ ($\frac{34}{45}$)

5 분수를 약분하기(3)

계산은 빠르고 정확하게!

걸린 시간	1~6분	6~9분	9~12분
맞은 개수	13~14개	10~12개	1~9개
평가	참 잘했어요.	잘했어요.	좀더 노력해요.

공약수를 이용하여 기약분수로 나타내시오. (1~7)

1 $\frac{8}{12}=\frac{8\div\boxed{2}}{12\div2}=\frac{\boxed{4}}{6}$ ➡ $\frac{\boxed{4}}{6}=\frac{\boxed{4}\div2}{6\div2}=\frac{\boxed{2}}{\boxed{3}}$

2 $\frac{8}{20}=\frac{8\div\boxed{2}}{20\div2}=\frac{\boxed{4}}{10}$ ➡ $\frac{\boxed{4}}{10}=\frac{\boxed{4}\div2}{10\div2}=\frac{\boxed{2}}{\boxed{5}}$

3 $\frac{6}{30}=\frac{6\div\boxed{2}}{30\div2}=\frac{\boxed{3}}{15}$ ➡ $\frac{\boxed{3}}{15}=\frac{\boxed{3}\div\boxed{3}}{15\div\boxed{3}}=\frac{\boxed{1}}{\boxed{5}}$

4 $\frac{18}{24}=\frac{18\div\boxed{2}}{24\div2}=\frac{\boxed{9}}{12}$ ➡ $\frac{\boxed{9}}{12}=\frac{\boxed{9}\div\boxed{3}}{12\div\boxed{3}}=\frac{\boxed{3}}{\boxed{4}}$

5 $\frac{16}{28}=\frac{16\div\boxed{2}}{28\div2}=\frac{\boxed{8}}{14}$ ➡ $\frac{\boxed{8}}{14}=\frac{\boxed{8}\div\boxed{2}}{14\div\boxed{2}}=\frac{\boxed{4}}{\boxed{7}}$

6 $\frac{27}{36}=\frac{27\div\boxed{3}}{36\div\boxed{3}}=\frac{\boxed{9}}{12}$ ➡ $\frac{\boxed{9}}{12}=\frac{\boxed{9}\div\boxed{3}}{12\div\boxed{3}}=\frac{\boxed{3}}{\boxed{4}}$

7 $\frac{45}{60}=\frac{45\div\boxed{3}}{60\div\boxed{3}}=\frac{\boxed{15}}{20}$ ➡ $\frac{\boxed{15}}{20}=\frac{\boxed{15}\div\boxed{5}}{20\div\boxed{5}}=\frac{\boxed{3}}{\boxed{4}}$

최대공약수를 이용하여 기약분수로 나타내시오. (8~14)

8 (8, 16)의 최대공약수: $\boxed{8}$ ➡ $\frac{8}{16}=\frac{8\div\boxed{8}}{16\div\boxed{8}}=\frac{\boxed{1}}{\boxed{2}}$

9 (12, 50)의 최대공약수: $\boxed{2}$ ➡ $\frac{12}{50}=\frac{12\div\boxed{2}}{50\div\boxed{2}}=\frac{\boxed{6}}{\boxed{25}}$

10 (15, 25)의 최대공약수: $\boxed{5}$ ➡ $\frac{15}{25}=\frac{15\div\boxed{5}}{25\div\boxed{5}}=\frac{\boxed{3}}{\boxed{5}}$

11 (16, 20)의 최대공약수: $\boxed{4}$ ➡ $\frac{16}{20}=\frac{16\div\boxed{4}}{20\div\boxed{4}}=\frac{\boxed{4}}{\boxed{5}}$

12 (24, 30)의 최대공약수: $\boxed{6}$ ➡ $\frac{24}{30}=\frac{24\div\boxed{6}}{30\div\boxed{6}}=\frac{\boxed{4}}{\boxed{5}}$

13 (28, 44)의 최대공약수: $\boxed{4}$ ➡ $\frac{28}{44}=\frac{28\div\boxed{4}}{44\div\boxed{4}}=\frac{\boxed{7}}{\boxed{11}}$

14 (35, 49)의 최대공약수: $\boxed{7}$ ➡ $\frac{35}{49}=\frac{35\div\boxed{7}}{49\div\boxed{7}}=\frac{\boxed{5}}{\boxed{7}}$

6 분수를 통분하기(1)

계산은 빠르고 정확하게!

걸린 시간	1~6분	6~9분	9~12분
맞은 개수	4개	3개	1~2개
평가	참 잘했어요.	잘했어요.	좀더 노력해요.

- 분수의 분모를 같게 하는 것을 통분한다고 하고, 통분한 분모를 공통분모라고 합니다.
- 분모의 곱을 공통분모로 하여 통분하기

$\left(\frac{3}{4}, \frac{5}{6}\right)$ ➡ $\left(\frac{3\times6}{4\times6}, \frac{5\times4}{6\times4}\right)$ ➡ $\left(\frac{18}{24}, \frac{20}{24}\right)$

- 분모의 최소공배수를 공통분모로 하여 통분하기

$\left(\frac{3}{4}, \frac{5}{6}\right)$ ➡ $\left(\frac{3\times3}{4\times3}, \frac{5\times2}{6\times2}\right)$ ➡ $\left(\frac{9}{12}, \frac{10}{12}\right)$

□ 안에 알맞은 수를 써넣으시오. (1~2)

1 $\left(\frac{1}{2}, \frac{3}{4}\right)$ ➡
$\frac{1}{2}=\frac{\boxed{2}}{4}=\frac{\boxed{3}}{6}=\frac{\boxed{4}}{8}=\frac{\boxed{5}}{10}=\cdots$
$\frac{3}{4}=\frac{\boxed{6}}{8}=\frac{\boxed{9}}{12}=\frac{\boxed{12}}{16}=\frac{\boxed{15}}{20}=\cdots$

$\left(\frac{1}{2}, \frac{3}{4}\right)$을 통분하면 $\left(\frac{\boxed{2}}{4}, \frac{\boxed{3}}{4}\right)$, $\left(\frac{\boxed{4}}{8}, \frac{\boxed{6}}{8}\right)$, …입니다.

2 $\left(\frac{2}{3}, \frac{1}{4}\right)$ ➡
$\frac{2}{3}=\frac{\boxed{4}}{6}=\frac{\boxed{6}}{9}=\frac{\boxed{8}}{12}=\frac{\boxed{10}}{15}=\frac{\boxed{12}}{18}=\frac{\boxed{14}}{21}=\frac{\boxed{16}}{24}=\cdots$
$\frac{1}{4}=\frac{\boxed{2}}{8}=\frac{\boxed{3}}{12}=\frac{\boxed{4}}{16}=\frac{\boxed{5}}{20}=\frac{\boxed{6}}{24}=\cdots$

$\left(\frac{2}{3}, \frac{1}{4}\right)$을 통분하면 $\left(\frac{\boxed{8}}{12}, \frac{\boxed{3}}{12}\right)$, $\left(\frac{\boxed{16}}{24}, \frac{\boxed{6}}{24}\right)$, …입니다.

□ 안에 알맞은 수를 써넣으시오. (3~4)

3 $\left(\frac{5}{6}, \frac{2}{9}\right)$에서 분모 6과 9의 공배수는 18, 36, 54, …입니다.

(1) 공통분모를 18로 하는 경우

$\left(\frac{5}{6}, \frac{2}{9}\right)$ ➡ $\left(\frac{5\times\boxed{3}}{6\times3}, \frac{2\times\boxed{2}}{9\times2}\right)$ ➡ $\left(\frac{\boxed{15}}{18}, \frac{\boxed{4}}{18}\right)$

(2) 공통분모를 36으로 하는 경우

$\left(\frac{5}{6}, \frac{2}{9}\right)$ ➡ $\left(\frac{5\times\boxed{6}}{6\times\boxed{6}}, \frac{2\times\boxed{4}}{9\times\boxed{4}}\right)$ ➡ $\left(\frac{\boxed{30}}{36}, \frac{\boxed{8}}{36}\right)$

(3) 공통분모를 54로 하는 경우

$\left(\frac{5}{6}, \frac{2}{9}\right)$ ➡ $\left(\frac{5\times\boxed{9}}{6\times\boxed{9}}, \frac{2\times\boxed{6}}{9\times\boxed{6}}\right)$ ➡ $\left(\frac{\boxed{45}}{\boxed{54}}, \frac{\boxed{12}}{\boxed{54}}\right)$

4 $\left(\frac{3}{8}, \frac{5}{12}\right)$에서 분모 8과 12의 공배수는 24, 48, 72, …입니다.

(1) 공통분모를 24로 하는 경우

$\left(\frac{3}{8}, \frac{5}{12}\right)$ ➡ $\left(\frac{3\times\boxed{3}}{8\times3}, \frac{5\times\boxed{2}}{12\times2}\right)$ ➡ $\left(\frac{\boxed{9}}{24}, \frac{\boxed{10}}{24}\right)$

(2) 공통분모를 48로 하는 경우

$\left(\frac{3}{8}, \frac{5}{12}\right)$ ➡ $\left(\frac{3\times\boxed{6}}{8\times\boxed{6}}, \frac{5\times\boxed{4}}{12\times\boxed{4}}\right)$ ➡ $\left(\frac{\boxed{18}}{48}, \frac{\boxed{20}}{48}\right)$

(3) 공통분모를 72로 하는 경우

$\left(\frac{3}{8}, \frac{5}{12}\right)$ ➡ $\left(\frac{3\times\boxed{9}}{8\times\boxed{9}}, \frac{5\times\boxed{6}}{12\times\boxed{6}}\right)$ ➡ $\left(\frac{\boxed{27}}{\boxed{72}}, \frac{\boxed{30}}{\boxed{72}}\right)$

6 분수를 통분하기(2)

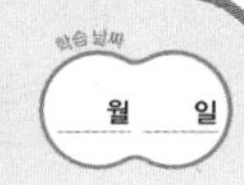

계산은 빠르고 정확하게!

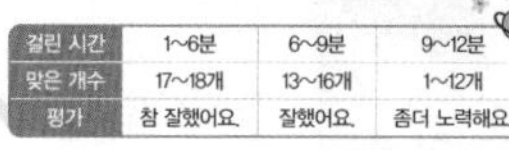

걸린 시간	1~6분	6~9분	9~12분
맞은 개수	17~18개	13~16개	1~12개
평가	참 잘했어요.	잘했어요.	좀더 노력해요.

두 분모의 곱을 공통분모로 하여 통분하시오. (1~4)

1 $\left(\frac{1}{2}, \frac{2}{3}\right)$에서 두 분모 2와 3의 곱은 $\boxed{6}$입니다.

$\left(\frac{1}{2}, \frac{2}{3}\right) \Rightarrow \left(\frac{1\times\boxed{3}}{2\times\boxed{3}}, \frac{2\times\boxed{2}}{3\times\boxed{2}}\right) \Rightarrow \left(\frac{\boxed{3}}{\boxed{6}}, \frac{\boxed{4}}{\boxed{6}}\right)$

2 $\left(\frac{3}{4}, \frac{5}{7}\right)$에서 두 분모 4와 7의 곱은 $\boxed{28}$입니다.

$\left(\frac{3}{4}, \frac{5}{7}\right) \Rightarrow \left(\frac{3\times\boxed{7}}{4\times\boxed{7}}, \frac{5\times\boxed{4}}{7\times\boxed{4}}\right) \Rightarrow \left(\frac{\boxed{21}}{\boxed{28}}, \frac{\boxed{20}}{\boxed{28}}\right)$

3 $\left(\frac{5}{6}, \frac{3}{8}\right)$에서 두 분모 6과 8의 곱은 $\boxed{48}$입니다.

$\left(\frac{5}{6}, \frac{3}{8}\right) \Rightarrow \left(\frac{5\times\boxed{8}}{6\times\boxed{8}}, \frac{3\times\boxed{6}}{8\times\boxed{6}}\right) \Rightarrow \left(\frac{\boxed{40}}{\boxed{48}}, \frac{\boxed{18}}{\boxed{48}}\right)$

4 $\left(\frac{7}{9}, \frac{3}{5}\right)$에서 두 분모 9와 5의 곱은 $\boxed{45}$입니다.

$\left(\frac{7}{9}, \frac{3}{5}\right) \Rightarrow \left(\frac{7\times\boxed{5}}{9\times\boxed{5}}, \frac{3\times\boxed{9}}{5\times\boxed{9}}\right) \Rightarrow \left(\frac{\boxed{35}}{\boxed{45}}, \frac{\boxed{27}}{\boxed{45}}\right)$

두 분모의 곱을 공통분모로 하여 통분하시오. (5~18)

5 $\left(\frac{2}{3}, \frac{3}{4}\right) \Rightarrow \left(\frac{\boxed{8}}{\boxed{12}}, \frac{\boxed{9}}{\boxed{12}}\right)$

6 $\left(\frac{4}{5}, \frac{1}{2}\right) \Rightarrow \left(\frac{\boxed{8}}{\boxed{10}}, \frac{\boxed{5}}{\boxed{10}}\right)$

7 $\left(\frac{1}{4}, \frac{4}{9}\right) \Rightarrow \left(\frac{\boxed{9}}{\boxed{36}}, \frac{\boxed{16}}{\boxed{36}}\right)$

8 $\left(\frac{2}{3}, \frac{5}{6}\right) \Rightarrow \left(\frac{\boxed{12}}{\boxed{18}}, \frac{\boxed{15}}{\boxed{18}}\right)$

9 $\left(\frac{2}{3}, \frac{3}{5}\right) \Rightarrow \left(\frac{\boxed{10}}{\boxed{15}}, \frac{\boxed{9}}{\boxed{15}}\right)$

10 $\left(\frac{4}{5}, \frac{8}{9}\right) \Rightarrow \left(\frac{\boxed{36}}{\boxed{45}}, \frac{\boxed{40}}{\boxed{45}}\right)$

11 $\left(\frac{3}{8}, \frac{1}{4}\right) \Rightarrow \left(\frac{\boxed{12}}{\boxed{32}}, \frac{\boxed{8}}{\boxed{32}}\right)$

12 $\left(\frac{7}{12}, \frac{3}{4}\right) \Rightarrow \left(\frac{\boxed{28}}{\boxed{48}}, \frac{\boxed{36}}{\boxed{48}}\right)$

13 $\left(\frac{4}{9}, \frac{1}{6}\right) \Rightarrow \left(\frac{\boxed{24}}{\boxed{54}}, \frac{\boxed{9}}{\boxed{54}}\right)$

14 $\left(\frac{3}{5}, \frac{5}{8}\right) \Rightarrow \left(\frac{\boxed{24}}{\boxed{40}}, \frac{\boxed{25}}{\boxed{40}}\right)$

15 $\left(\frac{1}{6}, \frac{3}{7}\right) \Rightarrow \left(\frac{\boxed{7}}{\boxed{42}}, \frac{\boxed{18}}{\boxed{42}}\right)$

16 $\left(\frac{7}{8}, \frac{3}{10}\right) \Rightarrow \left(\frac{\boxed{70}}{\boxed{80}}, \frac{\boxed{24}}{\boxed{80}}\right)$

17 $\left(\frac{7}{11}, \frac{6}{7}\right) \Rightarrow \left(\frac{\boxed{49}}{\boxed{77}}, \frac{\boxed{66}}{\boxed{77}}\right)$

18 $\left(\frac{8}{13}, \frac{3}{4}\right) \Rightarrow \left(\frac{\boxed{32}}{\boxed{52}}, \frac{\boxed{39}}{\boxed{52}}\right)$

6 분수를 통분하기(3)

계산은 빠르고 정확하게!

걸린 시간	1~6분	6~9분	9~12분
맞은 개수	17~18개	13~16개	1~12개
평가	참 잘했어요.	잘했어요.	좀더 노력해요.

분모의 최소공배수를 공통분모로 하여 통분하시오. (1~4)

1 $\left(\frac{3}{4}, \frac{5}{6}\right)$에서 분모 4와 6의 최소공배수는 $\boxed{12}$입니다.

$\left(\frac{3}{4}, \frac{5}{6}\right) \Rightarrow \left(\frac{3\times\boxed{3}}{4\times\boxed{3}}, \frac{5\times\boxed{2}}{6\times\boxed{2}}\right) \Rightarrow \left(\frac{\boxed{9}}{\boxed{12}}, \frac{\boxed{10}}{\boxed{12}}\right)$

2 $\left(\frac{3}{8}, \frac{1}{6}\right)$에서 분모 8과 6의 최소공배수는 $\boxed{24}$입니다.

$\left(\frac{3}{8}, \frac{1}{6}\right) \Rightarrow \left(\frac{3\times\boxed{3}}{8\times\boxed{3}}, \frac{1\times\boxed{4}}{6\times\boxed{4}}\right) \Rightarrow \left(\frac{\boxed{9}}{\boxed{24}}, \frac{\boxed{4}}{\boxed{24}}\right)$

3 $\left(\frac{7}{10}, \frac{4}{15}\right)$에서 분모 10과 15의 최소공배수는 $\boxed{30}$입니다.

$\left(\frac{7}{10}, \frac{4}{15}\right) \Rightarrow \left(\frac{7\times\boxed{3}}{10\times\boxed{3}}, \frac{4\times\boxed{2}}{15\times\boxed{2}}\right) \Rightarrow \left(\frac{\boxed{21}}{\boxed{30}}, \frac{\boxed{8}}{\boxed{30}}\right)$

4 $\left(\frac{8}{9}, \frac{5}{12}\right)$에서 분모 9와 12의 최소공배수는 $\boxed{36}$입니다.

$\left(\frac{8}{9}, \frac{5}{12}\right) \Rightarrow \left(\frac{8\times\boxed{4}}{9\times\boxed{4}}, \frac{5\times\boxed{3}}{12\times\boxed{3}}\right) \Rightarrow \left(\frac{\boxed{32}}{\boxed{36}}, \frac{\boxed{15}}{\boxed{36}}\right)$

분모의 최소공배수를 공통분모로 하여 통분하시오. (5~18)

5 $\left(\frac{1}{3}, \frac{5}{6}\right) \Rightarrow \left(\frac{\boxed{2}}{\boxed{6}}, \frac{\boxed{5}}{\boxed{6}}\right)$

6 $\left(\frac{7}{8}, \frac{3}{4}\right) \Rightarrow \left(\frac{\boxed{7}}{\boxed{8}}, \frac{\boxed{6}}{\boxed{8}}\right)$

7 $\left(\frac{4}{9}, \frac{1}{6}\right) \Rightarrow \left(\frac{\boxed{8}}{\boxed{18}}, \frac{\boxed{3}}{\boxed{18}}\right)$

8 $\left(\frac{5}{6}, \frac{5}{9}\right) \Rightarrow \left(\frac{\boxed{15}}{\boxed{18}}, \frac{\boxed{10}}{\boxed{18}}\right)$

9 $\left(\frac{1}{4}, \frac{7}{10}\right) \Rightarrow \left(\frac{\boxed{5}}{\boxed{20}}, \frac{\boxed{14}}{\boxed{20}}\right)$

10 $\left(\frac{7}{9}, \frac{11}{12}\right) \Rightarrow \left(\frac{\boxed{28}}{\boxed{36}}, \frac{\boxed{33}}{\boxed{36}}\right)$

11 $\left(\frac{13}{15}, \frac{4}{5}\right) \Rightarrow \left(\frac{\boxed{13}}{\boxed{15}}, \frac{\boxed{12}}{\boxed{15}}\right)$

12 $\left(\frac{5}{12}, \frac{9}{14}\right) \Rightarrow \left(\frac{\boxed{35}}{\boxed{84}}, \frac{\boxed{54}}{\boxed{84}}\right)$

13 $\left(\frac{5}{16}, \frac{13}{20}\right) \Rightarrow \left(\frac{\boxed{25}}{\boxed{80}}, \frac{\boxed{52}}{\boxed{80}}\right)$

14 $\left(\frac{13}{24}, \frac{11}{16}\right) \Rightarrow \left(\frac{\boxed{26}}{\boxed{48}}, \frac{\boxed{33}}{\boxed{48}}\right)$

15 $\left(\frac{8}{9}, \frac{7}{15}\right) \Rightarrow \left(\frac{\boxed{40}}{\boxed{45}}, \frac{\boxed{21}}{\boxed{45}}\right)$

16 $\left(\frac{5}{8}, \frac{7}{12}\right) \Rightarrow \left(\frac{\boxed{15}}{\boxed{24}}, \frac{\boxed{14}}{\boxed{24}}\right)$

17 $\left(\frac{13}{14}, \frac{5}{21}\right) \Rightarrow \left(\frac{\boxed{39}}{\boxed{42}}, \frac{\boxed{10}}{\boxed{42}}\right)$

18 $\left(\frac{4}{15}, \frac{9}{20}\right) \Rightarrow \left(\frac{\boxed{16}}{\boxed{60}}, \frac{\boxed{27}}{\boxed{60}}\right)$

7 분수의 크기 비교하기(1)

- 분모가 다른 두 분수의 크기를 비교할 때에는 통분하여 분모를 같게 한 다음 분자의 크기를 비교합니다.

  $\left(\frac{2}{3}, \frac{4}{7}\right) \Rightarrow \left(\frac{14}{21}, \frac{12}{21}\right) \Rightarrow \frac{14}{21} > \frac{12}{21} \Rightarrow \frac{2}{3} > \frac{4}{7}$

- 분수와 소수의 크기 비교는 분수를 소수로 나타내어 소수끼리 비교하거나 소수를 분수로 나타내어 분수끼리 비교합니다.

  $\left(\frac{2}{5}, 0.3\right) \Rightarrow (0.4, 0.3) \Rightarrow 0.4 > 0.3 \Rightarrow \frac{2}{5} > 0.3$

  $\left(\frac{2}{5}, 0.3\right) \Rightarrow \left(\frac{4}{10}, \frac{3}{10}\right) \Rightarrow \frac{4}{10} > \frac{3}{10} \Rightarrow \frac{2}{5} > 0.3$

□ 안에 알맞은 수를 써넣고 ○ 안에 >, =, <를 알맞게 써넣으시오. (1 ~ 2)

1

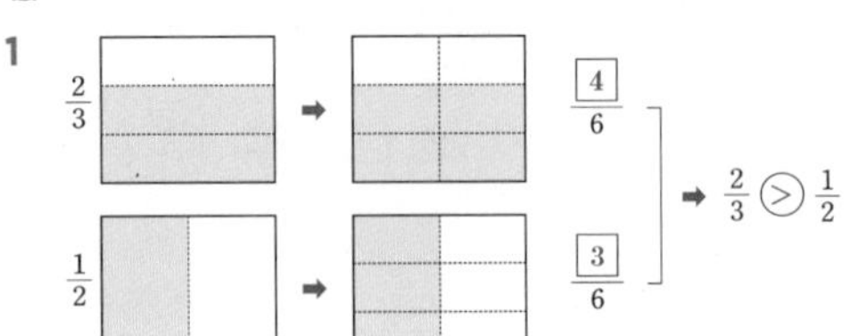

$\frac{2}{3} \Rightarrow \frac{\boxed{4}}{6}$, $\frac{1}{2} \Rightarrow \frac{\boxed{3}}{6}$ $\Rightarrow \frac{2}{3} \text{ⓧ} > \frac{1}{2}$

2

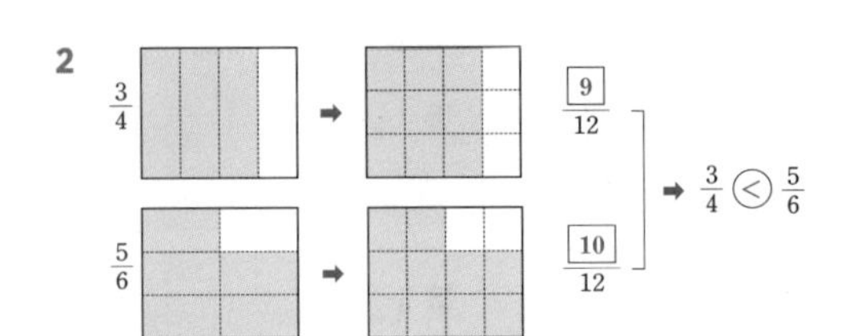

$\frac{3}{4} \Rightarrow \frac{\boxed{9}}{12}$, $\frac{5}{6} \Rightarrow \frac{\boxed{10}}{12}$ $\Rightarrow \frac{3}{4} < \frac{5}{6}$

계산은 빠르고 정확하게!

걸린 시간	1~6분	6~9분	9~12분
맞은 개수	11~12개	9~10개	1~8개
평가	참 잘했어요.	잘했어요.	좀더 노력해요.

분모의 곱을 공통분모로 하여 통분하고 ○ 안에 >, =, <를 알맞게 써넣으시오. (3 ~ 12)

3 $\left(\frac{1}{4}, \frac{2}{5}\right) \Rightarrow \left(\frac{\boxed{5}}{20}, \frac{\boxed{8}}{20}\right) \Rightarrow \frac{1}{4} < \frac{2}{5}$

4 $\left(\frac{2}{3}, \frac{4}{7}\right) \Rightarrow \left(\frac{\boxed{14}}{21}, \frac{\boxed{12}}{21}\right) \Rightarrow \frac{2}{3} > \frac{4}{7}$

5 $\left(\frac{5}{6}, \frac{7}{8}\right) \Rightarrow \left(\frac{\boxed{40}}{48}, \frac{\boxed{42}}{48}\right) \Rightarrow \frac{5}{6} < \frac{7}{8}$

6 $\left(\frac{4}{5}, \frac{4}{9}\right) \Rightarrow \left(\frac{\boxed{36}}{\boxed{45}}, \frac{\boxed{20}}{\boxed{45}}\right) \Rightarrow \frac{4}{5} > \frac{4}{9}$

7 $\left(\frac{3}{7}, \frac{5}{8}\right) \Rightarrow \left(\frac{\boxed{24}}{\boxed{56}}, \frac{\boxed{35}}{\boxed{56}}\right) \Rightarrow \frac{3}{7} < \frac{5}{8}$

8 $\left(\frac{7}{8}, \frac{5}{12}\right) \Rightarrow \left(\frac{\boxed{84}}{\boxed{96}}, \frac{\boxed{40}}{\boxed{96}}\right) \Rightarrow \frac{7}{8} > \frac{5}{12}$

9 $\left(\frac{3}{10}, \frac{6}{11}\right) \Rightarrow \left(\frac{\boxed{33}}{\boxed{110}}, \frac{\boxed{60}}{\boxed{110}}\right) \Rightarrow \frac{3}{10} < \frac{6}{11}$

10 $\left(\frac{3}{5}, \frac{5}{8}\right) \Rightarrow \left(\frac{\boxed{24}}{\boxed{40}}, \frac{\boxed{25}}{\boxed{40}}\right) \Rightarrow \frac{3}{5} < \frac{5}{8}$

11 $\left(\frac{3}{4}, \frac{6}{7}\right) \Rightarrow \left(\frac{\boxed{21}}{\boxed{28}}, \frac{\boxed{24}}{\boxed{28}}\right) \Rightarrow \frac{3}{4} < \frac{6}{7}$

12 $\left(\frac{5}{9}, \frac{3}{5}\right) \Rightarrow \left(\frac{\boxed{25}}{\boxed{45}}, \frac{\boxed{27}}{\boxed{45}}\right) \Rightarrow \frac{5}{9} < \frac{3}{5}$

7 분수의 크기 비교하기(2)

분모의 최소공배수를 공통분모로 하여 통분하고 ○ 안에 >, =, <를 알맞게 써넣으시오. (1 ~ 10)

1 $\left(\frac{3}{4}, \frac{5}{6}\right) \Rightarrow \left(\frac{\boxed{9}}{12}, \frac{\boxed{10}}{12}\right) \Rightarrow \frac{3}{4} < \frac{5}{6}$

2 $\left(\frac{5}{6}, \frac{3}{8}\right) \Rightarrow \left(\frac{\boxed{20}}{24}, \frac{\boxed{9}}{24}\right) \Rightarrow \frac{5}{6} > \frac{3}{8}$

3 $\left(\frac{2}{3}, \frac{7}{9}\right) \Rightarrow \left(\frac{\boxed{6}}{9}, \frac{\boxed{7}}{9}\right) \Rightarrow \frac{2}{3} < \frac{7}{9}$

4 $\left(\frac{3}{4}, \frac{7}{10}\right) \Rightarrow \left(\frac{\boxed{15}}{\boxed{20}}, \frac{\boxed{14}}{\boxed{20}}\right) \Rightarrow \frac{3}{4} > \frac{7}{10}$

5 $\left(\frac{5}{8}, \frac{7}{12}\right) \Rightarrow \left(\frac{\boxed{15}}{\boxed{24}}, \frac{\boxed{14}}{\boxed{24}}\right) \Rightarrow \frac{5}{8} > \frac{7}{12}$

6 $\left(\frac{9}{10}, \frac{13}{15}\right) \Rightarrow \left(\frac{\boxed{27}}{\boxed{30}}, \frac{\boxed{26}}{\boxed{30}}\right) \Rightarrow \frac{9}{10} > \frac{13}{15}$

7 $\left(\frac{7}{12}, \frac{11}{18}\right) \Rightarrow \left(\frac{\boxed{21}}{\boxed{36}}, \frac{\boxed{22}}{\boxed{36}}\right) \Rightarrow \frac{7}{12} < \frac{11}{18}$

8 $\left(\frac{5}{6}, \frac{7}{9}\right) \Rightarrow \left(\frac{\boxed{15}}{\boxed{18}}, \frac{\boxed{14}}{\boxed{18}}\right) \Rightarrow \frac{5}{6} > \frac{7}{9}$

9 $\left(\frac{11}{12}, \frac{7}{8}\right) \Rightarrow \left(\frac{\boxed{22}}{\boxed{24}}, \frac{\boxed{21}}{\boxed{24}}\right) \Rightarrow \frac{11}{12} > \frac{7}{8}$

10 $\left(\frac{5}{9}, \frac{7}{15}\right) \Rightarrow \left(\frac{\boxed{25}}{\boxed{45}}, \frac{\boxed{21}}{\boxed{45}}\right) \Rightarrow \frac{5}{9} > \frac{7}{15}$

계산은 빠르고 정확하게!

걸린 시간	1~8분	8~12분	12~16분
맞은 개수	24~26개	19~23개	1~18개
평가	참 잘했어요.	잘했어요.	좀더 노력해요.

두 분수의 크기를 비교하여 ○ 안에 >, =, <를 알맞게 써넣으시오. (11 ~ 26)

11 $\frac{4}{7} < \frac{3}{4}$

12 $\frac{5}{6} > \frac{4}{9}$

13 $\frac{5}{6} > \frac{7}{9}$

14 $\frac{7}{9} < \frac{11}{12}$

15 $\frac{4}{5} > \frac{5}{8}$

16 $\frac{6}{7} < \frac{7}{8}$

17 $\frac{5}{14} < \frac{7}{12}$

18 $\frac{7}{12} > \frac{9}{16}$

19 $\frac{9}{10} > \frac{11}{14}$

20 $\frac{7}{24} > \frac{5}{18}$

21 $\frac{7}{9} > \frac{13}{21}$

22 $\frac{5}{12} > \frac{8}{27}$

23 $\frac{13}{15} > \frac{7}{10}$

24 $\frac{13}{18} > \frac{17}{30}$

25 $\frac{7}{24} > \frac{5}{18}$

26 $\frac{13}{20} > \frac{8}{15}$

P 84~87

7 분수의 크기 비교하기(3)

학습 날짜 월 일

계산은 빠르고 정확하게!

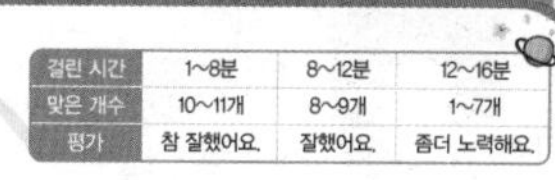

걸린 시간	1~8분	8~12분	12~16분
맞은 개수	10~11개	8~9개	1~7개
평가	참 잘했어요.	잘했어요.	좀더 노력해요.

세 분수의 크기를 비교하여 가장 큰 분수부터 차례로 쓰시오. (1~4)

1 $\frac{3}{4}, \frac{5}{6}, \frac{5}{8}$ ➡ $\left[\frac{3}{4} < \frac{5}{6},\ \frac{5}{6} > \frac{5}{8},\ \frac{3}{4} > \frac{5}{8}\right]$ ➡ $\boxed{\frac{5}{6}} > \boxed{\frac{3}{4}} > \boxed{\frac{5}{8}}$

2 $\frac{7}{8}, \frac{11}{12}, \frac{5}{6}$ ➡ $\left[\frac{7}{8} < \frac{11}{12},\ \frac{11}{12} > \frac{5}{6},\ \frac{7}{8} > \frac{5}{6}\right]$ ➡ $\boxed{\frac{11}{12}} > \boxed{\frac{7}{8}} > \boxed{\frac{5}{6}}$

3 $\frac{2}{3}, \frac{3}{4}, \frac{4}{7}$ ➡ $\left[\frac{2}{3} < \frac{3}{4},\ \frac{3}{4} > \frac{4}{7},\ \frac{2}{3} > \frac{4}{7}\right]$ ➡ $\boxed{\frac{3}{4}} > \boxed{\frac{2}{3}} > \boxed{\frac{4}{7}}$

4 $\frac{4}{5}, \frac{7}{15}, \frac{3}{8}$ ➡ $\left[\frac{4}{5} > \frac{7}{15},\ \frac{7}{15} > \frac{3}{8},\ \frac{4}{5} > \frac{3}{8}\right]$ ➡ $\boxed{\frac{4}{5}} > \boxed{\frac{7}{15}} > \boxed{\frac{3}{8}}$

세 분수의 크기를 비교하여 가장 큰 분수부터 차례로 쓰시오. (5~11)

5 $\frac{1}{2}, \frac{2}{5}, \frac{3}{7}$ ➡ ($\frac{1}{2}, \frac{3}{7}, \frac{2}{5}$)

6 $\frac{4}{9}, \frac{7}{10}, \frac{3}{5}$ ➡ ($\frac{7}{10}, \frac{3}{5}, \frac{4}{9}$)

7 $\frac{5}{6}, \frac{4}{9}, \frac{7}{12}$ ➡ ($\frac{5}{6}, \frac{7}{12}, \frac{4}{9}$)

8 $\frac{1}{3}, \frac{3}{8}, \frac{4}{9}$ ➡ ($\frac{4}{9}, \frac{3}{8}, \frac{1}{3}$)

9 $\frac{3}{4}, \frac{11}{20}, \frac{16}{25}$ ➡ ($\frac{3}{4}, \frac{16}{25}, \frac{11}{20}$)

10 $\frac{5}{12}, \frac{2}{9}, \frac{13}{27}$ ➡ ($\frac{13}{27}, \frac{5}{12}, \frac{2}{9}$)

11 $\frac{7}{8}, \frac{4}{5}, \frac{5}{9}$ ➡ ($\frac{7}{8}, \frac{4}{5}, \frac{5}{9}$)

7 분수의 크기 비교하기(4)

학습 날짜 월 일

계산은 빠르고 정확하게!

걸린 시간	1~8분	8~12분	12~16분
맞은 개수	22~24개	17~21개	1~16개
평가	참 잘했어요.	잘했어요.	좀더 노력해요.

분수를 소수로 고쳐서 크기를 비교하시오. (1~12)

1 $\left(\frac{4}{5}, 0.75\right)$ ➡ ($\boxed{0.8}$, 0.75) ➡ $\frac{4}{5} > 0.75$

2 $\left(0.68, \frac{2}{3}\right)$ ➡ (0.68, $\boxed{0.666\cdots}$) ➡ $0.68 > \frac{2}{3}$

3 $\left(\frac{3}{4}, 0.76\right)$ ➡ ($\boxed{0.75}$, 0.76) ➡ $\frac{3}{4} < 0.76$

4 $\left(1.72, 1\frac{3}{4}\right)$ ➡ (1.72, $\boxed{1.75}$) ➡ $1.72 < 1\frac{3}{4}$

5 $\left(1\frac{17}{20}, 1.8\right)$ ➡ ($\boxed{1.85}$, 1.8) ➡ $1\frac{17}{20} > 1.8$

6 $\left(3.84, 3\frac{4}{5}\right)$ ➡ (3.84, $\boxed{3.8}$) ➡ $3.84 > 3\frac{4}{5}$

7 $\left(3\frac{18}{25}, 3.74\right)$ ➡ ($\boxed{3.72}$, 3.74) ➡ $3\frac{18}{25} < 3.74$

8 $\left(2.24, 2\frac{3}{8}\right)$ ➡ (2.24, $\boxed{2.375}$) ➡ $2.24 < 2\frac{3}{8}$

9 $\left(6\frac{1}{5}, 6.25\right)$ ➡ ($\boxed{6.2}$, 6.25) ➡ $6\frac{1}{5} < 6.25$

10 $\left(3.45, 3\frac{4}{9}\right)$ ➡ (3.45, $\boxed{3.444\cdots}$) ➡ $3.45 > 3\frac{4}{9}$

11 $\left(1\frac{1}{2}, 1.47\right)$ ➡ ($\boxed{1.5}$, 1.47) ➡ $1\frac{1}{2} > 1.47$

12 $\left(4.63, 4\frac{7}{8}\right)$ ➡ (4.63, $\boxed{4.875}$) ➡ $4.63 < 4\frac{7}{8}$

소수를 분수로 고쳐서 크기를 비교하시오. (13~24)

13 $\left(\frac{4}{5}, 0.9\right)$ ➡ $\left(\frac{\boxed{8}}{10}, \frac{\boxed{9}}{10}\right)$ ➡ $\frac{4}{5} < 0.9$

14 $\left(\frac{2}{3}, 0.6\right)$ ➡ $\left(\frac{\boxed{20}}{30}, \frac{\boxed{18}}{30}\right)$ ➡ $\frac{2}{3} > 0.6$

15 $\left(\frac{13}{20}, 0.63\right)$ ➡ $\left(\frac{\boxed{65}}{100}, \frac{\boxed{63}}{100}\right)$ ➡ $\frac{13}{20} > 0.63$

16 $\left(\frac{5}{8}, 0.7\right)$ ➡ $\left(\frac{\boxed{25}}{40}, \frac{\boxed{28}}{40}\right)$ ➡ $\frac{5}{8} < 0.7$

17 $\left(1\frac{3}{5}, 1.57\right)$ ➡ $\left(1\frac{\boxed{60}}{100}, 1\frac{\boxed{57}}{100}\right)$ ➡ $1\frac{3}{5} > 1.57$

18 $\left(\frac{4}{7}, 0.6\right)$ ➡ $\left(\frac{\boxed{40}}{70}, \frac{\boxed{42}}{70}\right)$ ➡ $\frac{4}{7} < 0.6$

19 $\left(1.53, 1\frac{1}{4}\right)$ ➡ $\left(1\frac{\boxed{53}}{100}, 1\frac{\boxed{25}}{100}\right)$ ➡ $1.53 > 1\frac{1}{4}$

20 $\left(2.35, 2\frac{2}{5}\right)$ ➡ $\left(2\frac{\boxed{35}}{100}, 2\frac{\boxed{40}}{100}\right)$ ➡ $2.35 < 2\frac{2}{5}$

21 $\left(3.8, 3\frac{3}{5}\right)$ ➡ $\left(3\frac{\boxed{8}}{10}, 3\frac{\boxed{6}}{10}\right)$ ➡ $3.8 > 3\frac{3}{5}$

22 $\left(4.72, 4\frac{13}{20}\right)$ ➡ $\left(4\frac{\boxed{72}}{100}, 4\frac{\boxed{65}}{100}\right)$ ➡ $4.72 > 4\frac{13}{20}$

23 $\left(4.05, 4\frac{1}{5}\right)$ ➡ $\left(4\frac{\boxed{5}}{100}, 4\frac{\boxed{20}}{100}\right)$ ➡ $4.05 < 4\frac{1}{5}$

24 $\left(5.75, 5\frac{18}{25}\right)$ ➡ $\left(5\frac{\boxed{75}}{100}, 5\frac{\boxed{72}}{100}\right)$ ➡ $5.75 > 5\frac{18}{25}$

정답

8 받아올림이 없는 진분수의 덧셈(1)

방법 ① 분모의 곱을 이용하여 통분한 후 계산하기

$\frac{1}{4}+\frac{1}{6}=\frac{6}{24}+\frac{4}{24}=\frac{10}{24}=\frac{5}{12}$

방법 ② 분모의 최소공배수를 이용하여 통분한 후 계산하기

$\frac{1}{4}+\frac{1}{6}=\frac{3}{12}+\frac{2}{12}=\frac{5}{12}$

분모의 곱을 공통분모로 하여 통분한 후 계산하려고 합니다. □ 안에 알맞은 수를 써넣으시오. (1~5)

1 $\frac{1}{3}+\frac{1}{4}=\frac{1\times\boxed{4}}{3\times\boxed{4}}+\frac{1\times\boxed{3}}{4\times\boxed{3}}=\frac{\boxed{4}}{12}+\frac{\boxed{3}}{12}=\frac{\boxed{7}}{12}$

2 $\frac{3}{4}+\frac{1}{5}=\frac{3\times\boxed{5}}{4\times\boxed{5}}+\frac{1\times\boxed{4}}{5\times\boxed{4}}=\frac{\boxed{15}}{20}+\frac{\boxed{4}}{20}=\frac{\boxed{19}}{20}$

3 $\frac{1}{6}+\frac{4}{9}=\frac{1\times\boxed{9}}{6\times\boxed{9}}+\frac{4\times\boxed{6}}{9\times\boxed{6}}=\frac{\boxed{9}}{54}+\frac{\boxed{24}}{54}=\frac{\boxed{33}}{54}=\frac{\boxed{11}}{18}$

4 $\frac{2}{5}+\frac{3}{10}=\frac{2\times\boxed{10}}{5\times\boxed{10}}+\frac{3\times\boxed{5}}{10\times\boxed{5}}=\frac{\boxed{20}}{50}+\frac{\boxed{15}}{50}=\frac{\boxed{35}}{50}=\frac{\boxed{7}}{10}$

5 $\frac{2}{3}+\frac{4}{15}=\frac{2\times\boxed{15}}{3\times\boxed{15}}+\frac{4\times\boxed{3}}{15\times\boxed{3}}=\frac{\boxed{30}}{45}+\frac{\boxed{12}}{45}=\frac{\boxed{42}}{45}=\frac{\boxed{14}}{15}$

계산은 빠르고 정확하게!

걸린 시간	1~8분	8~12분	12~16분
맞은 개수	19~21개	15~18개	1~14개
평가	참 잘했어요.	잘했어요.	좀더 노력해요.

계산을 하시오. (6~21)

6 $\frac{1}{6}+\frac{5}{8}=\frac{19}{24}$

7 $\frac{5}{12}+\frac{3}{8}=\frac{19}{24}$

8 $\frac{1}{2}+\frac{1}{3}=\frac{5}{6}$

9 $\frac{5}{6}+\frac{1}{8}=\frac{23}{24}$

10 $\frac{1}{3}+\frac{4}{9}=\frac{7}{9}$

11 $\frac{1}{5}+\frac{5}{7}=\frac{32}{35}$

12 $\frac{2}{9}+\frac{3}{4}=\frac{35}{36}$

13 $\frac{1}{6}+\frac{4}{9}=\frac{11}{18}$

14 $\frac{1}{4}+\frac{3}{10}=\frac{11}{20}$

15 $\frac{3}{7}+\frac{3}{8}=\frac{45}{56}$

16 $\frac{5}{12}+\frac{2}{5}=\frac{49}{60}$

17 $\frac{5}{11}+\frac{1}{4}=\frac{31}{44}$

18 $\frac{5}{8}+\frac{3}{20}=\frac{31}{40}$

19 $\frac{2}{7}+\frac{5}{13}=\frac{61}{91}$

20 $\frac{3}{10}+\frac{8}{15}=\frac{5}{6}$

21 $\frac{3}{14}+\frac{2}{21}=\frac{13}{42}$

8 받아올림이 없는 진분수의 덧셈(2)

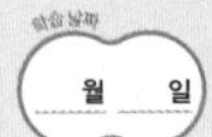

분모의 최소공배수를 공통분모로 하여 통분한 후 계산하려고 합니다. □ 안에 알맞은 수를 써넣으시오. (1~7)

1 $\frac{1}{2}+\frac{1}{4}=\frac{1\times\boxed{2}}{2\times\boxed{2}}+\frac{1}{4}=\frac{\boxed{2}}{4}+\frac{1}{4}=\frac{\boxed{3}}{4}$

2 $\frac{2}{3}+\frac{1}{9}=\frac{2\times\boxed{3}}{3\times\boxed{3}}+\frac{1}{9}=\frac{\boxed{6}}{9}+\frac{1}{9}=\frac{\boxed{7}}{9}$

3 $\frac{3}{4}+\frac{1}{6}=\frac{3\times\boxed{3}}{4\times\boxed{3}}+\frac{1\times\boxed{2}}{6\times\boxed{2}}=\frac{\boxed{9}}{12}+\frac{\boxed{2}}{12}=\frac{\boxed{11}}{12}$

4 $\frac{3}{8}+\frac{1}{12}=\frac{3\times\boxed{3}}{8\times\boxed{3}}+\frac{1\times\boxed{2}}{12\times\boxed{2}}=\frac{\boxed{9}}{24}+\frac{\boxed{2}}{24}=\frac{\boxed{11}}{24}$

5 $\frac{2}{9}+\frac{5}{12}=\frac{2\times\boxed{4}}{9\times\boxed{4}}+\frac{5\times\boxed{3}}{12\times\boxed{3}}=\frac{\boxed{8}}{36}+\frac{\boxed{15}}{36}=\frac{\boxed{23}}{36}$

6 $\frac{1}{6}+\frac{2}{9}=\frac{1\times\boxed{3}}{6\times\boxed{3}}+\frac{2\times\boxed{2}}{9\times\boxed{2}}=\frac{\boxed{3}}{18}+\frac{\boxed{4}}{18}=\frac{\boxed{7}}{18}$

7 $\frac{5}{12}+\frac{7}{18}=\frac{5\times\boxed{3}}{12\times\boxed{3}}+\frac{7\times\boxed{2}}{18\times\boxed{2}}=\frac{\boxed{15}}{36}+\frac{\boxed{14}}{36}=\frac{\boxed{29}}{36}$

계산은 빠르고 정확하게!

걸린 시간	1~8분	8~12분	12~16분
맞은 개수	21~23개	17~20개	1~16개
평가	참 잘했어요.	잘했어요.	좀더 노력해요.

계산을 하시오. (8~23)

8 $\frac{2}{3}+\frac{1}{15}=\frac{11}{15}$

9 $\frac{1}{6}+\frac{5}{12}=\frac{7}{12}$

10 $\frac{5}{6}+\frac{1}{9}=\frac{17}{18}$

11 $\frac{3}{4}+\frac{1}{18}=\frac{29}{36}$

12 $\frac{4}{7}+\frac{5}{14}=\frac{13}{14}$

13 $\frac{2}{9}+\frac{4}{15}=\frac{22}{45}$

14 $\frac{1}{6}+\frac{7}{15}=\frac{19}{30}$

15 $\frac{1}{6}+\frac{9}{20}=\frac{37}{60}$

16 $\frac{2}{21}+\frac{4}{7}=\frac{2}{3}$

17 $\frac{5}{12}+\frac{2}{15}=\frac{11}{20}$

18 $\frac{4}{15}+\frac{2}{3}=\frac{14}{15}$

19 $\frac{7}{16}+\frac{3}{10}=\frac{59}{80}$

20 $\frac{5}{18}+\frac{7}{27}=\frac{29}{54}$

21 $\frac{5}{14}+\frac{10}{21}=\frac{5}{6}$

22 $\frac{7}{20}+\frac{3}{25}=\frac{47}{100}$

23 $\frac{7}{12}+\frac{11}{30}=\frac{19}{20}$

8 받아올림이 없는 진분수의 덧셈(3)

계산은 빠르고 정확하게!

걸린 시간	1~6분	6~9분	9~12분
맞은 개수	17~18개	13~16개	1~12개
평가	참 잘했어요.	잘했어요.	좀더 노력해요.

빈 곳에 알맞은 수를 써넣으시오. (1~10)

1

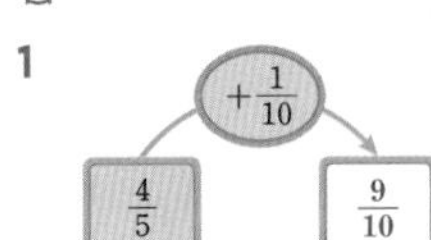

2

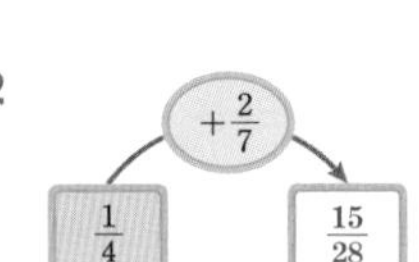
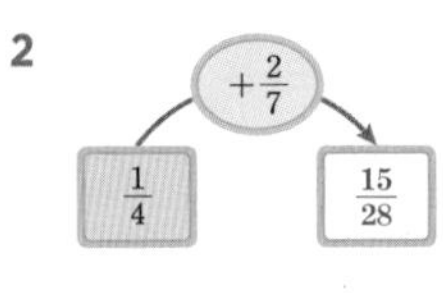

3

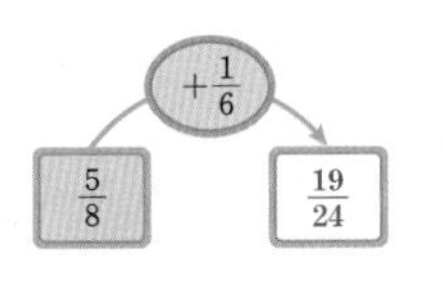

4

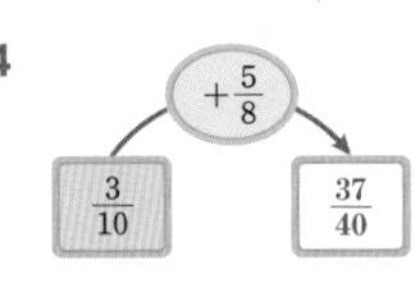

5

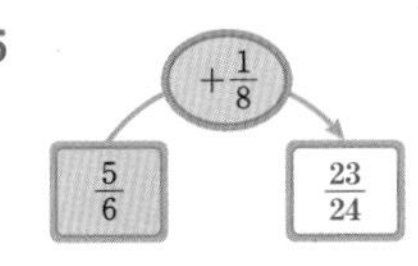

6

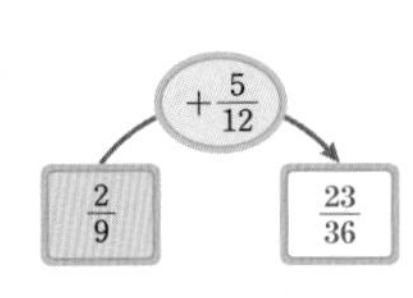

7

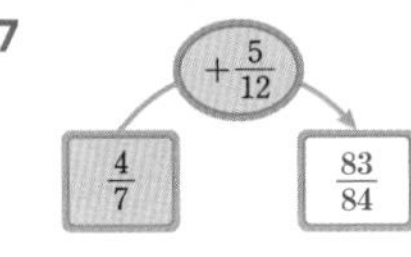

8

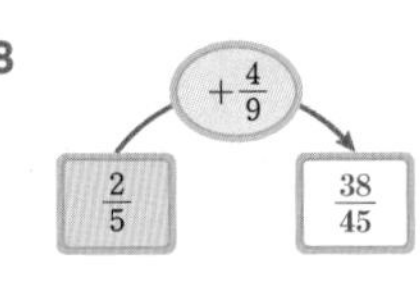

9

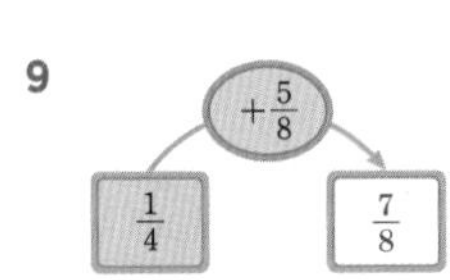

10

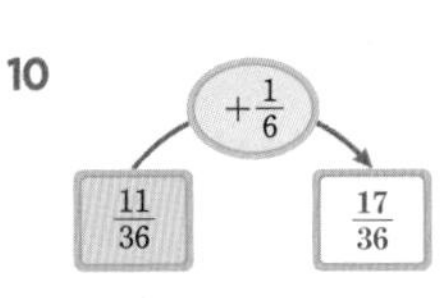

□ 안에 알맞은 수를 써넣으시오. (11~18)

11

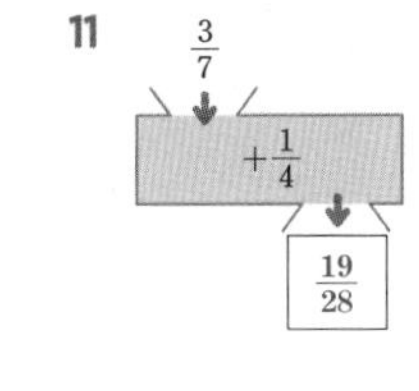

12

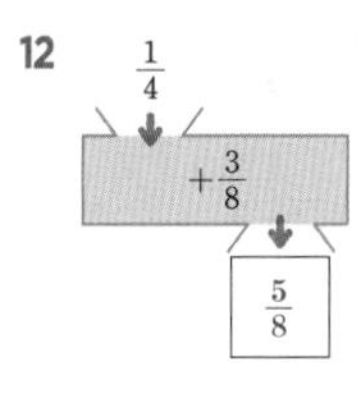

13

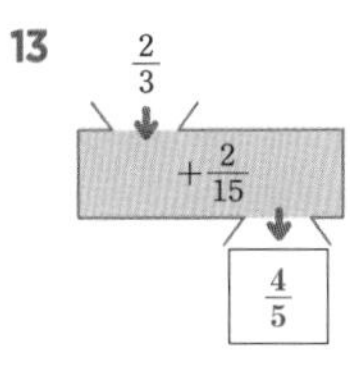

14

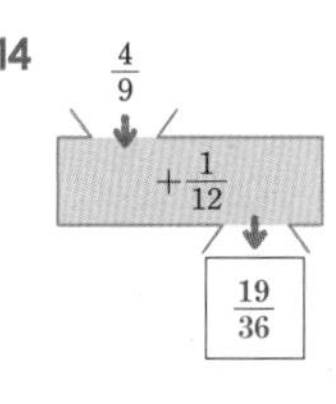

15

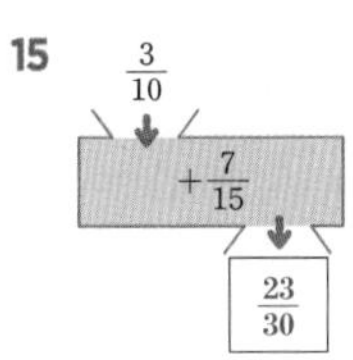

16

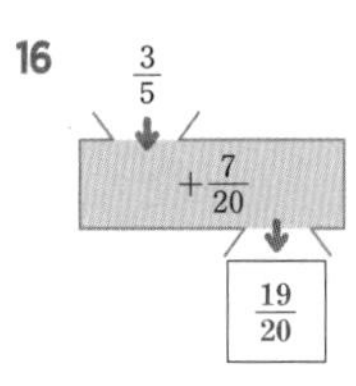

17

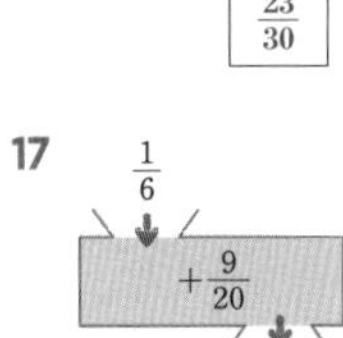

18

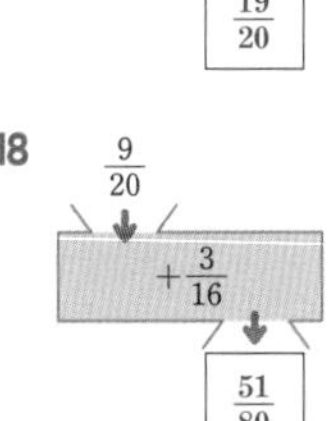

9 받아올림이 있는 진분수의 덧셈(1)

계산은 빠르고 정확하게!

걸린 시간	1~8분	8~12분	12~16분
맞은 개수	18~19개	14~17개	1~13개
평가	참 잘했어요.	잘했어요.	좀더 노력해요.

방법① 분모의 곱을 이용하여 통분한 후 계산하기

$\frac{5}{6}+\frac{5}{8}=\frac{40}{48}+\frac{30}{48}=\frac{70}{48}=\frac{35}{24}=1\frac{11}{24}$

방법② 분모의 최소공배수를 이용하여 통분한 후 계산하기

$\frac{5}{6}+\frac{5}{8}=\frac{20}{24}+\frac{15}{24}=\frac{35}{24}=1\frac{11}{24}$

분모의 곱을 공통분모로 하여 통분한 후 계산하려고 합니다. □ 안에 알맞은 수를 써넣으시오. (1~5)

1 $\frac{2}{3}+\frac{1}{2}=\frac{4}{6}+\frac{3}{6}=\frac{7}{6}=1\frac{1}{6}$

2 $\frac{3}{4}+\frac{4}{5}=\frac{15}{20}+\frac{16}{20}=\frac{31}{20}=1\frac{11}{20}$

3 $\frac{3}{5}+\frac{4}{7}=\frac{21}{35}+\frac{20}{35}=\frac{41}{35}=1\frac{6}{35}$

4 $\frac{5}{6}+\frac{1}{4}=\frac{20}{24}+\frac{6}{24}=\frac{26}{24}=\frac{13}{12}=1\frac{1}{12}$

5 $\frac{3}{5}+\frac{7}{10}=\frac{30}{50}+\frac{35}{50}=\frac{65}{50}=\frac{13}{10}=1\frac{3}{10}$

계산을 하시오. (6~19)

6 $\frac{2}{3}+\frac{3}{4}=1\frac{5}{12}$

7 $\frac{4}{5}+\frac{5}{7}=1\frac{18}{35}$

8 $\frac{1}{2}+\frac{4}{5}=1\frac{3}{10}$

9 $\frac{4}{5}+\frac{5}{9}=1\frac{16}{45}$

10 $\frac{5}{6}+\frac{7}{8}=1\frac{17}{24}$

11 $\frac{1}{4}+\frac{7}{9}=1\frac{1}{36}$

12 $\frac{3}{4}+\frac{1}{2}=1\frac{1}{4}$

13 $\frac{5}{7}+\frac{5}{6}=1\frac{23}{42}$

14 $\frac{2}{3}+\frac{5}{9}=1\frac{2}{9}$

15 $\frac{2}{3}+\frac{7}{10}=1\frac{11}{30}$

16 $\frac{5}{8}+\frac{3}{4}=1\frac{3}{8}$

17 $\frac{4}{9}+\frac{5}{6}=1\frac{5}{18}$

18 $\frac{5}{8}+\frac{9}{10}=1\frac{21}{40}$

19 $\frac{3}{4}+\frac{11}{15}=1\frac{29}{60}$

9 받아올림이 있는 진분수의 덧셈(2)

계산은 빠르고 정확하게!

걸린 시간	1~9분	9~14분	14~18분
맞은 개수	19~21개	15~18개	1~14개
평가	참 잘했어요.	잘했어요.	좀더 노력해요.

분모의 최소공배수를 공통분모로 하여 통분한 후 계산하려고 합니다. □ 안에 알맞은 수를 써넣으시오. (1~7)

1 $\frac{2}{3}+\frac{5}{6}=\frac{\boxed{4}}{6}+\frac{5}{6}=\frac{\boxed{9}}{6}=\frac{\boxed{3}}{2}=\boxed{1\frac{1}{2}}$

2 $\frac{3}{4}+\frac{5}{8}=\frac{\boxed{6}}{8}+\frac{5}{8}=\frac{\boxed{11}}{8}=\boxed{1\frac{3}{8}}$

3 $\frac{5}{6}+\frac{5}{8}=\frac{\boxed{20}}{24}+\frac{\boxed{15}}{24}=\frac{\boxed{35}}{24}=\boxed{1\frac{11}{24}}$

4 $\frac{4}{9}+\frac{7}{12}=\frac{\boxed{16}}{36}+\frac{\boxed{21}}{36}=\frac{\boxed{37}}{36}=\boxed{1\frac{1}{36}}$

5 $\frac{7}{10}+\frac{11}{14}=\frac{\boxed{49}}{70}+\frac{\boxed{55}}{70}=\frac{\boxed{104}}{70}=\frac{\boxed{52}}{35}=\boxed{1\frac{17}{35}}$

6 $\frac{8}{9}+\frac{1}{6}=\frac{\boxed{16}}{18}+\frac{\boxed{3}}{18}=\frac{\boxed{19}}{18}=\boxed{1\frac{1}{18}}$

7 $\frac{8}{15}+\frac{11}{18}=\frac{\boxed{48}}{90}+\frac{\boxed{55}}{90}=\frac{\boxed{103}}{90}=\boxed{1\frac{13}{90}}$

계산을 하시오. (8~21)

8 $\frac{2}{3}+\frac{7}{9}=1\frac{4}{9}$

9 $\frac{4}{5}+\frac{7}{15}=1\frac{4}{15}$

10 $\frac{3}{7}+\frac{5}{6}=1\frac{11}{42}$

11 $\frac{4}{5}+\frac{5}{9}=1\frac{16}{45}$

12 $\frac{5}{6}+\frac{4}{9}=1\frac{5}{18}$

13 $\frac{5}{8}+\frac{13}{20}=1\frac{11}{40}$

14 $\frac{1}{2}+\frac{8}{9}=1\frac{7}{18}$

15 $\frac{5}{6}+\frac{7}{18}=1\frac{2}{9}$

16 $\frac{13}{15}+\frac{7}{12}=1\frac{9}{20}$

17 $\frac{3}{5}+\frac{7}{8}=1\frac{19}{40}$

18 $\frac{3}{4}+\frac{5}{12}=1\frac{1}{6}$

19 $\frac{10}{21}+\frac{9}{14}=1\frac{5}{42}$

20 $\frac{7}{15}+\frac{13}{18}=1\frac{17}{90}$

21 $\frac{11}{12}+\frac{9}{16}=1\frac{23}{48}$

9 받아올림이 있는 진분수의 덧셈(3)

계산은 빠르고 정확하게!

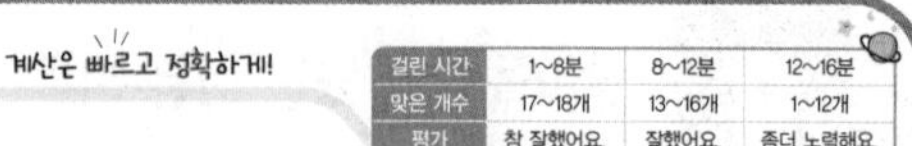

걸린 시간	1~8분	8~12분	12~16분
맞은 개수	17~18개	13~16개	1~12개
평가	참 잘했어요.	잘했어요.	좀더 노력해요.

빈 곳에 알맞은 수를 써넣으시오. (1~10)

1 $\frac{3}{5}$ → $+\frac{2}{3}$ → $1\frac{4}{15}$

2 $\frac{5}{7}$ → $+\frac{1}{2}$ → $1\frac{3}{14}$

3

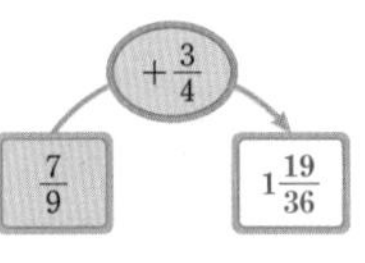

4 $\frac{7}{8}$ → $+\frac{5}{6}$ → $1\frac{17}{24}$

5

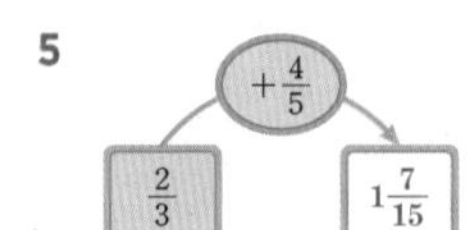

6 $\frac{3}{4}$ → $+\frac{8}{9}$ → $1\frac{23}{36}$

7

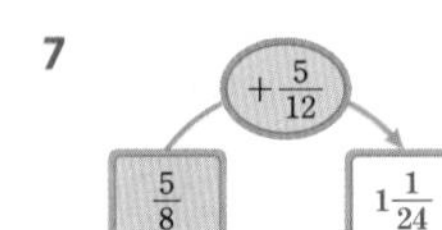

8 $\frac{3}{5}$ → $+\frac{8}{9}$ → $1\frac{22}{45}$

9

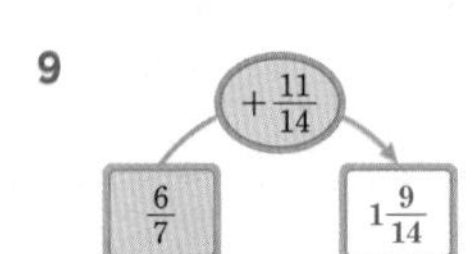

10

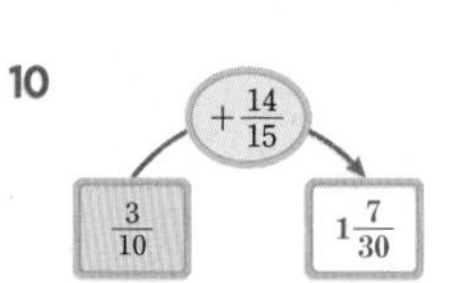

□ 안에 알맞은 수를 써넣으시오. (11~18)

11

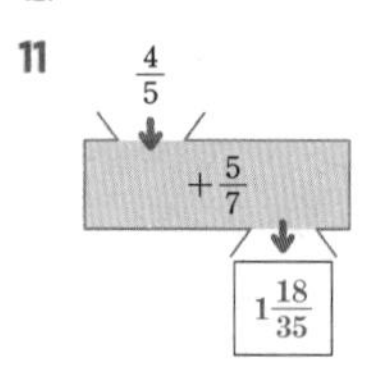

12

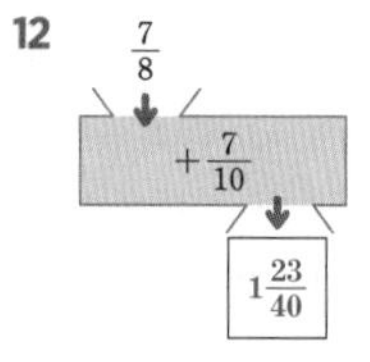

13 $\frac{4}{9}$ → $+\frac{7}{10}$ → $1\frac{13}{90}$

14

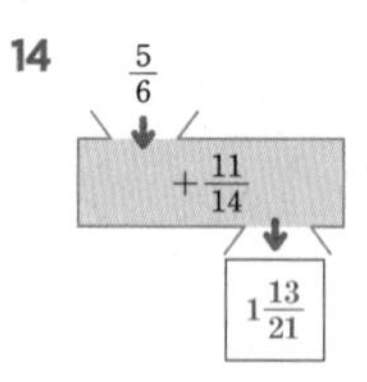

15 $\frac{1}{4}$ → $+\frac{9}{10}$ → $1\frac{3}{20}$

16

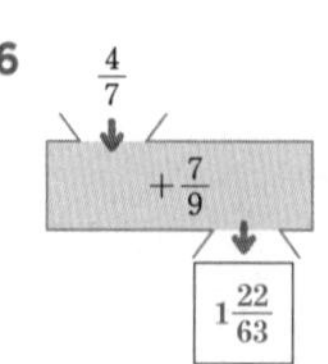

17 $\frac{3}{5}$ → $+\frac{5}{9}$ → $1\frac{7}{45}$

18

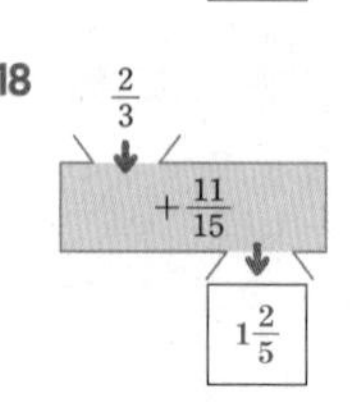

10 받아올림이 없는 대분수의 덧셈(1)

걸린 시간	1~8분	8~12분	12~16분
맞은 개수	19~21개	15~18개	1~14개
평가	참 잘했어요.	잘했어요.	좀더 노력해요.

방법 ① 자연수는 자연수끼리, 분수는 분수끼리 더해서 계산하기

$1\frac{1}{6}+1\frac{1}{4}=(1+1)+\left(\frac{2}{12}+\frac{3}{12}\right)=2+\frac{5}{12}=2\frac{5}{12}$

방법 ② 대분수를 가분수로 고쳐서 계산하기

$1\frac{1}{6}+1\frac{1}{4}=\frac{7}{6}+\frac{5}{4}=\frac{14}{12}+\frac{15}{12}=\frac{29}{12}=2\frac{5}{12}$

자연수는 자연수끼리, 분수는 분수끼리 더해서 계산하려고 합니다. □ 안에 알맞은 수를 써넣으시오. (1~5)

1 $2\frac{1}{3}+1\frac{1}{2}=(2+\boxed{1})+\left(\frac{\boxed{2}}{6}+\frac{\boxed{3}}{6}\right)=\boxed{3}+\frac{\boxed{5}}{6}=\boxed{3\frac{5}{6}}$

2 $1\frac{2}{5}+2\frac{1}{4}=(1+\boxed{2})+\left(\frac{\boxed{8}}{20}+\frac{\boxed{5}}{20}\right)=\boxed{3}+\frac{\boxed{13}}{20}=\boxed{3\frac{13}{20}}$

3 $2\frac{1}{6}+3\frac{3}{8}=(2+\boxed{3})+\left(\frac{\boxed{4}}{24}+\frac{\boxed{9}}{24}\right)=\boxed{5}+\frac{\boxed{13}}{24}=\boxed{5\frac{13}{24}}$

4 $3\frac{2}{7}+3\frac{5}{8}=(3+\boxed{3})+\left(\frac{\boxed{16}}{56}+\frac{\boxed{35}}{56}\right)=\boxed{6}+\frac{\boxed{51}}{56}=\boxed{6\frac{51}{56}}$

5 $4\frac{1}{5}+2\frac{4}{9}=(4+\boxed{2})+\left(\frac{\boxed{9}}{45}+\frac{\boxed{20}}{45}\right)=\boxed{6}+\frac{\boxed{29}}{45}=\boxed{6\frac{29}{45}}$

계산을 하시오. (6~21)

6 $1\frac{1}{2}+3\frac{1}{4}=4\frac{3}{4}$

7 $2\frac{1}{6}+1\frac{2}{7}=3\frac{19}{42}$

8 $2\frac{3}{8}+1\frac{2}{5}=3\frac{31}{40}$

9 $3\frac{1}{3}+3\frac{2}{9}=6\frac{5}{9}$

10 $1\frac{3}{10}+2\frac{2}{5}=3\frac{7}{10}$

11 $3\frac{3}{8}+2\frac{1}{9}=5\frac{35}{72}$

12 $3\frac{3}{4}+5\frac{1}{5}=8\frac{19}{20}$

13 $2\frac{1}{6}+3\frac{7}{15}=5\frac{19}{30}$

14 $5\frac{3}{8}+1\frac{5}{12}=6\frac{19}{24}$

15 $4\frac{2}{9}+3\frac{5}{12}=7\frac{23}{36}$

16 $2\frac{2}{5}+2\frac{4}{9}=4\frac{38}{45}$

17 $4\frac{3}{10}+3\frac{7}{15}=7\frac{23}{30}$

18 $3\frac{4}{15}+2\frac{2}{9}=5\frac{22}{45}$

19 $1\frac{5}{18}+3\frac{7}{12}=4\frac{31}{36}$

20 $4\frac{1}{6}+2\frac{10}{21}=6\frac{9}{14}$

21 $5\frac{5}{16}+2\frac{3}{20}=7\frac{37}{80}$

10 받아올림이 없는 대분수의 덧셈(2)

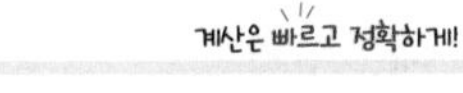

걸린 시간	1~10분	10~15분	15~20분
맞은 개수	21~23개	17~20개	1~16개
평가	참 잘했어요.	잘했어요.	좀더 노력해요.

대분수를 가분수로 고쳐서 계산하려고 합니다. □ 안에 알맞은 수를 써넣으시오. (1~7)

1 $2\frac{1}{5}+1\frac{1}{3}=\frac{\boxed{11}}{5}+\frac{\boxed{4}}{3}=\frac{\boxed{33}}{15}+\frac{\boxed{20}}{15}=\frac{\boxed{53}}{15}=\boxed{3\frac{8}{15}}$

2 $1\frac{3}{4}+2\frac{1}{6}=\frac{\boxed{7}}{4}+\frac{\boxed{13}}{6}=\frac{\boxed{21}}{12}+\frac{\boxed{26}}{12}=\frac{\boxed{47}}{12}=\boxed{3\frac{11}{12}}$

3 $2\frac{1}{2}+2\frac{3}{8}=\frac{\boxed{5}}{2}+\frac{\boxed{19}}{8}=\frac{\boxed{20}}{8}+\frac{\boxed{19}}{8}=\frac{\boxed{39}}{8}=\boxed{4\frac{7}{8}}$

4 $1\frac{1}{7}+2\frac{4}{9}=\frac{\boxed{8}}{7}+\frac{\boxed{22}}{9}=\frac{\boxed{72}}{63}+\frac{\boxed{154}}{63}=\frac{\boxed{226}}{63}=\boxed{3\frac{37}{63}}$

5 $2\frac{3}{8}+1\frac{1}{10}=\frac{\boxed{19}}{8}+\frac{\boxed{11}}{10}=\frac{\boxed{95}}{40}+\frac{\boxed{44}}{40}=\frac{\boxed{139}}{40}=\boxed{3\frac{19}{40}}$

6 $2\frac{1}{6}+1\frac{5}{8}=\frac{\boxed{13}}{6}+\frac{\boxed{13}}{8}=\frac{\boxed{52}}{24}+\frac{\boxed{39}}{24}=\frac{\boxed{91}}{24}=\boxed{3\frac{19}{24}}$

7 $1\frac{2}{9}+1\frac{5}{12}=\frac{\boxed{11}}{9}+\frac{\boxed{17}}{12}=\frac{\boxed{44}}{36}+\frac{\boxed{51}}{36}=\frac{\boxed{95}}{36}=\boxed{2\frac{23}{36}}$

계산을 하시오. (8~23)

8 $1\frac{1}{2}+2\frac{1}{3}=3\frac{5}{6}$

9 $1\frac{4}{5}+2\frac{1}{10}=3\frac{9}{10}$

10 $2\frac{1}{4}+1\frac{3}{5}=3\frac{17}{20}$

11 $2\frac{1}{6}+1\frac{2}{3}=3\frac{5}{6}$

12 $1\frac{4}{9}+1\frac{2}{5}=2\frac{38}{45}$

13 $1\frac{7}{8}+2\frac{1}{10}=3\frac{39}{40}$

14 $2\frac{1}{4}+2\frac{1}{6}=4\frac{5}{12}$

15 $1\frac{2}{5}+1\frac{2}{7}=2\frac{24}{35}$

16 $1\frac{3}{8}+2\frac{1}{9}=3\frac{35}{72}$

17 $2\frac{1}{6}+2\frac{3}{5}=4\frac{23}{30}$

18 $2\frac{2}{5}+1\frac{3}{10}=3\frac{7}{10}$

19 $3\frac{1}{2}+2\frac{1}{4}=5\frac{3}{4}$

20 $3\frac{5}{6}+1\frac{1}{8}=4\frac{23}{24}$

21 $1\frac{1}{6}+2\frac{9}{20}=3\frac{37}{60}$

22 $2\frac{1}{6}+2\frac{3}{14}=4\frac{8}{21}$

23 $2\frac{5}{12}+1\frac{5}{9}=3\frac{35}{36}$

받아올림이 없는 대분수의 덧셈(3)

계산은 빠르고 정확하게!

걸린 시간	1~6분	6~9분	9~12분
맞은 개수	17~18개	13~16개	1~12개
평가	참 잘했어요.	잘했어요.	좀더 노력해요.

빈 곳에 알맞은 수를 써넣으시오. (1 ~ 10)

1
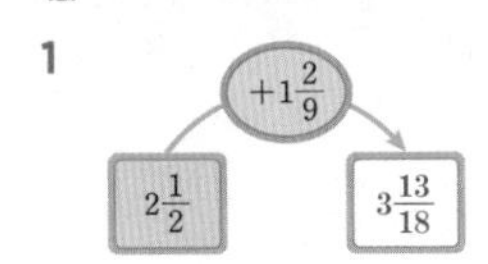

2
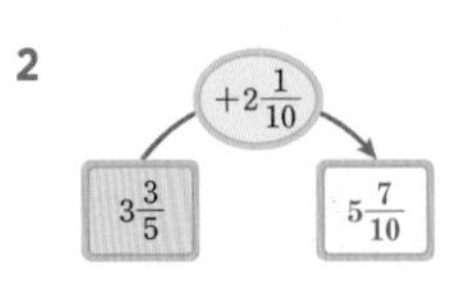

3
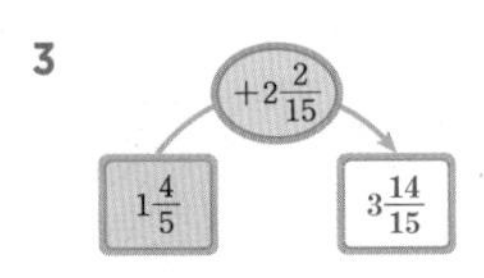

4
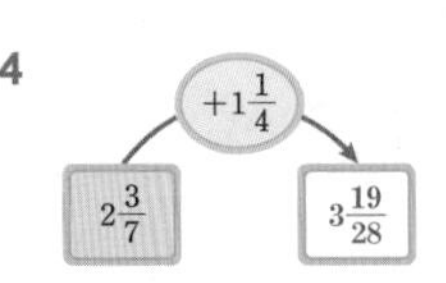

5
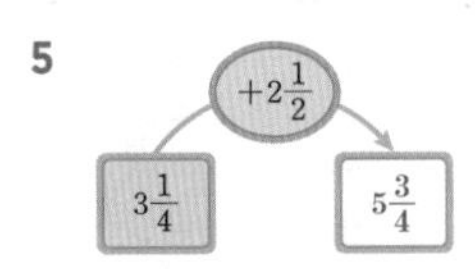

6
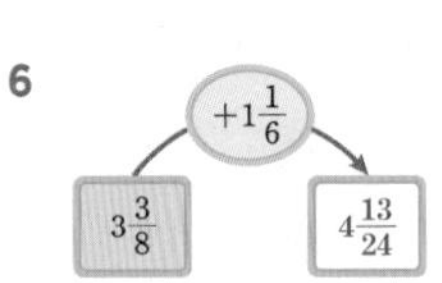

7
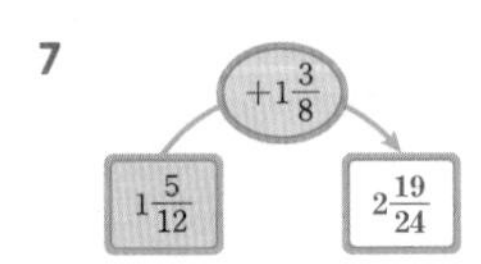

8
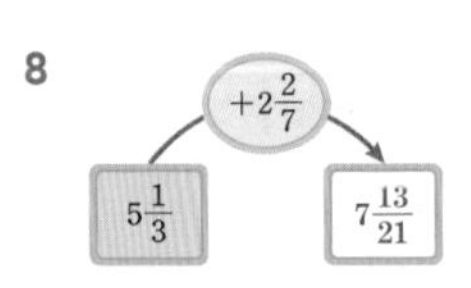

9
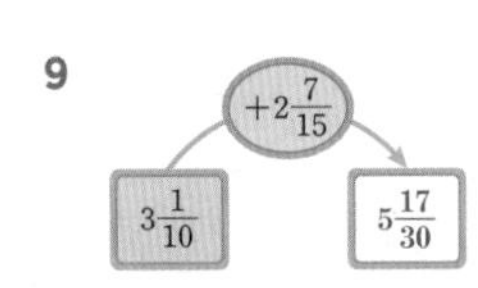

10
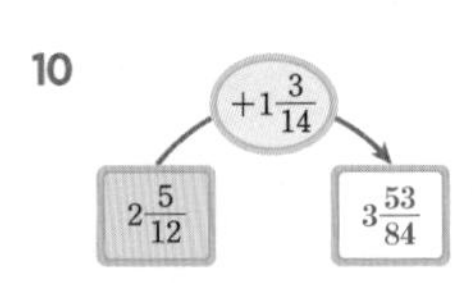

□ 안에 알맞은 수를 써넣으시오. (11 ~ 18)

11 $1\frac{1}{4}$ → $+2\frac{2}{5}$ → $3\frac{13}{20}$

12
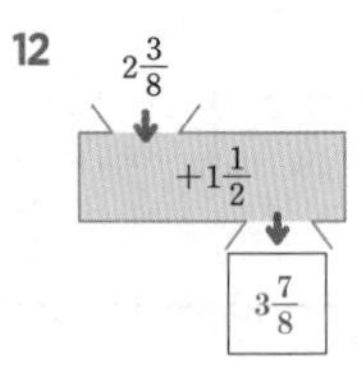

13
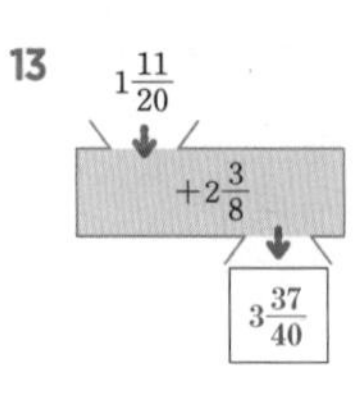

14
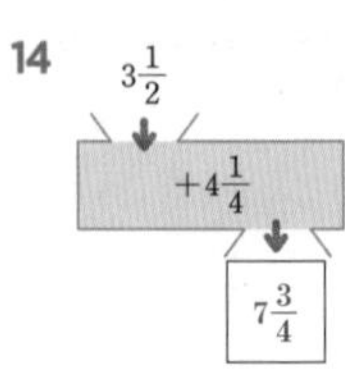

15
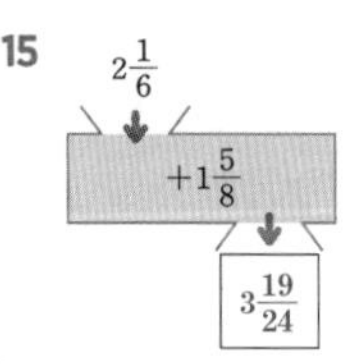

16
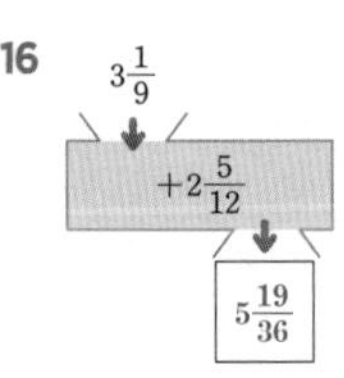

17
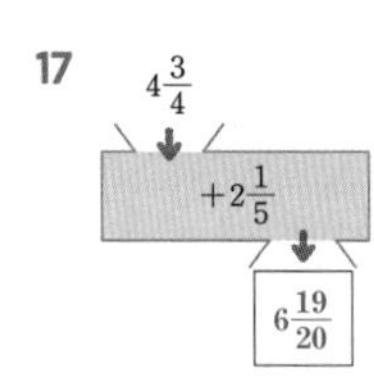

18
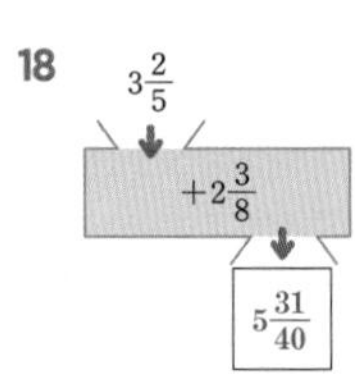

11

받아올림이 있는 대분수의 덧셈(1)

방법 ① 자연수는 자연수끼리, 분수는 분수끼리 더해서 계산하기

$1\frac{3}{4}+1\frac{4}{5}=(1+1)+\left(\frac{15}{20}+\frac{16}{20}\right)=2+1\frac{11}{20}=3\frac{11}{20}$

방법 ② 대분수를 가분수로 고쳐서 계산하기

$1\frac{3}{4}+1\frac{4}{5}=\frac{7}{4}+\frac{9}{5}=\frac{35}{20}+\frac{36}{20}=\frac{71}{20}=3\frac{11}{20}$

계산은 빠르고 정확하게!

걸린 시간	1~8분	8~12분	12~16분
맞은 개수	18~19개	14~17개	1~13개
평가	참 잘했어요.	잘했어요.	좀더 노력해요.

자연수는 자연수끼리, 분수는 분수끼리 더해서 계산하려고 합니다. □ 안에 알맞은 수를 써넣으시오. (1 ~ 5)

1 $2\frac{2}{3}+1\frac{3}{4}=(2+\boxed{1})+\left(\frac{\boxed{8}}{12}+\frac{\boxed{9}}{12}\right)=\boxed{3}+\boxed{1}\frac{\boxed{5}}{12}=\boxed{4\frac{5}{12}}$

2 $1\frac{5}{6}+1\frac{3}{5}=(1+\boxed{1})+\left(\frac{\boxed{25}}{30}+\frac{\boxed{18}}{30}\right)=\boxed{2}+\boxed{1}\frac{\boxed{13}}{30}=\boxed{3\frac{13}{30}}$

3 $2\frac{7}{8}+1\frac{1}{6}=(2+\boxed{1})+\left(\frac{\boxed{21}}{24}+\frac{\boxed{4}}{24}\right)=\boxed{3}+\boxed{1}\frac{\boxed{1}}{24}=\boxed{4\frac{1}{24}}$

4 $1\frac{4}{9}+3\frac{3}{5}=(1+\boxed{3})+\left(\frac{\boxed{20}}{45}+\frac{\boxed{27}}{45}\right)=\boxed{4}+\boxed{1}\frac{\boxed{2}}{45}=\boxed{5\frac{2}{45}}$

5 $5\frac{3}{4}+2\frac{11}{18}=(5+\boxed{2})+\left(\frac{\boxed{27}}{36}+\frac{\boxed{22}}{36}\right)=\boxed{7}+\boxed{1}\frac{\boxed{13}}{36}=\boxed{8\frac{13}{36}}$

계산을 하시오. (6 ~ 19)

6 $2\frac{5}{6}+1\frac{2}{3}=4\frac{1}{2}$

7 $2\frac{4}{7}+1\frac{5}{8}=4\frac{11}{56}$

8 $1\frac{1}{2}+2\frac{7}{8}=4\frac{3}{8}$

9 $3\frac{2}{3}+1\frac{4}{5}=5\frac{7}{15}$

10 $2\frac{9}{10}+1\frac{1}{6}=4\frac{1}{15}$

11 $1\frac{3}{4}+1\frac{7}{12}=3\frac{1}{3}$

12 $3\frac{5}{6}+2\frac{2}{9}=6\frac{1}{18}$

13 $1\frac{4}{5}+2\frac{5}{8}=4\frac{17}{40}$

14 $2\frac{5}{7}+1\frac{3}{5}=4\frac{11}{35}$

15 $3\frac{1}{4}+2\frac{9}{10}=6\frac{3}{20}$

16 $1\frac{1}{3}+1\frac{13}{14}=3\frac{11}{42}$

17 $1\frac{5}{9}+1\frac{7}{15}=3\frac{1}{45}$

18 $2\frac{3}{4}+2\frac{5}{6}=5\frac{7}{12}$

19 $3\frac{11}{12}+2\frac{3}{8}=6\frac{7}{24}$

11 받아올림이 있는 대분수의 덧셈(2)

계산은 빠르고 정확하게!

걸린 시간	1~10분	10~15분	15~20분
맞은 개수	19~21개	15~18개	1~14개
평가	참 잘했어요.	잘했어요.	좀더 노력해요.

대분수를 가분수로 고쳐서 계산하려고 합니다. □ 안에 알맞은 수를 써넣으시오. (1 ~ 7)

1 $1\frac{1}{2}+2\frac{2}{3}=\frac{3}{2}+\frac{8}{3}=\frac{9}{6}+\frac{16}{6}=\frac{25}{6}=4\frac{1}{6}$

2 $2\frac{3}{4}+1\frac{2}{5}=\frac{11}{4}+\frac{7}{5}=\frac{55}{20}+\frac{28}{20}=\frac{83}{20}=4\frac{3}{20}$

3 $1\frac{1}{6}+1\frac{8}{9}=\frac{7}{6}+\frac{17}{9}=\frac{21}{18}+\frac{34}{18}=\frac{55}{18}=3\frac{1}{18}$

4 $2\frac{5}{8}+1\frac{3}{4}=\frac{21}{8}+\frac{7}{4}=\frac{21}{8}+\frac{14}{8}=\frac{35}{8}=4\frac{3}{8}$

5 $1\frac{1}{2}+2\frac{5}{6}=\frac{3}{2}+\frac{17}{6}=\frac{9}{6}+\frac{17}{6}=\frac{26}{6}=\frac{13}{3}=4\frac{1}{3}$

6 $2\frac{1}{10}+1\frac{7}{8}=\frac{21}{10}+\frac{15}{8}=\frac{84}{40}+\frac{75}{40}=\frac{159}{40}=3\frac{39}{40}$

7 $1\frac{5}{9}+2\frac{7}{12}=\frac{14}{9}+\frac{31}{12}=\frac{56}{36}+\frac{93}{36}=\frac{149}{36}=4\frac{5}{36}$

계산을 하시오. (8 ~ 21)

8 $1\frac{3}{5}+1\frac{5}{7}=3\frac{11}{35}$

9 $2\frac{1}{2}+1\frac{6}{7}=4\frac{5}{14}$

10 $1\frac{3}{5}+2\frac{5}{6}=4\frac{13}{30}$

11 $2\frac{2}{3}+1\frac{3}{4}=4\frac{5}{12}$

12 $2\frac{4}{5}+2\frac{1}{3}=5\frac{2}{15}$

13 $1\frac{5}{8}+1\frac{7}{9}=3\frac{29}{72}$

14 $2\frac{4}{7}+1\frac{5}{8}=4\frac{11}{56}$

15 $1\frac{3}{5}+1\frac{8}{9}=3\frac{22}{45}$

16 $1\frac{3}{4}+1\frac{5}{6}=3\frac{7}{12}$

17 $2\frac{4}{7}+1\frac{9}{14}=4\frac{3}{14}$

18 $1\frac{4}{5}+3\frac{5}{8}=5\frac{17}{40}$

19 $2\frac{4}{9}+1\frac{7}{12}=4\frac{1}{36}$

20 $3\frac{5}{9}+1\frac{7}{15}=5\frac{1}{45}$

21 $2\frac{7}{10}+2\frac{5}{8}=5\frac{13}{40}$

11 받아올림이 있는 대분수의 덧셈(3)

계산은 빠르고 정확하게!

걸린 시간	1~8분	8~12분	12~16분
맞은 개수	17~18개	13~16개	1~12개
평가	참 잘했어요.	잘했어요.	좀더 노력해요.

빈 곳에 알맞은 수를 써넣으시오. (1 ~ 10)

1
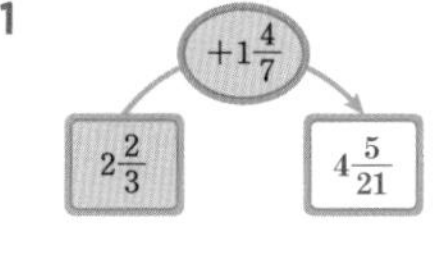

2
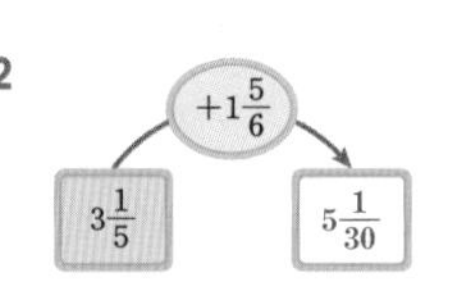

3
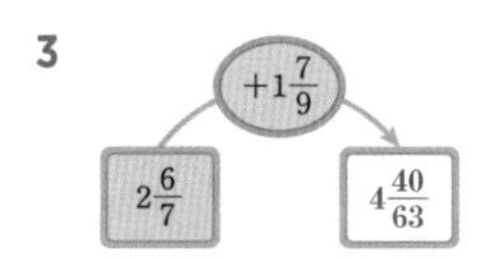

4
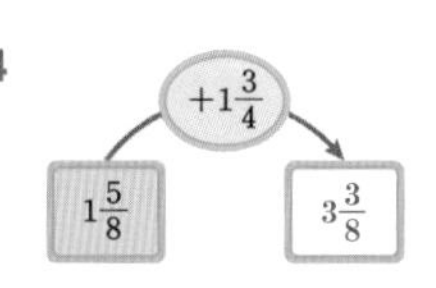

5
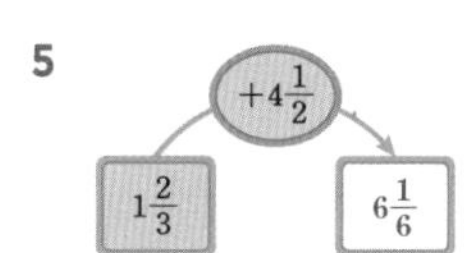

6
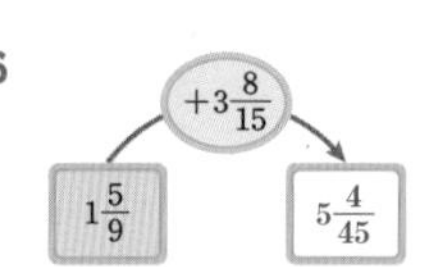

7
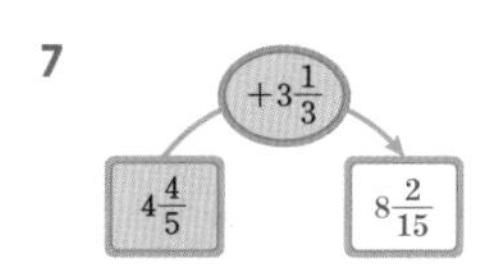

8
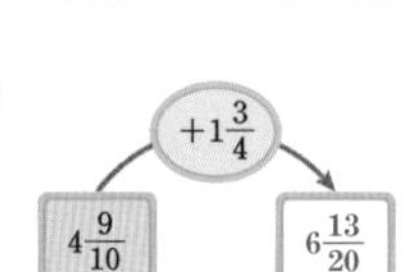

9
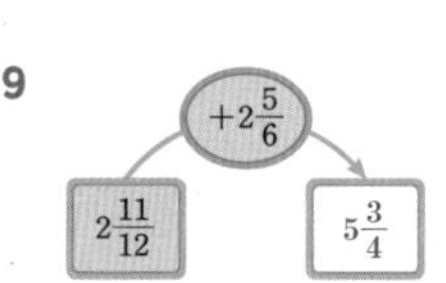

10
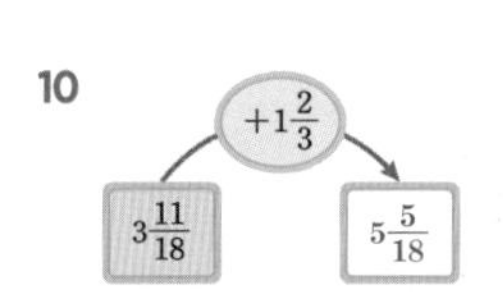

□ 안에 알맞은 수를 써넣으시오. (11 ~ 18)

11 $2\frac{5}{6}$ → $+1\frac{2}{3}$ → $4\frac{1}{2}$

12
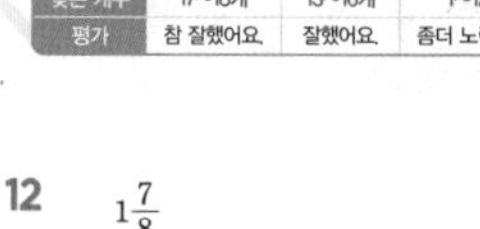
$1\frac{7}{8}$ → $+1\frac{7}{10}$ → $3\frac{23}{40}$

13
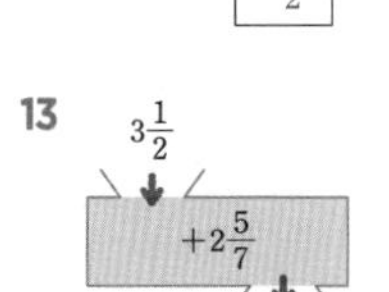

14
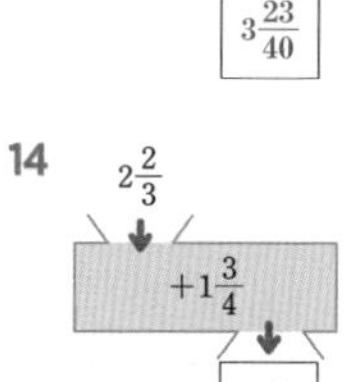

15
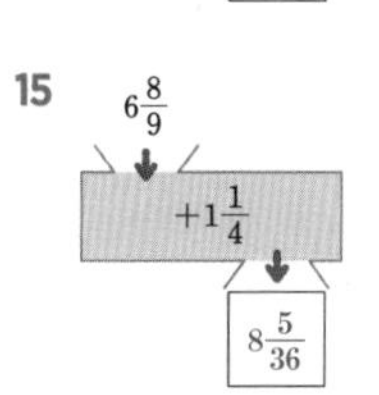

16
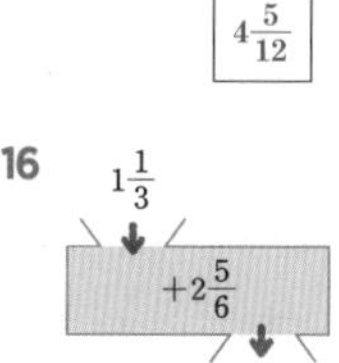

17
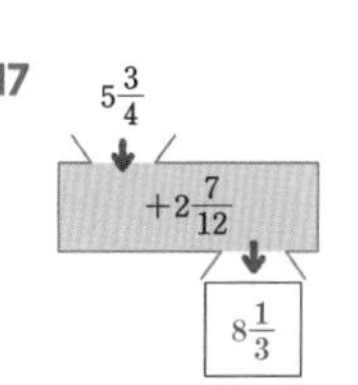

18
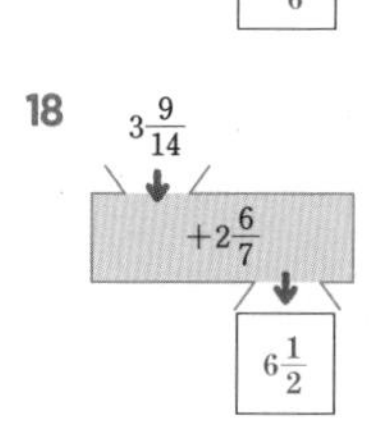

12 분모가 다른 진분수의 뺄셈(1)

방법 ① 분모의 곱을 이용하여 통분한 후 계산하기

$\frac{5}{6}-\frac{5}{8}=\frac{5\times8}{6\times8}-\frac{5\times6}{8\times6}=\frac{40}{48}-\frac{30}{48}=\frac{10}{48}=\frac{5}{24}$

방법 ② 분모의 최소공배수를 이용하여 통분한 후 계산하기

$\frac{5}{6}-\frac{5}{8}=\frac{5\times4}{6\times4}-\frac{5\times3}{8\times3}=\frac{20}{24}-\frac{15}{24}=\frac{5}{24}$

분모의 곱을 공통분모로 하여 통분한 후 계산하려고 합니다. □ 안에 알맞은 수를 써넣으시오. (1~5)

1 $\frac{4}{5}-\frac{2}{3}=\frac{4\times\boxed{3}}{5\times3}-\frac{2\times\boxed{5}}{3\times5}=\frac{\boxed{12}}{15}-\frac{\boxed{10}}{15}=\frac{\boxed{2}}{15}$

2 $\frac{5}{6}-\frac{3}{4}=\frac{5\times\boxed{4}}{6\times4}-\frac{3\times\boxed{6}}{4\times6}=\frac{\boxed{20}}{24}-\frac{\boxed{18}}{24}=\frac{\boxed{2}}{24}=\frac{\boxed{1}}{12}$

3 $\frac{6}{7}-\frac{3}{8}=\frac{6\times\boxed{8}}{7\times\boxed{8}}-\frac{3\times\boxed{7}}{8\times\boxed{7}}=\frac{\boxed{48}}{56}-\frac{\boxed{21}}{56}=\frac{\boxed{27}}{56}$

4 $\frac{7}{10}-\frac{5}{9}=\frac{7\times\boxed{9}}{10\times\boxed{9}}-\frac{5\times\boxed{10}}{9\times\boxed{10}}=\frac{\boxed{63}}{90}-\frac{\boxed{50}}{90}=\frac{\boxed{13}}{90}$

5 $\frac{7}{8}-\frac{1}{6}=\frac{7\times\boxed{6}}{8\times\boxed{6}}-\frac{1\times\boxed{8}}{6\times\boxed{8}}=\frac{\boxed{42}}{48}-\frac{\boxed{8}}{48}=\frac{\boxed{34}}{48}=\frac{\boxed{17}}{24}$

계산은 빠르고 정확하게!

걸린 시간	1~8분	8~12분	12~16분
맞은 개수	19~21개	15~18개	1~14개
평가	참 잘했어요.	잘했어요.	좀더 노력해요.

계산을 하시오. (6~21)

6 $\frac{5}{6}-\frac{2}{3}=\frac{1}{6}$

7 $\frac{5}{7}-\frac{1}{2}=\frac{3}{14}$

8 $\frac{7}{10}-\frac{3}{5}=\frac{1}{10}$

9 $\frac{7}{8}-\frac{2}{3}=\frac{5}{24}$

10 $\frac{11}{12}-\frac{4}{5}=\frac{7}{60}$

11 $\frac{3}{8}-\frac{1}{12}=\frac{7}{24}$

12 $\frac{8}{9}-\frac{5}{6}=\frac{1}{18}$

13 $\frac{7}{8}-\frac{2}{5}=\frac{19}{40}$

14 $\frac{11}{12}-\frac{7}{8}=\frac{1}{24}$

15 $\frac{5}{9}-\frac{1}{3}=\frac{2}{9}$

16 $\frac{3}{4}-\frac{1}{5}=\frac{11}{20}$

17 $\frac{5}{6}-\frac{4}{15}=\frac{17}{30}$

18 $\frac{5}{8}-\frac{3}{10}=\frac{13}{40}$

19 $\frac{8}{11}-\frac{3}{5}=\frac{7}{55}$

20 $\frac{9}{14}-\frac{3}{5}=\frac{3}{70}$

21 $\frac{7}{9}-\frac{2}{15}=\frac{29}{45}$

12 분모가 다른 진분수의 뺄셈(2)

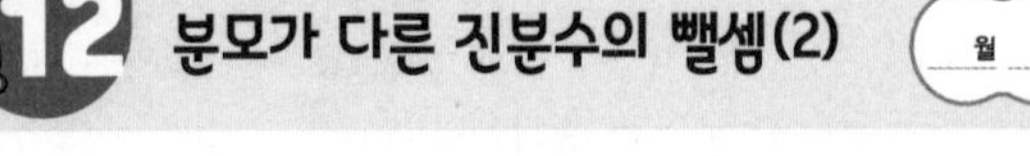

분모의 최소공배수를 공통분모로 하여 통분한 후 계산하려고 합니다. □ 안에 알맞은 수를 써넣으시오. (1~7)

1 $\frac{3}{4}-\frac{1}{2}=\frac{\boxed{3}}{4}-\frac{1\times\boxed{2}}{2\times2}=\frac{\boxed{3}}{4}-\frac{\boxed{2}}{4}=\frac{\boxed{1}}{4}$

2 $\frac{7}{9}-\frac{2}{3}=\frac{\boxed{7}}{9}-\frac{2\times\boxed{3}}{3\times3}=\frac{\boxed{7}}{9}-\frac{\boxed{6}}{9}=\frac{\boxed{1}}{9}$

3 $\frac{5}{6}-\frac{1}{4}=\frac{5\times\boxed{2}}{6\times2}-\frac{1\times\boxed{3}}{4\times3}=\frac{\boxed{10}}{12}-\frac{\boxed{3}}{12}=\frac{\boxed{7}}{12}$

4 $\frac{5}{8}-\frac{1}{6}=\frac{5\times\boxed{3}}{8\times\boxed{3}}-\frac{1\times\boxed{4}}{6\times\boxed{4}}=\frac{\boxed{15}}{24}-\frac{\boxed{4}}{24}=\frac{\boxed{11}}{24}$

5 $\frac{3}{4}-\frac{3}{10}=\frac{3\times\boxed{5}}{4\times\boxed{5}}-\frac{3\times\boxed{2}}{10\times\boxed{2}}=\frac{\boxed{15}}{20}-\frac{\boxed{6}}{20}=\frac{\boxed{9}}{20}$

6 $\frac{8}{9}-\frac{5}{6}=\frac{8\times\boxed{2}}{9\times\boxed{2}}-\frac{5\times\boxed{3}}{6\times\boxed{3}}=\frac{\boxed{16}}{18}-\frac{\boxed{15}}{18}=\frac{\boxed{1}}{18}$

7 $\frac{7}{12}-\frac{4}{15}=\frac{7\times\boxed{5}}{12\times\boxed{5}}-\frac{4\times\boxed{4}}{15\times\boxed{4}}=\frac{\boxed{35}}{60}-\frac{\boxed{16}}{60}=\frac{\boxed{19}}{60}$

계산은 빠르고 정확하게!

걸린 시간	1~10분	10~15분	15~20분
맞은 개수	21~23개	17~20개	1~16개
평가	참 잘했어요.	잘했어요.	좀더 노력해요.

계산을 하시오. (8~23)

8 $\frac{5}{8}-\frac{1}{4}=\frac{3}{8}$

9 $\frac{7}{10}-\frac{5}{9}=\frac{13}{90}$

10 $\frac{8}{15}-\frac{4}{9}=\frac{4}{45}$

11 $\frac{5}{6}-\frac{7}{24}=\frac{13}{24}$

12 $\frac{7}{12}-\frac{3}{8}=\frac{5}{24}$

13 $\frac{9}{10}-\frac{5}{6}=\frac{1}{15}$

14 $\frac{5}{6}-\frac{3}{10}=\frac{8}{15}$

15 $\frac{1}{4}-\frac{1}{10}=\frac{3}{20}$

16 $\frac{7}{8}-\frac{6}{7}=\frac{1}{56}$

17 $\frac{7}{15}-\frac{1}{6}=\frac{3}{10}$

18 $\frac{4}{5}-\frac{7}{15}=\frac{1}{3}$

19 $\frac{11}{18}-\frac{7}{12}=\frac{1}{36}$

20 $\frac{3}{4}-\frac{7}{20}=\frac{2}{5}$

21 $\frac{7}{12}-\frac{3}{10}=\frac{17}{60}$

22 $\frac{2}{3}-\frac{7}{24}=\frac{3}{8}$

23 $\frac{11}{12}-\frac{8}{21}=\frac{15}{28}$

P 116~119

12 분모가 다른 진분수의 뺄셈(3)

계산은 빠르고 정확하게!

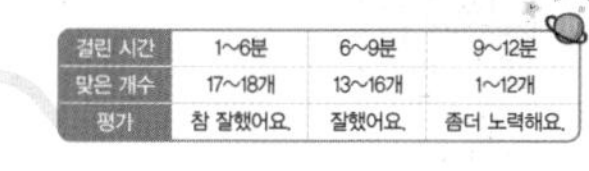

걸린 시간	1~6분	6~9분	9~12분
맞은 개수	17~18개	13~16개	1~12개
평가	참 잘했어요.	잘했어요.	좀더 노력해요.

빈 곳에 알맞은 수를 써넣으시오. (1~10)

1
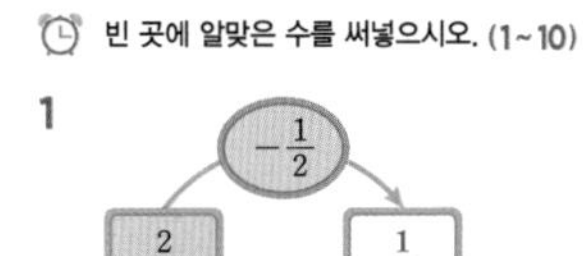

2
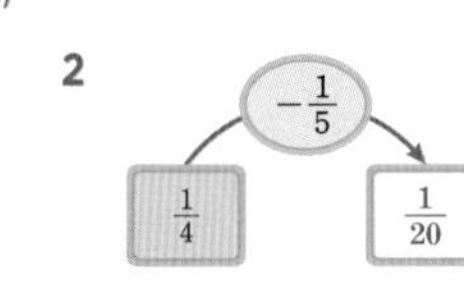

3
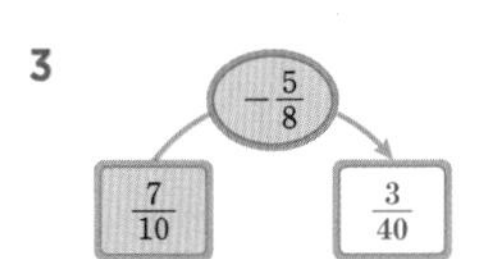

4
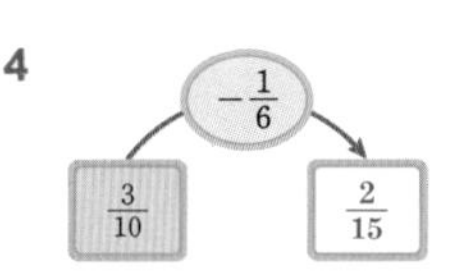

5
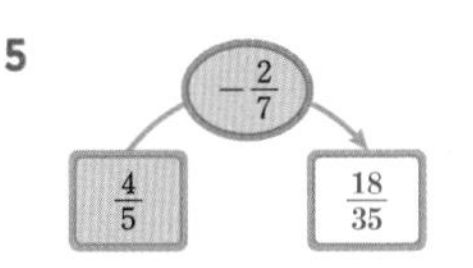

6
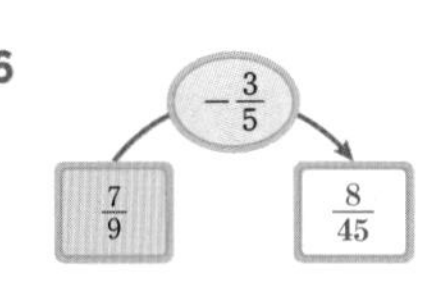

7
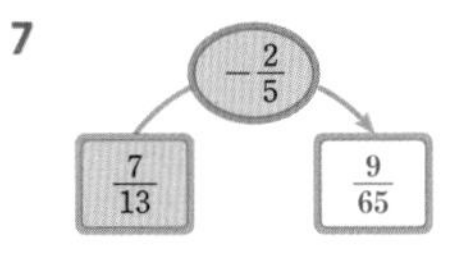

8
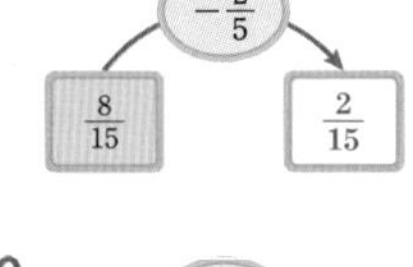

9
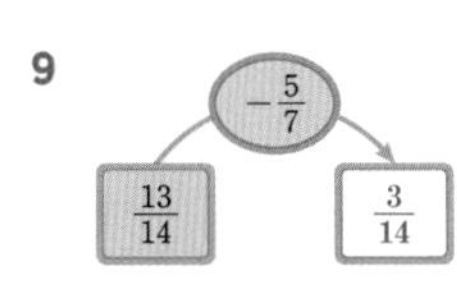

10
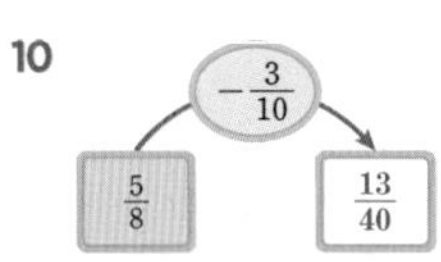

□ 안에 알맞은 수를 써넣으시오. (11~18)

11 $\frac{5}{8}$ → $-\frac{3}{7}$ → $\frac{11}{56}$

12
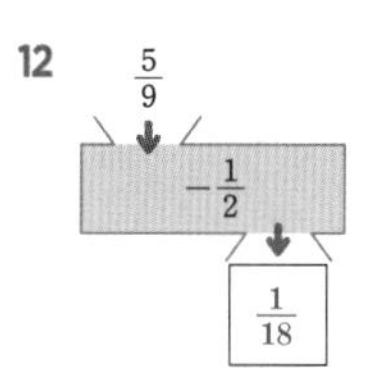

13
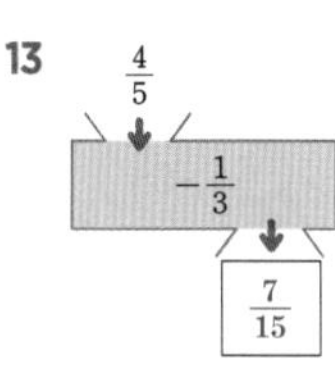

14
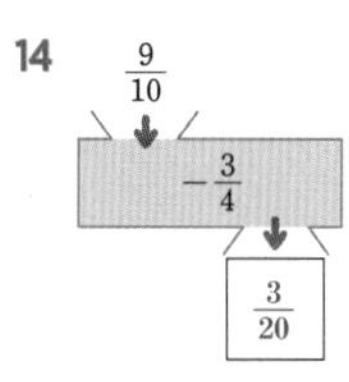

15
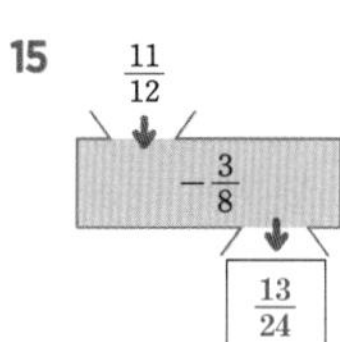

16
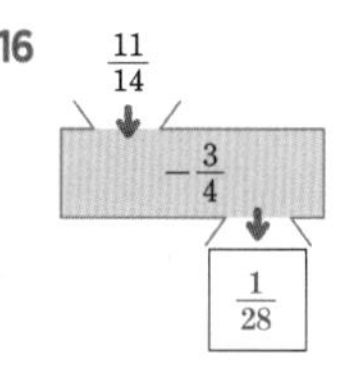

17
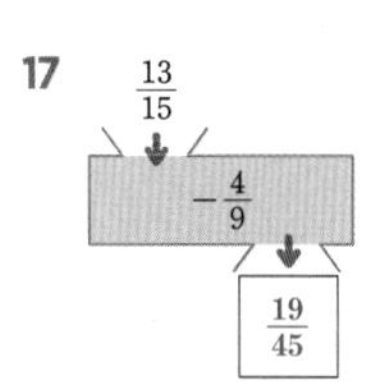

18
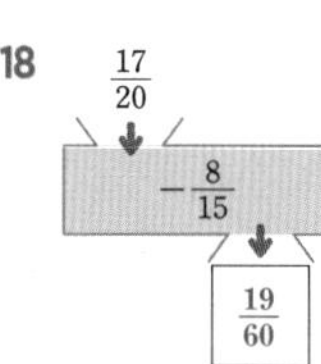

13 받아내림이 없는 대분수의 뺄셈(1)

계산은 빠르고 정확하게!

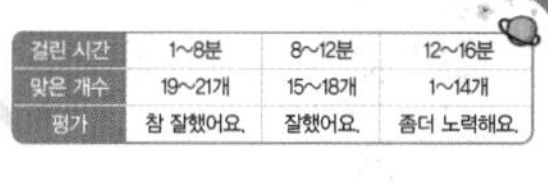

걸린 시간	1~8분	8~12분	12~16분
맞은 개수	19~21개	15~18개	1~14개
평가	참 잘했어요.	잘했어요.	좀더 노력해요.

방법 ① 자연수는 자연수끼리, 분수는 분수끼리 빼서 계산하기

$2\frac{2}{3}-1\frac{1}{4}=(2-1)+\left(\frac{8}{12}-\frac{3}{12}\right)=1+\frac{5}{12}=1\frac{5}{12}$

방법 ② 대분수를 가분수로 고쳐서 계산하기

$2\frac{2}{3}-1\frac{1}{4}=\frac{8}{3}-\frac{5}{4}=\frac{32}{12}-\frac{15}{12}=\frac{17}{12}=1\frac{5}{12}$

자연수는 자연수끼리, 분수는 분수끼리 빼서 계산하려고 합니다. □ 안에 알맞은 수를 써넣으시오. (1~5)

1 $2\frac{3}{4}-1\frac{2}{5}=(2-\boxed{1})+\left(\frac{\boxed{15}}{20}-\frac{\boxed{8}}{20}\right)=\boxed{1}+\frac{\boxed{7}}{20}=\boxed{1\frac{7}{20}}$

2 $3\frac{5}{6}-1\frac{2}{3}=(3-\boxed{1})+\left(\frac{\boxed{5}}{6}-\frac{\boxed{4}}{6}\right)=\boxed{2}+\frac{\boxed{1}}{6}=\boxed{2\frac{1}{6}}$

3 $4\frac{6}{7}-2\frac{3}{8}=(4-\boxed{2})+\left(\frac{\boxed{48}}{56}-\frac{\boxed{21}}{56}\right)=\boxed{2}+\frac{\boxed{27}}{56}=\boxed{2\frac{27}{56}}$

4 $3\frac{9}{10}-2\frac{3}{4}=(3-\boxed{2})+\left(\frac{\boxed{18}}{20}-\frac{\boxed{15}}{20}\right)=\boxed{1}+\frac{\boxed{3}}{20}=\boxed{1\frac{3}{20}}$

5 $5\frac{5}{8}-3\frac{1}{6}=(5-\boxed{3})+\left(\frac{\boxed{15}}{24}-\frac{\boxed{4}}{24}\right)=\boxed{2}+\frac{\boxed{11}}{24}=\boxed{2\frac{11}{24}}$

계산을 하시오. (6~21)

6 $3\frac{5}{7}-1\frac{1}{3}=2\frac{8}{21}$

7 $2\frac{4}{5}-2\frac{1}{2}=\frac{3}{10}$

8 $6\frac{8}{9}-3\frac{3}{4}=3\frac{5}{36}$

9 $5\frac{7}{8}-2\frac{1}{6}=3\frac{17}{24}$

10 $4\frac{4}{5}-3\frac{2}{7}=1\frac{18}{35}$

11 $2\frac{2}{3}-1\frac{1}{5}=1\frac{7}{15}$

12 $6\frac{7}{10}-3\frac{5}{8}=3\frac{3}{40}$

13 $3\frac{4}{5}-1\frac{7}{15}=2\frac{1}{3}$

14 $2\frac{5}{12}-1\frac{3}{8}=1\frac{1}{24}$

15 $5\frac{9}{10}-4\frac{5}{8}=1\frac{11}{40}$

16 $3\frac{5}{6}-3\frac{3}{4}=\frac{1}{12}$

17 $4\frac{7}{8}-3\frac{5}{6}=1\frac{1}{24}$

18 $8\frac{3}{4}-2\frac{3}{5}=6\frac{3}{20}$

19 $3\frac{5}{12}-1\frac{2}{9}=2\frac{7}{36}$

20 $4\frac{2}{9}-2\frac{2}{15}=2\frac{4}{45}$

21 $5\frac{7}{16}-1\frac{5}{24}=4\frac{11}{48}$

13 받아내림이 없는 대분수의 뺄셈(2)

계산은 빠르고 정확하게!

걸린 시간	1~10분	10~15분	15~20분
맞은 개수	21~23개	17~20개	1~16개
평가	참 잘했어요.	잘했어요.	좀더 노력해요.

대분수를 가분수로 고쳐서 계산하려고 합니다. □ 안에 알맞은 수를 써넣으시오. (1~7)

1 $1\frac{5}{6}-1\frac{1}{4}=\frac{11}{6}-\frac{5}{4}=\frac{22}{12}-\frac{15}{12}=\frac{7}{12}$

2 $1\frac{9}{10}-1\frac{2}{5}=\frac{19}{10}-\frac{7}{5}=\frac{19}{10}-\frac{14}{10}=\frac{5}{10}=\frac{1}{2}$

3 $2\frac{4}{5}-1\frac{3}{4}=\frac{14}{5}-\frac{7}{4}=\frac{56}{20}-\frac{35}{20}=\frac{21}{20}=1\frac{1}{20}$

4 $4\frac{1}{2}-2\frac{1}{3}=\frac{9}{2}-\frac{7}{3}=\frac{27}{6}-\frac{14}{6}=\frac{13}{6}=2\frac{1}{6}$

5 $2\frac{5}{6}-1\frac{7}{24}=\frac{17}{6}-\frac{31}{24}=\frac{68}{24}-\frac{31}{24}=\frac{37}{24}=1\frac{13}{24}$

6 $3\frac{7}{8}-2\frac{2}{5}=\frac{31}{8}-\frac{12}{5}=\frac{155}{40}-\frac{96}{40}=\frac{59}{40}=1\frac{19}{40}$

7 $3\frac{5}{6}-1\frac{4}{15}=\frac{23}{6}-\frac{19}{15}=\frac{115}{30}-\frac{38}{30}=\frac{77}{30}=2\frac{17}{30}$

계산을 하시오. (8~23)

8 $3\frac{3}{4}-1\frac{1}{2}=2\frac{1}{4}$

9 $2\frac{2}{3}-1\frac{1}{4}=1\frac{5}{12}$

10 $3\frac{1}{2}-2\frac{2}{7}=1\frac{3}{14}$

11 $2\frac{3}{5}-2\frac{1}{4}=\frac{7}{20}$

12 $4\frac{5}{6}-2\frac{1}{8}=2\frac{17}{24}$

13 $5\frac{3}{4}-2\frac{2}{5}=3\frac{7}{20}$

14 $3\frac{1}{3}-1\frac{1}{5}=2\frac{2}{15}$

15 $2\frac{11}{12}-1\frac{5}{8}=1\frac{7}{24}$

16 $3\frac{8}{15}-1\frac{2}{9}=2\frac{14}{45}$

17 $7\frac{2}{3}-3\frac{1}{4}=4\frac{5}{12}$

18 $8\frac{2}{5}-6\frac{1}{4}=2\frac{3}{20}$

19 $4\frac{7}{9}-3\frac{1}{8}=1\frac{47}{72}$

20 $5\frac{3}{8}-2\frac{1}{12}=3\frac{7}{24}$

21 $4\frac{7}{8}-1\frac{5}{6}=3\frac{1}{24}$

22 $3\frac{4}{7}-1\frac{7}{14}=2\frac{1}{14}$

23 $2\frac{3}{20}-1\frac{2}{25}=1\frac{7}{100}$

13 받아내림이 없는 대분수의 뺄셈(3)

계산은 빠르고 정확하게!

걸린 시간	1~6분	6~9분	9~12분
맞은 개수	17~18개	13~16개	1~12개
평가	참 잘했어요.	잘했어요.	좀더 노력해요.

빈 곳에 알맞은 수를 써넣으시오. (1~10)

1 $3\frac{3}{4}$ → $-3\frac{1}{2}$ → $\frac{1}{4}$

2 $2\frac{2}{3}$ → $-1\frac{1}{4}$ → $1\frac{5}{12}$

3
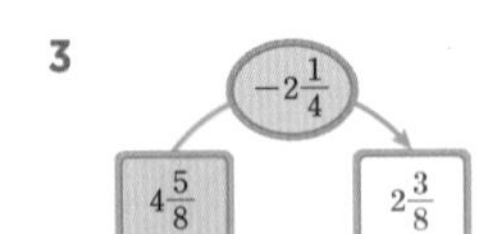

4
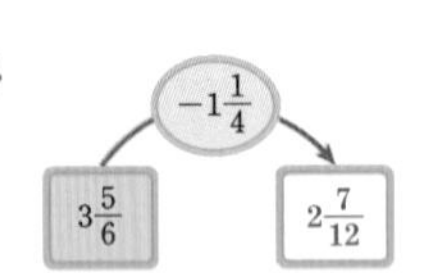

5
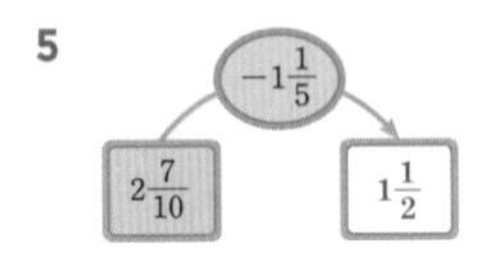

6
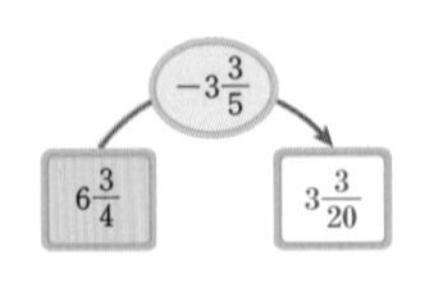

7
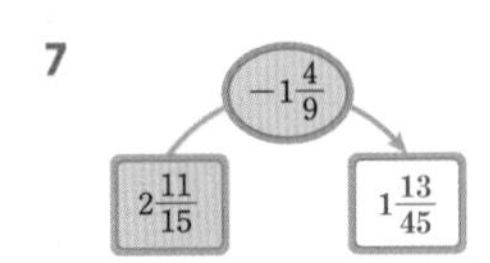

8
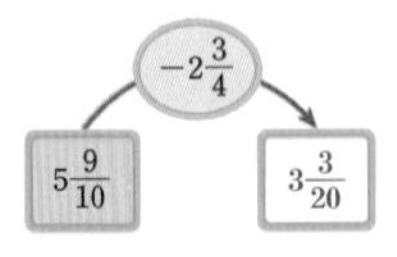

9
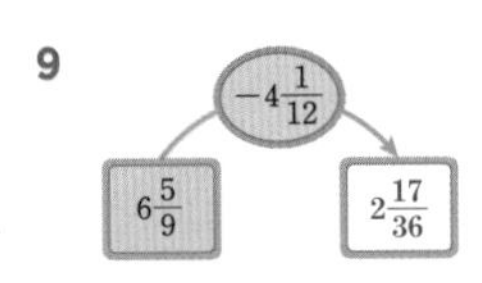

10
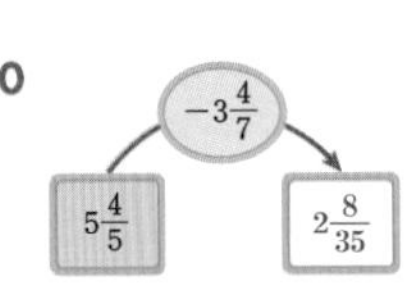

□ 안에 알맞은 수를 써넣으시오. (11~18)

11
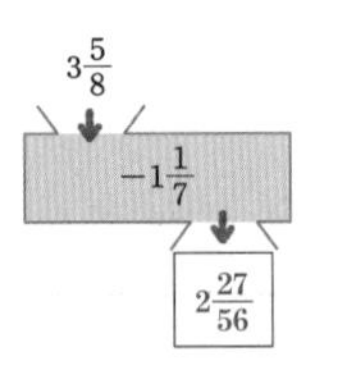

12
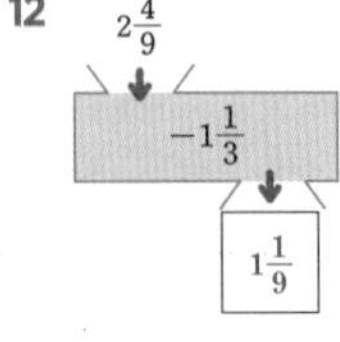

13
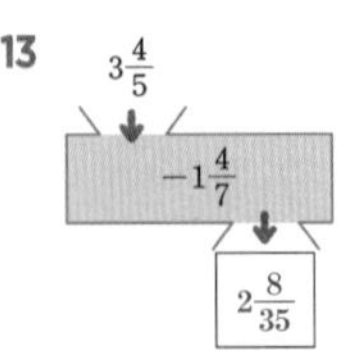

14
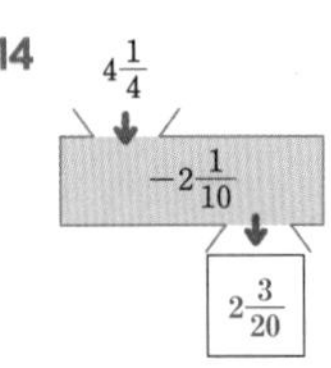

15
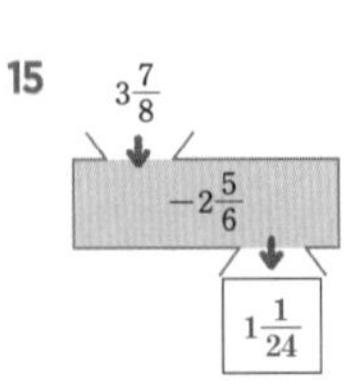

16
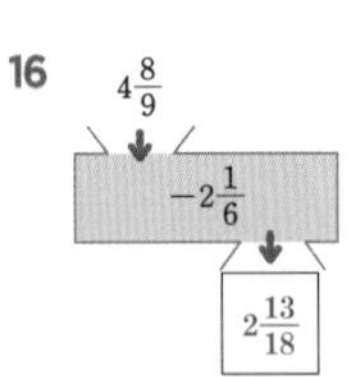

17
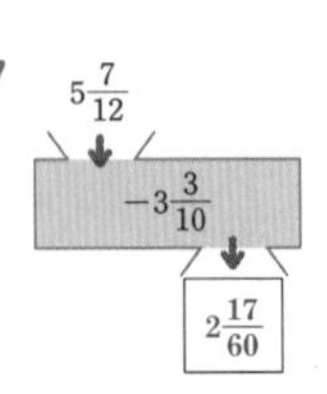

18
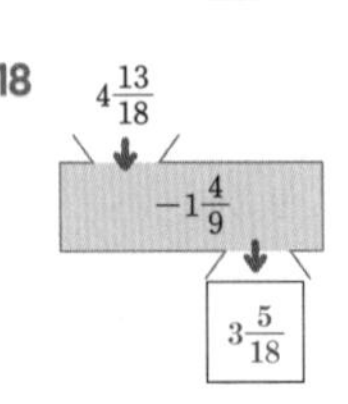

14 받아내림이 있는 대분수의 뺄셈(1)

계산은 빠르고 정확하게!

걸린 시간	1~8분	8~12분	12~16분
맞은 개수	16~17개	12~15개	1~11개
평가	참 잘했어요.	잘했어요.	좀더 노력해요.

방법① 자연수는 자연수끼리, 분수는 분수끼리 빼서 계산하기

$$3\frac{1}{3}-1\frac{1}{2}=3\frac{2}{6}-1\frac{3}{6}=2\frac{8}{6}-1\frac{3}{6}$$
$$=(2-1)+\left(\frac{8}{6}-\frac{3}{6}\right)=1+\frac{5}{6}=1\frac{5}{6}$$

방법② 대분수를 가분수로 고쳐서 계산하기

$$3\frac{1}{3}-1\frac{1}{2}=\frac{10}{3}-\frac{3}{2}=\frac{20}{6}-\frac{9}{6}=\frac{11}{6}=1\frac{5}{6}$$

자연수는 자연수끼리, 분수는 분수끼리 빼서 계산하려고 합니다. □ 안에 알맞은 수를 써넣으시오. (1~3)

1 $2\frac{1}{5}-1\frac{1}{2}=2\frac{\boxed{2}}{10}-1\frac{\boxed{5}}{10}=1\frac{\boxed{12}}{10}-1\frac{\boxed{5}}{10}$
$=(1-\boxed{1})+\left(\frac{\boxed{12}}{10}-\frac{\boxed{5}}{10}\right)=\frac{\boxed{7}}{10}$

2 $3\frac{3}{4}-1\frac{4}{5}=3\frac{\boxed{15}}{20}-1\frac{\boxed{16}}{20}=2\frac{\boxed{35}}{20}-1\frac{\boxed{16}}{20}$
$=(2-\boxed{1})+\left(\frac{\boxed{35}}{20}-\frac{\boxed{16}}{20}\right)=\boxed{1}+\frac{\boxed{19}}{20}=\boxed{1\frac{19}{20}}$

3 $3\frac{4}{15}-2\frac{7}{10}=3\frac{\boxed{8}}{30}-2\frac{\boxed{21}}{30}=2\frac{\boxed{38}}{30}-2\frac{\boxed{21}}{30}$
$=(2-\boxed{2})+\left(\frac{\boxed{38}}{30}-\frac{\boxed{21}}{30}\right)=\frac{\boxed{17}}{30}$

계산을 하시오. (4~17)

4 $3\frac{1}{5}-1\frac{2}{3}=1\frac{8}{15}$

5 $6\frac{3}{7}-3\frac{3}{4}=2\frac{19}{28}$

6 $2\frac{1}{9}-1\frac{5}{6}=\frac{5}{18}$

7 $4\frac{3}{8}-2\frac{7}{10}=1\frac{27}{40}$

8 $2\frac{1}{4}-1\frac{9}{10}=\frac{7}{20}$

9 $2\frac{1}{2}-1\frac{3}{5}=\frac{9}{10}$

10 $5\frac{1}{5}-2\frac{1}{3}=2\frac{13}{15}$

11 $7\frac{5}{12}-5\frac{3}{4}=1\frac{2}{3}$

12 $3\frac{1}{3}-1\frac{5}{6}=1\frac{1}{2}$

13 $5\frac{4}{15}-3\frac{7}{10}=1\frac{17}{30}$

14 $5\frac{3}{8}-3\frac{5}{6}=1\frac{13}{24}$

15 $5\frac{4}{9}-2\frac{5}{7}=2\frac{46}{63}$

16 $6\frac{9}{16}-2\frac{3}{4}=3\frac{13}{16}$

17 $4\frac{1}{18}-2\frac{5}{12}=1\frac{23}{36}$

14 받아내림이 있는 대분수의 뺄셈(2)

계산은 빠르고 정확하게!

걸린 시간	1~8분	8~12분	12~16분
맞은 개수	19~21개	15~18개	1~14개
평가	참 잘했어요.	잘했어요.	좀더 노력해요.

대분수를 가분수로 고쳐서 계산하려고 합니다. □ 안에 알맞은 수를 써넣으시오. (1~7)

1 $2\frac{1}{2}-1\frac{3}{5}=\frac{\boxed{5}}{2}-\frac{\boxed{8}}{5}=\frac{\boxed{25}}{10}-\frac{\boxed{16}}{10}=\frac{\boxed{9}}{10}$

2 $3\frac{1}{2}-2\frac{4}{5}=\frac{\boxed{7}}{2}-\frac{\boxed{14}}{5}=\frac{\boxed{35}}{10}-\frac{\boxed{28}}{10}=\frac{\boxed{7}}{10}$

3 $4\frac{1}{3}-3\frac{5}{6}=\frac{\boxed{13}}{3}-\frac{\boxed{23}}{6}=\frac{\boxed{26}}{6}-\frac{\boxed{23}}{6}=\frac{\boxed{3}}{6}=\boxed{\frac{1}{2}}$

4 $3\frac{2}{5}-1\frac{2}{3}=\frac{\boxed{17}}{5}-\frac{\boxed{5}}{3}=\frac{\boxed{51}}{15}-\frac{\boxed{25}}{15}=\frac{\boxed{26}}{15}=\boxed{1\frac{11}{15}}$

5 $4\frac{2}{7}-2\frac{3}{4}=\frac{\boxed{30}}{7}-\frac{\boxed{11}}{4}=\frac{\boxed{120}}{28}-\frac{\boxed{77}}{28}=\frac{\boxed{43}}{28}=\boxed{1\frac{15}{28}}$

6 $4\frac{3}{10}-2\frac{3}{5}=\frac{\boxed{43}}{10}-\frac{\boxed{13}}{5}=\frac{\boxed{43}}{10}-\frac{\boxed{26}}{10}=\frac{\boxed{17}}{10}=\boxed{1\frac{7}{10}}$

7 $3\frac{1}{8}-1\frac{1}{6}=\frac{\boxed{25}}{8}-\frac{\boxed{7}}{6}=\frac{\boxed{75}}{24}-\frac{\boxed{28}}{24}=\frac{\boxed{47}}{24}=\boxed{1\frac{23}{24}}$

계산을 하시오. (8~21)

8 $2\frac{2}{5}-1\frac{1}{2}=\frac{9}{10}$

9 $3\frac{2}{3}-2\frac{5}{6}=\frac{5}{6}$

10 $4\frac{1}{4}-2\frac{2}{3}=1\frac{7}{12}$

11 $4\frac{7}{10}-2\frac{3}{4}=1\frac{19}{20}$

12 $4\frac{1}{8}-1\frac{1}{6}=2\frac{23}{24}$

13 $3\frac{5}{8}-1\frac{2}{3}=1\frac{23}{24}$

14 $3\frac{1}{5}-1\frac{2}{9}=1\frac{44}{45}$

15 $6\frac{1}{3}-3\frac{3}{4}=2\frac{7}{12}$

16 $7\frac{1}{3}-2\frac{3}{5}=4\frac{11}{15}$

17 $3\frac{1}{7}-1\frac{3}{4}=1\frac{11}{28}$

18 $5\frac{1}{6}-2\frac{7}{9}=2\frac{7}{18}$

19 $5\frac{3}{8}-3\frac{11}{14}=1\frac{33}{56}$

20 $4\frac{5}{12}-2\frac{1}{2}=1\frac{11}{12}$

21 $9\frac{1}{4}-5\frac{5}{6}=3\frac{5}{12}$

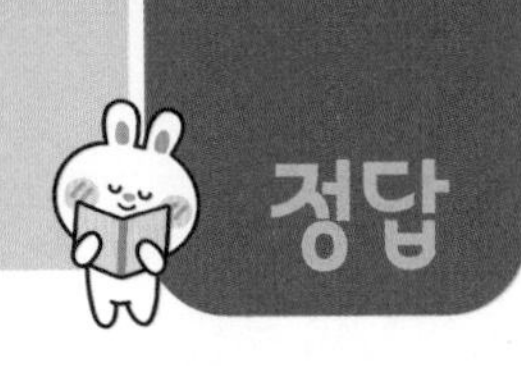

14 받아내림이 있는 대분수의 뺄셈(3)

계산은 빠르고 정확하게!

걸린 시간	1~6분	6~9분	9~12분
맞은 개수	17~18개	13~16개	1~12개
평가	참 잘했어요.	잘했어요.	좀더 노력해요.

빈 곳에 알맞은 수를 써넣으시오. (1~10)

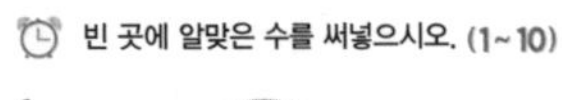

1

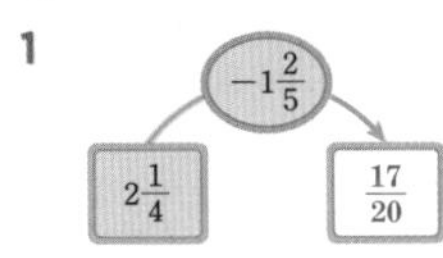

2 $-2\frac{5}{6}$ / $3\frac{3}{8}$ → $\frac{13}{24}$

3

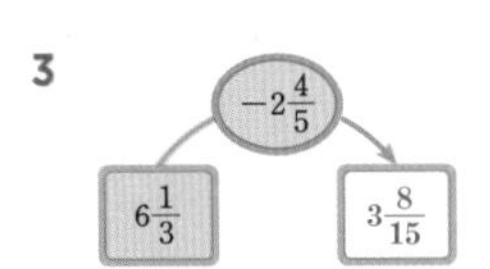

4

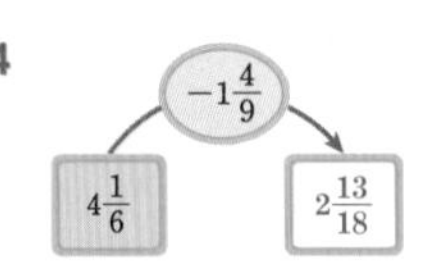

5

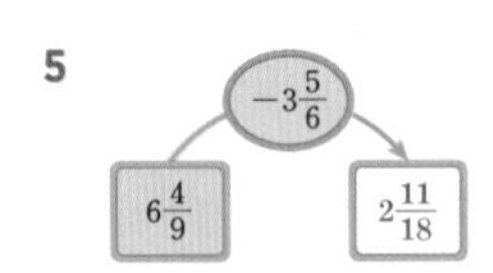

6

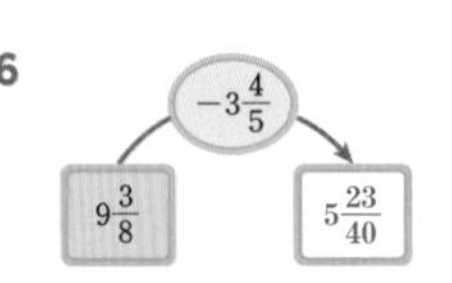

7

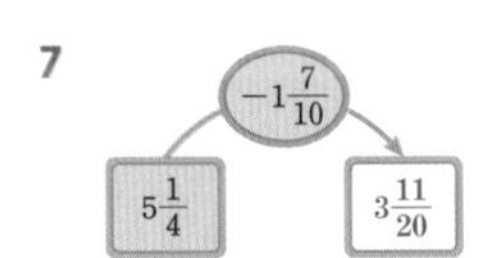

8

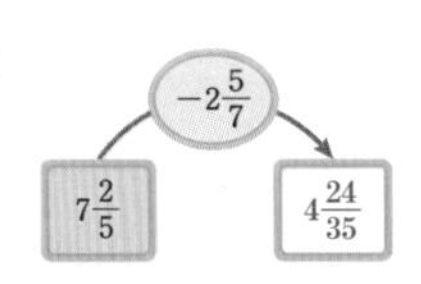

9

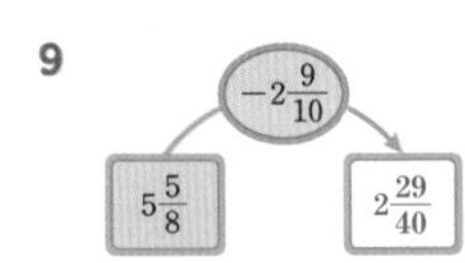

10

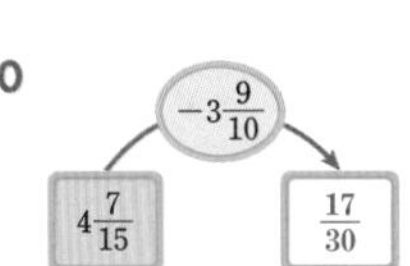

□ 안에 알맞은 수를 써넣으시오. (11~18)

11

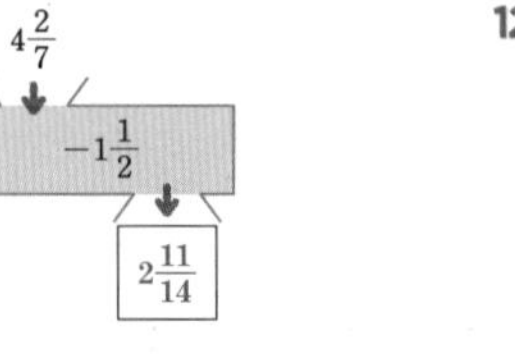

12 $3\frac{1}{4}$ → $-1\frac{3}{5}$ → $1\frac{13}{20}$

13

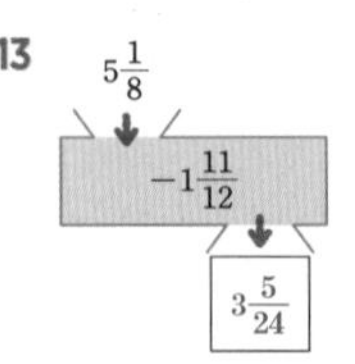

14

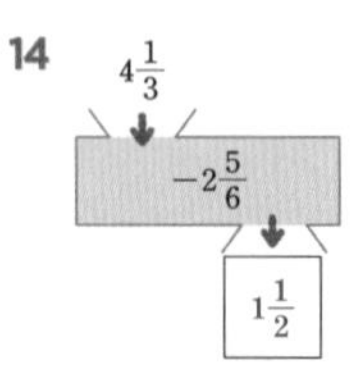

15

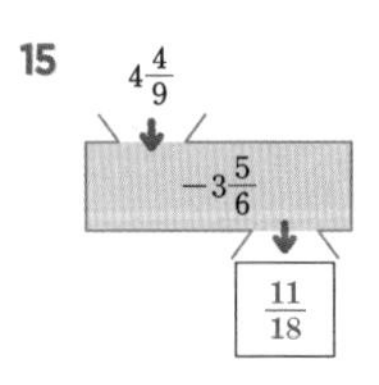

16

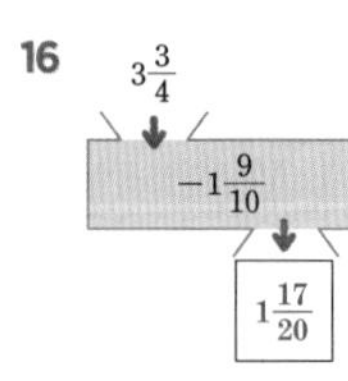

17

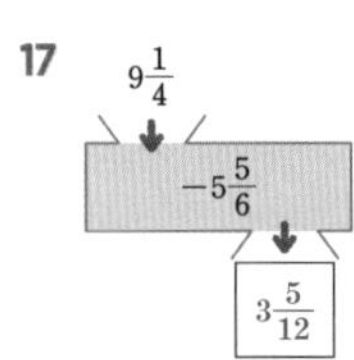

18

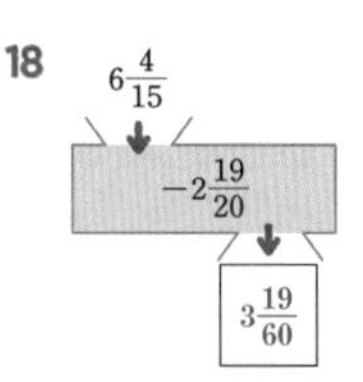

15 신기한 연산

계산은 빠르고 정확하게!

걸린 시간	1~8분	8~12분	12~16분
맞은 개수	7개	6개	1~5개
평가	참 잘했어요.	잘했어요.	좀더 노력해요.

색종이 한 장은 1로 나타낼 수 있습니다. 색종이 한 장을 똑같이 반으로 접으면 크기가 $\frac{1}{2}$인 색종이를 만들 수 있고, 크기가 $\frac{1}{2}$인 색종이를 똑같이 반으로 접으면 크기가 $\frac{1}{4}$인 색종이를 만들 수 있습니다. 물음에 답하시오. (1~2)

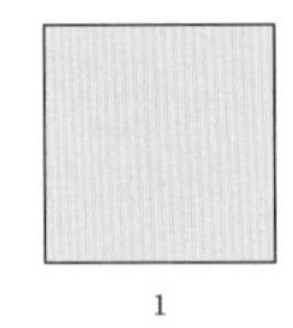

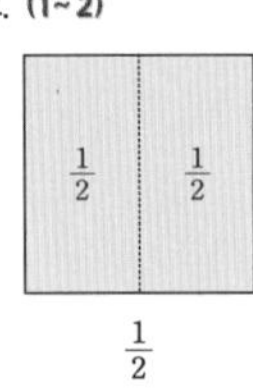

1 크기가 $\frac{1}{16}$인 색종이를 만들려면 모두 몇 번을 접어야 합니까?

(4번)

풀이 $1 \rightarrow \frac{1}{2} \rightarrow \frac{1}{4} \rightarrow \frac{1}{8} \rightarrow \frac{1}{16}$
따라서 4번 접어야 합니다.

2 분수 $\frac{5}{6}$를 두 단위분수의 합으로 나타내어 보시오.

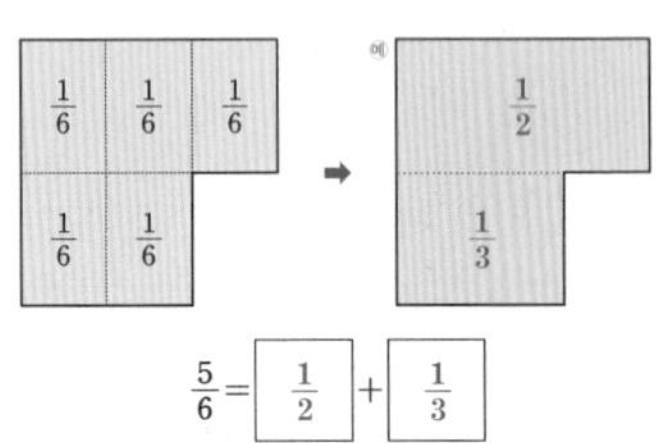

$\frac{5}{6}=\boxed{\frac{1}{2}}+\boxed{\frac{1}{3}}$

보기 와 같은 방법으로 주어진 분수를 서로 다른 두 단위분수의 합으로 나타내시오. (3~7)

보기

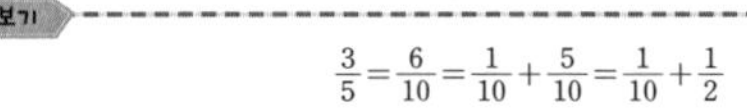

$\frac{3}{5}=\frac{6}{10}=\frac{1}{10}+\frac{5}{10}=\frac{1}{10}+\frac{1}{2}$

위와 같이 주어진 분수와 크기가 같은 여러 개의 분수 중에서 분자가 1과 처음 분수의 분모와의 합으로 된 것을 이용하여 분모가 같은 두 분수로 분해하고 약분하여 나타낼 수 있습니다.

3 $\frac{2}{5}=\frac{6}{\boxed{15}}=\frac{1}{\boxed{15}}+\frac{5}{\boxed{15}}=\frac{1}{\boxed{15}}+\frac{1}{\boxed{3}}$

4 $\frac{4}{7}=\frac{8}{\boxed{14}}=\frac{1}{\boxed{14}}+\frac{7}{\boxed{14}}=\frac{1}{\boxed{14}}+\frac{1}{\boxed{2}}$

5 $\frac{2}{9}=\frac{10}{\boxed{45}}=\frac{1}{\boxed{45}}+\frac{9}{\boxed{45}}=\frac{1}{\boxed{45}}+\frac{1}{\boxed{5}}$

6 $\frac{3}{11}=\frac{12}{\boxed{44}}=\frac{1}{\boxed{44}}+\frac{11}{\boxed{44}}=\frac{1}{\boxed{44}}+\frac{1}{\boxed{4}}$

7 $\frac{3}{14}=\frac{15}{\boxed{70}}=\frac{1}{\boxed{70}}+\frac{14}{\boxed{70}}=\frac{1}{\boxed{70}}+\frac{1}{\boxed{5}}$

확인 평가

걸린 시간	1~12분	12~18분	18~24분
맞은 개수	34~37개	26~33개	1~25개
평가	참 잘했어요.	잘했어요.	좀더 노력해요.

약수를 모두 구하시오. (1~2)

1 48의 약수 ➡ (1, 2, 3, 4, 6, 8, 12, 16, 24, 48)

2 60의 약수 ➡ (1, 2, 3, 4, 5, 6, 10, 12, 15, 20, 30, 60)

배수를 가장 작은 수부터 5개씩 쓰시오. (3~4)

3 9의 배수 ➡ (9, 18, 27, 36, 45)

4 25의 배수 ➡ (25, 50, 75, 100, 125)

5 식을 보고 □ 안에 알맞은 수를 써넣으시오.

8=1×8, 8=2×4 ➡ 8은 [1], [2], [4], [8]의 배수입니다. / [1], [2], [4], [8]은 8의 약수입니다.

두 수의 최대공약수와 최소공배수를 각각 구하시오. (6~9)

6 4, 10 ➡ 최대공약수 (2), 최소공배수 (20)

7 8, 12 ➡ 최대공약수 (4), 최소공배수 (24)

8 12, 15 ➡ 최대공약수 (3), 최소공배수 (60)

9 18, 24 ➡ 최대공약수 (6), 최소공배수 (72)

□ 안에 알맞은 수를 써넣으시오. (10~11)

10 $\frac{6}{7}=\frac{12}{14}=\frac{18}{21}=\frac{24}{28}=\frac{30}{35}=\frac{36}{42}=\cdots$

11 $\frac{24}{60}=\frac{12}{30}=\frac{8}{20}=\frac{6}{15}=\frac{4}{10}=\frac{2}{5}$

약분한 분수를 모두 쓰시오. (12~13)

12 $\frac{4}{8}$ ➡ ($\frac{2}{4}$, $\frac{1}{2}$)

13 $\frac{18}{42}$ ➡ ($\frac{9}{21}$, $\frac{6}{14}$, $\frac{3}{7}$)

분모의 곱을 공통분모로 하여 통분하시오. (14~15)

14 $(\frac{3}{4}, \frac{4}{5})$ ➡ $(\frac{15}{20}, \frac{16}{20})$

15 $(\frac{7}{9}, \frac{3}{7})$ ➡ $(\frac{49}{63}, \frac{27}{63})$

분모의 최소공배수를 공통분모로 하여 통분하시오. (16~17)

16 $(\frac{2}{3}, \frac{5}{9})$ ➡ $(\frac{6}{9}, \frac{5}{9})$

17 $(\frac{9}{10}, \frac{3}{4})$ ➡ $(\frac{18}{20}, \frac{15}{20})$

○ 안에 >, =, <를 알맞게 써넣으시오. (18~21)

18 $\frac{4}{5} < \frac{6}{7}$

19 $\frac{17}{20} > \frac{3}{8}$

20 $4\frac{17}{25} > 4.5$

21 $5\frac{7}{8} < 5.89$

확인 평가

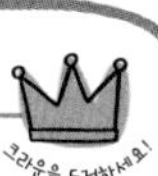

계산을 하시오. (22~37)

22 $\frac{1}{4}+\frac{3}{5}=\frac{17}{20}$

23 $\frac{4}{5}-\frac{1}{3}=\frac{7}{15}$

24 $\frac{7}{8}+\frac{5}{6}=1\frac{17}{24}$

25 $\frac{7}{10}-\frac{4}{15}=\frac{13}{30}$

26 $1\frac{3}{5}+2\frac{1}{3}=3\frac{14}{15}$

27 $4\frac{5}{6}-2\frac{3}{7}=2\frac{17}{42}$

28 $2\frac{1}{8}+1\frac{3}{4}=3\frac{7}{8}$

29 $6\frac{7}{10}-2\frac{1}{4}=4\frac{9}{20}$

30 $3\frac{1}{5}+4\frac{4}{15}=7\frac{7}{15}$

31 $5\frac{7}{12}-3\frac{1}{6}=2\frac{5}{12}$

32 $1\frac{7}{9}+2\frac{2}{3}=4\frac{4}{9}$

33 $3\frac{2}{5}-1\frac{9}{10}=1\frac{1}{2}$

34 $2\frac{5}{12}+3\frac{7}{10}=6\frac{7}{60}$

35 $5\frac{3}{8}-2\frac{5}{6}=2\frac{13}{24}$

36 $1\frac{11}{18}+2\frac{8}{9}=4\frac{1}{2}$

37 $4\frac{7}{15}-3\frac{17}{20}=\frac{37}{60}$

❸ 다각형의 둘레와 넓이 P 136~139

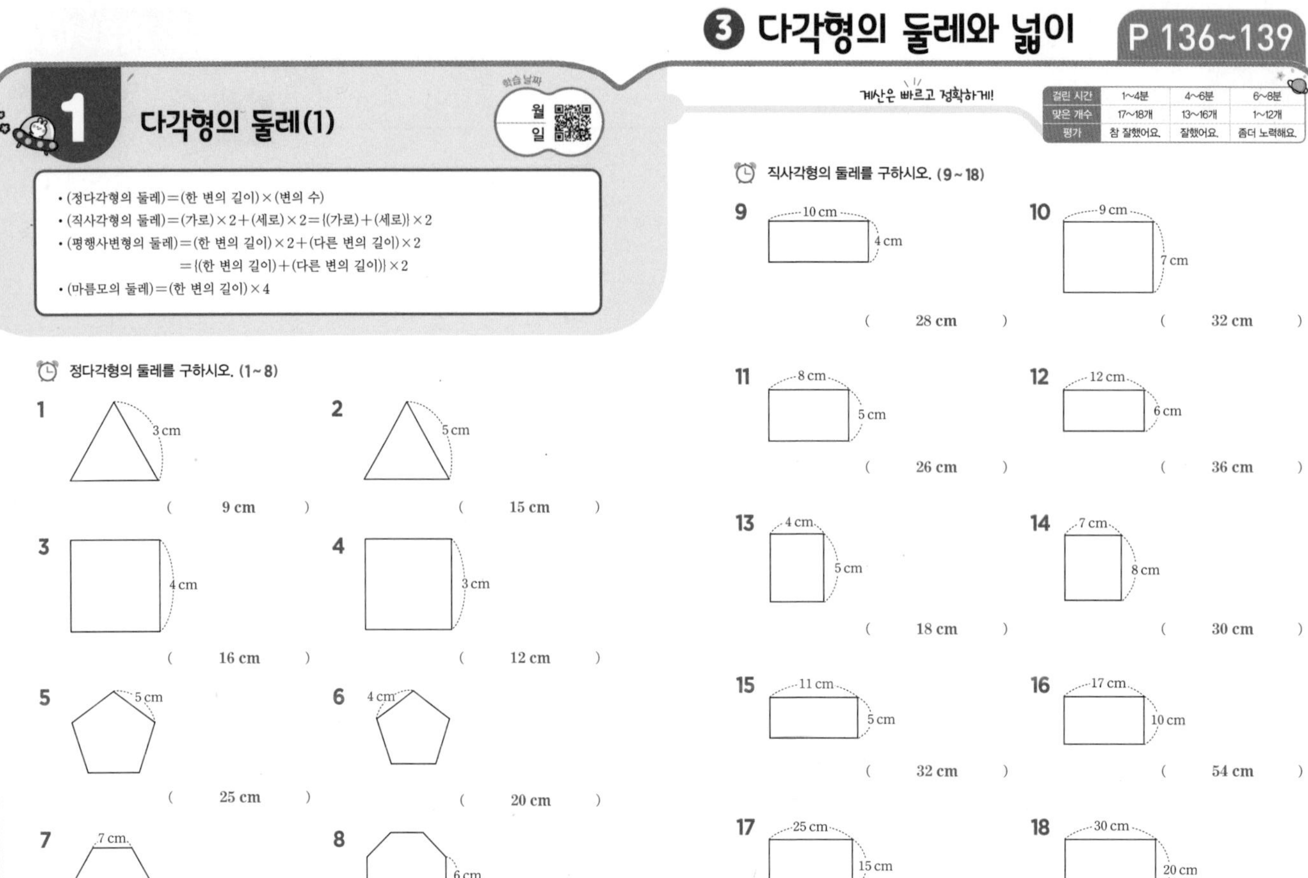

1 다각형의 둘레(1)

학습 날짜 월 일

계산은 빠르고 정확하게!

걸린 시간	1~4분	4~6분	6~8분
맞은 개수	17~18개	13~16개	1~12개
평가	참 잘했어요.	잘했어요.	좀더 노력해요.

- (정다각형의 둘레)=(한 변의 길이)×(변의 수)
- (직사각형의 둘레)=(가로)×2+(세로)×2={(가로)+(세로)}×2
- (평행사변형의 둘레)=(한 변의 길이)×2+(다른 변의 길이)×2
  ={(한 변의 길이)+(다른 변의 길이)}×2
- (마름모의 둘레)=(한 변의 길이)×4

정다각형의 둘레를 구하시오. (1~8)

1 3 cm (9 cm)

2 5 cm (15 cm)

3 4 cm (16 cm)

4 3 cm (12 cm)

5 5 cm (25 cm)

6 4 cm (20 cm)

7 7 cm (42 cm)

8 6 cm (48 cm)

직사각형의 둘레를 구하시오. (9~18)

9 10 cm, 4 cm (28 cm)

10 9 cm, 7 cm (32 cm)

11 8 cm, 5 cm (26 cm)

12 12 cm, 6 cm (36 cm)

13 4 cm, 5 cm (18 cm)

14 7 cm, 8 cm (30 cm)

15 11 cm, 5 cm (32 cm)

16 17 cm, 10 cm (54 cm)

17 25 cm, 15 cm (80 cm)

18 30 cm, 20 cm (100 cm)

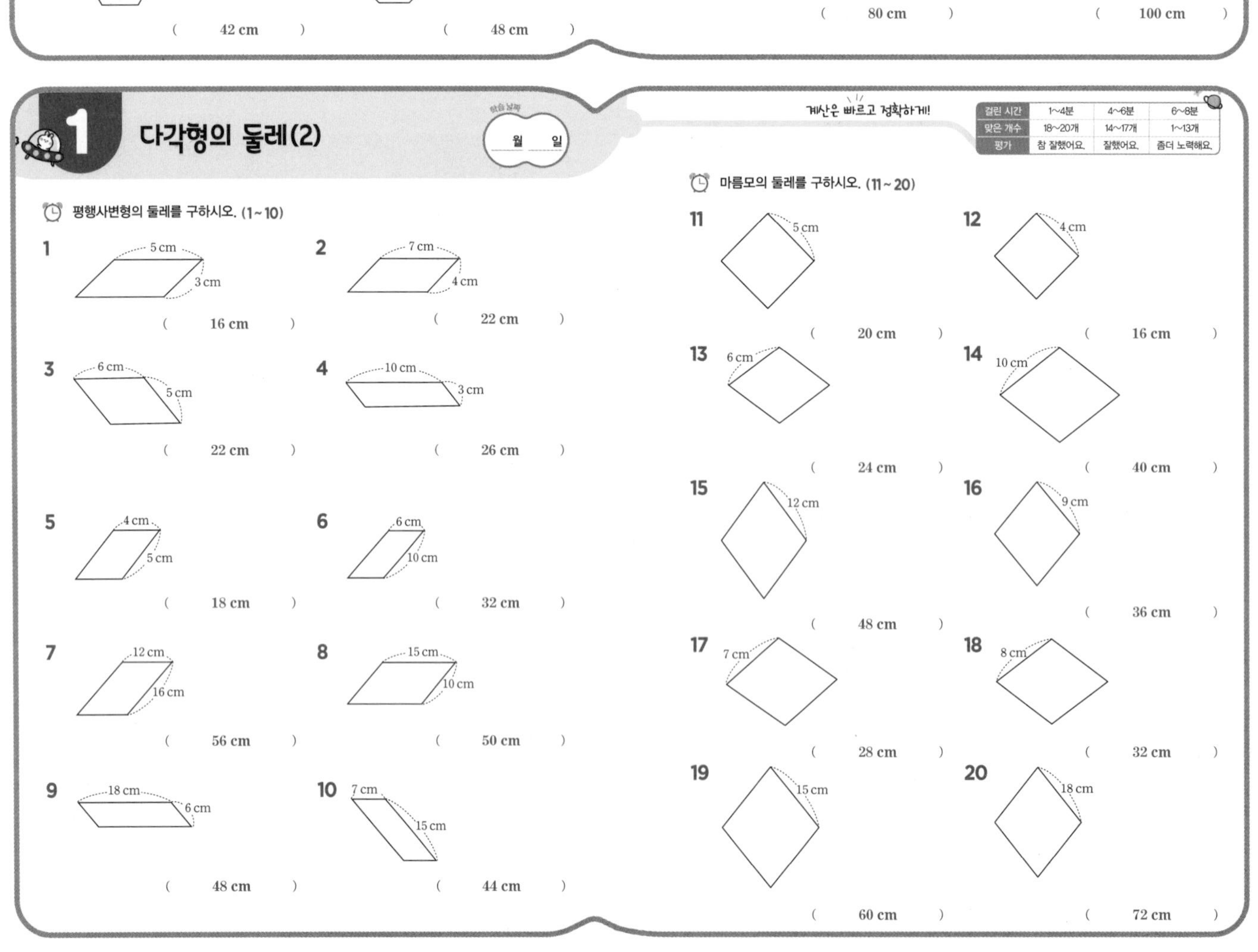

1 다각형의 둘레(2)

학습 날짜 월 일

계산은 빠르고 정확하게!

걸린 시간	1~4분	4~6분	6~8분
맞은 개수	18~20개	14~17개	1~13개
평가	참 잘했어요.	잘했어요.	좀더 노력해요.

평행사변형의 둘레를 구하시오. (1~10)

1 5 cm, 3 cm (16 cm)

2 7 cm, 4 cm (22 cm)

3 6 cm, 5 cm (22 cm)

4 10 cm, 3 cm (26 cm)

5 4 cm, 5 cm (18 cm)

6 6 cm, 10 cm (32 cm)

7 12 cm, 16 cm (56 cm)

8 15 cm, 10 cm (50 cm)

9 18 cm, 6 cm (48 cm)

10 7 cm, 15 cm (44 cm)

마름모의 둘레를 구하시오. (11~20)

11 5 cm (20 cm)

12 4 cm (16 cm)

13 6 cm (24 cm)

14 10 cm (40 cm)

15 12 cm (48 cm)

16 9 cm (36 cm)

17 7 cm (28 cm)

18 8 cm (32 cm)

19 15 cm (60 cm)

20 18 cm (72 cm)

P 140~143

2 넓이의 단위(1)

학습 날짜 월 일

- 한 변의 길이가 1 cm인 정사각형의 넓이를 1 cm^2라 쓰고 1 제곱센티미터라고 읽습니다.
- 한 변의 길이가 1 m인 정사각형의 넓이를 1 m^2라 쓰고 1 제곱미터라고 읽습니다.

1 cm^2

1 m^2

$10000\text{ cm}^2=1\text{ m}^2$

- 한 변의 길이가 1 km인 정사각형의 넓이를 1 km^2라 쓰고 1 제곱킬로미터라고 읽습니다.

1 km^2

$1000000\text{ m}^2=1\text{ km}^2$

그림을 보고 □ 안에 알맞은 수를 써넣으시오. (1~4)

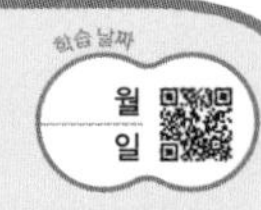

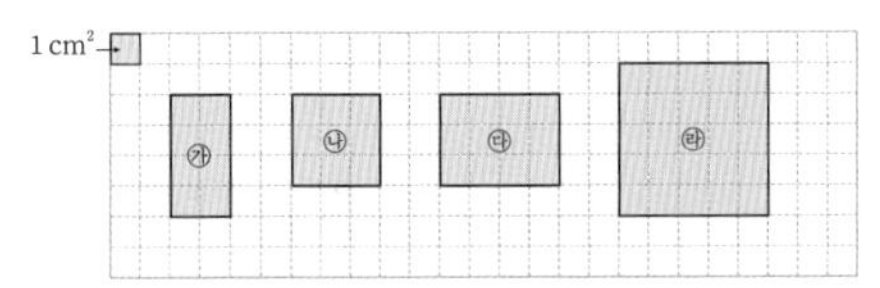

1 ㉮ 도형은 1 cm^2가 $\boxed{8}$번 들어가므로 넓이는 $\boxed{8}$ cm^2입니다.

2 ㉯ 도형은 1 cm^2가 $\boxed{9}$번 들어가므로 넓이는 $\boxed{9}$ cm^2입니다.

3 ㉰ 도형은 1 cm^2가 $\boxed{12}$번 들어가므로 넓이는 $\boxed{12}$ cm^2입니다.

4 ㉱ 도형은 1 cm^2가 $\boxed{25}$번 들어가므로 넓이는 $\boxed{25}$ cm^2입니다.

계산은 빠르고 정확하게!

걸린 시간	1~4분	4~6분	6~8분
맞은 개수	11~12개	9~10개	1~8개
평가	참 잘했어요.	잘했어요.	좀더 노력해요.

그림을 보고 □ 안에 알맞은 수를 써넣으시오. (5~8)

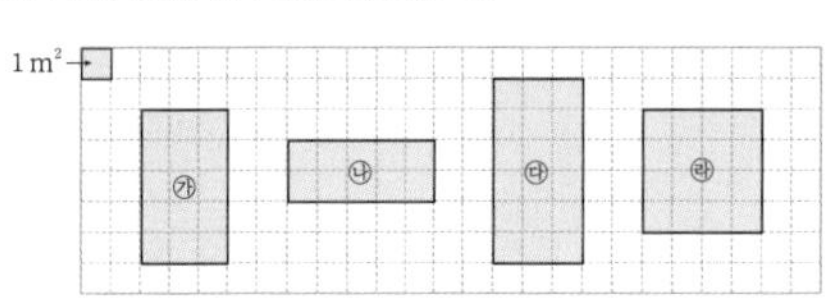

5 ㉮ 도형은 1 m^2가 $\boxed{15}$번 들어가므로 넓이는 $\boxed{15}$ m^2입니다.

6 ㉯ 도형은 1 m^2가 $\boxed{10}$번 들어가므로 넓이는 $\boxed{10}$ m^2입니다.

7 ㉰ 도형은 1 m^2가 $\boxed{18}$번 들어가므로 넓이는 $\boxed{18}$ m^2입니다.

8 ㉱ 도형은 1 m^2가 $\boxed{16}$번 들어가므로 넓이는 $\boxed{16}$ m^2입니다.

그림을 보고 □ 안에 알맞은 수를 써넣으시오. (9~12)

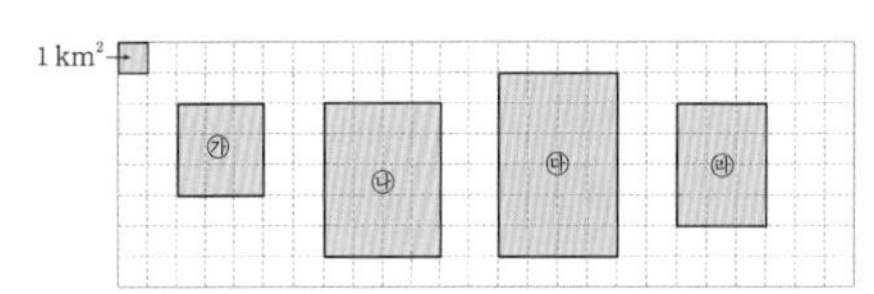

9 ㉮ 도형은 1 km^2가 $\boxed{9}$번 들어가므로 넓이는 $\boxed{9}$ km^2입니다.

10 ㉯ 도형은 1 km^2가 $\boxed{20}$번 들어가므로 넓이는 $\boxed{20}$ km^2입니다.

11 ㉰ 도형은 1 km^2가 $\boxed{24}$번 들어가므로 넓이는 $\boxed{24}$ km^2입니다.

12 ㉱ 도형은 1 km^2가 $\boxed{12}$번 들어가므로 넓이는 $\boxed{12}$ km^2입니다.

2 넓이의 단위(2)

학습 날짜 월 일

□ 안에 알맞은 수를 써넣으시오. (1~20)

1 $2\text{ m}^2=\boxed{20000}\text{ cm}^2$

2 $50000\text{ cm}^2=\boxed{5}\text{ m}^2$

3 $7\text{ m}^2=\boxed{70000}\text{ cm}^2$

4 $60000\text{ cm}^2=\boxed{6}\text{ m}^2$

5 $11\text{ m}^2=\boxed{110000}\text{ cm}^2$

6 $150000\text{ cm}^2=\boxed{15}\text{ m}^2$

7 $18\text{ m}^2=\boxed{180000}\text{ cm}^2$

8 $240000\text{ cm}^2=\boxed{24}\text{ m}^2$

9 $27\text{ m}^2=\boxed{270000}\text{ cm}^2$

10 $210000\text{ cm}^2=\boxed{21}\text{ m}^2$

11 $30\text{ m}^2=\boxed{300000}\text{ cm}^2$

12 $360000\text{ cm}^2=\boxed{36}\text{ m}^2$

13 $0.8\text{ m}^2=\boxed{8000}\text{ cm}^2$

14 $7000\text{ cm}^2=\boxed{0.7}\text{ m}^2$

15 $2.5\text{ m}^2=\boxed{25000}\text{ cm}^2$

16 $14000\text{ cm}^2=\boxed{1.4}\text{ m}^2$

17 $1.72\text{ m}^2=\boxed{17200}\text{ cm}^2$

18 $24500\text{ cm}^2=\boxed{2.45}\text{ m}^2$

19 $5.08\text{ m}^2=\boxed{50800}\text{ cm}^2$

20 $30700\text{ cm}^2=\boxed{3.07}\text{ m}^2$

계산은 빠르고 정확하게!

걸린 시간	1~8분	8~12분	12~16분
맞은 개수	36~40개	28~35개	1~27개
평가	참 잘했어요.	잘했어요.	좀더 노력해요.

□ 안에 알맞은 수를 써넣으시오. (21~40)

21 $4\text{ km}^2=\boxed{4000000}\text{ m}^2$

22 $3000000\text{ m}^2=\boxed{3}\text{ km}^2$

23 $8\text{ km}^2=\boxed{8000000}\text{ m}^2$

24 $7000000\text{ m}^2=\boxed{7}\text{ km}^2$

25 $10\text{ km}^2=\boxed{10000000}\text{ m}^2$

26 $12000000\text{ m}^2=\boxed{12}\text{ km}^2$

27 $14\text{ km}^2=\boxed{14000000}\text{ m}^2$

28 $19000000\text{ m}^2=\boxed{19}\text{ km}^2$

29 $25\text{ km}^2=\boxed{25000000}\text{ m}^2$

30 $3000000\text{ m}^2=\boxed{3}\text{ km}^2$

31 $0.2\text{ km}^2=\boxed{200000}\text{ m}^2$

32 $56000000\text{ m}^2=\boxed{56}\text{ km}^2$

33 $0.45\text{ km}^2=\boxed{450000}\text{ m}^2$

34 $500000\text{ m}^2=\boxed{0.5}\text{ km}^2$

35 $1.6\text{ km}^2=\boxed{1600000}\text{ m}^2$

36 $2100000\text{ m}^2=\boxed{2.1}\text{ km}^2$

37 $2.07\text{ km}^2=\boxed{2070000}\text{ m}^2$

38 $3090000\text{ m}^2=\boxed{3.09}\text{ km}^2$

39 $0.94\text{ km}^2=\boxed{940000}\text{ m}^2$

40 $4760000\text{ m}^2=\boxed{4.76}\text{ km}^2$

P 144~147

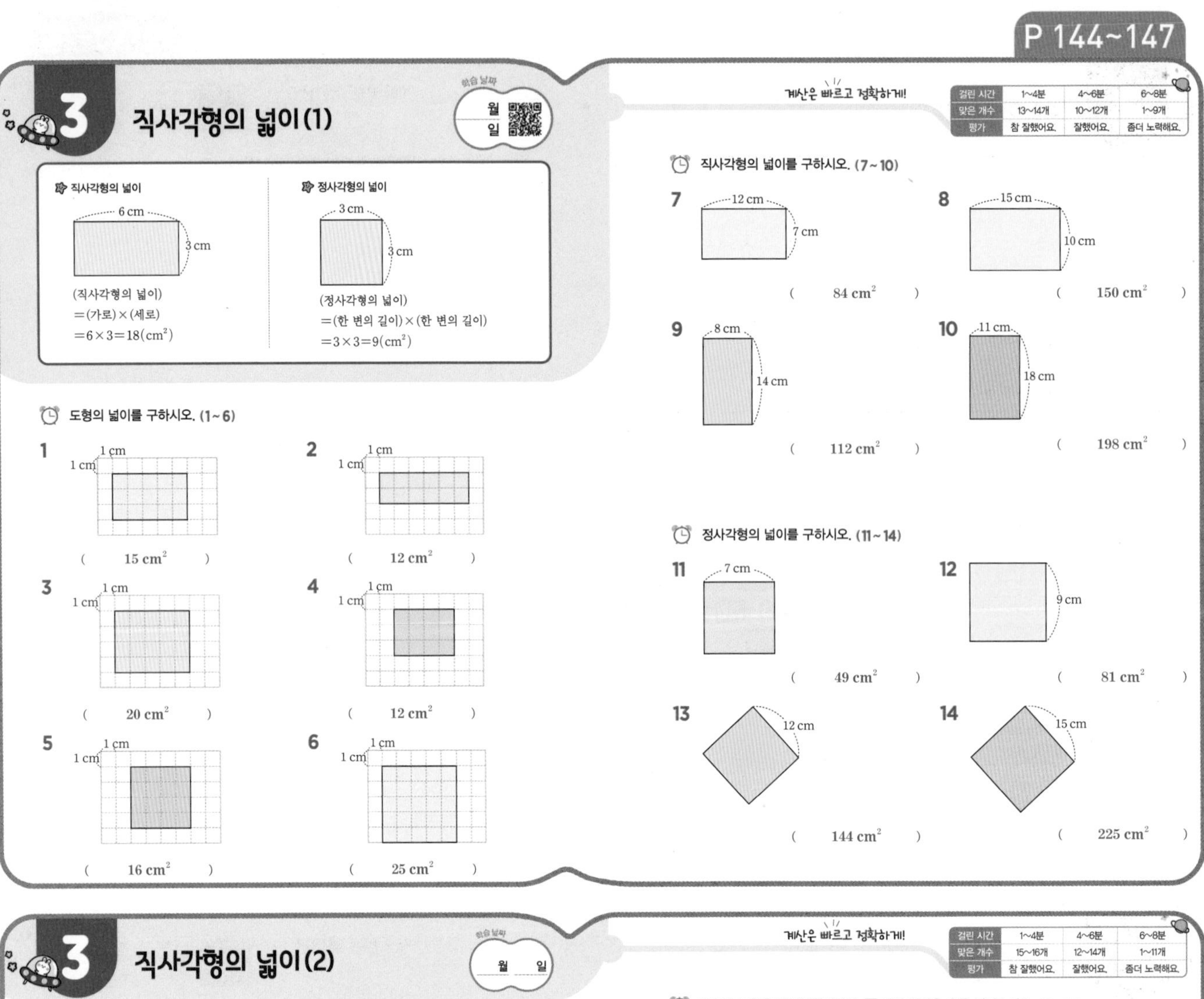

3 직사각형의 넓이(1)

학습 날짜 월 일

계산은 빠르고 정확하게!

걸린 시간	1~4분	4~6분	6~8분
맞은 개수	13~14개	10~12개	1~9개
평가	참 잘했어요.	잘했어요.	좀더 노력해요.

직사각형의 넓이

6 cm, 3 cm

(직사각형의 넓이)
=(가로)×(세로)
$=6\times3=18(\text{cm}^2)$

정사각형의 넓이

3 cm, 3 cm

(정사각형의 넓이)
=(한 변의 길이)×(한 변의 길이)
$=3\times3=9(\text{cm}^2)$

도형의 넓이를 구하시오. (1~6)

1 (15 cm^2)

2 (12 cm^2)

3 (20 cm^2)

4 (12 cm^2)

5 (16 cm^2)

6 (25 cm^2)

직사각형의 넓이를 구하시오. (7~10)

7 12 cm, 7 cm (84 cm^2)

8 15 cm, 10 cm (150 cm^2)

9 8 cm, 14 cm (112 cm^2)

10 11 cm, 18 cm (198 cm^2)

정사각형의 넓이를 구하시오. (11~14)

11 7 cm (49 cm^2)

12 9 cm (81 cm^2)

13 12 cm (144 cm^2)

14 15 cm (225 cm^2)

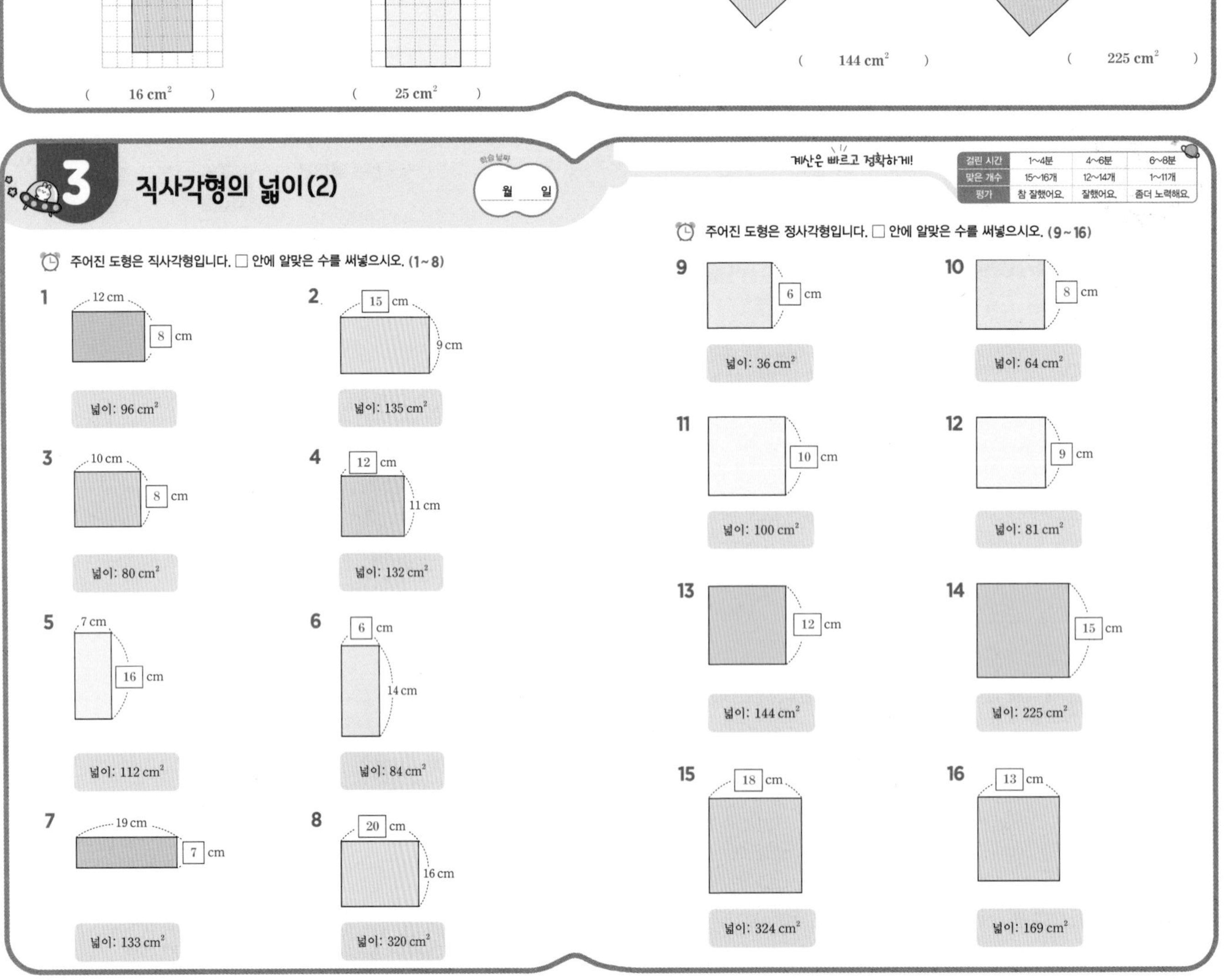

3 직사각형의 넓이(2)

학습 날짜 월 일

계산은 빠르고 정확하게!

걸린 시간	1~4분	4~6분	6~8분
맞은 개수	15~16개	12~14개	1~11개
평가	참 잘했어요.	잘했어요.	좀더 노력해요.

주어진 도형은 직사각형입니다. □ 안에 알맞은 수를 써넣으시오. (1~8)

1 12 cm, [8] cm 넓이: 96 cm^2

2 [15] cm, 9 cm 넓이: 135 cm^2

3 10 cm, [8] cm 넓이: 80 cm^2

4 [12] cm, 11 cm 넓이: 132 cm^2

5 7 cm, [16] cm 넓이: 112 cm^2

6 [6] cm, 14 cm 넓이: 84 cm^2

7 19 cm, [7] cm 넓이: 133 cm^2

8 [20] cm, 16 cm 넓이: 320 cm^2

주어진 도형은 정사각형입니다. □ 안에 알맞은 수를 써넣으시오. (9~16)

9 [6] cm 넓이: 36 cm^2

10 [8] cm 넓이: 64 cm^2

11 [10] cm 넓이: 100 cm^2

12 [9] cm 넓이: 81 cm^2

13 [12] cm 넓이: 144 cm^2

14 [15] cm 넓이: 225 cm^2

15 [18] cm 넓이: 324 cm^2

16 [13] cm 넓이: 169 cm^2

4 평행사변형의 넓이(1)

학습 날짜 월 일

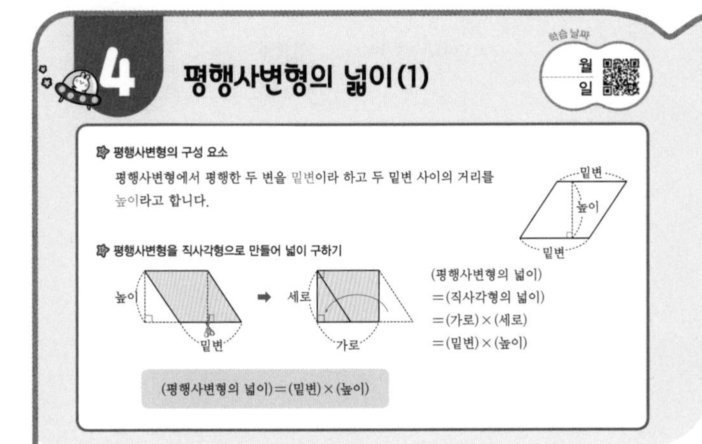

계산은 빠르고 정확하게!

걸린 시간	1~4분	4~6분	6~8분
맞은 개수	11~12개	9~10개	1~8개
평가	참 잘했어요.	잘했어요.	좀더 노력해요.

평행사변형의 높이는 몇 cm인지 구하시오. (1~4)

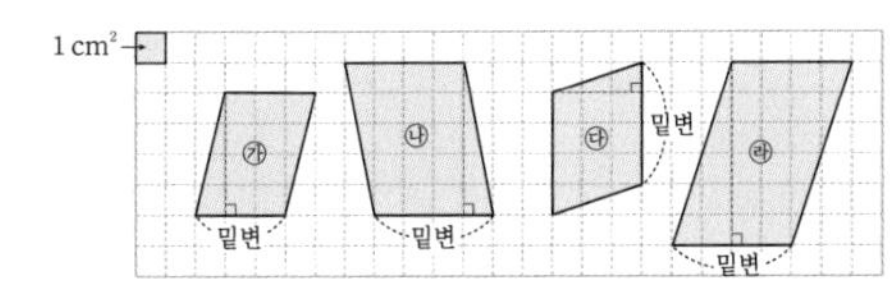

1 평행사변형 ㉮의 높이는 [4] cm입니다.

2 평행사변형 ㉯의 높이는 [5] cm입니다.

3 평행사변형 ㉰의 높이는 [3] cm입니다.

4 평행사변형 ㉱의 높이는 [6] cm입니다.

평행사변형의 넓이를 구하시오. (5~12)

5 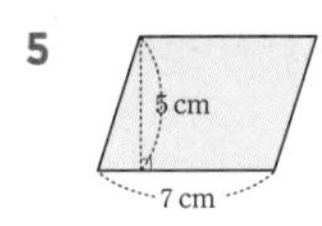
(35 cm²)

6 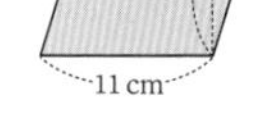
(88 cm²)

7 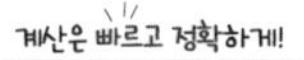
(135 cm²)

8 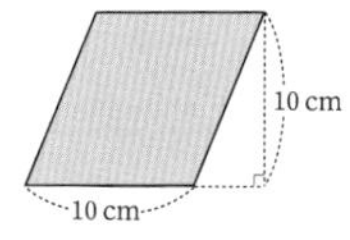
(100 cm²)

9 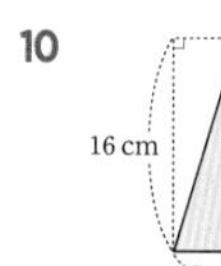
(112 cm²)

10 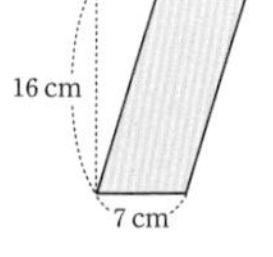
(112 cm²)

11
(195 cm²)

12
(204 cm²)

4 평행사변형의 넓이(2)

학습 날짜 월 일

계산은 빠르고 정확하게!

걸린 시간	1~4분	4~6분	6~8분
맞은 개수	11~12개	9~10개	1~8개
평가	참 잘했어요.	잘했어요.	좀더 노력해요.

직선 가와 나는 서로 평행합니다. 3개의 평행사변형 중 넓이가 다른 평행사변형을 찾아 기호를 쓰시오. (1~4)

1 
(㉯)

2 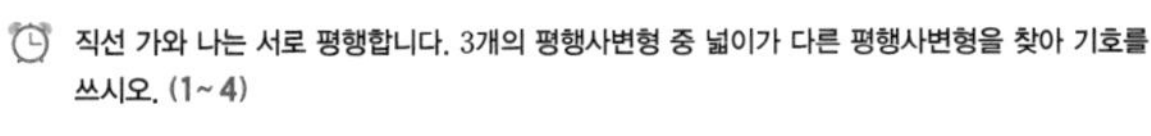
(㉰)

3 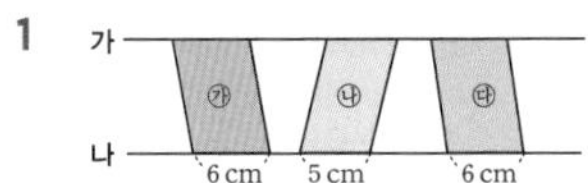
(㉮)

4 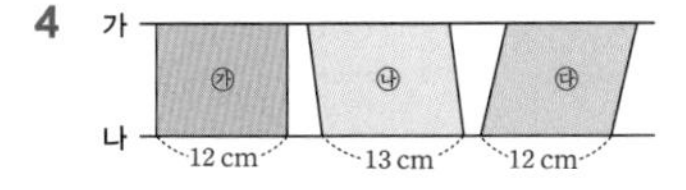
(㉯)

주어진 도형은 평행사변형입니다. □ 안에 알맞은 수를 써넣으시오. (5~12)

5 
넓이: 54 cm² ([6] cm)

6
넓이: 60 cm² ([12] cm)

7 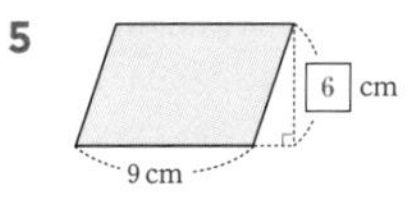
넓이: 56 cm² ([8] cm)

8 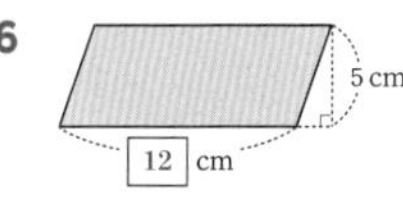
넓이: 81 cm² ([9] cm)

9 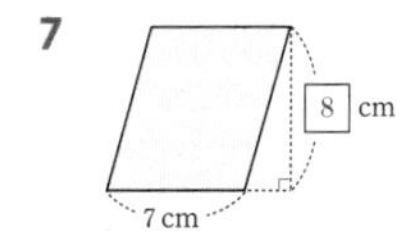
넓이: 55 cm² ([11] cm)

10 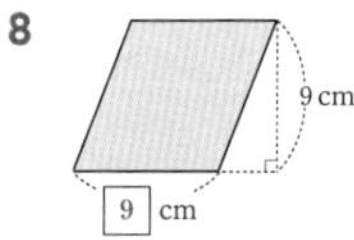 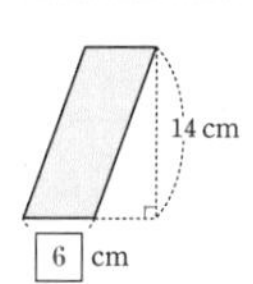
넓이: 84 cm² ([6] cm)

11 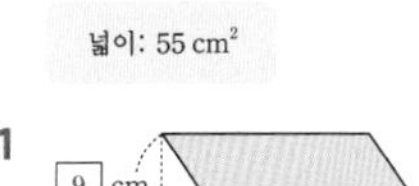 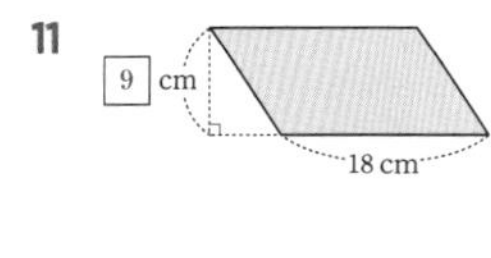
넓이: 162 cm² ([9] cm)

12 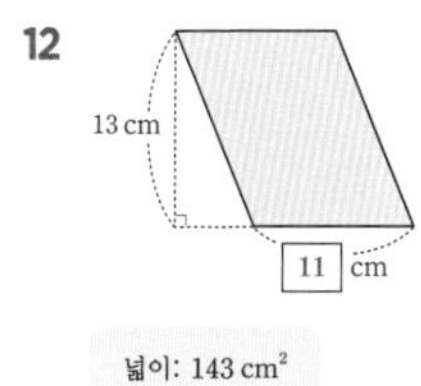
넓이: 143 cm² ([11] cm)

정답

P 152~155

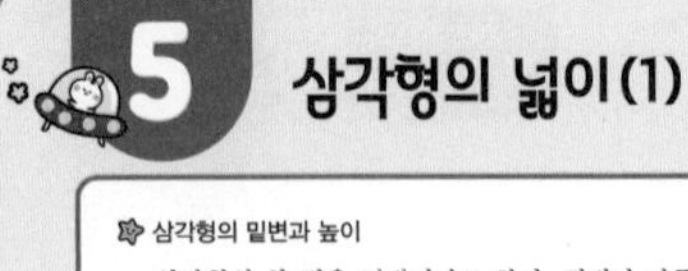

5 삼각형의 넓이(1)

삼각형의 밑변과 높이

삼각형의 한 변을 밑변이라고 하면, 밑변과 마주 보는 꼭짓점에서 밑변에 수직으로 그은 선분의 길이를 높이라고 합니다.

삼각형의 넓이 구하기

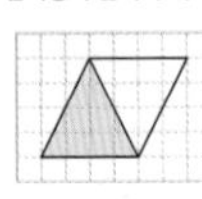

모양과 크기가 같은 삼각형 2개를 돌려 붙이면 평행사변형이 됩니다.

(삼각형의 넓이)
=(평행사변형의 넓이)÷2
=(밑변의 길이)×(높이)÷2

그림을 보고 □ 안에 알맞은 말을 써넣으시오. (1~2)

1

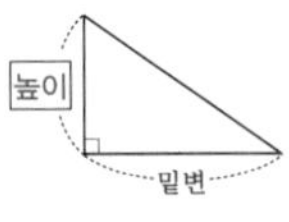

2

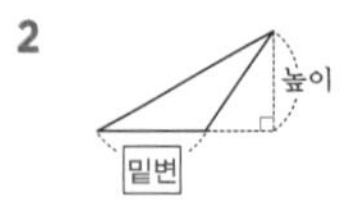

삼각형의 높이는 몇 cm인지 구하시오. (3~4)

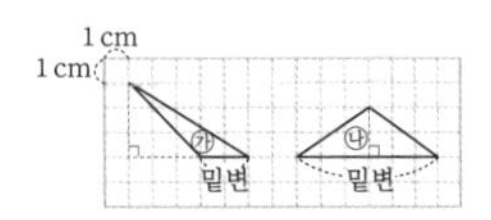

3 삼각형 ㉮의 높이는 3 cm입니다.

4 삼각형 ㉯의 높이는 2 cm입니다.

계산은 빠르고 정확하게!

걸린 시간	1~4분	4~6분	6~8분
맞은 개수	11~12개	9~10개	1~8개
평가	참 잘했어요.	잘했어요.	좀더 노력해요.

삼각형의 넓이를 구하시오. (5~12)

5 (6 cm, 10 cm) ($30\ cm^2$)

6

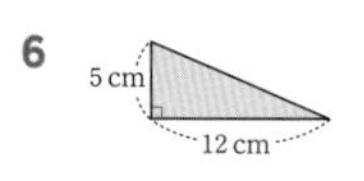

($30\ cm^2$)

7 (7 cm, 16 cm) ($56\ cm^2$)

8

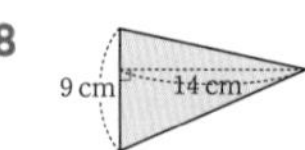

($63\ cm^2$)

9

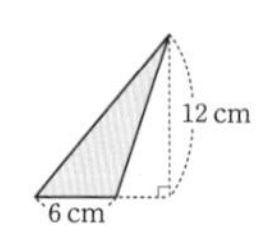

($36\ cm^2$)

10 (8 cm, 11 cm) ($44\ cm^2$)

11

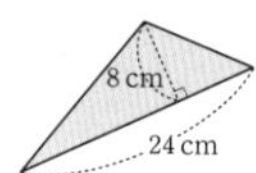

($96\ cm^2$)

12 (13 cm, 28 cm) ($182\ cm^2$)

5 삼각형의 넓이(2)

직선 가와 나는 서로 평행합니다. 3개의 삼각형 중 넓이가 다른 삼각형을 찾아 기호를 쓰시오. (1~4)

1 (7 cm, 7 cm, 6 cm) (㉰)

2

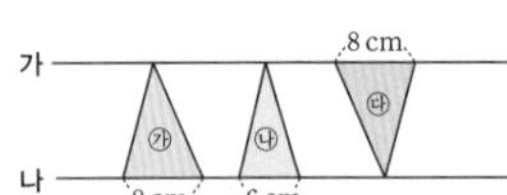

(㉯)

3

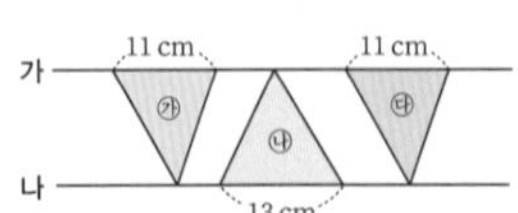

(㉯)

4

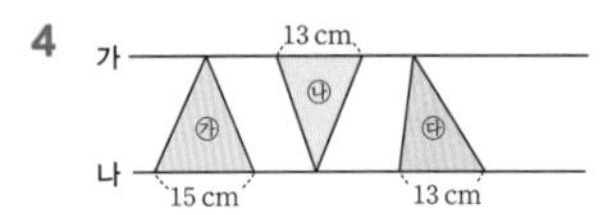

(㉮)

계산은 빠르고 정확하게!

걸린 시간	1~4분	4~6분	6~8분
맞은 개수	11~12개	9~10개	1~8개
평가	참 잘했어요.	잘했어요.	좀더 노력해요.

주어진 도형은 삼각형입니다. □ 안에 알맞은 수를 써넣으시오. (5~12)

5 (5 cm, 12 cm) 넓이: $30\ cm^2$

6

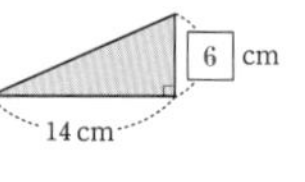

넓이: $42\ cm^2$

7

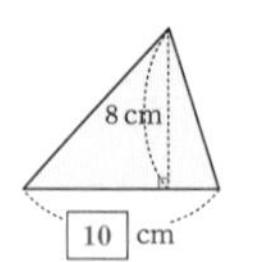

넓이: $40\ cm^2$

8

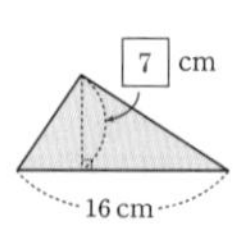

넓이: $56\ cm^2$

9

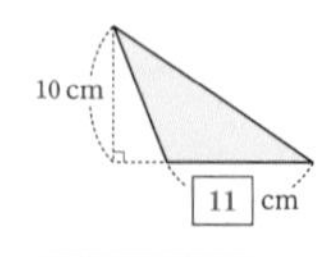

넓이: $55\ cm^2$

10

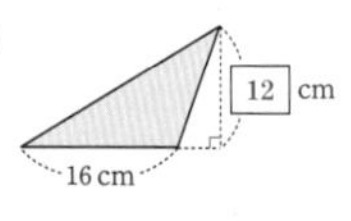

넓이: $96\ cm^2$

11

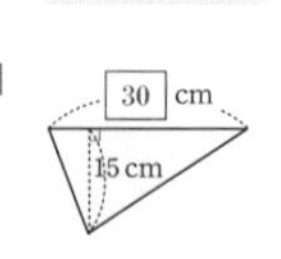

넓이: $225\ cm^2$

12

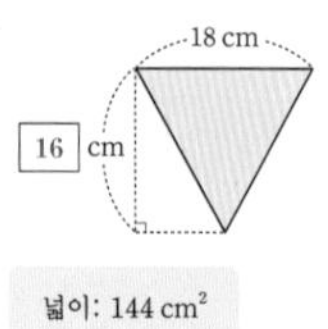

넓이: $144\ cm^2$

6 마름모의 넓이(1)

학습 날짜 월 일

계산은 빠르고 정확하게!

걸린 시간	1~4분	4~6분	6~8분
맞은 개수	9~10개	7~8개	1~6개
평가	참 잘했어요.	잘했어요.	좀더 노력해요.

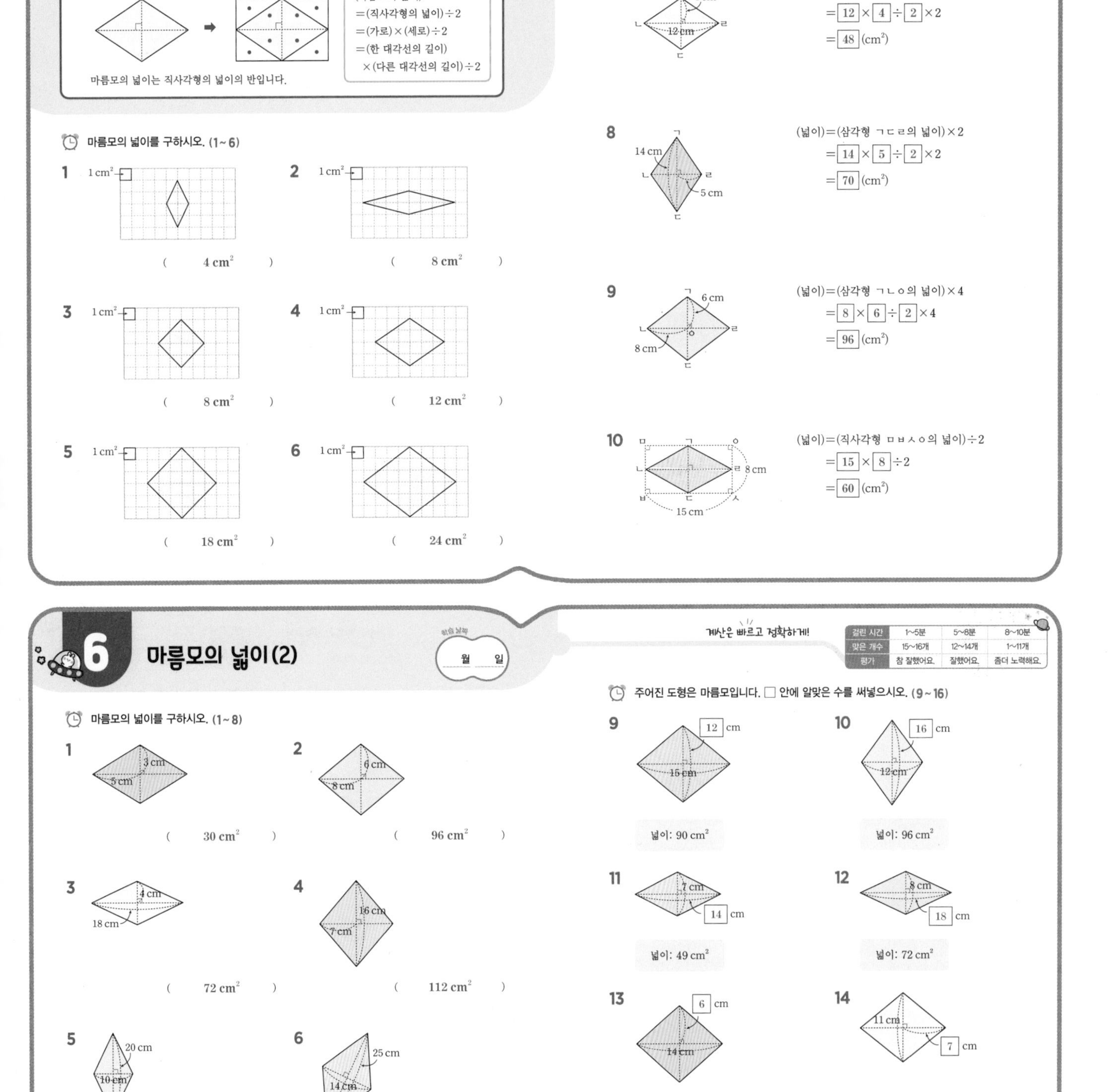

마름모의 넓이

마름모의 넓이는 직사각형의 넓이의 반입니다.

(마름모의 넓이)
=(직사각형의 넓이)÷2
=(가로)×(세로)÷2
=(한 대각선의 길이)×(다른 대각선의 길이)÷2

마름모의 넓이를 구하시오. (1~6)

1 (4 cm²)

2 (8 cm²)

3 (8 cm²)

4 (12 cm²)

5 (18 cm²)

6 (24 cm²)

마름모의 넓이를 구하려고 합니다. □ 안에 알맞은 수를 써넣으시오. (7~10)

7 (넓이)=(삼각형 ㄱㄴㄹ의 넓이)×2
=12×4÷2×2
=48 (cm²)

8 (넓이)=(삼각형 ㄱㄷㄹ의 넓이)×2
=14×5÷2×2
=70 (cm²)

9 (넓이)=(삼각형 ㄱㄴㅇ의 넓이)×4
=8×6÷2×4
=96 (cm²)

10 (넓이)=(직사각형 ㅁㅂㅅㅇ의 넓이)÷2
=15×8÷2
=60 (cm²)

6 마름모의 넓이(2)

학습 날짜 월 일

계산은 빠르고 정확하게!

걸린 시간	1~5분	5~8분	8~10분
맞은 개수	15~16개	12~14개	1~11개
평가	참 잘했어요.	잘했어요.	좀더 노력해요.

마름모의 넓이를 구하시오. (1~8)

1 (30 cm²)

2 (96 cm²)

3 (72 cm²)

4 (112 cm²)

5 (100 cm²)

6 (175 cm²)

7 (81 cm²)

8 (182 cm²)

주어진 도형은 마름모입니다. □ 안에 알맞은 수를 써넣으시오. (9~16)

9 12 cm / 넓이: 90 cm²

10 16 cm / 넓이: 96 cm²

11 14 cm / 넓이: 49 cm²

12 18 cm / 넓이: 72 cm²

13 6 cm / 넓이: 84 cm²

14 7 cm / 넓이: 77 cm²

15 15 cm / 넓이: 165 cm²

16 20 cm / 넓이: 180 cm²

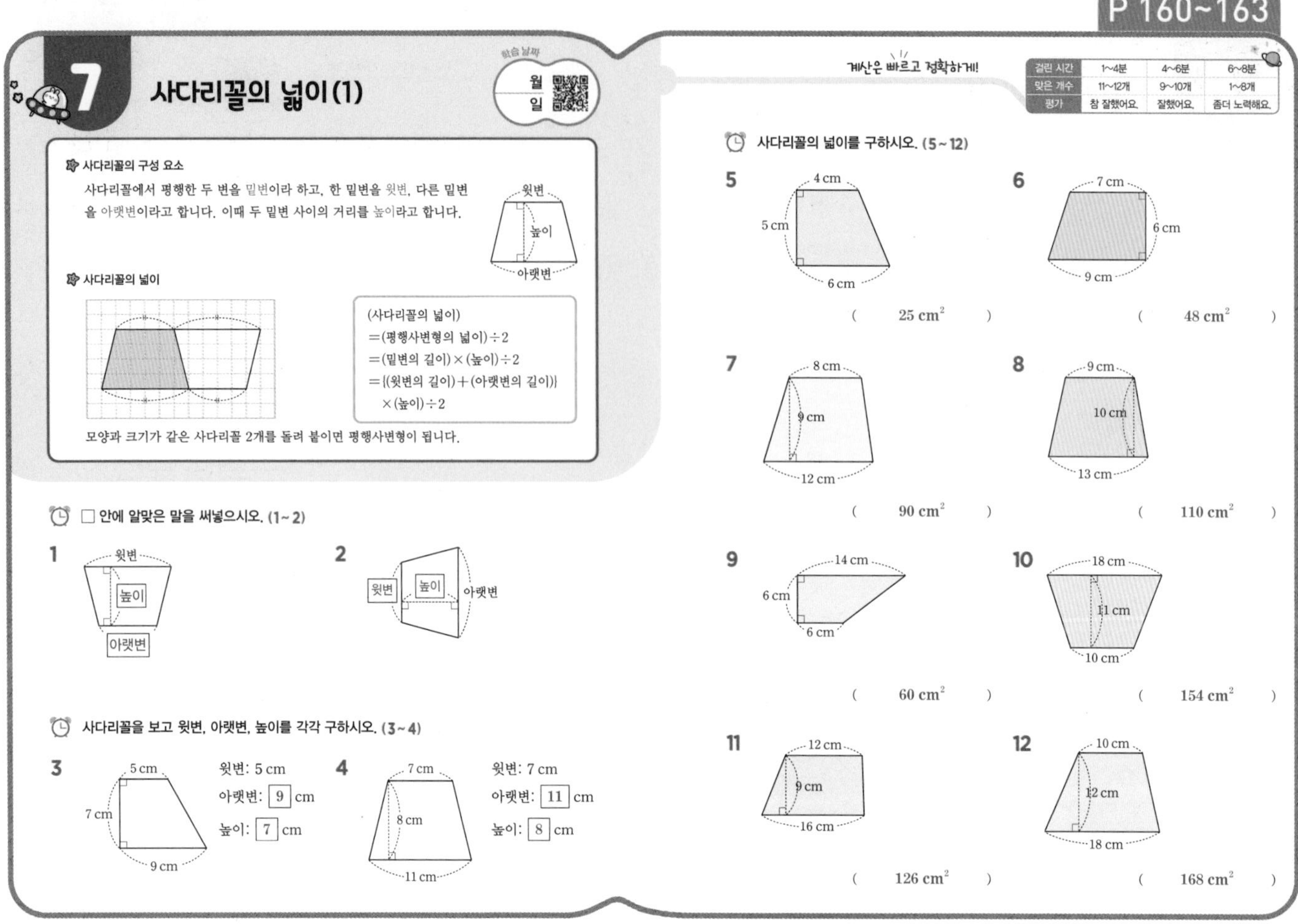

7 사다리꼴의 넓이(1)

학습 날짜 월 일

계산은 빠르고 정확하게!

걸린 시간	1~4분	4~6분	6~8분
맞은 개수	11~12개	9~10개	1~8개
평가	참 잘했어요.	잘했어요.	좀더 노력해요.

사다리꼴의 구성 요소

사다리꼴에서 평행한 두 변을 밑변이라 하고, 한 밑변을 윗변, 다른 밑변을 아랫변이라고 합니다. 이때 두 밑변 사이의 거리를 높이라고 합니다.

사다리꼴의 넓이

(사다리꼴의 넓이)
=(평행사변형의 넓이)÷2
=(밑변의 길이)×(높이)÷2
={(윗변의 길이)+(아랫변의 길이)}×(높이)÷2

모양과 크기가 같은 사다리꼴 2개를 돌려 붙이면 평행사변형이 됩니다.

□ 안에 알맞은 말을 써넣으시오. (1~2)

1. 윗변, 높이, 아랫변
2. 윗변, 높이, 아랫변

사다리꼴을 보고 윗변, 아랫변, 높이를 각각 구하시오. (3~4)

3. 윗변: 5 cm, 아랫변: 9 cm, 높이: 7 cm
4. 윗변: 7 cm, 아랫변: 11 cm, 높이: 8 cm

사다리꼴의 넓이를 구하시오. (5~12)

5. (25 cm^2)
6. (48 cm^2)
7. (90 cm^2)
8. (110 cm^2)
9. (60 cm^2)
10. (154 cm^2)
11. (126 cm^2)
12. (168 cm^2)

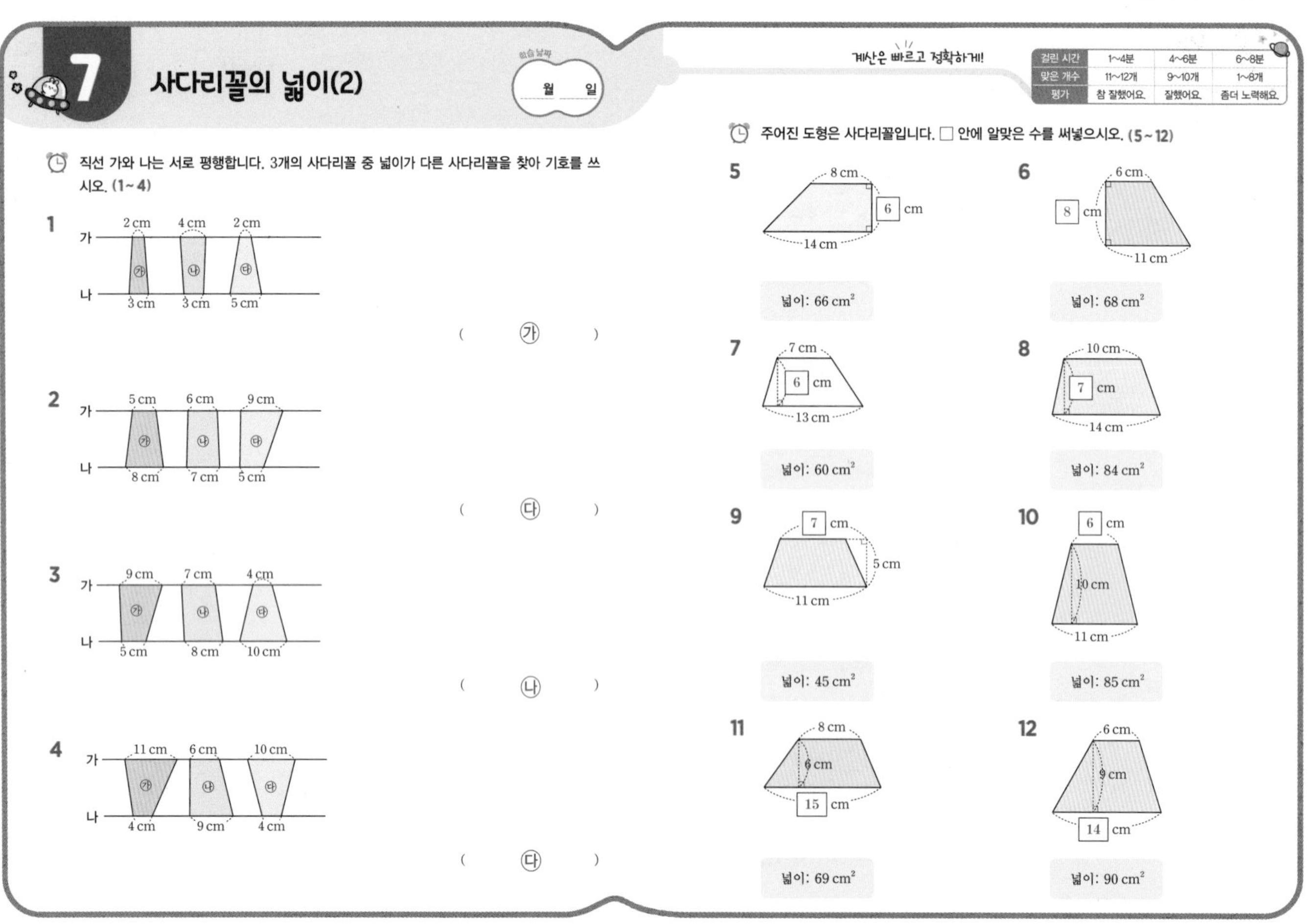

7 사다리꼴의 넓이(2)

학습 날짜 월 일

계산은 빠르고 정확하게!

걸린 시간	1~4분	4~6분	6~8분
맞은 개수	11~12개	9~10개	1~8개
평가	참 잘했어요.	잘했어요.	좀더 노력해요.

직선 가와 나는 서로 평행합니다. 3개의 사다리꼴 중 넓이가 다른 사다리꼴을 찾아 기호를 쓰시오. (1~4)

1. (㉮)
2. (㉰)
3. (㉯)
4. (㉰)

주어진 도형은 사다리꼴입니다. □ 안에 알맞은 수를 써넣으시오. (5~12)

5. 6 (넓이: 66 cm^2)
6. 8 (넓이: 68 cm^2)
7. 6 (넓이: 60 cm^2)
8. 7 (넓이: 84 cm^2)
9. 7 (넓이: 45 cm^2)
10. 6 (넓이: 85 cm^2)
11. 15 (넓이: 69 cm^2)
12. 14 (넓이: 90 cm^2)

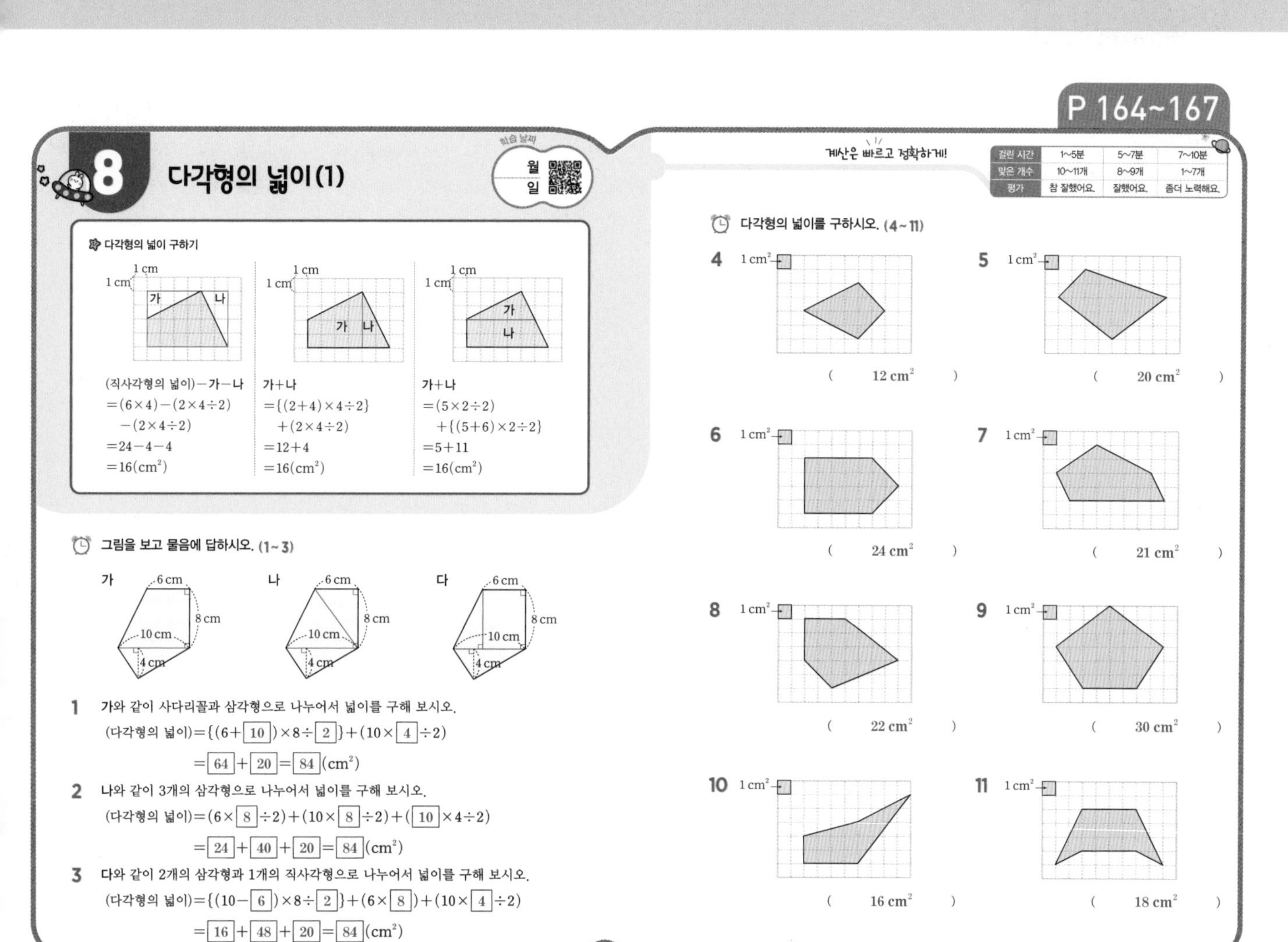

P 164~167

8 다각형의 넓이(1)

학습 날짜 월 일

계산은 빠르고 정확하게!

걸린 시간	1~5분	5~7분	7~10분
맞은 개수	10~11개	8~9개	1~7개
평가	참 잘했어요.	잘했어요.	좀더 노력해요.

다각형의 넓이 구하기

(직사각형의 넓이)−가−나
$=(6\times4)-(2\times4\div2)$
$-(2\times4\div2)$
$=24-4-4$
$=16(cm^2)$

가+나
$=\{(2+4)\times4\div2\}$
$+(2\times4\div2)$
$=12+4$
$=16(cm^2)$

가+나
$=(5\times2\div2)$
$+\{(5+6)\times2\div2\}$
$=5+11$
$=16(cm^2)$

그림을 보고 물음에 답하시오. (1~3)

1 가와 같이 사다리꼴과 삼각형으로 나누어서 넓이를 구해 보시오.
(다각형의 넓이)$=\{(6+\boxed{10})\times8\div\boxed{2}\}+(10\times\boxed{4}\div2)$
$=\boxed{64}+\boxed{20}=\boxed{84}(cm^2)$

2 나와 같이 3개의 삼각형으로 나누어서 넓이를 구해 보시오.
(다각형의 넓이)$=(6\times\boxed{8}\div2)+(10\times\boxed{8}\div2)+(\boxed{10}\times4\div2)$
$=\boxed{24}+\boxed{40}+\boxed{20}=\boxed{84}(cm^2)$

3 다와 같이 2개의 삼각형과 1개의 직사각형으로 나누어서 넓이를 구해 보시오.
(다각형의 넓이)$=\{(10-\boxed{6})\times8\div\boxed{2}\}+(6\times\boxed{8})+(10\times\boxed{4}\div2)$
$=\boxed{16}+\boxed{48}+\boxed{20}=\boxed{84}(cm^2)$

다각형의 넓이를 구하시오. (4~11)

4 (12 cm²)
5 (20 cm²)
6 (24 cm²)
7 (21 cm²)
8 (22 cm²)
9 (30 cm²)
10 (16 cm²)
11 (18 cm²)

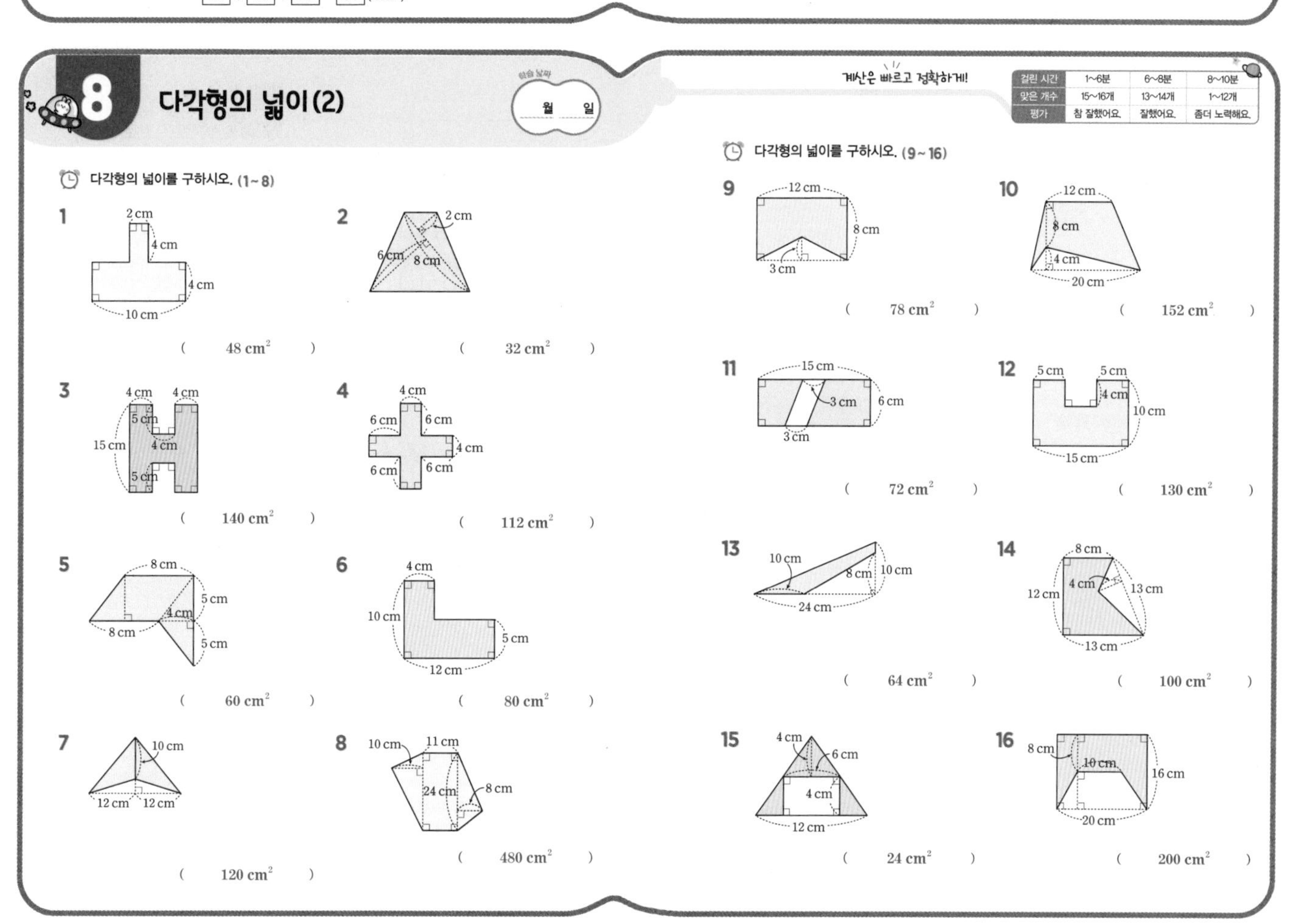

8 다각형의 넓이(2)

학습 날짜 월 일

계산은 빠르고 정확하게!

걸린 시간	1~6분	6~8분	8~10분
맞은 개수	15~16개	13~14개	1~12개
평가	참 잘했어요.	잘했어요.	좀더 노력해요.

다각형의 넓이를 구하시오. (1~8)

1 (48 cm²)
2 (32 cm²)
3 (140 cm²)
4 (112 cm²)
5 (60 cm²)
6 (80 cm²)
7 (120 cm²)
8 (480 cm²)

다각형의 넓이를 구하시오. (9~16)

9 (78 cm²)
10 (152 cm²)
11 (72 cm²)
12 (130 cm²)
13 (64 cm²)
14 (100 cm²)
15 (24 cm²)
16 (200 cm²)

정답

9 신기한 연산

계산은 빠르고 정확하게!

걸린 시간	1~6분	6~9분	9~12분
맞은 개수	7개	6개	1~5개
평가	참 잘했어요.	잘했어요.	좀더 노력해요.

둘레가 32 cm인 직사각형, 가, 나, 다를 보고 물음에 답하시오. (1 ~ 3)

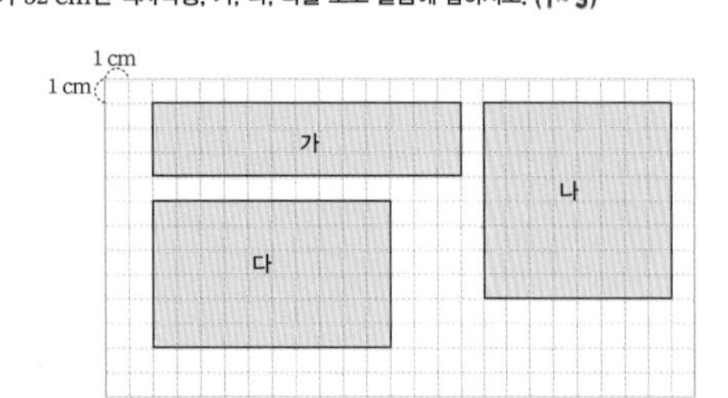

1 직사각형 가, 나, 다를 보고 표를 완성하시오.

	가로(cm)	세로(cm)	넓이(cm^2)
가	13	3	39
나	8	8	64
다	10	6	60

2 가장 넓은 직사각형은 어느 것입니까?

(나)

3 둘레가 일정할 때 가장 넓은 직사각형을 그리는 방법을 이야기해 보시오.

둘레가 일정할 때 가로와 세로의 차가 적을수록 더 넓습니다.
따라서 정사각형이 가장 넓습니다.

직선 가와 나는 서로 평행합니다. 가장 넓은 도형부터 차례로 기호를 쓰시오. (4 ~ 7)

4

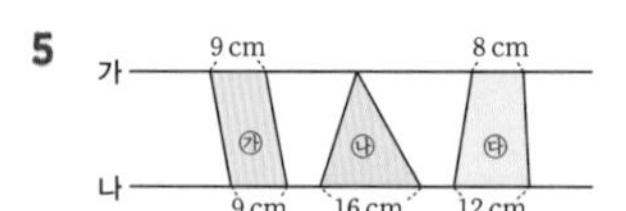

(㉯, ㉮, ㉰)

5

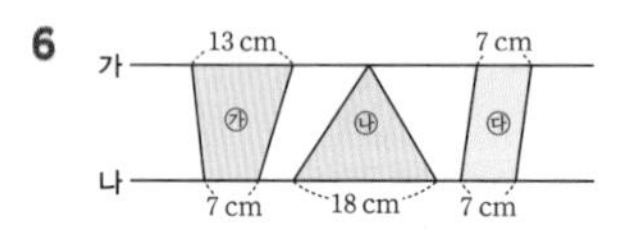

(㉰, ㉮, ㉯)

6

(㉮, ㉯, ㉰)

7

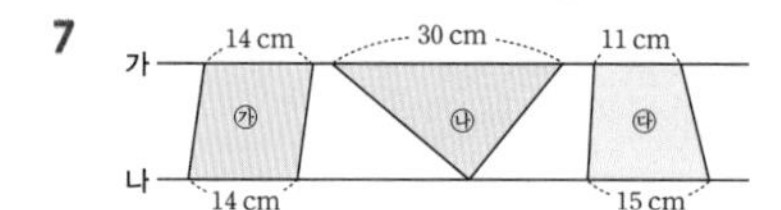

(㉯, ㉮, ㉰)

확인 평가

걸린 시간	1~10분	10~15분	15~20분
맞은 개수	24~26개	19~23개	1~18개
평가	참 잘했어요.	잘했어요.	좀더 노력해요.

정다각형의 둘레를 구하시오. (1 ~ 2)

1 8 cm (48 cm)

2 7 cm (56 cm)

사각형의 둘레를 구하시오. (3 ~ 4)

3

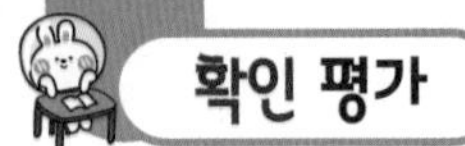

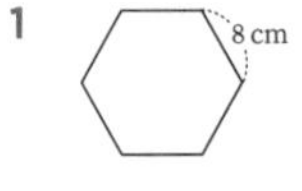

(54 cm)

4 14 cm

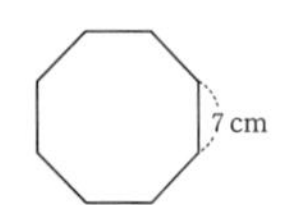

(56 cm)

□ 안에 알맞은 수를 써넣으시오. (5 ~ 8)

5 $9 m^2 =$ 90000 cm^2

6 $140000 cm^2 =$ 14 m^2

7 $16 km^2 =$ 16000000 m^2

8 $9480000 m^2 =$ 9.48 km^2

도형의 넓이를 구하시오. (9 ~ 10)

9

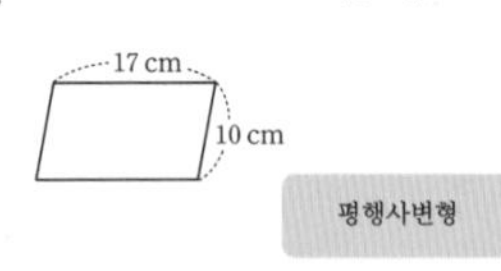

(285 cm^2)

10 17 cm, 17 cm

(289 cm^2)

도형의 넓이를 구하시오. (11 ~ 18)

11 16 cm, 11 cm (176 cm^2)

12 15 cm, 12 cm (180 cm^2)

13

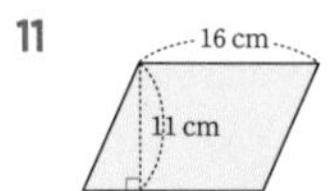

(72 cm^2)

14

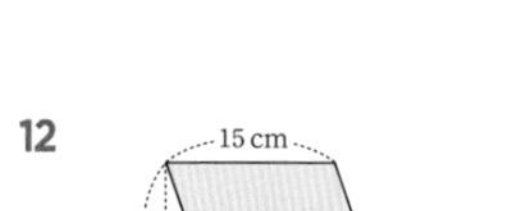

(72 cm^2)

15 6 cm, 19 cm (114 cm^2)

16 24 cm, 20 cm (240 cm^2)

17 15 cm, 14 cm, 18 cm (231 cm^2)

18 11 cm, 13 cm, 19 cm (195 cm^2)

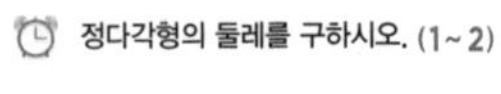

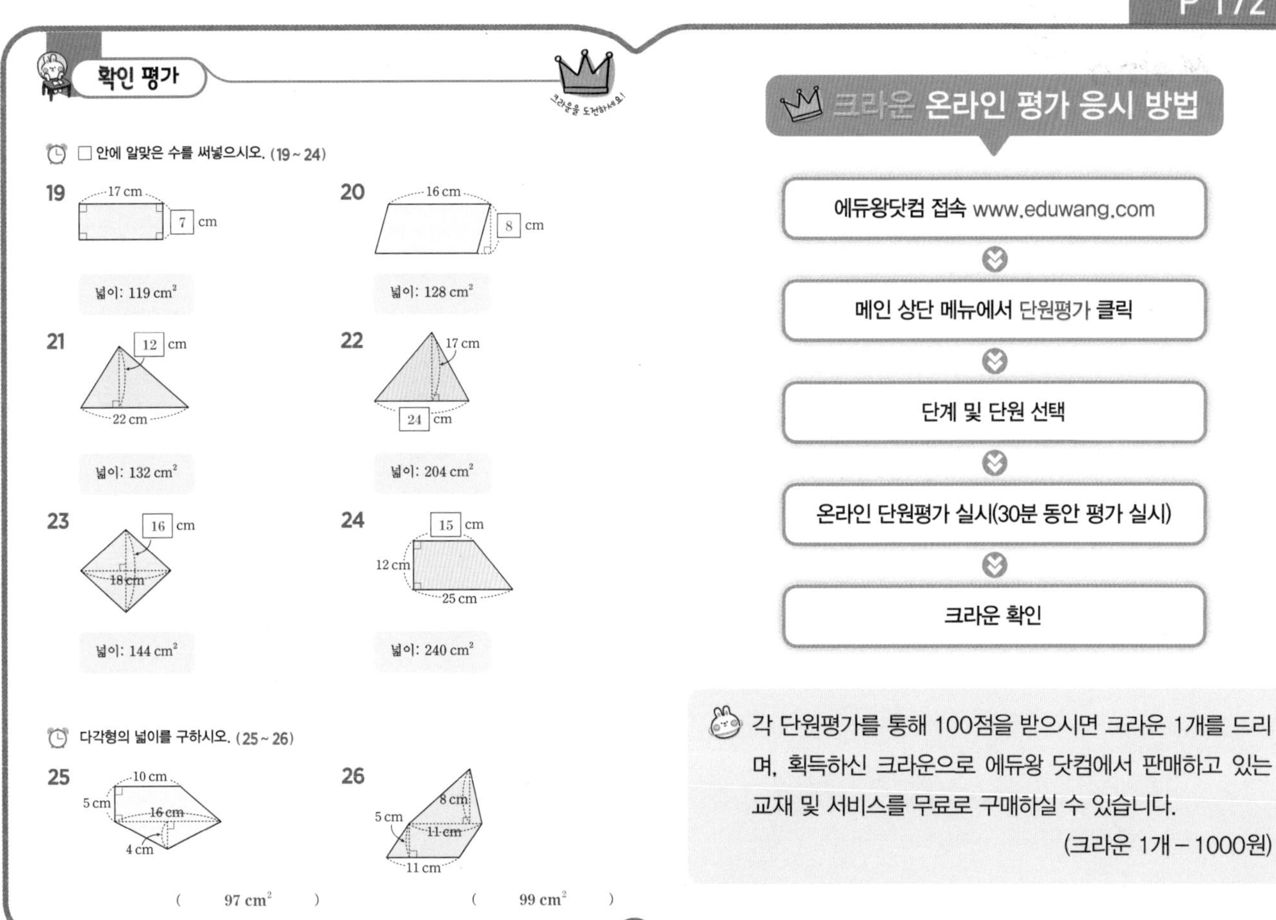

P 172

확인 평가

□ 안에 알맞은 수를 써넣으시오. (19 ~ 24)

19 17 cm, [7] cm — 넓이: 119 cm²

20 16 cm, [8] cm — 넓이: 128 cm²

21 [12] cm, 22 cm — 넓이: 132 cm²

22 17 cm, [24] cm — 넓이: 204 cm²

23 [16] cm, 18 cm — 넓이: 144 cm²

24 [15] cm, 12 cm, 25 cm — 넓이: 240 cm²

다각형의 넓이를 구하시오. (25 ~ 26)

25 10 cm, 5 cm, 16 cm, 4 cm — (97 cm²)

26 8 cm, 5 cm, 11 cm, 11 cm — (99 cm²)

크라운 온라인 평가 응시 방법

에듀왕닷컴 접속 www.eduwang.com

메인 상단 메뉴에서 단원평가 클릭

단계 및 단원 선택

온라인 단원평가 실시(30분 동안 평가 실시)

크라운 확인

각 단원평가를 통해 100점을 받으시면 크라운 1개를 드리며, 획득하신 크라운으로 에듀왕 닷컴에서 판매하고 있는 교재 및 서비스를 무료로 구매하실 수 있습니다.

(크라운 1개 – 1000원)

Memo

신기한
연산왕

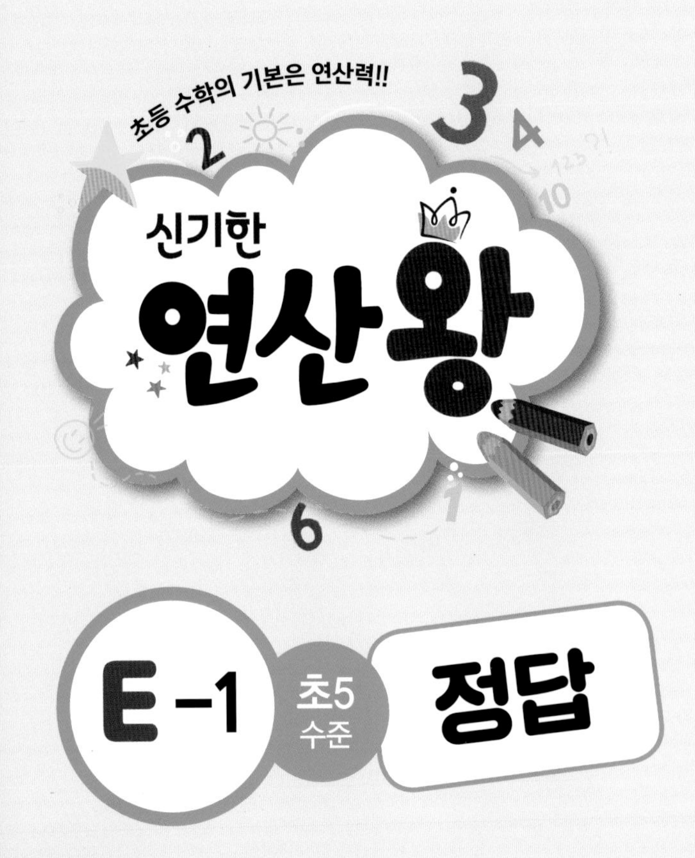
초등 수학의 기본은 연산력!!
신기한
연산왕
E-1
초5 수준
정답

2
3
4

신기한
연산왕

신기한
연산왕